Typical Pollutants and Their Environmental Behavior
in Agricultural Producing Area

国家出版基金项目
NATIONAL PUBLICATION FOUNDATION

农产品产地环境监测、安全预警与风险管控丛书

“十四五”国家重点
出版物出版规划项目

农产品产地环境典型污染物及其环境行为

Typical Pollutants and Their Environmental Behavior in Agricultural Producing Area

汪磊 焦乐 张鹏 等著

化学工业出版社
·北京·

内容简介　　本书以重金属、农药、持久性有机污染物、抗生素、残膜与微塑料以及生物毒素等典型污染物为对象，采用以污染物类别划分章节的形式，首先从污染物的理化性质和分布特征入手，分析其在环境中的污染现状和分布特征；然后，进一步深入剖析各类污染物的污染来源，揭示其进入农产品产地环境的污染途径和影响因素；最后，重点探讨污染物的环境危害及作用机理，分析农产品产地环境典型污染物对土壤、作物、生态系统、人体健康的负面影响和潜在威胁。

本书既具有系统性，又强调科学性与实用性，可供农业、食品、环境领域从事农产品产地环境污染物及其环境行为研究、污染控制与修复等的科研人员、工程技术人员和管理人员参考，也可供高等学校环境科学与工程、生态工程、农业工程及相关专业师生参阅。

图书在版编目（CIP）数据

农产品产地环境典型污染物及其环境行为 / 汪磊等著. -- 北京 : 化学工业出版社, 2025. 3. --（农产品产地环境监测、安全预警与风险管控丛书）. -- ISBN 978-7-122-46577-1

Ⅰ. X83

中国国家版本馆CIP数据核字第2024BN4010号

责任编辑：刘　婧　刘兴春　卢萌萌
文字编辑：王云霞
责任校对：王鹏飞
装帧设计：王晓宇

出版发行：化学工业出版社
（北京市东城区青年湖南街13号　邮政编码100011）
印　　装：北京建宏印刷有限公司
787mm×1092mm　1/16　印张21¼　字数441千字
2025年10月北京第1版第1次印刷

购书咨询：010-64518888
售后服务：010-64518899
网　　址：http://www.cip.com.cn
凡购买本书，如有缺损质量问题，本社销售中心负责调换。

定　　价：158.00元　

《农产品产地环境典型污染物及其环境行为》

著者名单

著　者（按照姓氏笔画排序）：

王　姣　曲　正　刘春光　安　毅　李　冰　汪　磊　张　鹏

赵子晴　姚彦坡　徐　笠　彭　楚　焦　乐

前言

PREFACE

农产品是人类赖以生存的重要物质基础，其产量、质量与安全性直接关系到人们的身体健康和社会的稳定发展。农产品产地环境是影响农产品产量、质量和安全的重要因素。工业革命以来，各类工业污染物的排放导致包括农产品产地在内的环境普遍遭受到污染，工业污染物如重金属、表面活性剂等通过污水灌溉、大气沉降、地表径流等多种途径进入农业环境中。同时，天然地表水体污染和市政与生活污水的灌溉使用等也导致以抗生素为代表的新污染物进入农产品产地环境。此外，随着现代农业的快速发展，农用化学品如地膜、化肥、杀虫剂等的使用也在客观上为农产品产地环境直接引入了残膜与微塑料、残留农药等污染物。这些化学污染物在农业环境中的存在，以及农业生产自身存在的单位空间内生物多样性差、物质传输通量高等特点，容易导致农业系统中微生物群落结构失调，使生物毒素大量产生与快速传播的风险加剧。

污染物不断侵入农产品产地环境，严重影响农产品的产量和品质，还可能通过食物链传递，威胁人类的健康和生态环境安全。认识环境中的污染物是对其进行管控的前提和基础。深入了解农产品产地环境中的典型污染物及其环境行为，对于保护农产品产地环境、提升农产品质量安全具有重要意义。基于此背景和需求，我们组织撰写了《农产品产地环境典型污染物及其环境行为》一书，以重金属、农药、持久性有机污染物、抗生素、残膜与微塑料以及生物毒素等典型污染物为对象，采用以污染物类别划分章节的形式，首先从污染物的理化性质和分布特征入手，分析其在环境中的污染现状和分布特征；然后，进一步深入剖析各类污染物的污染来源，揭示其进入农产品产地环境的污染途径和影响因素；最后，重点探讨污染物的环境危害及作用机理，分析农产品产地环境典型污染物对土壤、作物、生态系统、人体健康的负面影响和潜在威胁。

本书兼顾系统性、科学性与实用性，旨在为广大读者提供一个系统而深入的农产品产地环境污染物认知框架，通过对各类典型污染物的深入研究，读者能够清晰地认识到农产品产地环境污染问题的严峻性和复杂性。在系统性方面，本书全面梳理了农产品产地环境中的典型污染物，包括重金属、农药、持久性有机污染物、抗生素、残膜与微塑料以及生物毒素等，形成了完整的知识体系。在科学性方面，本书注重数据的准确性和科学性，引用的研究成果均来自权威机构和专业期刊，确保内容的可靠性和前沿性。在实用性方面，本书结合具体案例和实践经验，力求提出切实可行的污染防治措施和建议，从而对指导实际工作起到积极作用。

本书由长期从事农业环境污染研究的科研人员合作完成，具体分工如下：第 1、第 2 章由农业农村部环境保护科研监测所安毅、焦乐撰写，第 3 章由南开大学张鹏撰写，第 4 章由山东农业大学李冰撰写，第 5 章由南开大学彭楚、汪磊和河北工业大学王姣撰写，第 6 章由南开大学刘春光、赵子晴和北京市农林科学院徐笠撰写，第 7 章由农业农村部环境保护科研监测所姚彦坡、曲正撰写。南开大学汪磊最终对书稿进行了校阅。书中内容主要来源于国内外相关领域的最新研究成果和文献资料、已发表的实际调查和监测数据以及著者团队多年的研究积累和实践经验，通过丰富的文献数据资料和案例分析，力求为读者提供全面而翔实的农产品产地环境污染物知识。在本书编著过程中，注重理论与实践相结合，既深入剖析污染物的特性与行为，又关注其对农田环境的实际影响，以期为广大从事农产品产地环境保护工作的科研人员、管理人员和决策者提供更为全面、系统和实用的参考和指导；同时，也希望本书的出版能够进一步促进产地环境污染领域的交流，推进产地环境污染监测与防控的发展。

当然，我们也清醒地认识到，农产品产地环境保护是一项复杂而艰巨的任务，需要全社会的共同努力和持续投入。本书所介绍的典型污染物只是众多污染物中的一部分，未来的研究和实践还需要不断探索和拓展新的领域和方向。因此，我们诚挚地希望广大读者在阅读本书的过程中，能够积极思考、勇于创新，为农产品产地环境保护事业贡献自己的力量。同时，我们也欢迎各位专家学者对本书提出宝贵的意见和建议，共同推动农产品产地环境保护领域的研究和实践不断向前发展。

我们由衷地感谢所有为本书撰写和出版付出辛勤努力的同仁。在漫长的撰写过程中，大家齐心协力，克服了诸多困难，还得到了许多同行专家和学者的悉心指导与宝贵建议，使本书的内容更加完善、准确，在此表示衷心感谢。我们还要感谢化学工业出版社的编辑和工作人员，他们的辛勤付出使本书得以顺利出版。

然而，限于著者时间及水平，书中难免存在不妥及疏漏之处，真诚地希望广大读者能够提出宝贵的意见和建议，帮助我们不断完善和提高。我们相信，在大家的共同努力下，我们一定能够更好地认识和解决农产品产地环境污染问题，为保障我国农产品质量与安全、促进农业可持续发展做出更大的贡献。

汪　磊

2024 年 8 月

CONTENTS

目录

第1章　农产品产地环境污染概述 001

1.1　产地环境污染历史沿革 002

1.1.1　全球农产品产地环境污染历史 002

1.1.2　我国农产品产地环境污染历史 003

1.1.3　农产品产地环境污染特征 004

1.2　产地环境污染类型 005

1.2.1　无机污染物 006

1.2.2　有机污染物 007

1.2.3　生物性污染物 010

1.3　产地环境污染来源与途径 012

1.3.1　产地环境污染的自然源 013

1.3.2　产地环境污染的工业污染源 013

1.3.3　产地环境污染的农业污染源 017

1.3.4　产地环境污染的生活污染源 022

1.4　产地环境污染危害 024

1.4.1　产地污染物对农产品质量安全的影响 024

1.4.2　产地污染物对人体健康的影响 026

1.4.3　产地污染物对生态系统的影响 030

参考文献 036

第2章 重金属污染 038

2.1 产地重金属污染特征与来源 039

2.1.1 重金属污染现状 039
2.1.2 重金属污染空间分布特征 040
2.1.3 重金属污染来源 042

2.2 产地环境中重金属形态特征及迁移转化 045

2.2.1 产地环境中重金属化学形态特征 045
2.2.2 产地环境中重金属迁移转化过程 051
2.2.3 典型重金属在产地环境中的迁移转化 053

2.3 土壤植物体系中重金属迁移转化及植物耐受机制 059

2.3.1 土壤植物体系中重金属迁移转化过程影响因素 059
2.3.2 土壤植物体系中重金属生物有效性及影响因素 064
2.3.3 植物对重金属污染耐性机制 065

2.4 产地重金属污染环境危害及作用机理 067

2.4.1 重金属对土壤质量的影响及作用机理 067
2.4.2 重金属对作物的影响及作用机理 068
2.4.3 重金属对生态系统的影响及作用机理 072
2.4.4 重金属对人类健康的影响及作用机理 074

参考文献 076

第3章 农药污染与迁移转化 078

3.1 产地农药污染特征 080

3.1.1 农药分类及理化特征 080
3.1.2 农药污染的含义与主要类型 083
3.1.3 农药污染来源和污染现状 085

3.2 产地农药吸附与迁移过程 090

3.2.1 吸附过程 091
3.2.2 迁移过程 102

3.3 产地农药转化与降解 105

3.3.1 光解 106
3.3.2 水解 107
3.3.3 化学氧化 108
3.3.4 生物降解 108
3.3.5 影响农药转化和降解的因素 110

3.4 产地农药污染的影响及危害 112

3.4.1 农药污染引起的环境安全问题 112
3.4.2 农药对农产品安全及人体健康的影响 113
3.4.3 农药对产地生物的影响 116
3.4.4 农药对生态系统的影响 119

3.5 产地农药污染的对策和阻控技术 124

3.5.1 建立产地环境质量和农产品安全的监测、预警体系 124
3.5.2 制定更为严格和完善的质量标准 124
3.5.3 加强新型、低毒、高效农药的研制和推广 124
3.5.4 产地农药污染土壤的阻控技术 125

参考文献 131

第4章 持久性有机污染物污染 132

4.1 持久性有机污染物概述 133

4.1.1 持久性有机污染物定义 133
4.1.2 持久性有机污染物特性 133
4.1.3 持久性有机污染物分类 134

4.2 持久性有机污染物来源与污染特征 153

4.2.1 土壤中主要持久性有机污染物来源 153
4.2.2 土壤中主要持久性有机污染物污染特征 156

4.3 持久性有机污染物迁移过程与转化降解 215

4.3.1 持久性有机污染物在土壤中的迁移过程及其影响因素 215
4.3.2 持久性有机污染物在土壤中的转化降解及其影响因素 218

4.4 持久性有机污染物危害及作用机理 219

4.4.1 持久性有机污染物对动物的影响 220

4.4.2 持久性有机污染物对人类健康的影响机理 222

参考文献 225

第5章 抗生素污染 227

5.1 抗生素污染特征 228

5.1.1 抗生素污染主要类型 228

5.1.2 抗生素污染现状 232

5.2 抗生素来源与迁移过程 233

5.2.1 抗生素来源 233

5.2.2 抗生素迁移过程 236

5.2.3 抗生素迁移过程影响因素 237

5.3 抗生素转化与降解 239

5.3.1 抗生素转化与降解过程 239

5.3.2 抗生素转化与降解影响因素 246

5.4 抗生素危害及作用机理 249

5.4.1 抗生素耐药基因及其健康风险 249

5.4.2 抗生素对作物的影响机理 252

5.4.3 抗生素对土壤微生物的影响机理 253

参考文献 253

第6章 残膜与微塑料污染 255

6.1 残膜与微塑料污染特征 256

6.1.1 残膜与微塑料主要类型 256

6.1.2 残膜与微塑料污染现状 257

6.1.3 残膜与微塑料来源 264

6.2 微塑料的迁移过程及载体效应 268

6.2.1 微塑料迁移过程及影响因素 268

6.2.2 微塑料的载体效应 271

6.3 残膜及微塑料的降解及其影响因素 272

6.3.1 残膜及微塑料的降解过程 272
6.3.2 残膜及微塑料降解的影响因素 277

6.4 残膜及微塑料的危害 279

6.4.1 残膜及微塑料对土壤质量的影响 279
6.4.2 残膜及微塑料对作物的影响 281
6.4.3 残膜及微塑料对土壤动物的影响 282
6.4.4 残膜及微塑料对土壤微生物和酶活性的影响 283

参考文献 285

第7章 生物毒素污染 288

7.1 生物毒素污染特征与来源 289

7.1.1 生物毒素主要类型 289
7.1.2 生物毒素污染现状 297
7.1.3 生物毒素来源 299

7.2 生物毒素代谢转化 300

7.2.1 生物毒素在植物体内代谢转化 301
7.2.2 生物毒素在动物体内代谢转化 302

7.3 生物毒素危害及机制 306

7.3.1 生物毒素对植物的影响及机理 306
7.3.2 生物毒素对动物的影响及机理 307

7.4 生物毒素与气候变化 311

7.4.1 生物毒素受气温与降水变化的影响 312
7.4.2 生物毒素受二氧化碳水平的影响 314

参考文献 315

索引 317

第 1 章

农产品产地环境污染概述

- 产地环境污染历史沿革
- 产地环境污染类型
- 产地环境污染来源与途径
- 产地环境污染危害

农产品产地环境是指农产品生产地的土壤、水文、空气和生物等自然环境因素以及社会经济因素和人类活动等人为因素的总和。人类活动产生的污染物进入土壤、水体和大气并引起农产品赖以生长环境的恶化，对农产品质量和人体健康产生危害的现象，即为农产品产地环境污染。良好的产地环境是保障农产品质量安全、实现优质农产品安全生产的源头和基础。随着工业化、城市化、农业现代化发展进程的不断加快，农药、化肥及农膜等农业物资的大量使用使得农产品的种类和产量不断增加，在极大满足人们日常生活需求的同时，不可避免地引起了农产品产地环境污染的问题。大量污染物进入农产品产地环境并逐渐超过其容量限制，污染总体上呈不断加重趋势，突出表现在大气、灌溉水、土壤污染及农业投入品的不合理使用，农产品产地环境质量不断下降，对土壤健康、农产品质量安全、生态系统可持续发展提出严峻挑战，对人体健康构成威胁，严重影响了我国农业生产和农村经济的可持续发展。

近年来，农产品产地环境安全问题日益突出，因产地环境污染导致农产品质量不安全的事件时有发生，如湖南的镉大米事件、海南的毒豇豆事件、贵州的锰矿山污染农田事件，农产品质量安全已成为当前民众关注的热点问题，暴露出我国土壤污染的普遍性和严重性。农产品产地环境污染不仅直接影响并损害人民群众身体健康，影响到我国经济 - 社会 - 生态的协调发展，而且农产品产地环境污染问题导致的农产品质量下降已成为国际贸易壁垒，农产品产地环境污染问题已成为迫切需要解决的重大问题。

1.1 产地环境污染历史沿革

1.1.1 全球农产品产地环境污染历史

作为一个全球性问题，农产品产地环境污染的历史发展沿革与工业化、城市化、农业现代化发展进程息息相关。

工业革命之前，农业和手工业是主要的经济活动。农业生产模式中，以家庭为基本生产单位、以手工为主要生产方式的自给自足的小农经济在社会中占主导地位，农业生产的目的主要是满足家庭生活需要、实现自我循环发展和自给自足。传统农业生产模式中，农民主要使用动物粪便、作物秸秆等作为肥料，这些有机肥料中养分丰富，对农作物的生长起到了一定的促进作用。因此，绝大多数农产品产地处于自然状态，受污染程度较低。

随着工业革命的兴起，西方社会经历了从传统农业经济向现代工业化社会的转型，带来了巨大的经济、技术和社会变革，农业生产方式和模式发生了诸多深刻变化。工业革命带来的社会生产力的迅速发展使传统农业逐步向现代农业过渡，许多化学物质被引入农业中，例如化肥和农药，通过促进作物生长和防治农业病虫害，实现农产品产量的大幅增长。人工合成肥料在农业生产中的使用可以追溯到 19 世纪初，德国化学家弗里德里希·维勒（Friedrich Wöhler）发明了第一种真正意义上的合成肥料——尿素。受限于当时的生产技术，尿素生产成本很高，难以实现在农业生产中进行大规模应用。到了 20 世纪初，随着化学工业的发展，化肥的生产技术得到了极大的改进。1913 年，德国化学家弗里茨·哈伯（Fritz Haber）发明了一种以空气中的氮气和氢气为原料进行氨合成的方法，即“哈伯法”。随着哈伯法的大规模应用，化肥的生产成本大大降低，并开始大规模应用于农业生产中。在农药的使用方面，有机杀虫剂的发现和推广对农业生产起到了重要的作用。最早的有机杀虫剂是 19 世纪末期发现的有机氯杀虫剂。而到了 20 世纪初，越来越多的有机氯杀虫剂开始被生产出来，如滴滴涕、六六六等。这些杀虫剂能够有效地杀灭农作物上的病虫害，提高农作物产量。然而，随着时间的推移，人们逐渐发现了农药和化肥过度使用带来的一系列生态环境问题，如土壤板结、水体污染、生物多样性下降等。同时，人们也发现了一些农药在杀灭病虫害的同时也会对人体健康产生负面影响。

到了 20 世纪中期，人们开始意识到环境问题的严重性，政府也开始出台并颁布了相关法律法规来限制化学物质在农业生产中的使用和向产地环境中的排放。特别是 20 世纪 70 年代后，世界范围内环境保护进入重要转折期，1972 年 6 月，在瑞典斯德哥尔摩举行了第一次联合国人类环境会议。20 世纪末，随着人们对环境问题的关注度不断提高，许多国家开始推行绿色农业和有机农业。这些农业模式注重采用自然的方法来提高农产品的产量，减少对环境的负面影响，如提倡并推广使用有机肥料和生物防治方法来代替部分化肥和农药，加强对产地环境的监管，对污染源进行严格的控制和管理，这些措施在一定程度上改善了产地环境质量。

进入 21 世纪后，农产品产地环境污染问题越来越受到全球的关注。各国政府、国际组织开始在全球范围内推动环境保护合作，加强对农业的监督和管理，推进环保农业和绿色农业的发展，提高农民的环保意识和技术水平，促进农产品产地环境健康安全与可持续发展。

1.1.2 我国农产品产地环境污染历史

我国农产品产地环境污染是在工业化发展过程中长期累积形成的，工矿业、农业生产等人类活动和自然背景值高是造成土壤污染的主要原因。

中华人民共和国成立初期，由于产业结构规划缺乏合理性，一系列高耗能、高排放、高污染的工业企业在国民经济中占据了绝大部分比例，对空气环境和质量造成了严重的破坏。到 20 世纪 70 年代，土壤退化、水体污染、工矿企业无序排放等环境问题凸显，产地环境污染问题愈演愈烈。

为了推动我国环境保护工作的开展，1973 年第一次全国环境保护会议通过了中华人民共和国第一份环境保护文件——《关于保护和改善环境的若干规定（试行草案）》，标志着我国环境保护工作开始步入制度建设轨道，迈出了我国环境保护事业关键性的一步。通过强化人口规模管控、合理利用自然资源、制定区域和流域污染防治规划、实施重点污染物总量控制、加快产业结构调整等措施，减少工业源造成的产地环境污染。1983 年第二次全国环境保护会议把环境保护确定为基本国策，制定经济建设、城乡建设和环境建设同步规划、同步实施、同步发展，实现经济效益、社会效益、环境效益相统一的指导方针，实行“预防为主，防治结合”、“谁污染，谁治理”和“强化环境管理”三大政策，有力地推进了我国环境保护事业的发展。尽管各级政府对生态环境问题的重视程度不断提高，但随着改革开放后国家工作重心逐步转移到经济建设上来，粗放的工业化和城镇化发展方式、以“末端治理”理念指导工业污染治理、环境保护工作仍让步于经济增长等现象普遍存在，产地环境污染问题仍然是一个威胁农产品质量安全的重要挑战。

进入 21 世纪后，我国产地环境污染情况仍然较为严重。尽管我国已经采取了一系列措施来治理产地环境问题，包括加强环境监管、推进生态农业等，但是在经济高速发展的背景下，重金属污染、农药污染仍然成为我国农产品产地环境污染面临的主要问题。根据 2014 年环境保护部和国土资源部联合发布的《全国土壤污染状况调查公报》，全国土壤污染物总超标率为 16.1%，其中耕地土壤点位超标率为 19.4%，耕地土壤中轻微、轻度、中度和重度污染点位比例分别为 13.7%、2.8%、1.8% 和 1.1%，主要污染物为镉、镍、铜、砷、汞、铅、滴滴涕和多环芳烃。污水灌溉也是造成产地环境污染的重要原因，这些污水来源包括农业面源污染、养殖废水、工业废水、农村生活污水等。在调查的 55 个污水灌溉区中，有 39 个存在土壤污染，在 1378 个土壤点位中，超标点位占 26.4%，主要污染物为镉、砷和多环芳烃。污水灌溉的农田主要集中在水资源严重短缺的海、辽、黄、淮四大流域，约占全国污水灌溉面积的 85%。我国农业资源环境遭受着外源性污染和内源性污染的双重压力，农业可持续发展遭遇瓶颈。相关研究显示，农业已超过工业成为我国最大的面源污染产业，总体状况不容乐观，土壤和水体污染及农产品质量安全风险日益加剧，一方面是工矿业和城乡生活污染向农业转移排放，导致农产品产地环境质量下降，另一方面是化肥、农药长期不合理且过量使用，畜禽粪便、农作物秸秆和农田残膜等农业废弃物不合理处置，造成农业面源污染日益严重，持久性有机污染物、抗生素、残膜及微塑料等新污染物，以及生物毒素、抗性基因等生物污染物，对产地环境健康的影响越来越大，不断威胁农产品质量安全。

1.1.3 农产品产地环境污染特征

随着我国工业化、城市化、农业高度集约化的快速发展，土壤环境污染日益加剧，并呈现明显的区域差异性和多样性的特点。

根据2014年环境保护部和国土资源部联合发布的《全国土壤污染状况调查公报》，从污染分布情况看，南方土壤污染重于北方；长江三角洲、珠江三角洲、东北老工业基地等部分区域土壤污染问题较为突出，西南、中南地区土壤重金属超标范围较大；镉、汞、砷、铅 4 种无机污染物含量分布呈现从西北到东南、从东北到西南方向逐渐升高的态势。根据 2014 年 5 月 24 日国土资源部发布的我国首部《土地整治蓝皮书：

中国土地整治发展研究报告（No.1）》，我国耕地受到中度、重度污染的面积约 5000 万亩（1 亩 =666.67m^2），这些耕地大多集中于珠江三角洲、长江三角洲等经济较发达地区，特别是大城市周边、交通主干线及江河沿岸的耕地重金属和有机污染物严重超标。以重金属为例，南方地区的重金属污染较为严重。湖南、云南、贵州、广西等南方地区的农产品产地环境中重金属 / 类金属的超标率较高。这些地区的主要污染源包括矿区、工业区和农田。其中，矿区和工业区附近的农田土壤污染最为严重，而普通农田中除了镉外，汞、砷、铅和铬 4 种重金属的含量均未超过国家食品污染物限量标准。在北方地区，以河南省为例，河南省的大米、小麦、玉米等农产品中铅、镉、汞等重金属的污染程度较轻，但仍有部分地区存在重金属超标现象。此外，不同省份的农产品产地环境中，不同污染物的分布特征也存在差异。局域性产地环境污染严重主要是由工矿企业排放的污染物造成的，较大范围的产地环境污染主要受农业生产活动的影响，一些区域性、流域性土壤重金属严重超标则是工矿活动与自然背景叠加的结果。

从污染范围和污染种类看，我国土壤污染点位在增加，污染范围在扩大，污染物种类在增多，出现了复合型、混合型的高风险区，呈现出城郊向农村延伸、局部向流域及区域蔓延的趋势，形成了点源污染与面源污染共存，工矿企业排放、肥料污染、种植养殖业污染与生活污染叠加，多种污染物相互复合、混合的态势。《全国土壤污染状况调查公报》显示全国土壤总的超标率为 16.1%，其中轻微、轻度、中度和重度污染点位比例分别为 11.2%、2.3%、1.5% 和 1.1%。污染类型以无机型为主，有机型次之，复合型污染比重较小，无机污染物超标点位数占全部超标点位的 82.8%。农产品产地环境污染已对农产品及食品质量安全、区域生态安全、全球气候变化以及经济社会可持续发展构成了威胁。农业部（现农业农村部）环保监测系统对全国 24 个省市 320 个严重污染区约 548 万公顷土壤调查发现，大田类农产品污染超标面积占污染区农田面积的 20%，其中重金属超标占污染土壤和农作物的 80%，特别是采矿区和冶炼区周边及部分城郊地区，这些区域农田土壤重金属的含量较高。对全国粮食的调查发现，重金属 Pb、Cd、Hg、As 超标率占 10%。重金属污染物在土壤中移动性差，滞留时间长，大多数微生物不能使之降解，并可经水、植物等介质最终危害人类健康。环境保护部（现生态环境部）对我国基本农田保护区土壤重金属含量抽测结果表明，重金属超标率高达 12.1%。根据长江中下游农田土壤 - 水稻系统中重金属近 10 年来的定位监测数据统计资料，发现 2006 年、2011 年和 2016 年采集的稻米中的点位超标率分别为 9.3%、22.2% 和 20.7%，10 年间稻米超标率显著增加。

1.2 产地环境污染类型

农产品产地环境是农产品生产的基础，也是农产品质量的重要保障。然而，在工业化和城市化的进程中，产地环境面临着多种类型的污染。我国耕地土壤污染物以重金属（镉、砷、铅、汞、铬、铜、锌、镍，砷为类金属元素，但在环境污染中，被归类为重金属）为主，有机农药次之。以抗生素、残膜与微塑料、持久性有机污染物等为代表的新污染物正在受到越来越多的关注。根据污染物性质，可把产地环境污染物大致分为无机污染物和有机污染物两大类，随着对产地环境质量要求的提高和污染治理的深入，生物性污染物也被认为是一种产地环境污染物。

1.2.1 无机污染物

产地环境中的无机污染物主要包括重金属，放射性元素铯、锶的化合物，含砷、硒、氟的化合物，以及酸、碱、盐等。其中尤以重金属和放射性物质的污染危害最为严重，土壤中的重金属污染物包括汞、镉、铅、铜、铬、砷、镍、铁、锰、锌等。这些无机污染物不能被微生物分解，一旦污染了土壤，就难以彻底消除，并较易被植物吸收，长期积累会导致土壤污染，进而危害生态系统健康和人体健康。例如，土壤中的重金属如镉、铅、汞等可在作物根系富集，通过食物链进入人体，对人体健康造成危害。长期食用被重金属污染的农产品可能导致多种健康问题，如肝脏与肾脏损伤、神经系统紊乱等。这些无机污染物还会破坏土壤的组成和结构，导致土壤肥力下降，影响农作物的生长和发育，污染严重的土壤甚至可能失去农业价值。此外，无机污染物可能通过径流和地下水进入水体，对水生生态系统造成影响。而放射性元素如铯、锶的化合物等则可能对人体产生致癌效应，土壤中过量的盐类可能会导致植物生理干旱和离子失调等问题，而含砷、硒、氟的化合物则可能会污染地下水，对人类和动物的饮用水安全造成威胁。研究表明，重金属进入人体后会导致蛋白质及各种酶失去活性，且不易代谢，当富集在人体器官中的含量超过人体耐受限度后，会造成人体急性中毒、亚急性中毒、慢性中毒等，严重危害人体健康。

重金属污染是指由人类的活动将重金属带入土壤中，致使土壤重金属含量明显高于其自然背景值，并形成生态破坏和环境质量恶化的现象。产地环境中的重金属主要包括汞（Hg）、镉（Cd）、铅（Pb）、铬（Cr）和类金属砷（As）等生物毒性显著的元素，以及有一定毒性的锌（Zn）、铜（Cu）、镍（Ni）等元素。这些重金属主要来自农药、废水、污泥和大气沉降等，如汞主要来自含汞废水，镉、铅污染主要来自冶炼排放和汽车废气沉降，砷则被大量用作杀虫剂、杀菌剂、杀鼠剂和除草剂。一些矿山在开采中尚未建立石排场和尾矿库，废石和尾矿随意堆放，致使尾矿中富含的难降解重金属进入土壤，加之矿石加工后余下的金属废渣随雨水进入地下水系统，造成严重的土壤重金属污染。过量重金属可引起植物生理功能紊乱、营养失调，减弱和抑制土壤中硝化、氨化细菌活动，影响氮素供应。重金属污染物在土壤中移动性很差，不易随水淋滤发生迁移，难以被微生物降解，因此极易在土壤中积累并通过食物链进入人体。此外，土壤重金属污染与大气和水体污染之间存在相互影响。大气沉降和灌溉水中的重金属可能进入土壤，而土壤中的重金属也可能通过渗漏或径流进入地下水或地表水中，形成复合污染。

土壤重金属污染的主要特征有如下几个方面：

① 形态多变。随 pH 值、氧化还原电位、配位体不同，常有不同的价态、化合态和结合态，形态不同其毒性也不同。

② 难以降解。污染元素在土壤中一般只能发生形态的转变和迁移，难以降解。

③ 隐蔽性。重金属在土壤中不易被察觉，一般不会降解和消除，因此可能对环境和人体健康产生长期影响。

④ 不可逆转性。重金属在土壤中的半衰期通常较长，一旦进入土壤，就可能需要数年甚至数十年的时间才能使其浓度降至安全水平。

⑤ 积累性。一些重金属元素可以在食物链中传递并逐渐在高位累积，对处于食物链顶端的人类和动物产生危害。

1.2.2 有机污染物

产地环境中的有机污染物种类繁多，包括农药、多环芳烃、石油烃类、邻苯二甲酸酯、持久性有机污染物、抗生素、残膜与微塑料等，其中尤以有机氯农药、有机汞制剂、多环芳烃等性质稳定不易分解的有机物为主，它们在土壤环境中易累积，污染危害大。这些有机污染物的来源包括农药的广泛使用、化石燃料的燃烧、石油的泄漏、工业污水和污泥的农用以及工农业固体废物的堆放等。产地环境中的有机污染物可能会破坏土壤结构，影响土壤生态平衡，导致土壤肥力下降，对农作物的生长和发育产生不利影响。同时，这些污染物还可能通过食物链进入人体，对人体产生危害，如致癌、致畸、致突变等。例如，多环芳烃是常见的环境致癌物质，长期食用含多环芳烃的农产品可能会导致人体癌症的发生。土壤中的有机污染物还可能会污染地下水和地表水，对水生生物和人体健康产生危害。例如，石油泄漏可能会导致土壤和地下水的污染，不仅可能对农作物产生负面影响，还可能通过食物链对水生生物和人体健康产生不利影响。

有机污染是指由有机物质引起的污染，主要包括有机废物、有机溶剂、有机农药等。有机污染对农产品产地环境的危害也是较大的。例如，有机废物中含有大量的有害物质，如多环芳烃、脂肪烃等，会对土壤和水体造成污染。有机溶剂在使用过程中还会挥发到空气中，对空气质量造成影响。有机污染的控制和治理需要采取多种措施，包括源头控制、废物处理、修复技术等。同时，需要加强对有机溶剂使用的管理和监测，避免其对环境和人体健康造成危害。

1.2.2.1 农药污染

农药是存在于土壤环境中一类重要的有机污染物，农药污染是指人类在农业生产过程中，使用化学农药后，残留的农药成分在土壤、水体、农产品中的污染现象。农业生产中，农药主要用于消灭、杀死自然界中各种昆虫、线虫、蛹、杂草、真菌等病原体。然而，大量使用高毒、高残留的农药，以及使用方法不当、过量使用等，在农药生产过程和农业生产使用过程中可能导致土壤污染，对农产品产地环境造成了很大的威胁。这些农药进入土壤和水体后，难以降解和清除，长期积累在土壤中，造成土壤污染。同时，这些农药也可以随着灌溉水进入地下水和河流湖泊等水体中，对水体造成污染。

目前，农业生产中农药使用量一般达到 0.2 ～ 5.0kg/hm^2，而非农业目的的应用其用量往往更高。例如，在英国，大量除草剂被用于铁路或城市道路上清除杂草，其用量也在不断增加，增长率达到 9%。部分进入土壤中的农药通过挥发进入大气环境，或者经淋溶过程进入地下水，或经排水进入水体或河流。由于涉及的化合物种类很多，农药污染物在土壤环境中的生态行为及其对植物、动物、微生物甚至人类的毒性差异很大。许多农药还有可能降解为毒性更大的衍生物，导致敏感作物的植物毒性问题。与土壤农药污染有关的最为严重的问题是进一步导致地表水、地下水的污染以及通过作物或农业动物进入食物链。

农药污染对产地环境的影响表现在多个方面。首先，它会使土壤的结构和性质发生变化，破坏土壤的生态平衡，导致土壤肥力下降，影响农作物的生长和发育。其次，农药污染会使水体的 pH 值、色度、浊度等发生变化，使水体的生态平衡受到破坏，影响水生生物的生存和繁衍。最后，农药污染会残留在农产品中，通过食物链进入人体，对人体健康造成危害，如出现头痛、恶心、呕吐、腹泻等症状。

为了控制和减少农药污染，需要采取综合措施。加强对农药生产和使用的监督和管理，推广使用高效、低毒、低残留的农药，严格限制高毒、高残留的农药的使用范围和使用量。加强对产地环境的监测和管理，定期对土壤和水体进行检测和评估，及时发现污染问题并采取措施加以解决。此外，需要加强对农民的教育和管理，增强农民的环保意识，提高农民的技能水平，引导农民科学合理使用农药。

1.2.2.2 持久性有机污染物污染

持久性有机污染物（persistent organic pollutants，POPs）是指具有持久性、生物蓄积性、半挥发性和毒性，能在大气中远距离迁移并能沉积回地球，对人类健康和环境具有严重危害的有机化合物。根据 POPs 的定义，国际上公认 POPs 具有下列 4 个重要的特性：a. 能在环境中持久地存在；b. 能蓄积在食物链中，对有较高营养等级的生物造成影响；c. 能够经过长距离迁移到达偏远的极地地区；d. 在相应环境浓度下会对接触该物质的生物造成有害或有毒效应。

持久性有机污染物不仅具有较高的致癌、致畸、致突变效应，而且能够导致生物体内分泌紊乱、生殖及免疫机能失调以及其他器官的病变，导致皮肤出现表皮角化、色素沉着或引起心理疾患症状等，严重威胁生态环境安全和人类健康。更为严重的是，一些 POPs 可通过其生殖遗传毒性影响后代，导致婴儿先天性畸形、新生儿免疫力下降、儿童性早熟等现象。POPs 污染已成为影响人类生存与健康的重大环境问题，越来越受到国际社会的广泛关注。

POPs 一般具有毒性，包括致癌性、生殖毒性、神经毒性、内分泌干扰特性等，它严重危害生物体，并且由于其持久性，这种危害一般会持续一段时间。一方面POPs具有很强的亲脂憎水性，能够在生物器官的脂肪组织内产生生物积累，并沿着食物链逐级放大，从而使在大气、水、土壤中低浓度存在的污染物经过食物链的放大作用，而对处于最高营养级的人类的健康造成严重的负面影响；另一方面，POPs具有半挥发性，能够在大气环境中长距离迁移并沉积到地球的偏远极地地区，从而导致全球范围的污染扩散。

《斯德哥尔摩公约》中首批控制的POPs可分为三大类12种化学物质：第一类是有机氯农药，包括艾氏剂（aldrine）、氯丹（chlordane）、滴滴涕（DDT）、狄氏剂（dieldrine）、异狄氏剂（endrine）、七氯（heptachlore）、灭蚁灵（mirex）、毒杀芬（toxaphene）、六氯苯（HCB）；第二类是工业化学品，包括多氯联苯（PCBs）；第三类是工业化学品副产物，包括二噁英（PCDDs）、呋喃（PCDFs），它们是化工产品的杂质衍生物和含氯废物焚烧所产生的次生污染物。这12种物质大多具有高急性毒性和水生生物毒性，其中1种已经被国际癌症研究机构确认为人体致癌物，7种为可能人体致癌物。1998年6月在丹麦奥尔胡斯召开的泛欧环境部长会议上，美国、加拿大和欧洲32个国家正式签署了《关于长距离越境空气污染物公约》，提出了16种（类）加以控制的POPs物质，除了联合国环境规划署（UNEP）提出的12种物质以外，还有六溴联苯、林丹（99.5%的六六六丙体制剂）、多环芳烃和五氯酚。我国自2023年3月1日起施行的《重点管控新污染物清单（2023年版）》，将全氟辛基磺酸及其盐类和全氟辛基磺酰氟（PFOS类）、全氟辛酸及其盐类及相关化合物（PFOA类）、十溴二苯醚、短链氯化石蜡、六氯丁二烯、五氯苯酚及其盐类和酯类、三氯杀螨醇、全氟己基磺酸及其盐类及其相关化合物、得克隆及其顺式异构体和反式异构体、二氯甲烷、三氯甲烷、壬基酚和抗生素13种（类）物质列为重点管控的新污染物，将按照国家有关规定对上述新污染物采取禁止、限制、限排等环境风险管控措施。

为了控制和减少POPs的污染，国际社会已经采取了一系列行动。例如，签署了《关于持久性有机污染物的斯德哥尔摩公约》（*Stockholm Convention on Persistent Organic Pollutants*），旨在减少POPs的生产和使用，并推动POPs的清理和处置。此外，各国政府也加强了对POPs的监管，推行绿色化学、环保生产和废弃物资源化利用等措施，从源头上减少POPs的产生和排放。

1.2.2.3　抗生素污染

农产品产地环境中的抗生素污染是指人类在农业生产过程中使用抗生素后，抗生素残留于土壤、水体和农产品中的现象。这种现象在全球范围内都存在，对人类和生态环境造成潜在危害。

抗生素污染的主要来源是农业生产中抗生素的不合理使用，包括过量使用、不当使用、不规范使用等。这些抗生素进入土壤和水体后，难以降解和清除，长期积累在环境中有可能会对产地环境造成潜在危害。抗生素污染对产地环境的影响主要体现在以下几个方面：首先，抗生素污染会影响土壤的理化性质，破坏土壤的生态平衡，导致土壤肥力下降，影响农作物的生长和发育；其次，抗生素污染会污染水体，使水体的 pH 值、色度、浊度等发生变化，使水体的生态平衡受到破坏，影响水生生物的生存和繁衍；最后，抗生素污染会残留在农产品中，通过食物链进入人体，对人体健康造成潜在危害。

目前，国际社会已经采取了一系列措施来控制和减少抗生素污染。例如，加强对抗生素生产和使用的监管，推行绿色农业和有机农业等措施来减少抗生素的使用。此外，还需要加强对抗生素的监测和管理，及时发现污染问题并采取有效措施加以解决，保障农产品产地环境的安全和可持续发展。

1.2.2.4 残膜与微塑料污染

塑料薄膜是农业生产中常用的覆盖材料，可以提高农作物的产量和质量。然而，在农产品产地环境中，随着地膜等农资物品的大量使用，残膜和微塑料污染已经成为一个不可忽视的问题。残膜是指农用地膜使用后残留于土壤中的塑料薄膜。由于这些薄膜不易降解，长期滞留于土壤中会破坏土壤结构，影响土壤水分和养分循环，最终影响农作物的生长和产量。而且，这些残膜也会随着农产品进入人体，对人体健康产生潜在危害。

废塑料进入环境后，在一系列环境因素（如紫外辐射、生物降解、物理风化和热应力等）的共同作用下会进一步破碎成小颗粒，形成大量的次生源微塑料（粒径＜5mm）甚至纳米塑料（粒径＜100nm）。微塑料污染则是指微小颗粒的塑料物质在产地环境中的污染。这些微塑料可能来源于大块塑料的分解，也可能直接排放到环境中。由于它们的尺寸非常小，容易被生物误食或进入其他生物体内，对生态环境造成严重的影响。残膜和微塑料污染的影响不仅局限于土壤和农产品中。由于它们难以降解，长期滞留于环境中会破坏自然景观，影响人类活动，甚至威胁人类的健康。

1.2.3 生物性污染物

生物性污染物是引起水体、大气、土壤和食品污染的有害生物，生物性污染物种类繁多，会对人类、动物等造成危害。其中对产地环境和农产品质量安全影响较大的是真菌、细菌、病毒等植物病害。植物病害会导致农作物产量和品质下降，降低农产品的供应量，影响食品供应链的稳定性和人们的正常饮食。一些植物病害会产生有毒物质，如黄曲霉毒素、呕吐毒素等，对人体健康产生很大威胁，长期食用这些农产品可能会引发癌症等疾病。对于农产品来说，真菌毒素是对农产品、人畜身体健康影响较大的一种生物性污染物，真菌毒素主要是由曲霉、青霉和镰刀菌产生的次生真菌代谢产物。大规模调查研究表明，人类和动物同时暴露于几种真菌毒素中。同时暴露可能产生协同、相加或拮抗作用。

1.2.3.1　呕吐毒素

呕吐毒素（vomitoxin）又名脱氧雪腐镰刀菌烯醇（deoxynivalenol，DON），主要是常见植物病害禾谷镰孢菌（*Fusarium graminearum*）产生的化学结构和生物活性相似的有毒代谢产物——单端孢霉烯族化合物中的一种。在作物生长期，禾谷镰孢菌能侵染小麦（*Triticum aestivum*）、大麦（*Hordeum vulgare*）、水稻（*Oryza sativa*）、燕麦（*Arena sativa*）等禾谷类作物的穗、茎、茎基部和根部等部位，引起穗腐病、茎腐病、茎基腐病和根腐病等病害，作物收获期及收获后，禾谷镰孢菌可产生呕吐毒素污染小麦、大麦、玉米等谷类作物及粮食制品。

DON 的污染广泛存在于全球各国，中国、日本、美国、南非等均有发现。DON 主要污染小麦、大麦、燕麦、玉米等谷类作物，也污染粮食制品，如面包、饼干、麦制点心等。另外，在动物的奶、蛋中均有发现 DON 残留。DON 对粮谷类的污染状况与产毒菌株、温度、湿度、通风、日照等因素有关。小麦赤霉病主要分布在潮湿的温带地区，我国大部分地区又恰恰处于这一地带，这是我国 DON 污染较严重的原因之一，在多雨年份 DON 的污染状况则更为严重，赤霉病麦中毒也是我国最主要的真菌性食物中毒之一，这也越来越引起人们的重视。

DON 广泛存在于温热带地区的饲料中，因此在谷物中 DON 中毒发病率最高。例如：在日本，小麦和大麦中的 DON 浓度为 40×10^{-6}；在加拿大，安大略地区白色冬小麦中的 DON 浓度为 8.5×10^{-6}。对国内各省（自治区、直辖市）小麦及麸皮样品检测分析发现，呕吐毒素的检出率为 100%，超标率达到 83.12%[1]。美国食品药品监督管理局（FDA）规定食物中呕吐毒素的安全标准是 1000μg/kg，呕吐毒素的含量超过 1000μg/kg 就会对人及一些动物健康产生损害。

呕吐毒素对我国谷物类原料的污染相当普遍，其次是油籽类原料。从内蒙古、宁夏、黑龙江、辽宁、湖南、湖北、河北、广东等省（自治区）采集 31 份玉米、21 份全价饲料、27 份植物蛋白饲料。被检的玉米样本中呕吐毒素检出率达 100%，平均含量达 820μg/kg；被检的全价料中呕吐毒素的检出率达 100%，平均含量为 1020μg/kg；被检的蛋白质饲料中呕吐毒素的检出率达 87%，平均含量为 240μg/kg。

1.2.3.2　黄曲霉毒素

黄曲霉毒素（aflatoxin，AF）又称黄曲霉素，是黄曲霉菌属黄曲霉菌、寄生曲霉菌产生的代谢物，是一组化学结构类似的化合物总称。黄曲霉毒素最早被发现于 20 世纪 60 年代，是由许多真菌合成的，包括曲霉、青霉、镰刀菌和链格孢菌，但已知黄曲霉（*Aspergillus flavus*）和寄生曲霉（*Aspergillus parasiticus*）产生的黄曲霉毒素最毒。主要有 6 种不同类型的黄曲霉毒素——黄曲霉毒素 B_1（AFB_1）、黄曲霉毒素 B_2（AFB_2）、黄曲霉毒素 G_1（AFG_1）、黄曲霉毒素 G_2（AFG_2）、黄曲霉毒素 M_1（AFM_1）和黄曲霉毒素 M_2（AFM_2），其他类型黄曲霉毒素还包括黄曲霉毒素 B_{2a}、黄曲霉毒素 G_{2a}、黄曲霉毒素 BM_{2a} 和黄曲霉毒素 GM_{2a} 等。其中，黄曲霉毒素 B_1 和黄

曲霉毒素 B_2 由黄曲霉产生，而黄曲霉毒素 G_1 和黄曲霉毒素 G_2 由寄生曲霉产生。

黄曲霉毒素主要污染粮油及其制品，包括谷物（玉米、高粱、珍珠小米、大米和小麦）、油籽（花生、大豆、向日葵籽和棉籽）、香料（辣椒、黑胡椒、姜黄、香菜和生姜）、坚果（杏仁、巴西坚果、开心果、核桃和椰子）、山药和各种乳制品，其他植物性与动物性食品也能被污染。产毒素的黄曲霉菌很容易在水分含量较高（水分含量低于 12% 则不能繁殖）的禾谷类作物、油料作物籽实及其加工副产品中寄生繁殖和产生毒素，使其发霉变质，人们通过误食这些食品或其加工副产品，又经消化道吸收毒素进入人体而中毒，是霉菌毒素中毒性最大、对人类健康危害极为突出的一类霉菌毒素。早在 1993 年，世界卫生组织（WHO）国际癌症研究机构（International Agency for Research on Cancer，IARC）就将黄曲霉毒素列为天然存在致癌物；2002 年黄曲霉毒素被 IARC 划定为一类致癌物。根据世界卫生组织的《食品安全摘要》报告，估计每年有 25% 的世界粮食作物因黄曲霉毒素污染而被毁，这导致食用作物生产商和贸易商每年收入损失数百万美元。真菌进入作物不仅损害了作物受到真菌攻击的自卫能力，还污染了导致黄曲霉毒素产生的作物种子。真菌感染既会影响作物的生长和产量，也会导致市场价值的损失。

黄曲霉毒素常常存在于土壤、动植物、各种坚果特别是花生和核桃中。在大豆、稻谷、玉米、通心粉、调味品、牛奶、食用油等制品中也经常发现黄曲霉毒素。一般在热带和亚热带地区，食品中黄曲霉毒素的检出率比较高。在我国总的分布情况为：华中、华南、华北产毒株多，产毒量也大，东北、西北地区较少。我国于 1972 年、1973 年、1974 年及 1981 年先后在全国进行食品中 AFB_1 的普查工作，结果发现黄曲霉毒素的污染有地区和食品种类的差别。长江及长江以南地区黄曲霉毒素污染严重，北方地区污染较轻。在各类食品中，花生、花生油、玉米污染最严重，大米、小麦、面粉污染较轻，豆类很少受到污染。有专家学者在 1992 年对我国广西、江苏、河北、北京等地的粮油食品中黄曲霉毒素的污染情况进行了调查，其结果表明除花生样品的污染率较高，达到 55.6% 外，玉米的污染率仅为 15.6%，且污染水平均未超过我国现行食品中 AFB_1 的允许量标准。

黄曲霉毒素在食品中的污染波及世界各地区，一般来说，热带和亚热带地区食品污染较重，其中以花生、玉米的污染最为严重，20 世纪 60 ～ 80 年代 12 个国家的调查结果表明：花生的阳性率为 0.9% ～ 50%，平均含毒量为 25 ～ 1000ng/g，含毒量最高的样品达 25000ng/g；玉米的阳性率为 3.5% ～ 73%，平均含毒量为 5 ～ 400ng/g，含毒量最高的样品达 12500ng/g。

1.3 产地环境污染来源与途径

产地环境污染来源一般分为自然来源和人为来源。自然来源以成土母质为主，指某些矿床的元素和化合物的富集中心周围，矿物的自然分解与分化往往形成自然扩散带，使附近土壤中某元素的含量超过一般土壤的含量。人为来源又可以根据人类活动类型分为工业源（如采矿、冶炼、燃煤、交通等）、生活源（交通、废水、生活垃圾、燃煤等）以及农业源（肥料、农药、灌溉水、农膜等），人为污染源是产地环境污染研究的主要对象。上述不同来源的污染又以不同的途径进入土壤，包括岩石风化形成的土壤母质、大气沉降、灌溉和径流、固体废物利用、肥料和农药施用[2]。在为数众多的土壤污染来源中，影响大、比例高的污染来源主要包括工业污染源、农业污染源、生活污染源等。污染物种类、污染途径、污染程度的不同，使污染土壤表现出单污染源和复合污染源并存的情况，出现了更为复杂的产地环境污染来源。

1.3.1 产地环境污染的自然源

成土母质是影响农产品产地土壤重金属含量的内在因素。在成土过程中，岩石中的一些元素例如重金属在岩石风化过程中被保留下来，因此土壤自身会带有一定含量的重金属，由此所产生的重金属含量被称为土壤背景值。土壤高背景值引起的土壤重金属污染主要集中在我国西南地区，如广西、湖南、江西、四川、云南、贵州等地。源自成土母质的重金属在一定程度上会导致土壤污染。南方主要农产品产地土壤重金属背景值普遍高于全国平均值。广西壮族自治区 8 种重金属背景值均超过全国平均值，特别是重金属 Cd 的背景值（0.267mg/kg）已超过全国平均值 3.8 倍，成为广西土壤重金属 Cd 点位超标率普遍偏高的重要原因之一。湖南省 Cd、Hg、Ni、Cr 背景值均高于全国平均值，其中 Cd 背景值为 0.126mg/kg，显著高于全国平均值。江西省 Pb、Cd、Hg、As 背景值高于全国平均值，Cr 和 Ni 背景值低于全国平均值，Cd 背景值为 0.108mg/kg，显著高于全国平均值。四川省 8 种重金属背景值均高于全国平均值，超标倍数均不高于 2 倍。云南杞麓湖农业径流区，河流湿地 6 种重金属（Cu、Zn、Cd、Cr、Ni、Hg）平均含量均超过云南省土壤背景值，分别为土壤背景值的 1.84 倍、2.10 倍、4.49 倍、1.51 倍、2.23 倍、5.17 倍，人工湿地和湖泊湿地 Zn、Cd、Cr 和 Hg 含量均超过背景值，表明杞麓湖农业径流区低污染水中存在不同程度重金属污染，重金属 Cd 污染严重，在河流湿地和人工湿地超背景值的样点比例高达 100%[3]。

1.3.2 产地环境污染的工业污染源

工业污染源具备确定的空间位置并稳定排放污染物质，其造成的污染多属点源污染。工业污染源造成的污染涉及矿产开发、冶炼、加工、使用及工业生产过程中产生的废水、废气和废渣等工业“三废”。一般来说，直接由工业“三废”引起的产地环境污染限于工业区周围数公里范围内的农田、林地、草地等，而工业“三废”引起的大面积土壤污染都是以间接方式起作用的，且是由污染物在土壤环境中长期积累而造成的。

我国工业和城市规模的迅速发展，致使工业“三废”和城市垃圾、污水对农业环境造成污染越来越严重，由局部向整体蔓延。特别是乡镇企业迅猛发展，遍布农村，由于从业人员素质不高、设备技术陈旧落后、管理不善，加之乡镇企业建设项目的“三同时”执行率普遍较低，而且乡镇企业“三废”污染物也在逐年增加，加剧了对农业环境的污染。目前，我国农业遭受工业“三废”污染的面积已达 1.5 亿亩，每年造成的经济损失约 150 亿元。据全国农业环境质量状况调查估算，我国因污水灌溉引起的耕地污染面积为 3250 万亩，占耕地总面积的 2.3%；大气污染农田面积 8000 万亩，占全国总耕地面积的 5.6%；固体废物堆存占地和毁田 200 万亩。全国有 8200 多公里河段鱼虾基本绝迹，2.5 万公里的河流水质不符合渔业水质标准。湖南省已有 26% 的耕地、27% 的农田灌溉水和 25% 的大气均受到不同程度的污染，低于无公害农产品标准要求的耕地面积已超过 1000 万亩，四大水系中有 70% 以上河段不符合渔业水质标准要求。

1.3.2.1 矿产资源开发

采矿和冶炼业的迅速发展，给人类带来了巨大的财富。但金属矿山开采和冶炼等生产活动会产生大量的粉尘、废水（矿井废水、酸性废水、洗煤水、生活污水）、废气、固体废物等污染物，以及开矿后形成的废弃地，引发了很多环境问题，如土壤基质被污染、生物多样性丧失、生态系统和景观受到破坏。采矿业对土壤的污染及对自然资源的过度开发会造成多种化学元素在自然生态系统中超量循环。其中，矿山开采过程中 Pb、Cd、Cu、Zn、Cr、Hg、As、Ni 等重金属进入矿区周边土壤环境中，导致日益严重的金属矿区土壤重金属污染问题，引发的环境污染和生态破坏也与日俱增。改革开放以来我国采矿业发展迅猛，年采矿石总量约60亿吨，已成为世界第三大矿业大国。

采矿业可以通过多个方面对产地环境健康和安全造成负面影响。

（1）酸性废水

采矿过程中往往会涉及酸性物质的排放。矿石中的硫化物和碳酸盐在氧化过程中会生成酸性的硫酸和碳酸，这些废水如果未被妥善处理，会对土壤的酸碱平衡产生影响，导致土壤的酸性化，影响土壤的理化性质和生物活性。

（2）重金属

采矿过程中会释放出大量的重金属，如铜、锌、铅、汞等。这些重金属在矿石中以各种形式存在，如硫化物、碳酸盐、氧化物等。在采矿过程中，这些重金属会随着废石和尾矿的排放进入土壤，造成土壤重金属污染。重金属在土壤中难以降解，积累到一定程度后会对土壤的生物活性产生影响，甚至通过食物链进入人体，危害人体健康。

（3）有害气体

采矿过程中会产生大量的有害气体，如二氧化碳、一氧化碳、二氧化硫、甲烷等，这些气体如果未被妥善处理会对土壤环境和大气环境产生影响。例如，二氧化碳的过度排放会导致全球气候变暖，甲烷的排放则可能导致土壤氧化和温室效应的增强。

（4）放射性元素

一些特定的矿石中可能含有放射性元素，如铀、钍等。在采矿过程中，这些放射性元素可能会随着矿石的开采进入土壤，造成土壤的放射性污染。放射性元素的存在会对土壤的理化性质和生物活性产生影响，并可能对周边环境和人体健康产生潜在危害。

（5）固体废物

采矿过程中会产生大量的固体废物，如废石、尾矿等。这些固体废物如果未被妥善处理，会占用大量的土地，并对土壤环境产生影响。废石和尾矿中可能含有一些有害物质，如重金属、放射性元素等，如果直接堆放在土地上会对土壤造成污染。此外，废石和尾矿的长期堆积还可能导致地质灾害的发生，如滑坡、泥石流等，对周边环境和人员安全产生影响。

1.3.2.2 大气沉降污染

大气沉降（atmospheric deposition）是指人类活动排放的粉尘和地表风力带起的地表颗粒自然沉降到地面，或随着雨、雪、雾或冰雹等降水形式间接沉降到地面上的现象，其分为干沉降和湿沉降。大气沉降是土壤重金属污染的途径之一。能源、运输、冶金和建筑材料生产产生的气体和粉尘中含有大量的重金属，除汞以外，其他重金属基本上是以气溶胶的形态进入大气，经过干湿沉降进入土壤。存在于煤和石油中的一些微量元素，如 Cd、Zn、As 和 Cu 等，经工业或家庭燃烧以飘尘、灰尘、颗粒物或气体形式释放。大气沉降物具有明显的地域性，能够反映该地区大气的污染状况。重金属是大气沉降污染物的重要成分之一，可通过呼吸系统直接影响人类健康，同时重金属具有不可降解性，在沉降后会持久累积，对土壤、植物和水体等造成二次污染，并通过食物链危害人体健康。

（1）重金属污染

国外对大气沉降重金属污染的研究始于 20 世纪 70 ～ 80 年代，20 世纪末达到了顶峰，其研究对象主要有湖泊区、海岸区、重金属矿区以及偏僻的山区及海域。我国对大气沉降重金属污染的研究相对较晚，始于 20 世纪末。目前主要针对一些大中型城市的大气降尘时空分布、特征及来源进行系统分析研究。相比美国和欧洲国家，我国大部分城市大气沉降重金属含量偏高。大气中的重金属主要来源于能源燃烧、交通运输、金属冶炼等生产生活活动，通过干湿沉降进入土壤和水体。工业废气中有害物质通过工矿企业的烟囱、排气管或无组织排放进入大气，以微粒、雾滴、气溶胶的形式飞扬，经重力沉降或降水淋洗沉降至地表而污染土壤。钢铁厂、冶炼厂、电厂、硫酸厂、铝厂、磷肥厂、氮肥厂、化工厂等均可通过废气排放和重金属烟尘的沉降而污染周围农田。这种由大气沉降过程造成的污染受气象条件影响显著，一般在常年主导风向的下风侧比较严重。影响大气沉降量和沉降速率的其他因素还有排放源类型、排放量、与排放源的距离等。

大气沉降通量不仅与当地气溶胶含量有关，还受制于气溶胶的来源以及到达地面的沉降模式，即干沉降和湿沉降的相对重要性。虽然干湿沉降是大气中物质向地表输送的两个同时存在的过程，但它们有截然不同的地球化学特征：干沉降是一个持续直接向地面输送的过程，主要受控于颗粒物的粒径；相比于干沉降，湿沉降模式具有一定的周期性，与降水过程有关，而与颗粒物粒径关系不大，尽管粗粒子和细粒子在降水过程中会先后被清除。因此，合理区分并量化两种沉降过程的相对重要性是深入理解大气沉降机制的基础。但在不同的研究中关注的重点不同，对大气沉降的研究方法亦有差异，不同的观测方法可能会对观测结果造成很大的影响。

大气源重金属微粒是造成土壤重金属侵袭、累积或污染的途径之一，它的构成主要是金属飘尘。在金属加工过程和交通繁忙的地区，往往伴随金属尘埃进入大气，其种类视来源的不同而异。这些飘尘自由降落，或随着雨水接触植物体或进入土壤后，其中的有害物质有可能随之被植物或动物吸收，在大气污染严重的地区，有害物质在土壤和作物体中也有明显的累积。例如，大气湿沉降是岷江下游五通桥地区土壤中铅和锌的污染源之一。从对长江口青草沙水库及长兴岛采集的大气颗粒物样品的分析发现，大气气溶胶中重金属 Zn、Cr、Mn、Cu、Ni 和 Pb 存在明显的元素富集，浓度分别达到 297ng/m^3、241ng/m^3、186ng/m^3、181ng/m^3、52ng/m^3 和 32ng/m^3，而相应的平均干沉降通量分别为 0.14mg/（m^2·d）、0.09mg/（m^2·d）、0.08mg/（m^2·d）、0.08mg/（m^2·d）、0.02mg/（m^2·d）和 0.02mg/（m^2·d）。大气颗粒物降尘对耕地总 As、Cr、Hg、Ni 和 Pb 的累积贡献达 43% ～ 85%。对长江三角洲地区大气颗粒物降尘的分析表明，除 Fe、Mn 外，研究区大气颗粒物降尘中重金属含量普遍高于当地土壤重金属含量，尤其是 Cd、Cr、Cu、Pb 和 Zn。可以看出，大气颗粒物对耕地的污染具有典型的点、线、面特性，而点、线区域的污染比较严重，大气沉降重金属对农业区的影响应引起足够重视。

（2）有机污染

大气中有机污染物可通过干湿沉降进入土壤和水体，也可通过污水灌溉、农药化肥施用、地表径流等途径进入土壤；土壤中有机污染物可经挥发作用进入大气，通过淋溶、解吸作用等随地表径流进入地表水，或下渗进入地下水；有机污染物也可在土壤中发生化学降解和生物降解，其中微生物降解对有机污染物的转化起重要作用；有机污染物还可被植物吸收迁出土体，通过土壤 - 植物系统并经由食物链最后进入人体。土壤有机质及矿物质对污染物的吸附作用，可降低其生物有效性，并对污染物的迁移转化及区域环境过程产生重要影响。

大气中有机污染物可以气态和颗粒态形式存在，一定条件下会发生光化学降解，也会通过干湿沉降进入土壤和水体或吸附在植物叶、茎表面。国内外对大气中有机污染物的源汇机制及长距离传输过程已有较多研究。但对有机污染物多介质微界面过程的研究有待深入，如有机污染物在气 / 水界面的环境行为会受水中溶解有机质和共存污染物影响，也受温度、水力学条件等影响。

1.3.2.3　固体废物利用

污染农田的固体废物来源广泛，主要包括采矿废物、工业废渣、污泥和城市垃圾等多种物质。除矿产开采和冶炼产生的固体废物外，电子垃圾、工业固体废物、市政固体废物、污泥及垃圾渗滤液等是我国耕地固体废物污染的主要来源。这些作为肥料施用，或在堆放、处理和填埋过程中，可通过大气扩散、降水淋洗等直接或间接地污染土壤。我国浙江、广东、湖南等省份是电子垃圾处置的主要区域，这些区域因电子垃圾造成的农田污染在局部区域非常严重，其主要污染物包括重金属 Cd、Cr、Cu、Ni、Pb、Zn 及持久性有机污染物等。

由于污泥中含有特定的养分，因而可作为肥料使用，城市生活污水处理厂的污泥含氮量为 0.8% ～ 0.9%，含磷量为 0.3% ～ 0.4%，含钾量为 0.2% ～ 0.35%，有机质含量为 16% ～ 20%。但是，混入工业废水或工业废水处理厂的污泥，其成分较生活污泥要复杂得多，特别是重金属的含量很高。这样的污泥如果在农田中施用不当，势必造成土壤有害物质的累积。数据显示，2017 ～ 2018 年，全球主要经济体污泥产量：美国约 3.8×10^7t，欧盟约 4.4×10^7t，中国约 5.5×10^7t。剩余污泥常用作肥料与土壤改良剂，在欧洲和北美，剩余污泥的农田施用率往往超过 50%。我国的污泥处理方案以填埋为主，农用率为 20% 左右。一些城市在历史上曾经将大量垃圾运往农村，垃圾中含有的煤灰、砖瓦碎块、玻璃和塑料等都会影响土壤性质。例如，1986 年广州市居民生活垃圾的平均组成为：动植物残体占 28.3%，无机物、煤灰、砖瓦和陶瓷等占 64.1%，纸、纤维和塑料等占 5.2%，金属和玻璃占 2.4%。含有这些成分的垃圾长期施用于农田后，可逐步破坏土壤的团粒结构和理化性质。同时，城市垃圾也含有一定量的重金属，使土壤中的重金属含量随着垃圾施用量的增多而增加。煤矸石堆积对居民周围环境有着明显的影响。黄土高原兰州红古矿区煤矸石长期堆积、风化淋溶导致其周围土壤中重金属富集和污染，随着煤矸石堆放、风化淋溶时间的延长，矿区土壤中重金属含量呈上升趋势，其中镉、铅、锌等元素均表现出较强的迁移性。矿山开采与矿产冶炼几乎无一例外地给周围环境带来了不同程度的影响。由于法律、技术和认识等诸方面的问题，一些矿产资源在开采和利用的过程中对环境造成了破坏，特别是重金属污染。矿山污染土壤的文献资料表明，受采矿影响的土壤重金属浓度均比未受影响的农业土壤有明显增加。

1.3.3　产地环境污染的农业污染源

化肥、农药和农膜是我国用量最大的农用化学物质，对提高作物产量起着重要的作用。改革开放以来，农业得到了迅速发展，与化肥、农药、地膜等化学投入品的大量使用密不可分。然而，随着农用化学物质用量逐年上升，其污染范围不断扩大。为了提高农产品的产量，过多地施用化学农药、化肥、有机肥，污水灌溉、施用污泥、堆置生活垃圾，以及农用地膜残留、畜禽粪便及农业固体废物等，都可使土壤环境不同程度地遭受污染，直接影响农产品品质和人体健康，并威胁生态安全，同时以散养为主的畜禽养殖造成的污染也对农业环境造成威胁。由于农业污染源大多无确定的空间位置、排放污染物的不确定以及无固定的排放时间，农业污染多属面源污染，更具有复杂性和隐蔽性的特点，且不容易得到有效的控制。

1.3.3.1 污水灌溉

污水灌溉是指以已经经过处理并达到灌溉水质标准要求的污水为水源所进行的农田灌溉，但生产实践中大部分污水未经处理就被直接利用，给我国耕地带来了较为严重的影响。未经处理的工业废水和混合型污水中含有各种各样的污染物质，主要是有机污染物和无机污染物（重金属）。最常见的是引灌含盐、酸、碱的工业废水，使土壤盐化、酸化、碱化，降低或失去其生产力。另外，用含重金属污染物的工业废水灌溉，可导致土壤中重金属的累积。

世界农田污灌面积超过 $2.0\times10^7hm^2$，约占总灌溉面积的 10%，而且仍有发展空间。目前世界每年污水排放量超过 $330km^3$，理论上可能直接或经处理后用于 $4.0\times10^7hm^2$ 农田的灌溉。污水灌溉能够在很大程度上缓解用水危机，但同时污水中所含的多种污染物也将在灌溉过程中进入土壤。据统计，我国 1999 年污水排放量达 $4.01\times10^{10}m^3$，污水灌溉面积从 1963 年的 $4.2\times10^4hm^2$ 发展到 1998 年的 $3.618\times10^6hm^2$，占全国灌溉总面积的 7.3%。近年来，我国大力发展节水农业，污水灌溉的比例下降较快。南方地区污水灌溉主要由工业排污造成，污水灌溉面积占全国污灌面积的 10% 左右，主要分布在武汉、成都、长沙、上海、广州等地。由于北方比较干旱，缺水严重，而许多大城市都是重工业城市，耗水量大，所以农业用水更加紧张，污灌在这些地区比较普遍，如沈阳、西安、太原、郑州、北京、天津、兰州、石家庄和哈尔滨等地均存在由污灌引起的农田环境问题。广东省大宝山矿山下游地区稻田土壤存在以镉和铜为主的多种重金属复合污染，钢铁厂污水灌溉的菜园土壤存在铜和铅污染；甘肃省白银东大沟污灌区表层土壤中铜、铅、锌、镉、砷和汞等平均含量均显著高于背景值，出现了严重的重金属累积，其中以镉污染最严重。历史上，张士灌区在 20 多年的污灌中，污灌面积约达 $2500hm^2$，污染十分严重，其中有约 $330hm^2$ 的土壤含 Cd 57mg/kg，稻米含 Cd 0.4 ～ 1.0mg/kg，最高达 3.4mg/kg。

1.3.3.2 农药和肥料

农用化学品主要指化学农药和化肥，化学农药中的有机氯杀虫剂及重金属类可较长时期地残留在土壤中。施用化肥主要是增加土壤重金属含量，其中镉、汞、砷、铅、铬是化肥造成土壤污染的主要物质。

农药在生产、储存、运输、销售和使用过程中都可能对环境产生不良影响，施在作物上的杀虫剂有 1/2 以上流入土壤中。进入土壤中的农药虽然经历着生物降解和化学降解，但对于有机氯等长效农药来说，其降解过程十分缓慢。土壤中的农药残留问题更应特别注意，因为它具有更大的潜在危害性。农药在土壤中的残留性与土壤的理化性质和环境条件有密切的关系，如呋喃丹（克百威）在灌溉地区的土壤中残留量较低，在腐殖土中的降解速度分别为壤土和砂壤土的 1/2 和 1/3。土壤 pH 值越高，其分解越快。大量施用含有重金属的农药也是造成土壤重金属累积或污染的一个重要原因，例如，果园长期施用含铜的农药，会造成土壤中铜的累积，对土壤生态功能产生不良影响。

磷肥中重金属含量，特别是镉含量高也是一个不容忽视的问题。世界各地磷矿含 Cd 范围一般为 1 ～ 110mg/kg，但也有个别矿高达 980mg/kg。我国每年随磷肥带入土壤的总镉量及其在土壤环境中的迁移、转化是一个值得关注的问题。化肥，尤其是进口磷肥，是河北省设施蔬菜土壤镉污染的主要来源。研究资料表明，市售常用肥料样品中镉、铜和锌的含量均有超标现象。此外，抗生素作为兽药和饲料添加剂有着广泛的应用，我国是抗生素生产和消费大国，大约年消费量的 46% 用于畜禽养殖业，所以包括有机肥引起的抗生素和抗性基因污染问题与发达国家相比尤为突出，已经引起了较多的关注。

1.3.3.3 农用薄膜

农膜主要包含地膜和棚膜，是继种子、化肥和农药之后的第四大农业生产资料，极大地提高了农业生产效率。地膜覆盖是保障国家粮食安全和重要农产品有效供给、促进农业增产与农民增收的一项不可或缺的农业技术措施，特别是在干旱半干旱地区、高寒地区和大棚蔬菜主产区等地。但随着农膜应用量和使用年限不断增加，废旧农膜带来的环境污染问题日益突出。农用废弃薄膜对土壤污染危害较大，薄膜残余物污染逐年累积增加。

全世界的塑料产量呈现出持续增长的趋势，在 2018 年达到 3.59 亿吨，其中大部分塑料是一次性使用。使用后的废塑料，除了少部分（6% ～ 26%）被回收利用外，其余被丢弃到环境中，造成环境污染[4]。我国农膜年产量达百万吨，且以每年 10% 的速度递增。随着农膜产量的增加，使用面积也在大幅度扩展，地膜使用量超 135.7 万吨，覆盖面积 2.61 亿亩，相应的农膜残留量也逐年增加。据统计，我国农膜年残留量高达 35 万吨，残膜率达 42%。其中，西北干旱绿洲区是我国地膜使用量最高的区域，使用强度高达 38.0kg/hm^2。根据《第二次全国污染源普查公报》，2017 年我国地膜使用量 141.93 万吨，多年累积残留量 118.48 万吨。国家统计局调查结果显示，2019 年农用薄膜使用量为 240.8 万吨。2019 年我国农用塑料薄膜使用仍以地膜为主，地膜使用量占比为 57.27%。2020 年前三季度我国农用薄膜产区主要为山东、云南、甘肃等地，需求地区主要为山东、新疆、甘肃、河南等地。

农田覆膜耕作中常用低密度聚乙烯（LDPE）薄膜，其具有保温、保湿、保墒和抑制杂草等作用，对提高农作物产量有利，因此在我国与世界许多国家被广泛应用。2017 年，我国农用地膜使用量高达 1.404×10^6t，约占世界总量的 70%；覆盖面积近 1.77×10^7hm^2，占世界总覆盖面积的 90%。我国农用塑料薄膜和地膜的使用量于 2016 年基本达到峰值，之后逐渐下降，这可能与《土壤污染防治行动计划》强化对农用地膜使用和回收过程的监管有关。虽然地膜的使用对农业增产做出了巨大贡献，但同时也产生了严重的“白色污染”。有研究显示，由于缺乏有效的回收机制和厚度过小等，我国农用地膜的回收率不足 60%，有近一半的农膜残留在土壤中。农膜残留量一般为 60 ～ 90kg/hm^2，最高可达到 165kg/hm^2，而且会随着使用年限的增加而增加。如果不进行残膜回收，土壤中的残膜逐年积累，残膜在自然条件下很难降解，可残存 20 年以上。据调查，覆膜 5 年的农田农膜残留量可达 5.2kg/ 亩，农膜污染已成为当前农业生态环境污染的重要问题之一。有研究表明，土壤中微塑料的浓度与农膜的使用强度和年限呈显著的正相关。大量的残留地膜对农田生态系统和周围环境造成了诸多不良影响。

我国对农业土壤中邻苯二甲酸酯（PAEs）的调查和研究始于 20 世纪 80 年代，在 2005 年实施的全国土壤污染现状调查专项中，PAEs 被列为土壤必测项目之一。据调查，全国各地农业土壤均不同程度地受到 PAEs 的污染。据报道，广东省高州市农田土壤中邻苯二甲酸二甲酯（DMP）、邻苯二甲酸二乙酯（DEP）、邻苯二甲酸二丁酯（DBP）的含量与美国土壤 PAEs 控制标准比较，三者均超标，土壤综合污染指数在 3.8 ～ 20.0mg/kg 之间，属于严重污染。珠江三角洲典型中小城市的菜园和果园表层土壤 16 种 PAEs 中的 DEP 和 DBP 远远超过了美国土壤 PAEs 控制标准，属于重点控制对象。安徽省合肥、滁州和马鞍山等地蔬菜基地土壤中 PAEs 以 DBP 和邻苯二甲酸二 (2- 乙基己基) 酯（DEHP）为主，其总含量为 0.2043 ～ 0.4838mg/kg，DBP 含量超过了美国土壤控制标准。山东省四大花生主产区土壤中 DBP 含量都超过了美国土壤 PAEs 控制标准，其中鲁中南山区、鲁西平原 DBP 超标严重，分别超过控制标准的 13 倍和 11 倍，胶东半岛和鲁北平原 DBP 分别超过控制标准的 7 倍和 5 倍。北京昌平、延庆和顺义设施蔬菜基地土壤 15 种 PAEs 总浓度范围为 0.05 ～ 2.02mg/kg，平均含量为 0.98mg/kg。其中 DBP 含量最高，DBP 超标率为 95%，最高超标 14 倍。有研究发现，咸阳市郊菜地土壤中 PAEs 主要以 DBP、DEHP 和 DMP 为主，DMP 和 DBP 分别有 100% 和 85% 的样品超过了美国土壤控制标准。新疆南疆棉田土壤中 PAEs 总含量为 1532.987mg/kg，其中 DEHP 的含量最高，DIBP、DBP 次之，DBP 超出土壤治理标准 37.6%，DEHP 超出土壤治理标准 107%。因此，全国各地农业土壤中的 PAEs 化合物均有超标现象，应引起广泛重视。

我国地膜使用量在全球的份额非常大，到现在为止全球地膜用量为（1.95 ～ 2.0）$\times10^6$t，其中 75% 左右用在中国，我国每年大概有 3 亿亩农作物覆盖了地膜，全球其他国家共计大概 3000 万亩。此外，我国地膜与其他国家地膜在形态、颜色和功能需求上不同。日本、欧洲的地膜厚度基本上是在 20μm 以上，我国的地膜国家标准（GB 13735—2017）要求最小标称厚度不得小于 0.010mm（即 10μm），而实际生产中应用的地膜厚度可能以 7 ～ 8μm 居多。关于全国地膜质量的调查结果显示，地膜厚度合格率 2021 年大概是 40%，2020 年大概是 20%。颜色方面，我国的地膜以无色透明为主，欧洲和日本包括美国是以有色地膜为主，我国大概 70% 是无色透明地膜（白色地膜），30% 是有色地膜。欧洲和日本刚好是反过来的，70% 是有色地膜，30% 是透明地膜。这种颜色差异主要与我国的功能需求有关系，我国地膜主要用于增温保墒，而日本和欧洲的功能需求是杂草防除。

农药、化肥包装是农田塑料废物的另一来源。我国作为农业大国，目前化肥和农药使用量远高于世界平均水平，使用后会产生大量的塑料包装。每年在农药施用后废弃的包装多达 100 亿个，其中大部分为塑料材质。这些包装因集中回收存在困难，废弃之后大部分会残留在田间地头或附近水体中。2018 年我国化肥的使用量高达 5.65×10^7t（折纯量），包装主要采用聚丙烯和聚乙烯材质的编织袋，一般化肥净含量为 40 ～ 50kg 的编织袋质量为 100 ～ 140g，由此产生的包装废弃物达 1.5×10^5t 左右。农村生活垃圾引起的塑料污染也不容忽视。近年来随着农村经济的发展和生活水平的提高，生活垃圾的产生量也出现较快增长。当前，我国的农村生活垃圾中，塑料类大约占 8.78%，且存在地域差异，偏远的农村地区生活垃圾的收运和无害化处理依然面临挑战。被随意丢弃的塑料垃圾会随着雨水的冲刷或风力的携带进入农田。生活污水中包含大量来自洗衣废水和个人护理产品以及在下水道系统中生成的微塑料。在未经处理的污水中，微塑料的浓度可达 1000 ～ 627000ind/m^3（ind/m^3 表示每立方米水中微塑料颗粒的数量），二级处理后出水中微塑料的含量一般在 100ind/m^3，有的多达 125000ind/m^3；经过超滤膜过滤后可降低至 0 ～ 50ind/m^3。

1.3.3.4 畜禽养殖业

改革开放以来，我国养殖业迅速发展，生产水平不断提高，养殖业产值大幅度增加。然而，随着畜禽养殖规模化程度的不断提高，畜禽粪尿排泄物集中产生、乱堆乱放，使得畜禽养殖带来的环境污染问题日益严重，成为我国农业产地环境的主要污染源，且各种畜禽粪便的排放量仍在大量增加。2010 ～ 2020 年，我国畜禽粪便产量连续 10 年稳定在 30 亿吨左右，而其综合利用率为 75%，仍有大量未被利用的畜禽粪便造成严重的环境污染。按照专家折算，一头猪的日排泄量最低相当于 7 个人的日排泄量，最高可达 15 个人的日排泄量。由于绝大多数养殖场没有污水处理设施直接超标排入农业环境，畜禽污染造成了水体富营养化、水质恶化以及土壤板结和盐渍化。根据调查和测算，仅液态粪水排放一项，对流域水体氮富营养化的贡献率达到 10% ～ 30%，磷达到 3%。农业面源污染的主要污染源便是畜禽养殖，贡献率达到 58.21%。2020 年，由生态环境部、国家统计局、农业农村部三部门联合发布的《第二次全国污染源普查公报》显示，农业源水污染物中化学需氧量排放量为 1067.13 万吨，氨氮排放量为 21.62 万吨，总氮排放量为 141.49 万吨，总磷排放量为 21.20 万吨，占全国排放总量的比重分别为 50%、22%、47% 和 67%，其中畜禽养殖业又分别占农业源的 94%、51%、38% 和 56%。这种规模养殖造成的环境污染已经给社会带来了严重的经济损失，导致13%的农作物减产。畜牧业已成为国内仅次于钢铁、煤炭的最大污染行业[5]。

畜禽养殖对土壤的污染主要表现在畜禽粪便过量施用造成的土壤结构失衡和有害物质在土壤中的累积。规模化养殖的粪便排放量大，远远超出了土壤的承载能力，无法及时被消纳的粪便会造成土壤结构失衡，过度地还田施用还会导致土壤中的氮、钾、磷等有机养分过剩，从而阻碍农作物的生长。畜禽粪便一方面通过污染水源流经土壤，造成水源型的土壤污染；另一方面空气中的恶臭性有害气体降落到地面，造成大气沉降型的土壤污染。目前，养殖场对饲料添加剂、抗生素的大量使用，使得畜禽粪便中重金属、药物、有害菌等物质残留，施用到农田土壤中会造成重金属和抗生素复合感染，严重威胁食品安全。研究表明，相比羊粪和鸡粪，猪粪中的铜、锌、镉含量较高，分别为197mg/kg、947mg/kg、1.35mg/kg，更易造成土壤污染。

1.3.4 产地环境污染的生活污染源

造成产地环境污染的生活源主要包括城市生活污水、医院污水、城市垃圾、公路交通、电子垃圾等。

1.3.4.1 城市生活污水

近10年来，我国城市生活污水排放量以每年5%的速度递增，从2010年到2020年，我国城市污水年排放量由379亿立方米增加到571亿立方米；城市污水年处理量由312亿立方米增加到557亿立方米，年均复合增长率达5.97%。与此同时，我国城市生活污水处理设施严重滞后和不足。我国有些城市甚至没有污水处理厂，大量生活污水直接排放，造成越来越严重的环境污染问题。

1.3.4.2 医院污水

医院污水中危险性最大的是传染病医院未经消毒处理的污水和污物，主要包括肠道致病菌、肠道寄生虫、破伤风杆菌、肉毒杆菌、霉菌和病毒等。土壤中的病原体和寄生虫进入人体主要通过3个途径：

① 通过食物链经消化道进入人体，如生吃被污染的蔬菜、瓜果，就容易感染寄生虫病或痢疾、肝炎等疾病；

② 通过破损皮肤侵入人体，如十二指肠钩虫、破伤风、气性坏疽等；

③ 通过呼吸道进入人体，如土壤扬尘传播结核病、肺炭疽。

1.3.4.3 城市垃圾

20世纪90年代以后，我国城市化速度进一步加快，国家统计局数据显示，2023

年我国城镇化率达到了 66.16%。经济发展必然带来垃圾数量的迅速增长，据公开报道，全世界垃圾年均复合增长率为 8.42%，而我国增速超过了 10%，带来了严重的城市垃圾污染问题。城市垃圾不仅产生量迅速增长，而且化学组成也发生了根本的变化，成为土壤的重要污染源。

2000 ～ 2019 年，我国城市生活垃圾清运量由 13470 万吨增长至 24206 万吨，年均复合增长率为 7.97%。截至 2019 年底，全国城市生活垃圾无害化处理场（厂）共 1183 座，其中垃圾焚烧厂 390 座，生活垃圾无害处理能力为 869875t/d，焚烧处理能力为 457639t/d。城市生活垃圾产生量逐年增加，垃圾处理能力缺口日益增大，垃圾填埋场存量垃圾造成严重生态隐患。据“十三五”时期统计，我国生活垃圾堆存量已超 8.0×10^9t，占用土地面积 50×10^8m^2。生活垃圾填埋场排放的甲烷占全球温室气体总量的 3% ～ 5%。甲烷作为重要的温室气体，短期（20 年周期）影响是二氧化碳的 84 倍，长期影响（100 年周期）是二氧化碳的 25 倍。另外，垃圾填埋场不断产生高浓度垃圾渗滤液，会对地下水源、土壤和水体环境造成持续污染，严重影响了人居环境和人民群众的身体健康。在垃圾化学组成方面，早期的城市垃圾主要来自厨房，垃圾组成基本上也是燃煤炉灰和生物有机质，这种组成的垃圾很受农民欢迎，可用作农田肥料。现代城市垃圾的化学组成则完全不同，含有各种重金属和其他有害物质，垃圾围城成为不少城市的心病。

1.3.4.4　公路交通

社会的发展、家庭轿车等机动车辆剧增、运输活动越来越频繁，使得公路交通成为流动的污染源。交通运输会产生 3 种污染危害：

① 交通工具运行中产生的噪声污染；

② 交通工具排放尾气产生的污染，如含硫化合物、含氮化合物、碳氧化合物、烃类化合物等；

③ 运输过程中有毒、有害物质的泄漏。

据报道，美国由汽车尾气排入环境中的铅已达到 3.0×10^7t，且大部分蓄积于土壤中。研究报道，汽车尾气及扬尘可使公路两侧 300 ～ 1000m 范围内的土壤受到严重污染，其中主要是重金属铅和多环芳烃（PAHs）的污染。

1.3.4.5　电子垃圾

电子垃圾是世界上增长最快的垃圾，这些垃圾中包含铅、汞、镉等有毒重金属和有机污染物，处理不当会造成严重的环境污染。据联合国环境规划署估计，每年有（2.0 ～ 5.0）$\times10^7$t 电子产品被当作废品丢弃，对人类健康和环境构成了严重威胁。资料显示，一节一号电池能使 1m^2 的土壤永久失去利用价值；一粒纽扣电池可使 600t 水受到污染，相当于一个人一生的饮水量。电池污染具有周期长、隐蔽性大等特点，其潜在危害相当严重，处理不当还会造成二次污染。

1.4 产地环境污染危害

改革开放以来，虽然我国农业生产和农村经济有了很大的发展，但是农业环境污染和生态破坏形势非常严峻，目前影响我国农业产地环境的因素主要有以下 2 个方面：

① 工矿“三废”和城市生活污染源，造成耕地土壤和农用水质重金属超标，同时也直接导致稻米、蔬菜、水产品等农产品重金属超标现象比较突出；

② 农业面源污染，主要是在农业生产过程中滥施化肥、农药和滥用农膜等农业投入品以及任意排放畜禽粪便等农业污染物，严重影响耕地土壤理化性状、地表水和地下水质，不仅降低了耕地质量，而且对养殖水面也造成了严重的污染，对人体健康和生态系统安全造成严重影响。

1.4.1 产地污染物对农产品质量安全的影响

1.4.1.1 重金属污染对农产品质量的影响

在大田作物中，农产品主要污染物为重金属类。重金属经农作物根系吸收并在体内积累，某些酶的活性会受到抑制，蛋白质合成会受到影响，细胞膜系统会遭到破坏，光合作用和呼吸作用减弱，从而使植物生长发育受到影响。同时，由于重金属的影响，农作物体内的营养成分会发生相应的变化，从而影响农产品的品质。植物根系分泌物可以活化或有效化存在于土壤中的惰性污染物，使作物吸收大量的污染物，由于重金属在环境中移动性差，不能或不易被生物体分解转化，只能沿食物链逐级传递，在生物体内浓缩放大，当累积到较高含量时，就会对生物产生毒性效应。

对于主粮作物来说，将含有重金属的工业废水和污泥灌溉或施入土壤，可引起植物染色体失常、雄蕊丝变性、粮食作物籽粒中重金属含量显著增加，严重影响粮食品质。土壤中过量铜离子会抑制水稻根系生长，降低其吸收养分能力，导致减产。而对于蔬菜类作物来说，蔬菜受到的重金属污染主要来自土壤，也就是说土壤污染直接危害着蔬菜的品质。我国各大城市郊区蔬菜中重金属超标率高达 23% ～ 50%，有的超标浓度高达 50 多倍，以 Pb、Hg、Cd 污染最为明显。

1.4.1.2 化肥污染对农产品质量的影响

随着农业的发展，农药的应用范围也在日益扩大，从植物病虫害的防治扩展到除草、植物生长调节等许多方面。化肥中无机与有机污染物的含量与工业“三废”和城市垃圾等其他污染物相比尽管较低，但其生物有效性却相对较高，更容易被植物吸收而积累于体内，影响农产品品质。

土壤中如过量施用氮肥会导致蔬菜中硝酸盐或亚硝酸盐积累。蔬菜是人们食用最多的食物之一，人体摄入的硝酸盐 81% 来自蔬菜，因此，蔬菜中硝酸盐含量过高将对人体产生危害。氮素水平的提高会使蔬菜的营养品质下降，表现为氨基酸总量增加，包括谷氨酸和脯氨酸等氨基酸的含量上升、非蛋白质氮与总氮的比值升高。蔬菜中的维生素 C 和可溶性糖含量减少，氮含量逐渐增加，磷、钾含量逐渐减少，导致硝酸盐污染加剧。同时，过高的硝酸盐含量还可能引发病虫害，从而影响蔬菜的产量、品质，并降低其耐储藏能力。过量使用磷肥会导致镉、铅等重金属含量严重超标，对植物产生毒害作用，严重时甚至绝收。饲料作物过量使用化肥，会导致硝酸盐过多，妨碍牲畜体内氧气输送，使牲畜患病甚至死亡。

1.4.1.3 农药污染对农产品质量的影响

在防治病虫害时，施用的化学农药除一部分被农作物吸收及挥发、分解外，其余大部分落在地上，污染土壤。而存在于土壤中的农药，除挥发和径流损失外，其余可被农作物直接吸收，在作物体内积累，这是农药进入植物体的主要途径之一。农药的大量使用引发越来越多食品安全问题的最直接原因是农产品的农药残留严重超标。农药会直接附着或渗入作物内部，海南毒豇豆中甲胺磷、水胺硫磷等农药残留量严重超标。土壤中农药可造成农产品中硝酸盐、亚硝酸盐、重金属及其他有毒物质大量积累于农产品中，危害时间长。据报道，我国农药的有效利用率为 30% ～ 40%，而真正作用于靶标生物的不到 1%，大部分农药会扩散到周围土壤、空气或水体中，污染农产品产地环境。土壤中的残留农药不仅可导致下茬作物种子根尖、芽梢等部位变褐或腐烂，降低出苗率，且可通过作物根系吸收在农产品内富集，导致作物农残污染，引发食品安全事件。过量使用农药会造成农产品中农药残留超标，降低农产品的品质与安全性，严重降低了出口农产品的国际竞争力，是目前制约我国农产品质量的重要因素之一。

1.4.1.4 残膜与微塑料对农产品质量的影响

微塑料对于植物生长的影响，一方面在于对土壤生态的损害，如对土壤理化性质、微生物群落、土壤动物等的负面作用；另一方面，微塑料对植物种孔和根须表层的物理堵塞会降低其发芽率或阻碍根的生长和发育。土壤中大量残留的地膜，使作物的叶绿体合成减少，导致产量下降，品质变差；农膜中的增塑剂含有邻苯二甲酸酯类的有毒物质，可以通过土壤进入食物链，并且有富集特性。对于纳米塑料，也可能会被植物根部吸收并在体内富集。此外，微塑料也会与重金属等污染物产生协同作用，对植物生长产生不利影响。这些因素都将对农业生产和农产品质量带来风险和挑战。

此外，残膜与微塑料中含有的邻苯二甲酸酯、表面活性剂等物质可导致菠菜出苗率低，植株矮小；花椰菜叶片卷曲，结球迟，成球少；萝卜、黄瓜根系老化，萝卜减产 12.8% ～ 60.0%。另外，邻苯二甲酸酯可通过干扰类胡萝卜素合成而致使叶绿素功能发生障碍，最终导致青花菜和菠菜可食用部分的维生素 C 含量有所下降；表面活性剂可明显降低小麦体内的氨基酸含量，促进植物对重金属和农药的吸收富集，降低作物的营养品质和安全品质。

1.4.1.5　生物毒素污染对农产品质量的影响

生物毒素污染是目前极为严重的食品安全问题。受到生物毒素污染的土壤，生产出的农产品会带有病原菌，可能导致人畜疾病的发生和传播，尤其是种植蔬菜、水果类的土壤受到生物污染，其产品质量受到有毒有害生物的严重威胁。例如，黄曲霉毒素是众所周知的最危险的毒素之一，是一种强致癌物。黄曲霉毒素常存在于花生、坚果等粮油类食品及其制品中，近年来我国出现的“毒大米”事件即为黄曲霉毒素污染。

1.4.2　产地污染物对人体健康的影响

1.4.2.1　重金属污染对人体健康的影响

农作物体内的重金属主要是通过根部从被污染的土壤中吸收的。土壤重金属被植物吸收以后，可通过食物链危害人体健康。重金属污染对人体健康的影响是多方面的。当人体食用含有超标重金属的食物时，重金属元素会利用消化道、血液等多种途径进入人体中，不断积累，对人体的正常新陈代谢造成影响，导致慢性或者突发疾病的出现。如果人体中 Pb 含量超标，会严重影响人体的造血系统、神经系统、生殖系统的正常工作，导致垂体激素分泌减少，损伤生殖细胞的正常发育。如果长期食用含有 Cd 的食物，会对人体正常的钙、磷代谢造成影响，导致人体的肺、肝等器官出现不同程度的损伤，进而引发肾结石、骨质疏松等病症。例如，1955 年日本富山县发生的“镉米”重金属污染事件，即“痛痛病”事件。其原因是农民长期使用神通川上游铅锌冶炼厂的含镉废水灌溉农田，导致土壤和稻米中的镉含量增加。当人们长期食用这种稻米，镉会在人体内蓄积，从而引起全身性神经痛、关节痛、骨折，甚至死亡。

1.4.2.2　农药污染对人体健康的影响

农药在土壤中受物理、化学和微生物的作用，按照其被分解的难易程度可分为易分解类（如有机磷制剂）和难分解类（如有机氮、有机汞制剂等）两类。难分解的农药成为植物残毒的可能性很大。人类吃了含有残留农药的各种食品后，残留的农药转移到人体内，这些有毒有害物质在人体内不易分解，经过长期积累会引起内脏机能受损，使机体的正常生理功能失调，造成慢性中毒，影响身体健康。特别是杀虫剂所引起的致癌、致畸、致突变“三致”问题，令人担忧。

1.4.2.3 持久性有机污染物对人体健康的影响

在免疫系统方面，持久性有机污染物（POPs）会抑制免疫系统的正常反应，影响巨噬细胞活性、降低生物体的病毒抵抗能力。在内分泌系统方面，多种 POPs 被证实为潜在的内分泌干扰物质，它们与雌激素受体有较强的结合能力，会影响到受体的活动，进而改变基因组成。有机氯杀虫剂具有雌性激素的作用，可以干扰人体内分泌系统的功能，属于环境激素。如 PCBs 在体内试验中表现出一定的雌激素活性，有研究发现，患乳腺癌的女性与患良性乳腺肿瘤的女性相比，其乳腺组织中的 PCBs 水平较高。在生殖和发育方面，生物体内脂肪组织富集的 POPs 可通过胎盘影响胚胎的发育，导致畸形、死胎、发育迟缓等现象发生。暴露于高浓度 POPs 环境的鸟类的产卵率会相应降低，从而使其种群数量不断减少，甚至灭绝。此外，长期低剂量暴露于 POPs 环境中，癌症的发病率较正常情况明显增高。1997 年，世界卫生组织的国际癌症研究机构，在流行病学调查和大量动物实验的基础上，将二噁英定为一级致癌物质。其中 2,3,7,8- 四氯二苯并对二噁英（TCDD）是目前已知最毒的物质，其毒性约为氰化钾的 100 倍、砒霜的 900 倍。POPs 还会引起一些其他器官组织的病变，如 TCDD 暴露可引起慢性阻塞性肺疾病的发病率升高，也能引起肝脏纤维及肝功能的改变，出现黄疸等。POPs 还会对皮肤表现出一定的毒性，如色素沉着、多汗和弹性组织病变等。一些 POPs 还可能引起焦虑、疲劳、易怒、忧郁等一系列精神心理疾患症状[6]。

1.4.2.4 残膜与微塑料对人体健康的影响

粮食、蔬菜、水果等各类农产品是人类每日必须摄入的食物，其质量安全直接关系到人类的健康安全。以残膜与微塑料污染中的代表性污染物邻苯二甲酸酯（phthalic acid esters，PAEs）为例，PAEs 是一种具有毒性的环境激素，具有致突变、致癌和致畸性，在自然环境中难以降解，不仅危害生态环境，而且很容易通过土壤、水、空气等途径进入动植物体，通过食物链富集在人体中，干扰人体的激素水平，影响人体的生殖、发育。为此，美国 EPA 已将邻苯二甲酸（2- 乙基己基）酯（DEHP）、邻苯二甲酸二甲酯（DMP）、邻苯二甲酸二乙酯（DEP）等 6 种 PAEs 列为优先控制污染物，欧洲等国家还制定了部分 PAEs 化合物在土壤中的控制标准，我国也将 DMP、DEP 和 DNOP 三种 PAEs 确定为环境优先控制污染物。因此，PAEs 污染已成为全球普遍关注的污染问题[7]。

邻苯二甲酸酯在农产品中的污染已普遍存在，污染水平不等，局部地区某些农产品污染较严重。饮食是人体邻苯二甲酸酯的重要来源，国外多个国家对人体摄入 PAEs 的参考剂量做出了规定。美国 EPA 规定，按照成人平均体重 60kg 计，每人每天摄入的 PAEs 不得超过 1.2mg，其中邻苯二甲酸二丁酯（DBP）最大参考剂量（RfD）

为每日 0.01mg/kg，DEHP 最大参考剂量为每日 0.02mg/kg。欧洲食品安全局（EFSA）表示人体对DEHP、BBP、DBP每日耐受摄入量（TDI）分别为0.05mg/kg、0.5mg/kg、0.01mg/kg。日本厚生省评估的 DEHP 每日可耐受摄入量为 20 ～ 140μg/kg。国内还没有制定出食品中 PAEs 的限量标准，多是参照国外相关标准进行健康风险分析。对珠江三角洲 4 个水稻种植区 PAEs 健康风险进行评估，结果表明，成人和儿童食用大米对 DBP 和 DEHP 的日均摄入量均小于 10μg/kg，但儿童的暴露量高于成人。对北京市东南郊区典型灌溉区农作物可食部位中 PAEs 的暴露水平及风险进行分析，发现该区域农产品中 PAEs 含量处于中等水平，成人及儿童 PAEs 的致癌风险在可接受的范围内，但从暴露途径分析，经口途径对 PAEs 致癌风险贡献最大，贡献率在 99% 以上，且 PAEs 各组分中，DEHP 对人体的致癌风险最大，达 99.9%。目前，PAEs 的暴露风险研究多数只是针对单一食用农产品，若同时考虑食用蔬菜、水果、肉类、奶制品等食品的暴露量，即使每类农产品中含有极少量的 PAEs，其联合累积毒性也不可小视，应加强对食用农产品中 PAEs 联合毒性的研究。

1.4.2.5 抗生素对人体健康的影响

调查表明，我国畜牧业使用抗生素的量已大大超过人类使用量的总量，我国每年生产 700 多吨喹诺酮类药物，仅仅这一种抗生素就有 1/2 被用于养殖业，导致在我国大肠埃希菌对喹诺酮产生耐药性已达到 60%。据统计，全球每年被消耗的抗生素中，90% 以上被用在食用性动物身上。抗生素及其衍生物在水及食物中残留，通过食物链长期富集，对人体健康造成潜在影响。抗生素对人体的危害，最直接的反应是胃部不适、恶心、呕吐（主要在儿童）、腹痛、腹泻等症状，头痛、眩晕、疲倦、失眠、视觉异常和噩梦等神经系统的不良反应，心悸、胸部压迫感、低血糖等心血管系统的反应。经常食用含残留抗生素的食物，抗生素会逐渐在体内积累而导致身体的器官发生病变。抗生素残留对人体的危害主要包括以下几个方面。

① 毒性作用。人长期食用含抗生素残留的动物性食品后，药物不断在体内蓄积，对人体产生毒性作用。例如，氯霉素能导致严重的再生障碍性贫血；链霉素、庆大霉素和卡那霉素等氨基糖苷类抗生素可以损害前庭和耳蜗神经，导致眩晕和听力减退；四环素类药物能够与骨骼中的钙结合，抑制骨骼和牙齿的发育；磺胺类抗生素可引起肾脏器官损害，特别是乙酰磺胺在酸性尿中溶解度很低，可在肾小管、肾盂、输尿管等处析出结晶，损害肾脏。

② 导致人体肠道内正常菌群失调和紊乱，降低人体免疫力。在正常情况下，人体肠道内的微生物菌群之间维持着共生平衡，对人体健康产生有益作用。但是，如果长期食用抗生素残留超标的动物性食品，就可能会抑制或杀灭某些敏感菌，而耐药菌或条件性致病菌大量繁殖，导致微生物菌群平衡破坏，从而使人与动物易发感染性疾病，并影响某些有益菌群合成人体所需的维生素。因此，长期摄食抗生素残留超标食品，会导致人体有益菌群平衡失调，造成长期腹泻或某些维生素缺乏。目前的水处理技术并未涉及抗生素的去除，因此饮用水中即便只含有痕量的抗生素，长期饮用受到

抗生素污染的饮用水也会最终影响人体免疫系统，降低机体免疫力。

③ 引起人体的过敏和变态反应。经常食用一些含有低剂量抗生素残留的食品能使易感人体出现过敏反应。例如，青霉素、四环素、磺胺类药物及某些氨基糖苷类抗生素，轻者表现为荨麻疹、发热、关节肿痛等，严重时出现过敏性休克，甚至危及生命。

④ 增强细菌的耐药性。人体长期低浓度摄入抗生素类药物会引发机体产生抗药性，引发耐药菌的出现，降低临床药效，给感染性疾病的治疗带来困难。研究表明，长期低剂量的抗生素摄入能导致金黄色葡萄球菌（*Staphylococcus aureus*）耐药菌株的出现，也能引起大肠埃希菌（*Escherichia coli*）耐药菌株的产生。我国科研人员已在畜禽大肠里和托儿所 3 岁幼儿体内采集到有关耐药菌株。

⑤“三致”作用。人体长期低剂量地摄入某些抗生素，还可以产生致癌、致畸、致突变作用。例如，苯丙咪唑类药物能干扰细胞的有丝分裂，具有明显的致畸作用和潜在的致癌与致突变效应；磺胺类药物有致肿瘤倾向；喹诺酮类药物大部分具有光敏作用，个别品种在真核细胞内已显示了致突变作用。

1.4.2.6　生物毒素对人体健康的影响

黄曲霉毒素是特定真菌株（特别是曲霉菌）产生的次生代谢产物。这些天然毒素主要存在于土壤、腐烂的植被和食物储存系统中，在干旱胁迫期间含量特别丰富。黄曲霉毒素具有毒性、致突变性和致癌性，是对食品安全和人类健康最重要的威胁之一。黄曲霉毒素通过干扰那些负责增强免疫力的细胞来影响人类和动物的免疫系统。大剂量的黄曲霉毒素会导致损害或直接死亡，而小剂量的黄曲霉毒素则会导致免疫或营养作用，但由于黄曲霉毒素的积累，这两种剂量都会导致癌症。儿童更容易感受到黄曲霉毒素的毒性，因为它通过降低免疫力增加了早期感染的风险。黄曲霉毒素的致癌性质与其能够通过多种机制导致细胞损伤有关，包括脂质过氧化和 DNA 氧化损伤。肝脏中存在的细胞色素 P450 激活黄曲霉毒素 B_1（AFB_1），然后将其转化为 AFB_1-8,9- 环氧化物，该化合物具有多种致癌作用[8]。此外，黄曲霉毒素可能对人体内分泌系统产生影响，干扰正常的激素平衡，导致生理机能失调。黄曲霉毒素除了具有致癌性之外，还会对人体产生多种危害，包括消化道损伤、肝脏损伤、肾脏损伤等。黄曲霉毒素是一种剧毒物质，如果摄入过量，可能会引起消化道黏膜损伤，从而造成身体出现呕吐、腹痛、腹泻等不良反应。黄曲霉毒素需要通过肝脏进行分解代谢，因此可能会引起肝脏发生癌变，出现上腹痛、黄疸、水肿、腹水等不适症状。黄曲霉毒素还可能造成肾脏肾小管上皮细胞变性、坏死，从而引起身体出现水肿、血尿等症状。长期接触黄曲霉毒素可能会对心血管系统产生不良影响，包括血管弹性降低、血液黏稠度升高等。黄曲霉毒素也是印度和非洲各国暴发各种疫情的原因。

人和动物在误食被呕吐毒素污染的粮谷类后可能产生广泛的毒性效应。呕吐毒素对人和动物均有很强的毒性，能引起人和动物呕吐、腹泻、皮肤刺激、拒食、神经紊乱、流产、死胎等。猪是对呕吐毒素最敏感的动物，家禽次之，反刍动物由于瘤胃微生物的作用，耐受力最强。人类食用含有一定量呕吐毒素的粮油食品后，会出现胃部不适、眩晕、腹胀、头痛、恶心、呕吐、手足发麻、全身乏力、颜面潮红以及食物中毒性白细胞缺乏症。症状严重者可见呼吸、脉搏、体温及血压的波动，四肢发软、步态不稳、形似醉酒，故有的地方称其为“醉谷病”。此外，呕吐毒素可在人和动物体内蓄积，具有致畸性、神经毒性、胚胎毒性和免疫抑制作用。

1.4.3 产地污染物对生态系统的影响

1.4.3.1 重金属对生态系统的影响

土壤受到污染后，含重金属浓度较高的污染表土容易在风力和水力的作用下分别进入大气和水体中，由点源污染扩大到面源污染，导致大气污染、地表水污染、地下水污染，对生态系统中的生产者、消费者和分解者等生物产生影响，并引发生物多样性丧失、生态系统退化等一系列生态问题。

（1）对植物的影响

作为生态系统中的生产者，植物利用光合作用完成能量转化和物质合成，为整个生态系统提供能量。在水生生态系统中，底泥中的重金属污染物通过直接（利用根或地下茎）或间接（利用漂浮植物）作用对大型水生植物产生影响。底泥中的重金属被植物过量吸收，在体内不断积累，改变植物细胞的细微结构，抑制光合作用、呼吸作用和酶活性，使核酸组成发生改变、细胞体积缩小和生长受到抑制等。Hg 污染胁迫下，苦草叶绿素、蛋白质以及 N、P 和 K 含量均随着 Hg 浓度的增加和处理时间的延长而明显下降，硝酸还原酶活性也随着 Hg 浓度的增加而减小，叶和根中的半胱氨酸含量也出现明显变化。底泥重金属污染物一般通过间接作用对藻类产生影响。当 Cd 浓度＜3.0mg/L 时植物生长良好，Cd 浓度≥ 3.0mg/L 时，龙须菜生长受到明显抑制，且受抑制程度随着 Cd 浓度增加而逐渐增强。Cu^{2+} 对蓝藻的生长和光合放氧均有抑制作用，高浓度的 Cu^{2+} 使藻细胞中藻胆体产生的特征光吸收和荧光强度显著下降。Cd^{2+}、Zn^{2+} 使小球藻（*Chlorella*）S-39 光合放氧减少，叶绿素荧光中最大荧光（F_v）与最小荧光（F_m）的比值 F_v/F_m 降低，抑制第二类光系统（photosystem Ⅱ，PS Ⅱ）的电子传输并降低 PS Ⅱ活性[9]。

（2）对动物的影响

水生态系统中，多数底栖动物长期生活在水体底部或底泥中，具有区域性强、迁移能力弱等特点，对于环境污染及变化通常少有回避能力，所以底栖动物最易受底泥重金属污染物的影响，如水蚯蚓、螺、蚌、蟹、牡蛎、蚶、贝、沙蚕等。研究表明，Zn^{2+}、Cu^{2+}、Hg^{2+}、Cr^{2+} 对厚壳贻贝幼贝 96h 的半致死浓度分别为 2.33mg/L、0.19mg/L、0.12mg/L 和 14.60mg/L。日本蟳（*Charybdis japonica*）体内金属硫蛋白含量随Cd胁迫时间延长而增加，一些抗氧化酶如超氧化物歧化酶（SOD）、过氧化氢酶（CAT）等活性在Cd开始胁迫时增强，但随着时间的延长，SOD、CAT等活性降低。鱼类属于水生生态系统中的消费者，处于水生生态系统食物链的较高级别。底泥中的重金属污染物通过直接和间接作用影响鱼类健康。由于重金属污染，底特律河（Detroit River）中的虹鳟鱼更容易患肝脏瘤，在褐色大头鱼身上也同样发现了瘤的出现。低浓度Zn^{2+}可促进鱼类淋巴细胞分裂，增强机体的免疫机能，同样低浓度的Cu^{2+}可增强鱼类的抗菌作用，而高浓度时则起抑制作用。

水生生态系统底泥重金属的危害可以通过食物链影响到两栖类动物，如蛙、鼠、蛇与龟等，还可以影响到水鸟等飞禽，形成级联效应。对离体蛙心搏动的影响结果表明，不同金属离子对离体蛙心率和心脏收缩幅度均产生抑制作用，对心率的影响毒性大小顺序为$Cr^{6+} > Pb^{2+} > Cu^{2+} > Cd^{2+}$，对心搏幅度影响的毒性大小顺序为$Cd^{2+} > Pb^{2+} > Cr^{2+} > Cu^{2+}$。有研究者调查了美国新泽西州一种水蛇（*Nerodia* spp.）血液、肌肉和肝脏内的重金属含量，发现As在水蛇肝脏和肾脏中含量最高，而Cd在肝脏中含量最高，Cr和Pb主要存在于表皮中，Hg在肌肉中含量最高。有研究者对习惯于生活在意大利湿地的火烈鸟（*Phoenicopterus ruber*）进行Pb^{2+}含量调查，发现这种鸟的肝脏、肾脏和骨头里的Pb含量（以干重计）分别达到361.3μg/g、265.09μg/g和43.31μg/g，这种Pb含量可对火烈鸟产生毒害作用。

（3）对微生物的影响

自然生态系统中，微生物对污染物降解，物质循环、迁移、转化，生态系统的修复起着重要的作用。重金属是过氧化的诱导剂，重金属使细胞内自由基的产生和清除之间的平衡受到破坏，导致活性氧自由基产生，自由基引发膜中不饱和脂肪酸产生过氧化反应，破坏膜的结构和功能。底泥重金属会影响酶活性和功能。底泥重金属将使某些自养微生物群落变小，影响微生物代谢的关键酶，对其产生毒害作用。研究表明，Hg^{2+}、Cu^{2+}、Cd^{2+}、Cr^{6+}、Zn^{2+}和Pb^{2+}对光合细菌沼泽红假单胞菌（*Rhodopseudomonas palustris* HWZ1）的生长有抑制效应，发现培养96h后，这几种重金属离子对细菌影响的半数有效浓度（EC_{50}）分别为617μmol/L、460μmol/L、0.20μmol/L、2.17μmol/L、25.66μmol/L和392.6μmol/L，离子之间存在协同作用。通过研究水库底泥中Zn对底泥厌氧微生物生长和繁殖的影响，发现当底泥中Zn含量不高时，它可以刺激厌氧微生物体内产生一种酶，进而使微生物对Zn、Cu等重金属进行固定，而当重金属含量过高时，这种刺激作用就消失，且会造成微生物的死亡。

1.4.3.2 农药对生态系统的影响

（1）诱导害虫产生抗药性

由于农药的长期大量使用，害虫抗药性越来越强，且大量害虫天敌被杀灭，破坏了农田生态平衡和生物多样性，这必然会导致农药的亩均使用量逐年增加，每亩病虫害防治成本逐年提高。调查显示，全世界具有抗药性的害虫超过1500种。害虫抗药性增强会使害虫治理工作效果降低，而且会导致在后期生产中增加药剂喷施次数和药剂使用量，或者使用杀伤力更强的杀虫剂，但是这必然会加重对自然环境的污染。据调查，农作物对农药的依赖性越来越大，如果不使用农药，由病虫害造成的损失将达到农产品总收入的 40% 左右。我国每年农药使用量达 1.2×10^6t 以上，农药结构不合理，杀虫剂占 70%，杀虫剂中应逐步淘汰的有机磷农药占 70%，其中高毒农药又占到 70%。据调查统计，我国目前遭受农药污染的农田面积达 1.4 亿亩。

（2）对生物多样性的影响

在果园、草地、农田中大量使用化学药剂，当鸟类体内农药浓度达到一定数值时会导致鸟类中毒死亡；鸟类体内农药含量升高会导致母鸟产蛋蛋壳变薄，孵化时易碎，从而使鸟类数量减少。现阶段所使用的具有杀虫功效的化学农药普遍毒性较强，无论是益虫还是害虫都会被清除，而且使用后会使农林生态系统面临一定的威胁。日本某苹果园使用化学杀虫剂可以使害虫的种类迅速减少，10 年后可能从 100 多种减少至几种。

（3）对生态系统功能的影响

使用农药杀灭虫害的同时，也会将虫害的天敌一并杀死，对生态稳定性造成影响。例如，竹篦舟蛾是存在于毛竹上的一种食叶害虫，平时会受到绒茧蜂、食虫鸟等天敌的制约。这种虫害并不会造成严重影响，一般不需要防治，但是长久使用化学农药防治会杀死大量绒茧蜂、食虫鸟等天敌，致使竹篦舟蛾大量繁殖，从而导致其发展为虫害，进而使大面积毛竹受虫害侵食而死亡。

1.4.3.3 持久性有机污染物对生态系统的影响

持久性有机污染物（POPs）可通过食物链传播与累积，对动物和人类造成潜在的危害。目前持久性有机污染物对生态系统的影响主要集中在水生生态系统。研究表明持久性有机污染物已影响到了鸟类和海洋哺乳动物的生殖能力，如有机氯（OCs）杀虫剂特别是 DDE（DDT 的一种代谢产物）可影响食肉鸟蛋壳厚度。北海东南港口的海豹、波罗的海的鹰和五大湖的食鱼鸟等捕食受持久性有机污染物污染的鱼类后，生殖能力降低，数量减少。波罗的海和荷兰瓦登海的海豹、加拿大圣劳伦斯海上航道的白鲸表现出生殖功能受损，这种现象主要与该地区多氯联苯的污染有关。事实上，在某一地区种类繁多的持久性有机污染物同时存在并在生物群落中累积，对生态系统造成的危害和影响很难说明是由哪一种或哪一类化学物质造成的。

持久性有机污染物由于具有干扰人类及野生动物的内分泌系统的作用，亦被称为环境内分泌干扰化学物质或环境雌激素。许多持久性有机污染物是已知和可疑致癌物，如多环芳烃和 PCDD/Fs 等。PCDD/Fs 的健康影响研究属重大研究课题，美国环境保护署和欧洲政府机构用于二噁英的研究经费已超过 10 亿美元。现代毒理学研究认为这些化合物的有害影响是通过芳基烃受体（AhR）介导基因表达或加成作用，改变激酶活性、改变蛋白质功能而起作用。一般通过综合毒性当量因子（I-TEF）和环境介质中的浓度数据来确定暴露组织 / 目标生物体中的总毒性当量。据近期报道，持久性有机污染物的影响已扩大到高级食肉动物的免疫系统，进一步证明了其对人类的致病可疑性和对动物行为模式的影响。POPs 能富集于生物体并随食物链放大，对生物体具有分泌毒性，影响生殖发育。研究表明，POPs 会破坏雌性三趾鸥的肤色，从而影响它们对北极环境的适应能力。在北极地区，污染物的传输途径和接触生物体的方式不同，以及生物体饮食和越冬区域的差异，使得污染物在群体间和种间的含量会有较大的差异。尽管如此，POPs 在北极生物体内的富集随食物链增加较为明显，处于食物链顶端的生物体内 POPs 含量极高。其中北极熊和北极狐体内的 POPs 含量均高于最低可见损害作用水平（LOAEL）。但最新研究显示，POPs 随食物链的富集主要体现在处于海洋食物链上层的生物体系，对于底层生物则没那么明显，底栖生物摄食方式存在的差异（杂食性、食尸性、食草性）、与沉积物接触程度的差异，以及对颗粒有机物的依赖性，决定了它们对不同 POPs 的摄取以及偏离了污染物随营养级的富集性。

1.4.3.4　残膜与微塑料对生态系统的影响

农用废弃薄膜对农产品产地环境的影响主要包括以下几个方面。

① 不易降解。农膜的原料是人工合成的高分子化合物，分子结构非常稳定，很难在自然条件下进行光降解和热降解，也不易通过细菌和酶等生物方式降解，在自然条件下能够在土壤中长期存留和累积。

② 农田残膜破坏土壤结构，阻碍农作物根系生长，影响庄稼出苗，阻碍农作物根系吸收水分及根系生长，导致农作物减产，长沙市郊区蔬菜地农膜残留平均 3.5 ～ 6.5kg/ 亩，每年蔬菜减产 10% ～ 20%。

③ 影响水分下渗，使土壤含水量下降，降低耕地的抗旱能力，引起土壤次生盐碱化等严重后果，降低耕地质量。

④ 残留地膜对农作物生长发育具有较强的抑制作用。抑制农作物根系生长发育并影响农作物正常吸收养分，影响肥料利用效率，影响农产品的产量和质量。

⑤ 微塑料进入土壤后，在外界物理、化学与生物等因素扰动或作用下，会发生不同尺度的迁移转化甚至生物反应，造成广泛的环境生态影响，包括对土壤理化性质、微生物群落、土壤动植物生长等的不利影响，从而损害土壤健康，影响农业生产和农产品质量。此外，细小的微塑料颗粒尤其是纳米塑料存在经由食物链向人体富集的潜在风险。在土壤侵蚀过程中，塑料碎片还会随侵蚀土壤进入水环境，造成河海等水体的污染。

⑥ 农用薄膜在生产过程中一般会添加邻苯二甲酸酯类（phthalates，PAEs）等增塑剂，如邻苯二甲酸二丁酯（DBP）和邻苯二甲酸二 (2- 乙基已基) 酯（DEHP），具有致癌、致畸、致突变作用和生殖毒性，已经成为全球性的污染物。

微塑料往往对其他污染物的环境行为产生影响，对生态系统造成复合污染。研究显示，微塑料对重金属的吸附能力一般低于土壤，向土壤中添加微塑料后可能会引发“稀释效应”，导致土壤 - 微塑料复合体系对重金属的吸附能力降低，并且能够提高土壤 - 微塑料复合体系对重金属的解吸能力，进而增强其在土壤中的流动性及生物有效性。例如，PE 微塑料对 Pb 和 Zn 的吸附能力显著低于土壤，但其对 Pb 和 Zn 的解吸能力显著高于土壤；向土壤中添加 10%（体积分数）PE 微塑料显著降低了土壤对 Pb 和 Zn 的吸附能力，同时显著提高了土壤对 Pb 和 Zn 的解吸能力，进而增强了 Pb 和 Zn 在土壤中的迁移。在微塑料与抗生素的联合作用中，微塑料进入土壤后既可通过“叠加效应”提高土壤对污染物的吸附能力，也可通过“稀释效应”降低土壤对污染物的吸附能力，上述作用主要取决于微塑料对污染物亲和性的大小。例如，聚乙烯（PE）、聚氯乙烯（PVC）和聚苯乙烯（PS）微塑料对 17β- 雌二醇的吸附能力显著高于土壤，向土壤中添加 5%、10%、20% 和 30%（体积分数）的 PE、PVC 和 PS 微塑料显著提高了土壤对 17β- 雌二醇的吸附能力，并且随着微塑料添加量的升高土壤对 17β- 雌二醇的吸附能力显著升高，同时老化微塑料较未老化微塑料更能提高土壤对 17β- 雌二醇的吸附能力。微塑料进入农田土壤后可通过吸附 - 解吸以及共迁移等过程改变农药和抗生素的环境行为，进而对其生物有效性和生态风险产生影响，但上述过程受微塑料结构与性质、污染物理化学性质以及土壤环境条件等多个因素的影响，结果也往往存在差异。已有研究表明，土壤中的微塑料可通过载体效应增加有机污染物对土壤生物的暴露风险，并提高其对土壤生物的生物有效性和毒性效应。研究表明，向土壤中添加 300mg/kg 和 3000mg/kg 的微塑料能够显著增加毒氟磷在蚯蚓体内的富集，并且微塑料的存在显著增强了毒氟磷对蚯蚓的氧化损伤以及代谢谱干扰。0.25%（体积分数）PE 地膜源微塑料，尤其是经过田间老化的 PE 地膜源微塑料，与莠去津复合暴露较莠去津单一暴露能够诱导蚯蚓产生更强的氧化胁迫效应和 DNA 损伤。与 PS 单一暴露相比，暴露于载有磺胺甲噁唑的 PS 微塑料时，会显著改变土壤跳虫（*Folsomia candida*）肠道微生物的多样性和群落结构以及抗生素抗性基因的分布[10]。

1.4.3.5 抗生素对生态系统的影响

抗生素对自然微生物群落的有害影响主要是通过杀菌和抑菌作用（直接作用）使参与关键生态系统功能的一些微生物群消失或受到抑制。然而，抗生素可以对一些微生物种群起到选择性作用，这些微生物种群可以产生耐药性，产生遗传和表型变异，并影响各种生理活动。在某些情况下，细菌可以发展出降解它们的能力（间接效应），作为对压力的稳态反应。用含有抗生素的污水来灌溉农田会造成土壤抗生素污染，影响土壤中微生物的活性，同时还会影响土壤微生物群落的功能多样性，也会影响土壤中作物的生长发育。

（1）对微生物群落结构的直接影响

微生物多样性在维持水和土壤中的生物过程中具有重要的功能，事实上，大多数生物地球化学循环完全是由微生物介导的。抗生素可以作为环境中的一种生态因素，推动自然细菌群落结构的变化（某些细菌群落的消失或抑制）。这种影响甚至可以在具有重要生态功能的非目标生物中发现。

许多研究表明，抗生素的存在会导致微生物多样性的降低。此外，它们会影响细菌群落的生长和酶活性，并最终影响生物量生产和营养转化等生态功能，导致功能稳定性的丧失。抗生素，尤其是广谱抗生素，对不同的微生物群落具有选择性作用。这些微生物群落的范围可以很广泛，如真菌或细菌，也可以很狭窄，如特定的单一物种。因此，抗生素的选择性作用改变了微生物物种的相对丰度，并干扰了不同物种之间的相互作用。这些影响取决于所涉及的微生物群落、环境特征（如土壤或水）以及抗生素浓度。例如，土壤质地、吸附能力、pH 值、含水量、温度和施用规律以及冷冻、解冻、干燥和再湿润等气候自然过程都会影响抗生素的捕获、转化和释放，因为它们会改变其物理化学性质。

抗生素对生态功能的影响包括氮转化、甲烷生成、硫酸盐还原、营养循环和有机物降解的变化。例如，已经发现磺酰胺不仅会降低微生物生物量，还会改变细菌和真菌之间的关系，从而导致微生物多样性的变化。关于氮循环，已知硝化和反硝化是由几种原核生物进行的，硝化尤其是由氨氧化细菌和古菌（AOB 和 AOA）进行的。环境显著浓度的氟喹诺酮类和磺酰胺类药物可以部分抑制反硝化作用，含有抗生素泰乐菌素的猪粪在土壤中的应用已经表明抗生素可以改变这些微生物群落介导的氮的行为。

（2）对生态系统的间接影响

在自然生态系统中，抗性基因的存在会影响自然微生物种群的动力学和生理学反应。例如，对糖肽或 β- 内酰胺的耐药性强烈改变了革兰氏阳性菌的肽聚糖结构，而金黄色葡萄球菌小菌落的抗生素耐药性取决于其细菌代谢。获得耐药性可能会对细菌代谢产生不可预见的后果，进而对环境微生物圈的进化产生影响。然而，这些方面尚未得到充分探讨。

抗生素耐药性的获得会在细菌代谢过程中引发特定的变化，这些变化有助于细菌在特定栖息地或环境条件下的生长。事实上，一些抗性基因会引起一系列代谢表型的变化，包括细菌对不同来源的碳、氮或磷酸盐利用能力的变化。已有研究表明，一些用于抵抗高浓度抗生素的元素在其原始宿主中也具有其他功能作用（例如细胞稳态、信号运输和代谢酶），这种现象指的是多效性（影响多种性状的单一基因）。例如，适应温度升高的细菌可对利福平抗生素产生耐药性。

最新研究表明，由于杀生物剂的存在，抗生素耐药性也可能通过共耐药性（选择同样携带抗微生物耐药性的克隆或移动元件）和交叉耐药性（选择编码对杀生物物质和一种或多种治疗性抗生素类的耐药性的基因）产生。此外，重金属污染也可能共同影响环境中的细菌抗生素耐药性，并且重金属和抗生素抗性基因（ARGs）通常位于同一遗传元件上。杀生物剂和金属的共同选择潜力对某些抗生素是特定的。例如，对季铵化合物（QAC）和 1 类整合子的抗性基因（几乎所有抗生素家族的抗性基因，包括β-内酰胺类、氨基糖苷类、甲氧苄啶、氯霉素、磷霉素、大环内酯类、林可酰胺类、利福平和喹诺酮类）在暴露于清洁剂和杀生物剂的细菌中更普遍。作为细菌体内一种小型的遗传物质，质粒可以携带一些抗生素耐药基因。然而，质粒的作用范围比较有限，意味着它们在通过消毒剂或金属对抗生素耐药性进行水平转移时，作用不是特别强。相反，作为细菌的主要遗传物质，染色体上如果携带有与消毒剂或金属耐药性相关的基因（称为 BMRGs），这些基因可能会通过染色体间接地促进细菌对抗生素的耐药性。因此，在这种情况下细菌通过染色体上的这些耐药性基因获得耐药性可能性更大[11]。

1.4.3.6 生物毒素对生态系统的影响

目前生物毒素对生态系统影响的研究相对匮乏，大多数研究侧重于作物收获后的饲料和食品中黄曲霉毒素污染，主要集中在土壤生态系统中黄曲霉毒素对土壤动物、微生物的影响。土壤环境的高度复杂性和异质性使得研究黄曲霉毒素等次生代谢产物在土壤中的生态功能变得非常困难。多项研究表明，黄曲霉毒素对各种生态系统中的生物体具有潜在风险。生长在受污染土壤中的植物和作物可以将黄曲霉毒素吸收到其叶、茎和根组织中，以这些作物为食的昆虫和鸟类的生育率、发育率和健康度可能会受到影响。黄曲霉毒素具有致癌性质，是危害动物和人类健康的主要真菌毒素。黄曲霉毒素主要由黄曲霉和寄生曲霉释放。AFB_1 是最有害的黄曲霉毒素，是一种强效的致癌、致突变、致畸性物质，并抑制免疫系统。

微生物、蚯蚓和线虫等土壤生物在土壤中提供了许多重要的生态系统服务，被认为是重要的生物指标，可以对化学物质造成的生态风险进行评估。微生物生态毒理学特性已成为评估毒素对微生物结构和功能多样性影响的公认指标。迄今为止，对黄曲霉毒素和土壤微生物群落的研究主要集中在土壤微生物对黄曲霉毒素的降解和解毒能力上。琼脂培养基和土壤呼吸试验研究表明，土壤微生物群落在低浓度 AFB_1（1 ～ 100μg/kg 土壤）下不受影响，而较高浓度 AFB_1 对土壤呼吸有统计学显著影响。滤纸接触试验结果表明，AFB_1 毒素可引起土壤线虫秀丽隐杆线虫（*Caenorhabditis elegans*）的 DNA 损伤及种系细胞死亡，并对秀丽隐杆线虫生长繁殖产生显著抑制作用。通过滤纸接触试验将蚯蚓（*Eisenia fetida*）暴露于 AFB_1 中，发现 AFB_1 对蚯蚓的有害影响与它们的身体素质和行为有关，例如盘绕、黏液分泌过多、运动迟缓。关于黄曲霉毒素在通过受污染的土壤或食物暴露时是否会对这些物种产生类似的有害影响有待进一步研究[12]。

参考文献

[1] 周建川，郑文革，赵丽红，等. 2016年中国饲料和原料中霉菌毒素污染调查报告[J]. 中国猪业，2017, 12(6): 22-26, 32.

[2] 陈秋会，席运官，王磊，等. 产地环境中重金属和有机污染物对农产品质量的影响综述 [J]. 江

苏农业科学，2018, 46(1): 5-8.

[3] 崔龙哲，李社锋．污染土壤修复技术与应用 [M]．北京：化学工业出版社，2016.

[4] 李鹏飞，侯德义，王刘炜，等．农田中的（微）塑料污染：来源、迁移、环境生态效应及防治措施 [J]．土壤学报，2021, 58(2): 314-330.

[5] 孙良媛，刘涛，张乐．中国规模化畜禽养殖的现状及其对生态环境的影响 [J]．华南农业大学学报（社会科学版），2016, 15(2): 23-30.

[6] 王东利，张晓鸣，刘玉敏．持久性有机污染物的环境行为及对人体健康的危害 [J]．国外医学，2003(3): 169-173.

[7] 李海峰，任红松，刘河江，等．农业土壤邻苯二甲酸酯污染对农产品质量安全的影响及其防治对策 [J]．江西农业学报，2020, 32(7): 85-89, 98.

[8] Kumar A, Pathak H, Bhadauria S, et al. Aflatoxin contamination in food crops: Causes, detection, and management: A review[J]. Food Production, Processing and Nutrition, 2021, 3(1): 1-9.

[9] 张文强，黄益宗，招礼军．底泥重金属污染及其对水生生态系统的影响 [J]．现代农业科学，2009, 16(4): 155-158.

[10] 侯宇晴，李冰，王金花，等．微塑料与农田土壤中典型污染物的复合污染研究进展 [J]．环境科学，2024, 45(2): 1196-1209.

[11] Grenni P, Ancona V, Caracciolo A B. Ecological effects of antibiotics on natural ecosystems: A review[J]. Microchemical Journal, 2018, 136: 25-39.

[12] Fouché T, Claassens S, Maboeta M. Aflatoxins in the soil ecosystem: An overview of its occurrence, fate, effects and future perspectives[J]. Mycotoxin Research, 2020, 36(3): 303-309.

第2章

重金属污染

≫ 产地重金属污染特征与来源

≫ 产地环境中重金属形态特征及迁移转化

≫ 土壤植物体系中重金属迁移转化及植物耐受机制

≫ 产地重金属污染环境危害及作用机理

重金属元素在环境污染领域中其概念与范围并不是很严格。一般是指对生物有显著毒性的元素，如汞、镉、铅、铬、锌、铜、钴、镍、锡、钡、锑等，从毒性这一角度通常把砷、铍、锂、硒、硼、铝等也包括在内。目前，最引人注意的是镉、汞、砷、铅、铬五种元素。

重金属污染的威胁在于它不能被微生物分解，相反，生物体可以富集重金属，并且能将某些重金属转化为毒性更强的金属有机化合物。自从 20 世纪 50 年代在日本出现“水俣病”和“痛痛病”，并且查明这是由汞污染和镉污染所引起的“公害病”以后，重金属的环境污染问题受到人们极大的关注。公害事件的痛苦经历有力地推动了人们对土壤环境重金属污染问题的认识与关注，研究视角从最初的重金属来源调查、含量分析、形态转化、对农作物生长发育的障碍等扩展到重金属在土壤 - 植物系统中的迁移转化、空间分布、长距离输送、食物链中累积和对人体的小剂量累积慢性毒害以及重金属污染土壤的治理与修复等方面。目前该领域已成为当代土壤科学和环境科学研究的前沿热点。

2.1 产地重金属污染特征与来源

2.1.1 重金属污染现状

耕地土壤重金属污染问题突出，超标面积约 2 亿亩。综合农业、环保、地质等部门多次调查结果，全国耕地土壤重金属超标比例在 11% ～ 13%，以镉、砷为主，主要分布于我国南方酸性土壤水稻产区，以及河南、甘肃、陕西、辽宁等部分矿区周边。按产地类型，水稻产地和蔬菜产地土壤重金属超标严重（约 20%），玉米产地次之（约 9%），小麦产地约 4%。耕地土壤重金属累积速度明显变缓，但趋势短期难以逆转。以 2012 年农田土壤重金属污染普查为基准，之前的 30 年全国农田土壤镉含量中位值增长了 1.48 倍，但 2012 ～ 2022 年的 10 年里，虽然全国 40% ～ 49% 的监测点位呈现增长态势，但大多增幅不足 10%。

从长时间尺度来看，不同历史时期产地重金属来源不同。1999 ～ 2006 年，大气沉降和畜禽粪便是重金属进入农田土壤的主要来源，其中大气沉降对我国农田土壤中 As、Cr、Hg、Ni 和 Pb 的贡献率为 43% ～ 85%；畜禽粪便对 Cu、Cd、Zn 的贡献率分别为 69%、55% 和 51%；磷肥、污灌等虽不是主要来源，但在部分施用过量地区其贡献也较大。2006 ～ 2015 年，大气沉降仍是我国农田土壤中大部分重金属元素（除 Cu 以外）的主要来源，贡献率占 54.8% ～ 94.5%，Cu 主要受畜禽粪便影响（63.4%），Zn 则同时受控于大气沉降（54.9%）和畜禽粪便（43.8%）。最新的研究结果也表明，近10年我国农田土壤中的重金属（除Cu外）主要来自大气沉降的贡献（50%～93%）。这些研究显示，在全国尺度上，大气沉降和畜禽粪便是目前我国农田土壤中重金属元素的主要输入源，其中以 Cd 的污染风险最高，需要加以重视。此外，各个地区在气候、土壤、人口密度、经济发展、土地利用类型等方面的差异也会造成土壤重金属主要污染来源的变异。从定量解析污染源的角度来看，不同研究区之间的主要污染源确实存在差异性。例如，北京潮河沿岸与顺义区农田土壤中，土壤母质和采矿活动分别是这两个研究区土壤中累积重金属的主要来源；福建省厦门市公园和泉州市林地土壤中的重金属分别以燃煤和土壤母质为主要来源。但是某些地区的主要污染源比较一致，如江苏省的主要污染来源以工业活动和 / 或大气沉降为主，贡献率基本在 50% 以上；湖南省土壤中累积的重金属则主要来自采矿、冶炼等活动造成的工业排放、大气沉降、交通运输等；广东省则以土壤母质和工业活动为主。

在同一城市的不同功能区，大气沉降对土壤重金属的影响程度也有差别。例如，南京大气沉降 100 年后不同功能区表土（20cm）重金属的累积增量分别为铜 1.3% ～ 4.9%、锌 2.9% ～ 29.9%、铅 2.1% ～ 16.6%、铬 0.3% ～ 2.0%、镍 0.6% ～ 1.3%。钢铁工业区由于大气沉降输入量最高，各元素在表土中的长期累积增量和增加比例都最大，其次为工业与居民混合区，而风景区最低。就元素而言，Zn 在表土的长期累积增量最大，可导致表土 Zn 含量增高 29.9%，其次为 Pb，增量为 16.6%。对希腊城区和工业区降尘的研究认为，重金属在两个功能区内浓度基本一致，但是 Mn、Ni、Zn 和 Cd 在工业区中的浓度相对较高，而且城市降尘的来源比较多样。Mn、Ni 和 Zn 的生物可吸收态含量显著高于工业区，因此城市降尘的风险被认为大于单一的工业区域。

我国土壤类型多样，由于土壤条件、气候条件和耕作管理水平的不同，不同类型土壤理化性质差异较大，进一步加剧了耕地土壤重金属污染的多样化格局。对珠江三角洲地区典型农田和菜地两种耕地土壤重金属污染现状进行监测与评价，发现工业型农村的耕地以铜超标为主（超标率 22.2%），种植型农村的耕地以镉超标为主（超标率 16.7%），其余重金属超标率低或不超标。对我国 7 种典型农田土壤镉活性进行研究，结果显示在酸性土壤类别中，富铝土中交换态镉含量约为黄壤中交换态镉含量的 4 倍。

2.1.2 重金属污染空间分布特征

我国重金属污染空间分布复杂，不同地区存在不同的主要污染元素和污染程度。根据一项关于全国设施农田重金属分布的研究，我国南部地区的设施农田土壤中 Cd、Pb 和 Hg 的含量较高，其中南部地区平均 Cd 含量为北部地区的 3.45 倍。这可能与南部地区工业活动频繁且受到农业投入品的影响有关。然而，南部地区的 As、Cu、Zn 和 Cr 的含量较低，其中 Zn 的含量仅为北部地区的 60%。这可能是北部地区设施农业发展迅速，肥料（尤其是有机肥）施用量较大所导致。同时，Cu 和 Zn 的累积速率最快，表明这两种元素的污染问题值得进一步关注。

我国重金属污染空间分布特征呈现出明显的地域差异和空间分布规律。从整体上来看，我国南方地区的重金属污染问题比北方地区更为严重。这主要与南方的气候条件、工业分布、农业投入品的使用以及土壤地质状况等多种因素有关。在南方的某些地区，如湖南、广东、广西等地工矿企业密集，加之农业活动中使用了大量的化肥、农药等，导致这些地区的土壤重金属污染问题较为突出。而在北方的某些地区，如东北平原、华北平原等地设施农业发展迅速，长期大量使用化肥、农药等，也导致了土壤中重金属的累积和污染。从不同元素的角度来看，不同重金属元素的污染空间分布也呈现出明显的差异。例如，Cd、Hg 等元素的污染主要集中在南方地区，可能与该地区的工矿企业排放及农业投入品的使用有关。而 Pb、Cu、Zn 等元素的污染则呈现出南北差异，这可能与南北地区的土壤地质状况、气候条件等因素有关。从不同种植作物的角度来看，不同作物对重金属的吸收和累积也存在一定的差异。例如，水稻是南方地区的主要农作物之一，其对 Cd 元素的吸收和累积较强，因此该地区水稻中 Cd 元素的污染问题较为突出。而蔬菜是北方地区的主要农作物之一，由于蔬菜对 Cu、Zn 等元素的吸收和累积能力较强，因此这些元素在北方地区的蔬菜中存在一定的污染风险。从设施农田的角度来看，设施农田土壤中的重金属含量普遍高于自然环境下的土壤。这主要是因为设施农田中大量使用化肥、农药等农业投入品，同时设施农田的土壤质地较为单一，缺乏足够的有机质，导致重金属在土壤中更容易累积。另外，设施农田中的水体也存在一定的重金属污染风险，这可能与农田灌溉水质的保障不够以及废水排放等因素有关。从空间分布规律来看，我国重金属污染空间分布呈现出一定的区域性和集群性。例如，在南方某些地区存在以 Cd 元素为主的污染区，而在北方某些地区则存在以 Pb、Cu 等元素为主的污染区。这些污染区的形成可能与当地的工业分布、农业投入品的使用、地质状况等多种因素有关。同时，通过分析不同地区土壤重金属含量的相关性和差异性发现，不同地区之间的土壤重金属含量呈现出明显的空间自相关关系，这表明重金属污染的空间分布规律在较大范围内都存在一致性。

我国农田土壤重金属含量分布特征明显。总体上看，中国西南部地区土壤重金属富集程度较高，其次是广东省、广西壮族自治区和辽宁省。从不同重金属各自的分布上看，我国区域土壤的铅、锌含量在空间分布上相似，铜的高分布区主要在我国北部，其他重金属在我国南部土壤中含量较高，各区域土壤重金属的富集程度和类型主要受到当地工业发展和农业活动的影响。

结合各省农田土壤重金属含量的平均值和土壤元素背景值，从超出背景值的重金属含量分布看，Pb 在广西、四川、辽宁和云南等地土壤中含量超过背景值较多，超出部分均为背景值 1 倍以上；除上海、江苏、贵州和山西外，Cd 在其他地区土壤中含量超出背景值部分均达到了背景值的 1 倍以上，其中西藏自治区、广西壮族自治区达到 10 倍以上，辽宁省达到 23 倍；Cu 在吉林省、辽宁省和广东省土壤中含量超出背景值部分均达到背景值的 1 ～ 3 倍；Zn 在四川省、云南省和广东省土壤中含量超出背景值部分为背景值的 1 ～ 3 倍；Cr 在全国各区域浓度基本不高，只有福建省土壤 Cr 含量超出背景值 2 倍以上。总体上看，Cd 的富集最为严重，其次是 Pb、Cu、Zn 等；云南、广东、辽宁等地是土壤重金属富集较多的地区。我国农产品产地土壤重金属重度污染区基本集中在矿区周边，如广东大宝山矿区、广西刁江流域、广西环江流域、湖南湘江流域、湖南湘西、湖北大冶、江西德兴、云南个旧、浙江富阳、四川攀枝花等地。对矿区周边土壤和农田的调查监测结果显示，广东大宝山矿区大部分区域土壤中 Cu、Zn、Pb、Cr 等重金属含量高于国家三级标准，广西刁江沿岸农田受到了严重的 As、Pb、Cd、Zn 的复合污染，湖南湘西花垣矿区土壤中 Pb、Zn、Cd 含量均超过污染警戒值[1]。

2.1.3 重金属污染来源

重金属可通过多种途径进入土壤，人类生产、生活活动中重金属的大量使用，使得重金属随着废气、废水的排放而进入土壤环境，成为土壤重金属污染的重要来源。此外，成土母质本身就可能是某些重金属矿物，母质在分化分解为土壤的过程中，重金属自然也进入了土壤并进行了迁移，不同的母质、成土过程对重金属含量的影响差异很大。

总体来说，产地重金属污染的来源主要是与社会经济发展密切相关的工业源、生活源和农业源，包括工业源“三废”、有色金属开采冶炼、工业燃煤、汽车尾气排放、污水灌溉、农药化肥施用和含重金属农牧副产品的再利用等。这些来源中的重金属最终通过大气干湿沉降过程、水文水动力过程进入农田土壤，经农田土壤截留、作物吸收后，再由地表径流、地下渗流、作物收获等途径从农田系统输出。以镉为例，引起农田镉污染的主要工业源是锌矿生产和冶炼，以冶炼化工为主产业的区域土壤中镉浓度明显较高。但在缺乏锌冶炼相关产业的地区，原煤消费是主要的镉污染源，约占土壤总镉输入量的 50%。其他有色金属开采、钢铁生产、水泥生产、造纸及印染也是造成土壤镉污染的重要工业源。而引起农田镉污染的农业源主要为耕作过程中磷肥的施用。磷矿石中的镉多以杂质的形式进入磷肥，并随着磷肥的施用排入土壤，其他类似矿物还包括煤炭、石灰石和铁矿石等。尽管此类矿物及其产品中的镉含量很低，但因其消耗量巨大，对镉的流动及其环境风险仍能够产生不可忽视的影响。

2.1.3.1 成土母质

成土母质是地表岩石经风化作用破碎形成的松散碎屑，物理性质改变，形成疏松的风化物，是形成土壤的基本的原始物质，也是土壤形成的物质基础和植物矿物养分元素（除氮外）的最初来源。土壤是由岩石经过风化过程和成土作用形成的，土壤母质决定了土壤中最初的元素含量，形成土壤重金属背景值。例如，沂源县土壤重金属来源分析表明，Hg、Cd、Zn、Pb、As、Co、Cu、Mn 主要受到成土母质影响，属于自然来源。不同岩石的成土过程也影响着土壤中的重金属含量，如石英质岩石对发育于其上的土壤重金属含量起控制作用，而碳酸盐类岩石对发育于其上的土壤中重金属含量控制作用则不强。因此，土壤中重金属的自然来源是受母质重金属含量与成土过程的共同影响。我国西南、中南地区分布着大面积的有色金属成矿带，Cd、

Hg、As、Pb 等元素的自然背景值较高，加上金属矿冶炼、高镉磷肥施用等，导致这些地区耕地土壤重金属普遍超标，加剧了区域性的土壤重金属污染。云南省岩溶区为砷高值异常区，土壤中的砷主要来源于碳酸盐岩的高背景含量，而碳酸盐岩土壤具有高 pH 值和高阳离子交换量（CEC），质地黏重，造成碳酸盐岩土壤中的砷高度富集[2]。

2.1.3.2 大气沉降

冶金、建筑材料生产、汽车尾气排放等过程中产生的气体和粉尘中通常含有重金属污染物，主要以 Pb、Zn、Cd、Cr、Co、Cu 等为主。这些重金属元素以气溶胶的形态进入大气，进而随着自然沉降和降水等进入土壤。这种形式造成的土壤重金属污染情况主要出现在工矿企业的周边以及公路、铁路的两侧。其中，汽车尾气中尤以 Pb 含量最高，达 20 ～ 50ng/L，土壤 Pb 污染呈条带状分布，随离公路、铁路的距离逐渐增加重金属含量逐渐减少，还会受到交通量的影响，主干道与普通道路附近重金属含量有明显的差异，同时具有随时间推移而叠加的特点。此外，大气中 Hg 的干湿沉降也可以引起土壤中 Hg 的含量增高。对高速公路两侧土壤环境特征的研究表明，交通排放是重金属污染的主要来源，Cd、Zn、Pb、Cu 等重金属的含量受交通影响显著，降尘中主要重金属的环境风险排序受交通影响显著。Stembeck 等研究发现，城市降尘中的 Cu、Zn、Cd、Sb、Ba、Pb 等主要来自交通工具磨损而不是燃料燃烧，而 Cu、Ba、Sb 则更多来自刹车片的磨损，且重型车辆 Ba 和 Sb 的污染更加严重。已有研究表明，城市中最主要的污染源就是交通排放。虽然现在无铅汽油和乙醇燃料已经逐步取代了传统的含铅汽油，但是在交通工具中所使用的润滑剂、添加剂等也含有很多重金属物质，除了 Pb 以外，还能产生 Cu、Cd、Zn 等重金属污染；在对伯明翰和考文垂的降尘比较研究中，发现重金属含量与工业区密切相关，人口越多重金属含量就越高。在对德里工业区、交通密集区和农村地区降尘的研究中发现，工业区的 Cr、Ni 和 Cu 的含量很高，而 Pb 和 Cd 与用地性质的关系则不显著，认为降尘中主要重金属的环境风险排序为 Cd ＞ Zn=Pb ＞ Ni ＞ Cu ＞ Cr。

2.1.3.3 农用物资使用

消费与使用含有 Pb、Hg、Cd、As 等的农药及滥用化肥，均会造成土壤重金属污染。过磷酸盐中往往 Hg、Cd、As、Zn、Pb 含量较多，磷肥次之，氮肥和钾肥中重金属含量较低，但氮肥中 Pb 含量较高，其中又以 As 和 Cd 的危害较大。对上海地区菜园土地、粮棉地进行研究后发现，施肥后，Cd 的含量从 0.134mg/kg 升到 0.316mg/kg，Hg 的含量从 0.22mg/kg 升到 0.39mg/kg，Cu、Zn 的含量增长 2/3。如果长期大量施用含重金属的杀虫剂、杀菌剂、除草剂、杀鼠剂等，就会导致农田土壤重金属累积。重金属元素是肥料中报道最多的污染物质之一，其含量一般是磷肥＞复合肥＞钾肥＞氮肥。

2.1.3.4 污水灌溉

污水灌溉是指用城市下水道污水、工业废水、排污河污水以及超标的地面水等对农田进行灌溉。通常，化工、矿山开采与冶炼、电镀等行业排放的污水中重金属含量较高，污水未经处理而直接灌溉农田会造成土壤重金属污染。污水灌溉造成的土壤重金属污染具有“靠近污染源头和城市工业区土壤污染严重”的特点。为更好地利用水资源，在我国干旱地区通常将城市污水进行一定的处理，达标后进行农田灌溉。我国农业自 1947 年便开始采用污水灌溉，1972 年后得到快速发展，到 20 世纪 90 年代末全国污灌区域面积达到 $3.60\times10^6hm^2$，占我国总灌溉面积的 7.33%。据农业部（现农业农村部）对全国污灌区农田土壤的调查，约 $1.4\times10^6hm^2$ 的污灌区中，遭受重金属污染的土地面积占污灌区总面积的 64.8%，其中轻度、中度和严重污染分别占 46.7%、9.7% 和 8.4%。目前，污灌面积已占到总灌溉面积的 90% 以上；南方地区较少，仅占 6%。城市污水中含有 Hg、Cd、Cr、As、Cu、Zn 和 Pb 等重金属元素，这也会成为土壤重金属污染的来源之一。

2.1.3.5 污泥农用

市政污泥中往往富含大量有机质和氮、磷、钾等对植物生长有益的营养元素，但同时也含有大量的重金属，市政污泥的排放会导致排放区土壤中重金属含量的不断增加。污泥施肥可导致土壤中 Cd、Hg、Cr、Cu、Zn、Ni、Pb 含量的增加，Cd、Cu、Zn 容易进入水稻、蔬菜；Cd、Hg 则易被小麦、玉米吸收富集；污泥量增加，青菜中的 Cd、Cu、Zn、Ni、Pb 也增加。有研究表明，经过城市污水、污泥灌溉或修复的土壤中，Cd、Hg、Pb 等的含量明显增加。

2.1.3.6 固体废物堆积

有色金属开采、选矿过程中产生的废石、废渣以及废渣的风化和淋洗都可能导致各种重金属元素的释放、迁移，进而导致其在矿区及周围土壤中累积，土壤中重金属的积累主要在 0 ～ 20cm 的表层。英国 Shipham 废弃矿区土壤中 Cd 含量达 2 ～ 360mg/kg，Pb 含量达 108 ～ 6540mg/kg，Zn 含量达 250 ～ 37200mg/kg；而在美国 Montana 的 Zn 矿附近土壤中 Cd 含量达到 750mg/kg。因此，不可忽略重金属的富集现象对农田土壤的影响。广西河池市环江毛南族自治县因环江河上游矿区尾矿库坍塌导致沿江农田遭受 Pb 和 Cd 严重污染。河南义马市工业废渣堆积场土壤中 Cr、Zn、Pb、Cu 四种重金属高于当地背景值 1 倍以上。

矿业和工业生产过程中的固体废物中往往含有大量重金属，在经过长时间的日晒、雨淋后，其中的重金属极易发生迁移，以辐射状、漏斗状向周围土壤扩散。重金属在土壤中的含量和形态分布特征主要受到其在固体废物中释放率的影响。对城郊垃圾堆放区周边农田土壤进行研究，发现距垃圾场 150m 范围内的土壤中 Hg、As、Pb、Cr 和 Cd 等重金属含量明显较高。对位于罗马 Malagrotta 的垃圾填埋场周围土壤进行采样分析，发现该地区已经受到 Cu、Zn、Pb 和 Cd 等重金属的污染。

随着 IT 行业及产业链的迅速发展，与 IT 产品相关的电池行业、与印刷电路板制造相关的电镀行业等引起的重金属污染问题受到人们的高度重视。印刷电路板主要涉及铜、镍和铬等污染，电池和电源则多涉及铅污染。电子电器及其废弃物中含有大量 Cu、Zn、Cr、Hg、Cd 和 Pb 等，对其拆解、回收利用及处置过程中会产生重金属污染。电子废物拆解点附近的农田土壤监测分析结果显示，重金属超标率为 100%，主要超标元素依次为Cd、Cu、Hg和Zn。垃圾填埋场、废品回收站等也会直接或间接地向土壤释放重金属。

2.2 产地环境中重金属形态特征及迁移转化

土壤中重金属的总量可以反映土壤中重金属可能富集的信息，并可进行重金属的风险评价，但不能很好地表征重金属在土壤中的存在形态、迁移能力以及植物吸收的有效性。土壤中重金属的存在形态是衡量其环境效应的关键参数，与重金属迁移及转化的关系十分密切。越来越多的研究者开始关注基于重金属形态分析的研究，以探讨重金属污染对植物生长和健康的影响。根据国际纯粹与应用化学联合会的定义，形态分析是指表征与测定一种元素在环境中存在的各种不同化学形态与物理形态的过程。

目前，土壤中重金属形态研究方法主要有化学形态分析法和生物有效性分析法。化学形态分析法是指利用反应性不断增强的化学试剂将土壤重金属分为不同活性的结合态，从而评估重金属的移动性和生物有效性的方法；生物有效性分析法通过分析生长在污染土壤上的生物所吸收的重金属的浓度研究不同形态重金属被生物吸收或在生物体内积累的过程。化学形态分析法是生物有效性分析法的基础，生物有效性分析法是化学形态分析法在研究领域的具体延伸；化学形态分析法的发展制约着生物有效性分析法的发展，但重金属对生物的实际危害最终由生物有效性来体现。由于各种影响因素复杂多变，直接分析土壤重金属的生物有效性的难度很大。从化学形态角度来研究土壤重金属的生物可利用性，不仅可以了解土壤重金属的转化和迁移，而且还可以预测土壤重金属的活动性和生物可利用性，从而可以间接地评价重金属的环境效应，有助于建立重金属不同化学形态与生物可利用性之间的相关关系。

2.2.1 产地环境中重金属化学形态特征

2.2.1.1 重金属的化学形态

化学形态即元素的结合状态、元素所在化合物或化合物与基质的结合状态，元素的化学形态与其毒性、生物可利用性、迁移性、与基质分离的难易程度密切相关。目前多采用化学连续提取法对土壤中的重金属进行分类。其中经典的 Tessier 五步连续提取法是 Tessier 在 1979 年提出的，也是目前应用最为广泛的化学连续提取法，它将重金属元素的赋存形态按其生物有效性分为可交换态、碳酸盐结合态、铁锰氧化物结合态、有机物结合态以及残渣态。1993 年，Ure 等提出了 Ure 流程，随后 Quevauviller 等在 1997 ～ 1998 年对其进行了修订，使其成为欧洲共同体（现欧盟）委员会标准物质局（European Community Bureau of Reference，BCR）工作组开发的标准流程。经过进一步发展，这一流程被称为 BCR 连续提取法。BCR 法将重金属赋存形态划分为乙酸可提取态、可还原态、可氧化态及残渣态。

一般认为残渣态重金属不能被生物利用，弱酸溶解态易被生物利用，铁锰氧化物结合态次之，而有机物结合态活性较差。表生环境下，土壤中残渣态重金属一般不参与水 - 土壤系统的再平衡分配，人为污染则主要叠加在土壤可交换态或生物有效态中。因此，土壤可交换态或生物有效态重金属的含量及其占总量的百分比大小不仅可以表征土壤中重金属的形态转化趋势，同时也标定了水 - 土壤交换反应过程中重金属活化迁出的难易程度及其二次污染的可能性。

（1）可交换态

可交换态重金属是指吸附在黏土、腐殖质等土壤物质上的金属，易受环境的影响，易于迁移转化，能被植物吸收。可交换态主要是通过土壤溶液扩散作用和外层络合作用交换吸附在土壤黏土矿物及其他成分（如氢氧化铁、氢氧化锰、腐殖质）上的重金属。该形态重金属是土壤中活动性最强的部分，在中性条件下最易被释放，可用一价和二价盐溶液提取，易发生形态间转换和迁移，毒性最强，可反映农业生产和人类活动对区域土壤的影响，对其研究包含水溶态。可交换态在总量中所占比例较小，均小于 10%。可交换态重金属的提取方法是用 1mol/L $MgCl_2$（pH=7.0）或 1mol/L NaAc（pH=8.2），室温下连续搅动提取 1h。

（2）碳酸盐结合态

碳酸盐结合态重金属是指土壤中重金属以沉淀或共沉淀的形式赋存在碳酸盐中，从而形成碳酸盐结合态。随着土壤 pH 值的降低，碳酸盐结合态重金属移动性和生物活性显著增强，重新被释放进入环境中，当土壤的 pH 值为 5.33 时，易被生物吸收利用；相反，随着土壤 pH 值升高，碳酸盐结合态重金属移动性和生物活性降低，当 pH 值较高时容易形成碳酸盐金属沉淀，具有潜在危害性。其对土壤的 pH 值敏感。碳酸盐结合态重金属的提取方法是对可交换态的残余物用 1mol/L NaOAc（用 HOAc 调节 pH 值为 5）连续搅动提取 5h。

（3）铁锰氧化物结合态

铁锰氧化物结合态重金属是指与铁氧化物或锰氧化物反应生成结核体或包裹于沉积物颗粒表面的部分重金属，可进一步分为无定形氧化锰结合态、无定形氧化铁结合态和晶体形氧化铁结合态等形态。铁锰氧化物结合态重金属形态的存在受土壤中 pH

值和氧化还原电位的影响，pH 值和氧化还原电位较高时，有利于铁锰氧化物的形成。铁锰氧化物具有巨大的比表面积，易于吸附金属离子，当遇到适合形成凝絮沉淀的土壤 - 水环境时，金属离子就会随着其吸附的铁锰氧化物一同沉淀下来，重金属与铁锰氧化物以离子键的形式结合，具有较强的结合力，因此不易再次释放。农田淹水后，这种形态的部分重金属可被还原释放，具有潜在危害性。铁锰氧化物结合态重金属的提取方法是对碳酸盐结合态的残余物用 $Na_2S_2O_4$+0.175mol/L 柠檬酸钠 +0.025mol/L 柠檬酸，或在 96℃下用 0.04mol/L 盐酸羟胺在 25%（体积分数）的 HOAc 溶液中提取 6h。

（4）有机物结合态

有机物结合态重金属是指重金属与土壤中各种有机质（如动植物残体、腐殖质及矿物颗粒的活性基团）形成的络合物，或是与硫离子生成的难溶于水的硫化物。这些结合态的重金属通常较为稳定，释放过程缓慢，一般不易被生物吸收利用。有机物结合态重金属会受到氧化还原的作用，将有机物分子降解而析出金属离子，从而造成环境的重金属污染。有机物及硫化物结合态重金属的提取方法是对铁锰氧化物结合态的残余物加入 30% H_2O_2，用 HNO_3 调 pH 值为 2，在（85 ± 2）℃下氧化 5h，然后用 3.2mol/L NH_4OAc 在 20% HNO_3（体积分数）中提取 0.5h。

（5）残渣态

残渣态是非污染土壤中重金属最主要的结合形式，该形态重金属来源于成土母质，可以代表重金属元素在土壤或沉积物中的背景值。残渣态重金属一般存在于硅酸盐、原生和次生矿物等土壤晶格中，在自然界正常条件下其不易释放，能长期稳定地结合在沉积物中，用常规的提取方法不能提取出来，只能通过漫长的风化过程来释放，因而迁移性和生物可利用性不大，毒性也较小。重金属 Cd 以铁锰氧化物结合态为主，残渣态最少，Zn 和 Pb 以铁锰氧化物结合态和残渣态为主，Cu 以有机物结合态和残渣态为主。残渣态重金属的提取方法是对有机物结合态的残余物用 HF + $HClO_4$（HF：$HClO_4$ 的体积比为 5：1）加热消解。

2.2.1.2 典型重金属形态特征与分布

污染物进入土壤后，其污染来源、迁移能力、与土壤物质的结合能力以及进入植物体内的能力不同，导致它们在空间及形态上表现出不同的分布特征。下面对典型重金属在土壤中的形态与分布分别予以阐述。

（1）镉的形态与分布

镉的毒性大小不仅同其在土壤中的总量有关，而且与其在环境介质土壤中的赋存形态有关，它在生态系统中的迁移转化及有害（活）性的高低与其在土壤中的赋存形态是息息相关的。土壤中镉的存在形态大致分为水溶性镉和非水溶性镉。水溶性镉常以简单离子或简单配离子的形式存在，如 Cd^{2+}、$CdCl^+$、$CdSO_4$，石灰性土壤中还有 $CaHCO_3^+$，其他形态如 $CdNO_3^+$、$CdOH^+$、$CdHPO_4$ 及镉的有机配合物等则很少。非水溶性镉主要为CdS、$CdCO_3$及胶体吸附态镉等。目前应用较多的土壤重金属形态分类法即Tessier连续提取法，将土壤中的镉分为可交换态、碳酸盐结合态、铁锰氧化物结合态、有机物结合态和残渣态。其中，可交换态镉是对环境变化敏感，容易发生迁移转化，可被植物吸收从而对植物产生污染的主要形态。而碳酸盐结合态、铁锰氧化物结合态和有机物结合态被称为生物潜在可利用态，当处在酸性介质以及氧化还原电位下降时可以释放出来。残渣态重金属元素稳定，对重金属在土壤中的迁移、转化的作用力弱，因此被称为生物不可利用态。同时，土壤中各种形态镉的含量与分布受很多因素的影响。

在大多数土壤溶液中，镉主要以Cd^{2+}、$CdCl^{+}$、$CdSO_4$形态存在。工业用地周围土壤镉含量为40～50mg/kg，主要集中在土壤表层，并有可能随工业废水下渗到土壤0～15cm被土壤吸附。农用土壤中的镉主要集中在地表20cm左右的耕层内，尤其在几厘米内的土层中浓度最高。土壤中镉的存在形态主要受pH值和氧化还原电位（Eh）的影响。总体来说，随着土壤Eh值下降和pH值上升，土壤中难溶态镉增加，水溶态镉减少；土壤酸度的增加会增大$CdCO_3$和CdS的溶解度，使水溶态镉含量增大，添加石灰则能降低交换态镉的含量。对来自不同省份的15个土壤样品中镉的形态分析发现，各形态镉的平均含量顺序为可交换态＞碳酸盐结合态＞残渣态＞铁锰氧化物结合态＞有机物结合态，其中60%的样品中的赋存形态以可交换态比例最高，剩下的以碳酸盐结合态和残渣态比例较高。

（2）汞的形态与分布

汞在土壤中以金属汞、无机物结合态汞和有机物结合态汞的形式存在。选择优化的Tessier连续化学浸提法对贵州省万山汞矿区和大龙燃煤电厂周围土壤进行汞的形态分析，发现汞矿周围土壤汞主要以残渣态（66.6%）为主，其次为有机物结合态（30.0%）；燃煤电厂周围土壤汞则主要以有机物结合态（75.7%）为主，其次为残渣态（17.46%）。在形态分布规律上：万山汞矿区土壤各形态汞分布为残渣态＞有机物结合态≫氧化态＞特殊吸附态≈溶解态与可交换态；大龙燃煤电厂土壤各形态汞分布为有机物结合态＞残渣态＞氧化态＞特殊吸附态≈溶解态与可交换态。在形态组成上，土壤中汞的形态主要以残渣态、难氧化降解有机物结合态及某些硫化物结合态和易氧化降解有机物结合态汞为主，而水溶态，可交换态和碳酸盐、铁锰氧化物及部分有机物结合的汞含量极低，腐殖酸结合或络合态的汞由于腐殖酸对汞的较强吸附能力而使其在总汞含量中占一定的比例。各形态汞的含量与土壤总汞含量密切相关，随总汞含量的增加而增加。

垂直方向上，不同形态汞的空间分布特征如下：

① 溶解态、可交换态、腐殖酸结合态汞主要分布于表层土壤中，而随着采样深度的增加，这些汞的浓度呈规律地减少。汞在土壤中会随时间在各土壤环境条件的影响下向其他较稳定形态转化，且由于表层土壤直接受人为耕作、接受枯枝落叶等因素的影响，有机质、腐殖酸等含量也较为丰富，使其主要富集于表层土壤中。

② 残渣态、难氧化降解有机物结合态及某些硫化物结合态和碳酸盐、铁氧化物及部分有机态汞含量均随土壤深度的加深而不规则增加。说明汞在土壤中随时间和迁

移距离的增加，其各形态间发生了相互转化，最终进一步向残渣态等较稳定的形态转化，从而使得其含量在深层土壤中较大。

③ 易氧化降解有机物结合态汞则随采样深度的加深先增加后减少。这主要受其迁移能力的影响。万山汞矿区位于湘黔汞矿带，土壤中的汞背景值相对较高。在长期的地质元素迁移转化作用下，汞在下层土壤中得到富集，使得土壤中汞含量由表层向下逐渐增加。汞在土壤中的迁移转化除了受时间的影响外，还受土壤理化性质、环境条件、人为活动等因素的共同影响，使得汞在土壤中的迁移速度较慢，从而造成了汞在剖面土壤中随采样深度的增加呈先增加后减少的规律。

（3）砷的形态与分布

砷是变价元素，在自然界中能以多种不同价态的有机、无机化合物存在，包括−3价、0价、+3价、+5价四种价态。土壤中砷以无机态为主，多以As(Ⅲ)或As(Ⅴ)价态存在，又以As（Ⅴ）为主。As（Ⅲ）和As（Ⅴ）之间可以通过氧化-还原反应而发生价态转变，二者之间保持动态平衡。砷在环境中的转化、迁移和毒性与砷存在的形态息息相关。由于不同理化性质的土壤对砷的固定能力差异悬殊，所以砷在不同土壤中的形态及其比例也不尽相同。

土壤中砷形态可分为水溶性砷、吸附性砷、难溶性砷3类。水溶性砷和吸附性砷总称为可给态砷或有效态砷；难溶性砷又分为铝型砷、铁型砷、钙型砷和闭蓄型砷4种，其中铝型砷和铁型砷对植物的毒性小于钙型砷。酸性土壤中铁型砷占优势，碱性土壤中钙型砷占优势；水溶性砷含量很低，一般小于总砷的5%。在土壤环境中，砷在氧化条件下砷酸盐是其主要成分，主要可分为交换态砷、铁型砷（Fc-As）、钙型砷（Ca-As）、铝型砷（Al-As）、残渣态砷（O-As）。非残渣态砷（也称有效态砷，即交换态砷、铁型砷、钙型砷、铝型砷之和）具有较高的活性和生物可利用性。不同形态的砷在土壤中性质和表现形式皆不同。其中交换态砷由于具有较高的有效性而容易被生物吸收，表现毒性较强，属于土壤活性砷。但砷酸盐在酸性土壤中容易被铁、铝等氧化物固定形成固定态砷；而固定态砷即铁型砷、钙型砷、铝型砷是由于土壤中的砷分别与水合氧化铁、碳酸钙和水合氧化铝表面相结合，形成了对应的配位化合物，抑或因为同晶置换作用使砷包含在水合氧化铁、碳酸钙和水合氧化铝的晶格中。固定态砷性质较交换态砷更稳定，毒性较低，为土壤难溶性砷；而残渣态砷在土壤中性质稳定，因其完全包裹在土壤矿物颗粒的晶格之中，难以被生物吸收和转化，毒性也低。砷在活性铁含量高的土壤中主要以铁型砷的形式存在；在活性铁含量低、交换性钙或活性铝含量高时，土壤中的砷主要以钙型砷或铝型砷形式存在。当土壤中活性铁、交换性钙、活性铝含量均少时，砷可能从水土中流失。在还原条件下，亚砷酸盐是土壤中砷的主要存在形态，而亚砷酸盐在土壤中的溶解度较高，毒性也较强。土壤的理化性质如土壤质地、矿物组成、pH值、阳离子交换量（CEC）、氧化还原电位（Eh）以及土壤中铝、铁、钙、镁的含量都影响着砷在土壤中的形态分布。

（4）铅的形态与分布

土壤中的铅污染物主要以碳酸盐结合态、铁锰氧化物结合态、有机物结合态以及残渣态等稳定状态存在。铅主要积累在土壤表层，且含量与土壤的性质有关，如酸性土壤一般比碱性土壤的铅含量低。土壤中有机物的性质也能影响铅含量。某些有机物中含有螯合物，这些螯合物与铅结合，根据整合后复合物的溶解特征既可促进铅从土壤中去除，又可将铅固定。对某高速路旁土壤铅污染的分析表明，水平方向距离公路4m处土壤铅含量最高，总体分布呈先增后减趋势，128m处铅含量已接近背景浓度，垂直方向上0～5cm表层土壤铅含量平均值显著高于以下各层，0～20cm范围内铅含量随土壤向下逐渐减少。

不同土壤类型中，交换态和残渣态的铅为红壤＞黄褐土＞砂姜黑土，碳酸盐结合态铅为砂姜黑土＞黄褐土＞红壤，铁锰氧化物结合态铅为红壤＞砂姜黑土＞黄褐土，有机物结合态铅为黄褐土＞砂姜黑土＞红壤；交换态和残渣态铅所占比例随着外源铅的浓度增大而提高，有机物结合态铅的比例随着外源铅浓度增大而降低，碳酸盐结合态铅在砂姜黑土、铁锰氧化物结合态铅在红壤上则呈现外源铅小于500mg/kg时比例增高、外源铅大于500mg/kg时比例开始降低的状况；加入外源铅的土壤中，水溶态的NH_4^+和K^+的浓度增大，使其流失的风险性增加；水溶态磷和铅离子生成难溶性磷酸铅盐被固结，使速效磷的浓度降低，降低了水溶性磷肥的功效。盆栽实验发现，未经铅处理时，土壤中各形态铅含量大小顺序为硫化物残渣态＞碳酸盐结合态＞吸附态＞有机物结合态＞可交换态＞溶解态。经过外源加入铅后，各形态铅含量大小顺序为硫化物残渣态＞可交换态＞碳酸盐结合态＞有机物结合态＞吸附态＞溶解态。外源铅进入土壤后，硫化物残渣态和可交换态铅含量增加，但主要以硫化物残渣态存在，该形态的铅是植物不能直接吸收利用的，它可以成为土壤中潜在铅污染来源，经转化可成为可交换态等有效态的铅被植物吸收。

从铅的不同来源看，汽车尾气中的铅最初主要以卤化铅粒子的形态存在，在大气中通过光化学反应生成氧化铅、碳酸铅等无机铅化合物。其中大约1/3大颗粒铅尘迅速沉降在道路两侧数公里区域内的土壤和植物上，2/3以气溶胶状态悬浮在大气中。以公路为轴线，在其两侧铅含量呈带状沿路延伸，其强度按高斯衰减法则向两侧迅速减弱，扩散范围为140～150m；其中大约90%的铅累积量分布在公路两侧50m范围内0～20cm的表层土壤中。大气中铅尘因重力作用或雨水夹带返回地面水体或土壤。在最大落地范围内，距离污染源越近，铅浓度越高。土壤中铅的化学形态以稳定的结合态存在，以可交换态和碳酸盐结合态存在的铅仅为6%，总铅量随土壤深度的增加而减少。火力发电厂等工业生产过程中的铅在干灰中的含量较高，主要富集在细灰粒中，干灰和炉渣中的铅主要以稳定的残渣态存在，在环境中表现出高的稳定性。与其他重金属相比，铅的迁移性较差，进入土壤中的铅绝大部分残留于表层土壤中。铅的溶解态、可交换态含量基本不变，环境稳定性较高。

（5）铬的形态与分布

土壤中的铬主要以有机态和残渣态的形式存在，两者约占总铬的80%，铬形态的含量顺序为残渣态＞有机物结合态＞铁锰氧化物结合态＞碳酸盐结合态＞可交换态；吸附在土壤中的铬主要转变成有机态。土壤中的铬多为难溶性化合物，其迁移能力一般较弱，主要残留积累在土壤表层。铬在土壤中的存在形态主要有 4 种，分别是 Cr^{3+}、CrO_2^-、$Cr_2O_7^{2-}$ 和 CrO_4^{2-}。这 4 种离子态铬在土壤中迁移转化状况主要受土壤 pH 值和氧化还原电位（Eh）这两种条件的影响。此外离子态铬在土壤中的存在状态也与其他一些因素相关，如土壤有机质含量、无机胶体组成、土壤质地等。对堆渣场附近土壤和未受污染的农田土壤中铬的形态分布特征的研究表明：堆渣场附近土壤各形态铬含量依次为矿物态＞可交换态＞氧化物结合态＞碳酸盐结合态＞有机物结合态；农田土壤中各形态铬含量依次为矿物态＞氧化物结合态＞碳酸盐结合态＞有机物结合态＞可交换态；而且堆渣场附近土壤可交换态、碳酸盐结合态、有机物结合态和氧化物结合态铬含量均显著高于农田土壤。在垂直分布上，0 ～ 60cm 土层土壤铬含量较低；60 ～ 160cm 土层土壤铬含量较高，土壤铬含量随土层深度的增加而增加，在土壤剖面呈现上低下高的分布趋势。

2.2.2 产地环境中重金属迁移转化过程

2.2.2.1 重金属在产地环境中的迁移过程

重金属在产地环境中会发生一定的迁移过程，主要包括以下几种迁移类型。

（1）物理迁移

重金属是相对较难在土体中迁移的污染物。由于土壤的相对稳定性，污染物在土壤中的机械迁移主要是通过大气和水的传输作用来呈现的，重金属进入土壤后总是停留在表层或亚土层，很少向底层迁移，土壤多孔介质的特点为污染物在多个方向上的扩散和迁移提供了可能。从总体上来看，污染物在土壤中的迁移包括横向的扩散过程和纵向的渗滤过程。重金属离子溶于水后可以随着水的流动而迁移到地表水体，在我国东南部雨水较多的地区，这种重金属随水流的流动而迁移的现象更加普遍。在我国西部干旱地区，土壤中重金属元素还会随风沙而迁移。

（2）物理化学迁移和化学迁移

物理化学迁移是污染物在土壤环境中最重要的迁移方式，其结果决定了污染物在环境中的存在形式、富集状况和潜在危害程度。对于无机污染物而言，是以简单的离子、配合物离子或可溶性分子的形式，通过诸如溶解 - 沉淀作用、吸附 - 解吸作用、氧化 - 还原作用、水解作用、配位或螯合作用等在环境中迁移。对于有机污染物，除了上述作用外，还可以通过光化学分解和生物化学分解等作用实现迁移。

① 重金属与无机胶体的结合。重金属通常以两种方式与无机胶体进行结合：一种是非专性吸附，即离子交换吸附；另一种是专性吸附，即胶体与重金属离子以共价键或配位键的方式结合。

离子交换吸附与土壤胶体微粒所带电荷有关。土壤胶体表面常带有净负电荷，对金属阳离子的吸附顺序一般为 Pb^{2+}＞Cu^{2+}＞Cd^{2+}＞Zn^{2+}＞Hg^{2+}。不同黏土矿物对金属离子的吸附能力存在较大差异，其中蒙脱石的吸附顺序一般是 $Pb^{2+} > Cu^{2+} > Hg^{2+}$，高岭石为 $Hg^{2+} > Cu^{2+} > Pb^{2+}$。一般而言，阳离子交换量较大的土壤具有较强吸附带正电荷重金属离子的能力；而对于带负电荷的重金属含氧基团，它们在土壤表面的吸附量则较小。上述过程受到离子浓度以及是否存在络合剂的影响。

专性吸附又称选择性吸附。水合氧化物表面对重金属离子具有较强的吸附力，通过氢氧根与重金属离子紧密结合，使得重金属牢固地吸附于固体表面。这种吸附还可发生在中性体表面，甚至还会出现在胶体表面电荷与吸附离子电荷同号的情况下。专性吸附中被吸附的重金属离子通常不能被氢氧化钠或乙酸铵等中性盐置换，只能被亲和力更强的元素置换而解吸，在低 pH 值条件下也可能会发生解吸过程。重金属的专性吸附受土壤中胶体性质和土壤溶液 pH 值的影响极大，随 pH 值的上升吸附能力逐渐增强。在所有重金属中，以 Pb、Cu 和 Zn 的专性吸附能力最强。这些离子在土壤溶液中的专性吸附迁移占主导地位，专性吸附使土壤对重金属离子有较大的富集能力，影响到它们在土壤中的迁移和植物对其的富集。专性吸附对土壤溶液中重金属离子浓度的调节、控制甚至强于受溶度积原理的控制。

② 重金属与有机胶体的结合。重金属元素可以与土壤中有机胶体表面进行络合或螯合。从交换吸附容量来看，单位质量有机胶体要远大于单位质量无机胶体，但是通常土壤中有机胶体的含量要远小于无机胶体的含量。重金属与有机体结合时同时存在着吸附交换作用与络合或螯合作用，当金属离子浓度较高时，吸附交换作用占主导地位；反之，络合或螯合作用占主导地位。当形成的络合物或螯合物可溶于水时，则重金属的迁移比较严重。

③ 溶解和沉淀作用。重金属元素在土壤中的化学迁移的一种重要形式是重金属化合物的溶解和沉淀作用，它反映了重金属化合物在土壤固相和液相之间的离子多相平衡的一般原理。重金属在土壤环境中的迁移转化主要受土壤 pH 值、Eh 值的影响。一般来说，随着土壤 pH 值的升高，易生成 Ca、Mg、Al、Fe 等不溶解沉淀，降低金属在土壤中的浓度。当 pH 值小于 6 时，土壤中以阳离子形式存在的金属迁移能力较强；当 pH 值大于 6 时，随着氢氧化物沉淀的生成，重金属阳离子溶解度大大降低，这时发生迁移的重金属主要以阴离子形式存在。土壤的 Eh 值会导致重金属元素价态的变化，从而影响金属化合物的溶解度。例如 Fe、Mn 等元素一般以难溶性化合物存在于土壤中，当土壤 Eh 值降低而处于还原状态时，高价态的 Fe、Mn 被还原为低价态，从而增加其溶解度。

（3）生物迁移

生物迁移主要是指植物对重金属的吸收、富集作用，富集重金属的植物被收割搬运或者动物啃食的方式进行空间上的迁移。除通过植物的吸收、富集迁移外，土壤中微生物对重金属的吸收也是一种迁移途径。但是通常自然环境下微生物的迁移范围较小，死亡后的残体会将重金属归还给土壤，对重金属的迁移影响较小。这种迁移方式与不同生物种属的生理生化和遗传变异特征有关。某些生物对环境污染物有选择性吸收和积累作用，某些生物对环境污染物有转化和降解能力。污染物通过食物链的积累和放大作用是生物迁移的重要表现形式。

2.2.2.2 重金属在产地环境中的转化

污染物在环境中通过物理的、化学的或生物的作用改变形态或者转变成另一种物质的过程称为转化。各形态的重金属会在土壤固相之间进行重新分配，进而影响重金属的移动性。污染物的转化过程取决于其本身的物理化学性质和所处的环境条件，根据其转化形式可分为物理转化、化学转化和生物转化 3 种类型。

（1）物理转化

重金属的物理转化除了汞单质可以通过蒸发作用由液态转化为气态外，其余的重金属主要通过吸附 - 解吸进行形态的转化。有机污染物在土壤中的挥发是其物理转化的重要形式，可以用亨利定律进行描述。

（2）化学转化

常见的重金属污染物在土壤中的化学转化包括沉淀 - 溶解、氧化 - 还原、络合反应。在土壤中，金属离子经常在其价态上发生一系列的变化，这些变化主要受土壤 pH 值影响和控制。pH 值较低时，金属离子以离子状态溶解在水中；pH 值较高时，金属离子易与碱性物质反应生成不溶于水的沉淀。氧化还原电位也会影响金属的价态，如在含水量大的湿地土壤中砷主要呈三价的亚砷酸形态；而在旱地土壤中，由于与空气接触较多，主要呈五价的砷盐形态。

（3）生物转化

生物转化是指污染物通过生物的吸收和代谢作用而发生的变化。污染物在有关酶系统的催化作用下，可经各种生物化学反应过程改变其化学结构和理化性质。各种动物、植物和微生物在环境污染物的生物转化中均能发挥重要作用。土壤中的微生物具有个体小、比表面积大，种类繁多、分布广泛，代谢强度高、易于适应环境等特点，在环境污染物的转化和降解方面显示出巨大的潜能。土壤中的砷、铅等重金属可在微生物的作用下甲基化。

2.2.3 典型重金属在产地环境中的迁移转化

重金属在土壤中的迁移、转化及表现出的生物毒性与其形态密切相关。重金属在土壤环境中的生物毒性及生物可给性与其在环境介质中的物理、化学形态有很大关系。

2.2.3.1 镉在土壤环境中的迁移转化

重金属镉进入土壤环境后，可与土壤中的某些物质发生氧化 - 还原、吸附 - 解吸、络合-溶解、沉淀等反应，导致重金属元素形态、迁移等的变化。土壤中镉的分布集中于土壤表层，一般在 0 ～ 15cm，15cm 以下含量明显减少。镉在农田生态系统中的迁移转化主要有水-植物生态系统、水-土壤生态系统、土壤-植物生态系统等中的迁移转化。其中，以土壤-植物生态系统中的迁移最为明显。外源镉进入土壤后首先被土壤吸附，进而可转变为其他形态。镉易被土壤吸附，一般吸附率在 80% ～ 95%。

植物对土壤中镉的吸收并不取决于土壤中重金属总量，而与镉的有效性和存在形态有很大关系。土壤酶活性较高，镉生物有效性也较高。土壤中重金属的赋存形态按照 BCR 提取法，通常可区分为可交换态、水溶态、酸溶态、可还原态、可氧化态、残渣态 6 种形态。一般认为，水溶态和可交换态重金属对植物而言属于有效部分，残渣态则属于无效部分，其他形态在一定条件下可能少量而缓慢地释放成为有效的补充。在旱地土壤中，镉以 $CdCO_3$、$Cd_3(PO_4)_2$ 和 $Cd(OH)_2$ 等难溶性镉化合物的形态存在，其中以 $CdCO_3$ 为主，尤其在碱性土壤中含量最多；而在水田多以 CdS 形式存在。酸性土壤中 Cd 以铁氧化物结合态和可交换态为主，其余形态相对较少，碱性土壤中有机态和残渣态比例较高，碳酸盐结合态和可交换态所占的比例低。Cd 进入土壤后首先被土壤吸附，进而转变为其他形态。通常土壤对 Cd 的吸附力越强，Cd 的迁移能力就越弱。土壤氧化还原电位、pH 值、离子强度等均可影响土壤镉的迁移转化和生物有效性。

镉的沉淀主要以碳酸盐的形式存在，而土壤中的镉会随酸碱度、氧化还原电位值（Eh）的变化而变化：pH 值降低，Eh 值升高，镉的溶出率增大；当 pH 值为 4 时，镉的溶出率超过 50%；当 pH 值为 7.5 时，镉几乎不溶出或很难溶出。通常土壤对镉的吸附能力越强，镉的迁移活性就越弱。一部分被吸附的镉也可以从土壤表面解吸下来溶解到土壤溶液中。土壤溶液中的镉含量升高将增加镉迁移进入食物链的风险，同时还可通过地表径流或沿土壤剖面向下迁移而污染水体。土壤中的黏土矿物，有机质，铁、锰、铝等的水合氧化物，碳酸盐、磷酸盐等对外源镉的吸附固定起着主要作用，而且各组分之间存在复杂的相互影响，使不同类型的土壤表现出不同的吸附能力。关于农作物对土壤镉的吸收问题，一些研究发现：不同农作物品种对各种镉的富集量也各有不同，一般认为镉在蔬菜中的含量大于瓜果，而叶菜类蔬菜对镉的富集量最大。

农作物根系对镉的吸收有主动吸收和被动吸收两种机制，其中被动吸收又包括阳离子交换和扩散两个过程。阳离子交换是镉在农作物根表面与生长介质之间的一个可逆的迁移过程，一部分被吸收的镉可以从根表皮的细胞壁上解吸下来，另一部分则结合成不可逆的大分子，镉在根表面吸附的时间越长，结合成不可逆的大分子的比例就越高[3]。

2.2.3.2 汞在土壤环境中的迁移转化

自然界中汞的存在形态多样，在土壤中汞主要以 0 价、+1 价、+2 价存在。汞是生态系统中能完全循环的唯一重金属，在固相、水相、生物相体系中具有多种存在形态。在水相中，汞以 Hg^{2+}、CH_3Hg^+、$CH_3Hg(OH)$、CH_3HgCl、$C_6H_5Hg^+$ 为主要形态，它们随着水环境形态的变化而变化。在固相中，以 Hg^+、HgO、HgS、$CH_3Hg(SR)$、$(CH_3Hg)_2S$ 为主要形态。在生物相中，以 Hg^{2+}、CH_3Hg^+、CH_3HgCH_3 为主要形态。汞排入水中后，通过食物链会在水中的鱼体内累积，受汞污染的水中的鱼体内甲基汞浓度可比水中高上万倍。汞从污染源排入天然水体，可立即与水体中的各种物质发生相互作用，这些物质包括溶解在水中的各种离子、分子和络合配位体，悬浮在水中的有机物与无机颗粒物，水底沉积物以及水生生物。由于以上物质对汞表现出一定的亲和力，因而它们的相互作用决定了汞在水体中迁移转化的最终归属。

受有机质含量、土壤类型、温度、Eh 值、pH 值等因素的影响，土壤环境中的汞形态比较复杂，一般按其化学形态可分为金属汞、无机物结合态汞和有机物结合态汞。一般而言，金属汞毒性大于化合汞，有机物结合态汞毒性大于无机物结合态汞，甲基汞在烷基汞中的毒性最大。无论是可溶还是不可溶的汞化合物，均有一部分能挥发到大气中去，其中有机汞的挥发性（特别是甲基汞和苯基汞）明显大于无机汞（碘化汞挥发性最大，硫化汞最小）。土壤中金属汞含量很少，很活泼，不仅在土壤中可以挥发，而且随着土壤温度的升高，其挥发速度加快。土壤中的金属汞可被植物根系和叶片吸收，土壤中的无机物结合态汞主要有 $HgCl_2$、$Hg_3(PO_4)_2$、$HgCO_3$、$Hg(NO_3)_2$、$Hg(OH)_2$、$Hg(OH)_3^-$、$HgSO_4$、HgS 和 HgO 等。其中 $HgCl_2$ 具有较高溶解度，可在土壤溶液中以 $HgCl_2$ 形态存在，随水分进入根系，因此易被植物吸收的土壤中存在的有机物结合态汞包括有甲基汞、腐殖质结合汞和有机汞农药，如乙酸苯汞、CH_3HgS^-、CH_3HgCN、$(CH_3Hg)_2SO_4$、$CH_3HgNH_3^+$。土壤中 $Hg(NO_3)_2$ 和甲基汞易被植物吸收，通过食物链在生物体中逐级富集，对生物和人体造成危害，其他多数汞化物都是难溶的，易被土壤吸附或固定，发生一系列转化使其毒性降低。有机物结合态汞毒性远大于无机物结合态汞，土壤中任何形式的汞（包括金属汞、无机物结合态汞和其他有机物结合态汞）均可在一定条件下转化为剧毒的甲基汞，因此汞的甲基化受到普遍关注。

在土壤微生物作用下无机物结合态汞可转化为甲基汞，无机物结合态汞在厌氧条件下主要形成二甲基汞，介质呈微酸性时，二甲基汞转化为脂溶性的甲基汞，可被微生物吸收、积累，并进入食物链造成人体危害；而在好氧条件下，则主要形成甲基汞。除微生物作用外，自然界中亦存在非生物甲基化过程，紫外光照射下，溶液体系中的 $HgCl_2$ 可与乙酸、甲醇、α-氨基酸产生甲基汞。土壤 pH 值减小，汞离子有效性增强，有利于提高汞的甲基化程度。

此外，当微生物对甲基汞的累积量达到毒性耐受点时，会发生反甲基化作用，分解成甲烷和元素汞，这种反应在好氧和厌氧条件下均可发生。其中，甲基汞（CH_3Hg^+）在紫外光（UV）照射下会发生光化学反应，分解产物主要包括汞（Hg）和甲烷（CH_4），其分解反应如下：

$$CH_3Hg^+ \xrightarrow{h\nu} CH_4 + Hg$$

二甲基汞 $(CH_3)_2Hg$ 还可以在紫外光的作用下，发生光化学反应生成两个甲基自由基（$CH_3\cdot$）和单质汞（Hg^0），其分解反应如下：

$$(CH_3)_2Hg \xrightarrow{h\nu} 2CH_3\cdot + Hg^0$$

土壤中一价汞离子与二价汞离子之间可发生化学转化：

$$2Hg^+ \longrightarrow Hg^{2+} + Hg^0$$

通过上述反应，实现了无机汞、有机汞和金属汞的转化。

2.2.3.3 砷在土壤环境中的迁移转化

环境中砷主要以 4 种不同的价态存在，包括 +5 价、+3 价、0 价、−3 价。土壤砷的主要存在价态是 +5 价、+3 价，而元素砷只在很少的情况下存在，−3 价砷只在还原性很强的条件下存在。砷的形态影响其在土壤中的迁移及对生物的毒性，一般将砷分为无机态和有机态两类。无机砷包括砷化氢、砷酸盐或亚砷酸盐等，无论是淹水还是旱地土壤中，砷均以无机砷形态为主，元素砷主要以带负电荷的砷氧阴离子（$HAsO_4^{2-}$、$H_2AsO_4^-$、$H_2AsO_3^-$、$HAsO_3^{2-}$）形式存在。有机砷包括一甲基砷和二甲基砷，占土壤总砷的比例极低。通常无机砷比有机砷的毒性大，As（Ⅲ）比 As（Ⅴ）的毒性大，且易迁移。氧化与酸性环境中砷主要以无机砷酸盐（AsO_4^{3-}）形式存在，而在还原与碱性环境中亚砷酸盐（AsO_3^{3-}）占相当大比例。

按砷被植物吸收的难易程度，用不同提取液提取土壤中的砷，可以将其分为以下 3 类：

① 水溶性砷，该形态砷含量极少，常低于 1mg/kg，一般只占土壤总砷的 5% ～ 10%；

② 吸附性砷，指被吸附在土壤表面交换点上的砷；

③ 难溶性砷，这部分砷不易被植物吸收，但在一定条件下可转换成有效态砷。土壤中难溶性砷的形态可分为铝型砷（Al-As）、铁型砷（Fe-As）、钙型砷（Ca-As）和闭蓄型砷（O-As）。其中 Al-As 和 Fe-As 对植物的毒性小于 Ca-As。一般而言，酸性土壤中以 Fe-As 占优势，而碱性土壤中以 Ca-As 占优势，由于 Ca-As 不易释放，导致水溶性砷和可交换性砷极少 [4]。

土壤环境中，砷主要与铁、铝以水合氧化物胶体结合态存在，水溶态含量极少。土壤的氧化还原电位（Eh）和 pH 值对土壤中砷的溶解度影响很大。土壤中的砷对酸碱性和氧化还原条件的变化十分敏感。砷在土壤中多以阴离子状态存在，As（Ⅲ）和 As（Ⅴ）溶解度均随 pH 值的增大而增加，当土壤由酸性变为中性或碱性时，As（Ⅲ）的迁移能力变得更强。此外，土壤 pH 值还影响土壤带正电荷的胶体（如铁铝氢氧化物）对 As 的吸附，当 pH 值降低时，土壤胶体正电荷增加，对砷的吸持能力加强，而 pH 值升高，土壤胶体所带正电荷减少，对砷的吸附能力降低，所以砷的溶解度增大。土壤溶液中 As（Ⅲ）和 As（Ⅴ）间存在相互转化的动态平衡，该平衡受土壤体系Eh值控制，土壤在氧化条件时（旱地或干土中），以砷酸（H_3AsO_4）为主，易被交替吸附，增加了土壤的固砷量；而在淹水（水田）还原条件下，土壤中As^{5+}逐渐转换为As^{3+}，随着Eh值降低，AsO_4^{3-}逐渐被还原为AsO_3^{3-}，砷的溶解度增大，大大增加了植物毒性。这主要是由于一方面亚砷酸比砷酸易溶，淹水使部分固定砷获得释放而进入土壤溶液；另一方面淹水使砷酸铁及其他形式三价铁（与砷酸盐结合）被还原为易溶的亚铁形式，使砷从难溶性砷酸铁中释放，增加了土壤溶液中可溶性砷的浓度。

2.2.3.4　铅在土壤环境中的迁移转化

对土壤中铅进行形态分级多采用Tessier方法将土壤铅分为水溶态、可交换态、碳酸盐结合态、铁锰氧化物结合态、有机物结合态及残渣态。铅可生成+2价态、+4价态的化合物，铅在土壤中主要以二价态的无机化合物形式存在，极少数为四价态。多以$Pb(OH)_2$、$PbCO_3$、$Pb_3(PO_4)_2$等难溶态形式存在，而水溶态含量较低，故铅的移动性和被作物吸收的作用都大大降低。因此，铅在土壤剖面中很少向下迁移，多滞留于0～15cm表土中，随土壤剖面深度增加，铅含量逐渐下降。在酸性土壤中可溶性铅含量一般较高，因为酸性土壤中的氢离子（H^+）可将碳酸盐结合态、氢氧化物沉淀态等不溶解的铅转化为可溶性铅。铅在土壤中的迁移转化可以归纳为沉淀-溶解、离子交换和吸附、络合作用和氧化-还原作用等。其中络合作用对土壤中重金属的环境化学行为的影响主要在于影响溶解度，从而改变其生物可给性，而且这种作用是双向的，影响的方向与土壤的理化性质、配体类型及金属离子的种类都有密切关系[5]。

植物吸收铅的主要形态为可交换态和水溶态，碳酸盐结合态及铁锰氧化物结合态铅可依据不同土壤性质视其为相对活动态或繁密结合态。研究表明，糙米中铅浓度与土壤中铅的可交换态、碳酸盐结合态、有机物结合态均良好相关，而与铁锰氧化物结合态无显著相关。Pb在土壤与植物系统中的迁移转化主要与植物器官结构和根系分泌物关系紧密。植物根系可以被动地吸收Pb，但从根部向茎叶部的搬运非常有限。Pb可被植物键合于根的外部，也可被植物结合在非原质体、根细胞壁和细胞器官中。进入植物体的Pb^{2+}很容易与植株内的硫蛋白以及其他高分子化合物结合而被固定，很难再被溶解、运输。在水稻生长过程中，根系生长能分泌某种物质使土壤中极少量难溶性Pb转化为可溶性Pb，但随着根表面吸收面积的增加，这些可溶性Pb大多数只能被吸附在根表面，被植株吸收并向上运输的Pb量极少。在土壤-水稻系统中，施入的Pb绝大部分很快被固定在土壤中或被吸附在根表面，只有极少部分能够被吸收进入植物体，在运输过程中不断与蛋白质、多糖类等高分子化合物结合，随着运输距离的增加，到达植株上的Pb量逐渐减少。根系的分泌物对重金属行为产生显著影响，或多或少地影响土壤元素的活性、迁移转化率和生物有效性。根系分泌的大量有机酸能络合溶解含铅的固体成分，当植物根系周围元素因植物吸收而浓度降低时，金属有机络合物可以解离，在溶液中形成浓度梯度，促进难溶元素的移动，增强它们对植物的有效性[6]。

2.2.3.5 铬在土壤环境中的迁移转化

Cr 在土壤环境中有三价铬和六价铬两种价态，Cr（Ⅲ）又是最稳定的形态。由于 Cr（Ⅵ）易与土壤中组分（如有机质、Fe^{2+}、S^{2-}）发生氧化还原反应，因此在土壤环境中主要以 Cr（Ⅲ）的形式存在。土壤环境中铬的生物有效性、迁移性与铬的价态密切相关，土壤中 Cr（Ⅲ）常以 Cr^{3+}、CrO_2^- 形式存在，极易被土壤中的胶体粒子吸附共沉淀，其活性较差，对植物毒性相对较小。而 Cr（Ⅵ）常以 CrO_7^{2-} 和 CrO_4^{2-} 形式存在，大部分以游离态的形式存在于土壤溶液中，因而具有较高的迁移性和生物有效性，易对植物产生毒害。

控制土壤溶液中铬迁移转化过程的主要反应包括氧化 - 还原作用、吸附 - 解吸作用和沉淀 - 溶解作用，实际环境中这几个过程是互相联系、彼此影响的。Cr（Ⅲ）进入土壤中主要发生以下化学过程：

① Cr（Ⅲ）的沉淀作用，Cr（Ⅲ）易和氢氧根形成氢氧化物沉淀，这是 Cr（Ⅲ）在土壤中的主要过程；

② 土壤胶体、有机质对 Cr（Ⅲ）有吸附和络合作用，并使土壤溶液中 Cr（Ⅲ）维持微量的可溶性和可交换性；

③ Cr（Ⅲ）可被土壤中氧化锰等氧化为 Cr（Ⅵ）。

（1）沉淀 - 溶解作用

土壤中 Cr（Ⅲ）主要以 Cr^{3+} 存在，Cr^{3+} 能迅速而有效地被土壤中的胶体吸附固定，形成铬的氢氧化物沉淀或者铁铬氢氧化物混合沉淀；而六价铬络合物在酸性或者碱性土壤环境中都不稳定，易发生迁移转化。Cr（Ⅲ）在中性和碱性溶液中可能生成 $Cr(OH)_3$ 沉淀，因此土壤中水溶性铬含量非常低。可交换态铬（1mol/L NH_4OAc 提取）含量也很低，一般＜0.5mg/kg，约为总铬的 0.5%；土壤中铬大多以沉淀态（2mol/L HCl 提取）、有机物结合态（5% H_2O_2+2mol/L HCl 提取）和残渣态存在。有机物结合态铬含量通常＜15mg/kg，比沉淀态和残渣态含量低，残渣态含量一般占总铬的 50% 以上，铬在土壤中的迁移与其在土壤中的存在形态及淋溶状况有关。研究表明，在淋溶较强的条件下，Cr（Ⅵ）可能向较深土层迁移并污染地下水；而在降水量少的碱土地区，土壤中的铬多以 Cr（Ⅲ）存在并为土壤固定，很难发生淋溶迁移。

（2）吸附 - 解吸作用

土壤胶体中的铁铝氧化物是土壤吸附阴离子的主要载体，游离铁铝是产生正电荷的主要物质，Fe—OH、Al—OH 是阴离子的主要吸附点，该吸附点数目控制着土粒表面阴离子的吸附量，因此含大量游离铁铝的土壤所吸附的 Cr（Ⅵ）较多。此外，游离铁亦是专性吸附的物质基础，正如其他多负价离子（如磷酸根、钼酸根等）一样，CrO_4^{2-} 也能被氧化铁专性吸附，Cr（Ⅵ）会通过配位体交换被吸附。Cr（Ⅵ）进入土壤后仅有少部分被土壤胶体吸附，大部分游离在土壤溶液中，而 Cr（Ⅲ）在土壤中主

要以 Cr^{3+} 形式存在，进入土壤后绝大部分被土壤胶体吸附固定。红壤对 Cr（Ⅵ）的最大吸附量与土壤中游离氧化铁、游离氧化铝和 pH 值正相关性较好。部分土壤和矿物对 Cr（Ⅵ）的吸附能力大致为红壤＞黄棕壤＞黑土＞娄土，三水铝石＞针铁矿＞二氧化锰＞高岭石＞伊利石＞蛭石≈蒙脱石，且吸附能力随着土壤有机质含量的增加而降低。

（3）氧化 - 还原作用

氧化 - 还原过程在铬的形态转化中起了重要作用，土壤中还原性氧化锰在 Cr（Ⅲ）的氧化中起着重要的作用，土壤氧化锰含量越高，对 Cr（Ⅲ）的氧化能力越强。Cr（Ⅲ）和 Cr（Ⅵ）的相互转化能够影响其生物有效性及毒性。而 Cr（Ⅲ）进入土壤体系的转化过程主要是：

① 土壤胶体（主要是 Fe、Al 氧化物）对 Cr（Ⅲ）具有吸附作用；

② Cr（Ⅵ）被土壤有机质、Fe（Ⅱ）等还原性物质还原为 Cr（Ⅲ），而后形成难溶的氢氧化铬沉淀或为土壤胶体吸附。

pH 值和 Eh 值也会影响铬的氧化 - 还原过程，在一定 pH 值和 Eh 值范围内，Cr（Ⅲ）和 Cr（Ⅵ）之间会发生氧化 - 还原反应而相互转化。当土壤 pH 值约为 4 时，土壤中存在的 Cr（Ⅲ）易与土壤中的胶体发生吸附作用；当 pH 值在 4 ～ 6 之间时，Cr（Ⅲ）会与土壤中的胶体和氢氧化物发生吸附与共沉淀作用；而 pH 值大于 6 则会形成稳定沉淀，说明在酸性条件下容易形成 Cr（Ⅲ）。淹水状态（即还原状态）会促进土壤溶液中 Cr（Ⅵ）向 Cr（Ⅲ）的转化，促进有机物结合态铬的形成，并且残渣态铬向有机物结合态铬转化的趋势说明在一定的还原状态下土壤中铬的生物有效性会提高[7]。

2.3 土壤植物体系中重金属迁移转化及植物耐受机制

2.3.1 土壤植物体系中重金属迁移转化过程影响因素

重金属元素进入土壤系统后，与土壤中其他物质（如矿物质、有机物）及微生物等发生吸附 - 解吸、溶解 - 沉淀、氧化 - 还原、络合、矿化等各种反应，并伴随有能量的变化，从而引起重金属赋存形态的改变及其迁移、传输的变化。另外，吸附 - 解吸过程目前被认为是控制金属离子游离度和活度的最主要的化学反应过程，土壤对重金属的吸附和解吸特性直接影响土壤溶液中金属离子的浓度和植物对其吸收利用。污染物在土壤中的转化受多种因素影响，其中重金属在土壤中的形态转化主要受 pH 值和 Eh 值影响，土壤类型、含水率、有机质含量、CEC、作物类型等也会影响重金属在不同形态之间的转化。

传统观念认为重金属离子容易被土壤介质吸附而难以在地下环境中发生迁移，一般被滞留在土的表层，研究土壤中重金属的迁移多是在耕层、亚耕层、犁耕层或者淋溶层、淀积层等土壤层次尺度上。因此，重金属离子通过迁移进入深层土壤进而污染地下水的研究很少引起人们的重视。但近年来越来越多的田间实验和实验室土柱模拟实验研究发现，重金属离子在土壤剖面可发生数十厘米的迁移且土壤深处可检测到明显的重金属含量，迁移的复杂性导致了重金属在土壤中迁移的难以预测性。不同形态的重金属被释放的难易程度不同，在土壤中所处的能量状态不同，导致其迁移性、环境效应以及生物有效性也不同。重金属在土壤中的赋存形态及其相互间的比例关系不仅与物质来源有关，而且与土壤质地、理化性质、土壤胶体、有机质含量、矿物特征、环境生物等因素有关。

2.3.1.1 pH值对土壤中重金属迁移转化的影响

一般来说，土壤 pH 值越低，H^+ 越多，重金属被解吸得越多，其活动性就越强，从而加大了土壤中重金属向生物体内迁移的数量。但对部分主要以阴离子状态存在的重金属来说，情况正好相反。如砷，在土壤中砷主要是通过阴离子交换机制而被专性吸附，当体系的 pH 值升高时有利于砷的解吸。pH 值升高，土壤对重金属的吸附量增加。如 pH=4 时，土壤中镉的溶出率超过 50%；当 pH=7.5 时，镉就很难溶出；pH＞7.5 时，94% 以上的水溶态镉进入土壤中，这时的镉主要以黏土矿物和氧化物结合态及残渣态形式存在。

土壤中可交换态重金属随 pH 值升高而减少，如贵州中部黄壤中的可交换态锰、易还原态锰与 pH 值呈极显著负相关；碳酸盐结合态和铁锰化物结合态重金属与 pH 值呈正相关。有机物结合态重金属随 pH 值升高而增多。铁氧化态重金属含量随 pH 值升高缓慢增多，当 pH 值在 6 以上，则含量随 pH 值升高迅速增加，这可能与土壤氧化铁锰胶体为两性胶体有关。当 pH 值小于零点电荷时，胶体表面带正电，产生的专性吸附作用随着产生正电荷的增加而削弱，从而对重金属的吸附能力增加缓慢。当 pH 值升到氧化物的零点电荷以上，胶体表面带负电荷，对重金属的吸附能力必然急剧增强。此外，pH 值还通过影响其他因素从而影响重金属的形态，如土壤有机质和氧化物胶体对重金属的吸附容量随 pH 值升高而显著增大，土壤中有机态、氧化态重金属含量随之增加。

2.3.1.2 氧化还原电位对土壤中重金属迁移转化的影响

土壤的氧化还原电位（Eh）影响重金属的赋存形态，从而影响重金属的化学行为、迁移能力及对生物的有效性。对重金属来说，在不同的氧化还原条件下，重金属价态不同，其化合物的溶解度和毒性显著不同。一般来说，在还原条件下，很多重金属易产生难溶性的硫化物；而在氧化条件下，溶解态和可交换态含量增加。当氧化还原电位降低时，重金属元素以硫化物形态沉淀，生物有效性降至最低。有机质是土壤最重要的组成部分之一，其含量的多少不仅决定土壤的营养状况，而且可通过与土壤中的重金属元素络合来影响土壤中重金属的移动性及生物有效性。以镉为例，CdS 是难溶物质，但在氧化条件下 $CdSO_4$ 的溶解度要大很多。但主要以阴离子状态存在的砷的情况恰好相反，对砷而言，还原条件下 As^{5+} 被还原为 As^{3+}，而亚砷酸盐的溶解度大于砷酸盐，从而增加了土壤中溶解态的砷浓度，使砷的迁移能力增强。

对不同类型重金属来说，在氧化条件下砷主要是以 As（Ⅴ）形式存在，在还原条件下 As（Ⅲ）是稳定的形式。将淹水状态下的水稻土风干处理后，重金属形态均有明显的变化，表现为 Cu 残渣态比例增加 25%，氧化物结合态和有机物结合态比例有所降低；Pb 有机物结合态比例增加 33%，残渣态减少 33%，酸可提取态和氧化物结合态变化不大；Ni 受氧化还原条件影响更为强烈，表现为酸可提取态所占比例降低 25% 以上，氧化物结合态亦明显降低，残渣态升高超过 60%；对 Cd 的影响主要表现为有机物结合态所占比例降低约 15%，残渣态升高约 35%，酸可提取态和氧化物结合态变化不明显。

2.3.1.3 土壤类型对土壤中重金属迁移转化的影响

不同土壤类型中重金属形态构成差异明显。土壤质地影响土壤颗粒对重金属的吸附。一般来说，质地黏重的土壤对重金属的吸附力强，降低了重金属的迁移转化能力。例如，小麦盆栽实验结果表明，随着土壤质地的改变，如砂壤→轻壤→中壤→重壤→黏土，麦粒对汞的吸收率呈规律性减少。土壤黏性越重，吸收砷的能力越强，水稻受害程度越轻。Cr、Pb 在紫色土、石灰土、黄壤、水稻土中均以残渣态为主；Cd 在黄壤、紫色土中以离子态、残渣态为主，其中离子态平均构成在两种类型土壤中占比分别高达 37.44%、29.97%。可利用态 As 和 Cr 在紫色土中的平均含量分别为 0.04mg/kg 和 0.96mg/kg，可利用态 Cd 在水稻土和紫色土中的平均含量分别为 0.13mg/kg 和 0.09mg/kg，可利用态 Pb 在黄壤中的平均含量为 1.94mg/kg，表现出较高的生物有效性；石灰土中各重金属可利用态总体较低。

2.3.1.4 有机质对土壤中重金属迁移转化的影响

土壤有机质不仅影响土壤重金属的积累，而且能与重金属元素形成络合物，影响各形态重金属的迁移转化，进而影响土壤重金属的有效性。土壤中有机质含量影响土壤颗粒对重金属的吸附能力和重金属的存在形态，有机质含量较高的土壤对重金属的吸附能力高于有机质含量低的土壤。对于有机质是否影响重金属在土壤中的存在形态却有不同的观点。研究表明，土壤中各种元素的含量都与有机质含量呈正相关，但重金属各组分占总量的比例一般与有机质含量的大小没有密切关系。如土壤剖面中，水溶性硒含量随剖面深度的增加而迅速降低，与有机质变化趋势一致。一般情况下，土壤有机质本身并不含重金属，因此，土壤有机质含量的增加并未增加土壤重金属的输入，但由于土壤有机质可参与土壤重金属的络合与螯合作用，可影响重金属的迁移转化过程，进而影响土壤重金属的积累。研究表明，可交换态和有机物结合态重金属与有机质含量呈正相关，增加有机质可使碳酸盐结合态向有机物结合态转化。因此，土壤有机质含量与土壤重金属积累有着密切的关系。首先，土壤有机物质含量的增加可改变土壤对重金属的吸附作用。天然有机质是一种有效的吸附剂，能极大地降低离子活度。研究发现，土壤中加入腐殖酸会改变对重金属的吸附作用，但这种吸附作用的改变依赖于腐殖酸在固相上的吸附和重金属 - 腐殖酸络合物的溶解度等因素。其次，土壤有机质的增加可改变土壤中重金属元素的化学形态分布，增强土壤中重金属的移动性，在新污染的土壤中黏土与有机质的含量可控制锌的生物有效性，并随着时间而变化。

腐殖质（HS）是土壤有机质的重要组分，对重金属活性有显著影响：

① 大分子胡敏素（HM）和胡敏酸（HA）可钝化重金属离子，降低重金属对植物的毒害作用，小分子富里酸（FA）则可促进重金属从植物地下部向地上部迁移。

② 除受土壤理化性质影响外，HS 与重金属离子的结合主要受 HS 的 pH 值、溶液离子强度、分子量大小和活性官能团数量等条件影响。

③ 叶面喷施 HS 可以抑制重金属向植物体内运输，保护光合系统不受重金属危害；土壤添加低浓度 HS 可以促进重金属转运，高浓度 HS 则会对植物产生负面效应。

④ 根据 HS 与重金属作用下的生态毒理学效应、土柱淋溶效果和植物生长发育评估结果，认为 HS 不会产生次生环境风险。因此，HS 可以作为重金属污染土壤植物修复的环境友好型促进剂，扩大重金属污染土壤植物修复的应用范围。

2.3.1.5 土壤酶对土壤中重金属迁移转化的影响

土壤酶在关键元素生物地球化学循环、动植物健康维持、环境污染净化等方面起着不可替代的重要作用，同时还是土壤污染程度评价的辅助指标之一。土壤中重金属各形态与土壤酶活性有一定的关系。重金属对过氧化氢酶、转化酶、脲酶、碱性磷酸酶 4 种土壤酶活性均有不同程度的抑制作用。重金属在低质量分数时对土壤酶有激活作用。土壤中重金属含量在 5mg/kg 时才开始对 4 种土壤酶活性产生抑制作用。相关分析表明，土壤中重金属总量、各形态重金属含量与过氧化氢酶、碱性磷酸酶活性均呈显著或极显著负相关，而与脲酶活性的负相关性很小。土壤重金属污染与土壤酶活性关系的综合分析表明，当重金属总量对土壤酶活性影响不显著时，某些形态的重金属却已显著抑制土壤酶的活性。说明以重金属的形态分析来研究重金属与土壤酶活性的关系要比用总量分析更为准确，所以研究土壤中重金属形态尤为重要。

2.3.1.6 阳离子交换量对土壤中重金属迁移转化的影响

阳离子交换量（CEC）是土壤黏土矿物和有机质含量的函数指标，并能控制重金属元素的有效性。当阳离子交换量增大时，植物吸收重金属的数量通常会降低。重金属元素之间的相互作用（加和、协同和拮抗）使重金属元素的生物有效性发生改变。盆栽实验发现 Cl-As 的复合污染会导致植物吸收更多的铜、铅。

2.3.1.7　不同类型农作物对土壤中重金属迁移转化的影响

不同类型农作物吸收重金属元素的生理生化机制各异，因而有不同吸收和富集重金属的特征，即使是同一类型的农作物，不同品种间富集重金属的能力也有显著差异。对锌来说，玉米茎叶是吸收锌的主要部位，而大豆和小麦的籽实是吸收锌的主要部位，水稻则集中在根部。根系分泌的有机酸、糖类、氨基酸和土壤微生物对重金属进入植物根部细胞具有重要的促进或抑制作用，大大改变了不同价态重金属的迁移能力、溶解度和对植物的毒性。此外，农田灌溉方式、灌溉时间、施肥方式和田间管理等农艺措施都会影响作物对土壤中重金属的吸收。因此，为了正确管理和改良被重金属污染的土壤，人们应当准确了解重金属元素从土壤向植物转移的各种途径。

2.3.1.8　外源重金属对土壤中重金属迁移转化的影响

当有外源重金属输入而使土壤遭受污染时，元素的形态分布会发生明显变化。外源重金属进入土壤后，各种形态的重金属就会在土壤固相之间重新分配，这个长期的分配过程会受到很多因素（如重金属的种类、土壤 - 水环境的 pH 值、温度、氧化还原电位、土壤有机质含量、土壤淋溶特性、土壤微生物活性等）的影响。外源重金属进入土壤后各形态有不同的变化趋势。可溶态重金属进入土壤后其浓度迅速下降；可交换态重金属先缓慢上升，然后迅速下降；碳酸盐结合态重金属浓度变化情况与可交换态重金属变化相似；铁锰氧化物结合态重金属浓度先上升然后下降；有机物结合态重金属不断上升；残渣态重金属变化不大，说明外源重金属在土壤中一直在不断变化，处于动态的形态转化过程中。

外源重金属进入土壤后的形态转变常常分为两个阶段，即快速阶段与慢速阶段。在不同阶段，重金属形态的再分布速率差异较大。如果土壤中有机质含量较高（＞14%），且黏粒含量较高（＞16%），则土壤对外源重金属 80% 以上的吸附行为会发生在重金属添加后的 10min 内。有研究者认为，Cd 和 Pb 在典型中国农田土壤中形态的分布过程，初期的快速阶段由土壤溶液和土壤颗粒表面重金属离子浓度差驱动，后期的慢速分布阶段是重金属离子向土壤微孔隙的渗透和扩散过程，重金属形态分布的速率逐渐减慢，直到土壤 - 水系统中的重金属固相分配达到平衡。室内实验和野外培养实验都证实，重金属进入土壤后可交换态比例持续下降，整体形态分布向着更稳定的方向发展，残渣态的比例呈上升趋势。在未污染的黄绵土中残渣态比例为 77.74%，当土壤受到铅污染后，土壤中各形态铅占总铅的比例发生变化：残渣态比例下降至 34.17%；有机物结合态比例由原来的 1.82% 增至 46.53%；碳酸盐结合态比例由原来的 6.27% 增至 18.46%。

2.3.2 土壤植物体系中重金属生物有效性及影响因素

2.3.2.1 土壤植物体系中重金属生物有效性

生物有效性（bioavailability）是指养分或有毒有害物质具有的能移动到植物根系附近被植物吸收利用的性质。生物有效性通常又被称为生物可利用性，是指金属总量中能够被生物利用从而在生物体内积累的部分。从形态的角度来定义生物可利用的部分即为有效态。土壤 - 植物系统中，重金属可能被生物利用的部分是那些在一个较短的时间周期（如植物的一个生长期）内能够从土壤主体迁移到土壤溶液中的部分。实验中，这部分重金属的量可以用能被乙二胺四乙酸（EDTA）或者二乙烯三胺五乙酸（DTPA）金属螯合剂提取出来的土壤重金属的量来估算。被 Fe、Al、Mn 氧化物包裹的或者结合到硅酸盐结构中的重金属不易被提取出来，一般不能被生物利用[8]。

生物有效性研究关注的金属元素主要是 Al、As、Be、Cd、Cr、Cu、Hg、Ni、Pb、Se 与 Sb，其他次要的还有 Ag、Ba、Co、Mn、Mo、Na、Tl、V 与 Zn。这些金属存在潜在的人体暴露与健康风险。重金属生物有效性与土壤组成和性质有很大关系。在碱性 pH 值下，作为微量营养元素的重金属 Zn、Cu 与 Co 的生物有效性明显降低。土壤 pH 值不仅影响重金属形态、土壤胶体表面特性、不同金属的相互作用等非生物特性，还直接影响土壤微生物种群与活性。因此，土壤 pH 值对重金属生物有效性的影响是多方面的：a. 元素的总量因素，除了土壤本底值外，还要考虑外界的输入与土壤的输出；b. 强度因素，主要包括溶解态金属的浓度或活度、不同金属元素的溶解态浓度比例、离子对或重金属的其他形态等；c. 动力学因素，主要包括影响传质或者反应速度的参数（如土壤水分、温度、微生物活性等）。

植物对土壤中重金属的富集规律因植物种类、重金属种类与形态不同而有所不同。从植物对重金属吸收富集的总趋势来看，土壤中重金属含量越高，植物体内的重金属含量也越高；土壤中的有效态重金属含量越高，植物籽实中的重金属含量越高[9]。

不同的植物由于生物学特性不同，对重金属的吸收积累有明显的种间差异，重金属在植物体内分布也与植物的部位有关。以 Cd 为例，Cd 在不同种类植物中的积累有较大差异。研究结果表明，Cd 在蔬菜（生菜、菠菜）中的积累高于粮食作物（水稻、小麦）；而在土豆与大豆中的积累也比较高；Cd 在蔬菜叶中的积累大于根，大于种子。来自德国的一项研究也表明 Cd 在饲料甜菜、结球莴苣、菠菜、西芹、小茴香、叶芹菜、根芹菜与大黄等农作物中的积累能力较强；而对于植物不同部位对 Cd 的积累，从高到低规律为根＞茎＞叶＞芽＞果实＞种子。

土壤中的重金属有向根际土壤环境迁移的趋势，且根际土壤中重金属的有效态含量高于土体，主要是根际生理活动引起了根土界面微区环境变化，这可能与植物根系的特性和分泌物有关。有研究表明，As 在土壤 - 水稻系统的迁移的路径是：主体土壤→根际土壤→铁胶膜→根→水稻地上部。水稻对As的吸收受根际环境微生物过程影响，As氧化菌与还原菌在土壤根际环境中同时存在，它们的相对活性决定了As在根际土壤溶液中的运动。从主体土壤到根际土壤，氧化菌与还原菌丰度都有所提高，而氧化菌比还原菌丰度提高更为显著。在水稻根际的氧化性条件下，As（Ⅲ）在根际环境中被氧化菌群氧化为As（Ⅴ）并被根际铁矿物固定，从而抑制了水稻对As的吸收。这一过程受根系径向泌氧与有机质利用的影响；而根际As（Ⅲ）氧化菌群落受到根际效应、稻秆应用、生长阶段和栽培品种的共同影响。

2.3.2.2 土壤植物体系中重金属生物有效性影响因素

植物对重金属的吸收累积作用受多种因素的影响，主要包括以下几个方面。

① 重金属浓度及存在形态。一般水溶态重金属最容易被植物吸收，而难溶态暂时不被植物吸收。重金属各形态之间存在一定的动态平衡。总的来说，土壤中重金属含量越高，以水溶态、吸附交换态形式存在的含量越高，植物的吸收量越多。

② 土壤环境状况。土壤环境的酸碱度、氧化还原电位，土壤胶体的种类、数量，不同的土壤类型等土壤环境状况直接影响重金属在土壤中的形态及其相互之间含量的比例关系，也是影响重金属生物迁移的重要因素。

③ 不同作物种类。不同的作物由于生物学特性不同，对重金属的吸收富集量有明显的种间差异，就大田作物对汞的吸收而言，水稻＞高粱，玉米＞小麦。从籽实重金属含量看，小麦＞大豆＞向日葵＞水稻＞玉米。从植物吸收总量来看，向日葵＞玉米＞水稻＞大豆。农作物生长发育期不同，其对重金属的富集量亦不同。

④ 伴随离子的影响。不同离子之间对植物的吸收作用表现为协同作用或拮抗作用，协同作用表现为一种重金属元素含量的增加促进植物对另一种重金属的吸收；拮抗作用则正好相反，一种重金属元素的存在会抑制植物对另一种重金属的吸收。例如，在土壤处于氧化状态时，Zn^{2+}的存在会促进植物对Cd的吸收；但当土壤处于还原状态时，Zn^{2+}又会反过来抑制植物对Cd的吸收。

2.3.3 植物对重金属污染耐性机制

植物对重金属污染产生耐性由植物的生态学特性、遗传学特性和重金属的理化性质等因素决定，不同种类的植物对重金属污染的耐性不同；同种植物由于其分布和生长的环境各异，长期受不同环境条件的影响，在植物的生态适应过程中可能表现出对某种重金属有明显的耐性。因此，人们从不同的侧面研究探讨了植物对重金属的耐性机制。

（1）植物根系对重金属的吸收

植物根系通过改变根际化学性状、原生质泌溢等作用限制重金属离子跨膜吸收。有研究者曾用水耕法对采自铜矿山遗址的具有耐性的石竹科蝇子草属植物和非耐性系列植物进行了对比研究，其结果表明耐性植物根中 Cu 浓度明显地比非耐性系列植物低，由此可以推断耐性系列植物具有降低植物根系对 Cu 的吸收的机制。研究证实，某些植物对重金属离子吸收能力的降低可以通过根际分泌螯合剂而减少重金属的跨膜吸收来实现，如 Zn 停留于细胞膜外。还可以通过形成跨根际的氧化还原电位梯度和 pH 值梯度等来抑制对重金属的吸收。

（2）植物细胞壁与重金属结合

在调查植物体内 Zn 的分布时发现，耐性植物中 Zn 向其地上部分移动的量要比非耐性植物少得多，Zn 在细胞各部分的分布以细胞壁中最多，占 60%。有研究者研究了蹄盖蕨属根细胞壁中重金属的分布、状态与作用，结果表明，该类植物吸收 Cu、Zn、Cd 总量的 70% ～ 90% 位于细胞壁，大部分以离子形式存在或与细胞壁中的纤维素、木质素结合。由于金属离子被局限于细胞壁上，而不能进入细胞质影响细胞内的代谢活动，使植物对重金属表现出耐性。只有当重金属与细胞壁结合达到饱和时，多余的金属离子才会进入细胞质。不同金属与细胞壁的结合能力不同，对 Cu、Zn、Cd 的研究证明，Cu 与细胞壁的结合能力大于 Zn 和 Cd。此外，不同植物的细胞壁对金属离子的结合能力也是不同的。所以细胞壁对金属离子的固定作用不是植物的一种普遍耐性机制。也就是说，不是所有的耐性植物都表现为将金属离子固定在细胞壁上。如有研究者研究了 Cd 在豆科植物亚细胞中的分布，结果发现 70% 以上的 Cd 位于细胞质中，只有 8% ～ 14% 的 Cd 位于细胞壁上。黄瓜和菠菜细胞内，77% ～ 89% 的 Pb 沉积于细胞壁上，而 Cd 则有 45% ～ 69% 存在于细胞质中。

（3）植物体内保护性酶系统

一些研究发现，耐性植物中有几种酶的活性在重金属含量增加时仍能维持正常水平，而非耐性植物的酶活性在重金属含量增加时明显降低。此外，在耐性植物中还发现另一些酶可以被激活，从而使耐性植物在受重金属污染时保持正常的代谢过程。如在重金属 Cu、Zn、Cd 对麦瓶草（*Silence conodiea*）生长影响的研究中发现，耐性不同的品种体内的磷酸还原酶、葡萄糖 -6- 磷酸脱氢酶、异柠檬酸脱氢酶及苹果酸脱氢酶等的活性明显不同，耐性品种中硝酸还原酶被显著激活，而不具耐性或耐性差的品种这些酶则完全被抑制。因此，可以认为耐性品种或植株中有保护酶活性的机制。

（4）植物体内重金属结合蛋白

1957 年 Margoshes 等首次从马的肾脏中提取出一种结合蛋白，命名为“金属硫蛋白（MT）”，经对其性质、结构进行分析发现，能大量合成 MT 的细胞对重金属有明显的抗性。而丧失 MT 合成能力的细胞对重金属有高度敏感性。现已证明，MT 是动物及人体最主要的重金属解毒剂。Caterlin 等首次从大豆根中分离出富含 Cd 的复合物。由于其表观分子量和其他性质与动物体内的 MT 极为相似，故称为类 MT。后来从水稻、玉米、卷心菜和烟叶等植物中分离得到了 Cd 诱导产生的结合蛋白，其性质与动物体内的 Cd-MT 类似。1991 年何笃修等利用反相高效液相色谱法从玉米根中分离纯化得到镉结合蛋白，其半胱氨酸含量为 29.0%，每个蛋白质分子结合大约 3 个

Cd 原子，Cd 与半胱氨酸的比值为 1∶2.5。由于其性质与动物的 MT 相似，因而认为 Cd 在玉米中诱导产生的是植物类 MT。

1985 年 Grill 从经过重金属诱导的蛇根木悬浮细胞中提取分离了一组重金属络合肽，其分子量、氨基酸组成、紫外吸收光谱等性质都不同于动物体内的 MT，所以不是植物的类 MT，而将其命名为植物络合素（PC），其结构通式为 $(\gamma\text{-Glu-Cys})_n\text{-Gly}$（$n$=3 ～ 7），可视为线性多聚体。它可被重金属 Cd、Cu、Hg、Pb 和 Zn 等诱导合成。未经重金属离子处理过的细胞中则不存在这种络合素。后来人们又从向日葵、山芋、马铃薯和小麦中分离得到了类似性质的镉化合物。

研究证明，重金属 Cd 在植物体内也可诱导产生其他的金属络合肽。尽管有些植物中重金属结合蛋白的问题还有许多研究工作需要进行，但无论植物体内存在的金属结合蛋白是类 MT 还是植物络合素或者其他的未知的金属络合肽，它们的作用都是与进入植物细胞内的重金属结合，使其以不具生物活性的无毒的螯合物形式存在，降低金属离子的活性，从而减轻或解除其毒害作用。当重金属含量超过金属结合蛋白的最大束缚能力时，金属才以自由状态存在或与酶结合，引起细胞代谢紊乱，出现中毒现象。人们认为植物耐重金属污染的重要机制之一是结合蛋白的解毒作用。

2.4 产地重金属污染环境危害及作用机理

重金属是土壤的固有组分，普遍存在于土壤中。人类活动导致的外源化学物质进入土壤，有可能会造成土壤 - 植物系统中重金属含量的升高，当重金属含量超过一定的负载容量时会对土壤、作物、人体健康和生态系统产生不良影响。

2.4.1　重金属对土壤质量的影响及作用机理

重金属在土壤中大量累积必然导致土壤性质发生变化，影响土壤营养元素的供应和肥力特性。氮、磷、钾通常被称为植物生长发育必需的三要素，是非常重要的肥力因子。在土壤被重金属污染的情况下，土壤中有机氮的矿化、磷的吸附、钾的形态都会受到一定程度的影响，最终影响土壤中氮、磷、钾的保持与供应，影响土壤肥力水平。

重金属对氮素的影响主要体现在土壤氮矿化势（N_0）和矿化速率常数（k）上，当土壤被重金属污染后，土壤氮素的矿化势会明显降低，土壤供氮能力也相应下降。不同重金属元素对土壤氮矿化势的影响不同，在相同摩尔浓度下，单个重金属元素对氮矿化势的抑制作用不同，常关注的几种重金属污染抑制作用大小为镉＞铜＞锌＞铅，即镉对土壤氮矿化的抑制作用最大。

重金属对磷的影响主要是外源重金属进入土壤后，可导致土壤对磷的吸持固定作用增强，使土壤磷有效性下降。土壤对磷的吸附和解吸是反映土壤磷迁移性的主要指标。外源重金属进入土壤后，可能会使土壤对磷吸附位的数量和能量有所增加，生成金属磷酸盐沉淀，导致土壤对磷的吸持固定作用增强，最终使土壤磷的有效性降低，同时影响土壤磷的形态，使土壤可溶性磷、钙结合态磷和闭蓄态磷发生变化。不同的重金属对土壤磷吸附量的影响不同，一般情况下多个重金属元素复合污染的影响强度大于单个重金属元素。

重金属对土壤钾素的影响表现在以下两个方面：

① 降低土壤胶体对钾元素的吸附、解吸和形态分配。土壤中的钾通常可分为水溶态、可交换态、非交换态及闭蓄态四种形态，重金属在土壤中的累积会占据部分土壤胶体的吸附点位，从而影响到钾在土壤中的吸附、解吸和形态分配。

② 钾是生物体中多种酶的活化剂，参与植物体内的各个代谢过程（如光合作用、呼吸作用），并与碳水化合物、脂肪和蛋白质的合成等密切相关。重金属对微生物和植物的毒害作用导致植物对钾的吸收能力减弱，进而导致水溶态钾的含量增加，可交换态钾含量则明显下降，最终加剧了土壤中钾素的流失，引起植物叶片新陈代谢受到扰乱。

2.4.2 重金属对作物的影响及作用机理

植物过量吸收重金属可能会干扰光合作用、水和矿物质吸收以及氮代谢，从而导致作物产量下降。接触重金属会导致作物生长减缓和生物量减少，在极端情况下还会导致植物死亡。重金属会导致基粒结构紊乱，根、冠生长减缓，叶绿素生物合成减少，干扰呼吸和光合作用。在重金属胁迫条件下，许多植物出现坏死和程序性细胞死亡。植物重金属毒性的主要原因是活性氧的产生会破坏细胞的氧化还原状态。重金属的毒性作用与暴露时间、植物发育阶段、胁迫强度、研究器官甚至物种多样性以及暴露于目标生物的重金属浓度有关。进入土壤的重金属可以溶解于土壤溶液中，吸附于胶体表面，闭蓄于土壤矿物之内，与土壤其他化合物产生沉淀，这些过程都会影响植物的吸收与积累。土壤不同组分之间重金属的分配，即重金属形态，是决定重金属对植物有效性的基础，一种离子由固相形态转移到土壤溶液中是增加离子对植物有效性的前提。影响土壤重金属植物有效性的因素主要有土壤重金属形态、pH 值、有机质、氧化还原电位、阳离子交换量、黏土含量、元素间相互作用、植物种类等。一般情况下，土壤阳离子交换量与重金属植物有效性呈负相关，随着氧化还原电位的升高，土壤对重金属离子的吸附固持能力增大，从而降低了其植物有效性。此外，土壤溶液中不同重金属离子之间的相互作用也会使土壤中重金属元素的植物有效性发生改变，主要表现为加和作用、拮抗作用和协同作用。

重金属污染对植物的危害主要体现在对植物的形态结构、生理代谢信号传导、遗传等方面的毒害作用，严重影响植物的生长发育。土壤中重金属浓度较低时，往往可以起到刺激增产的作用，但是当重金属的含量超过植物的耐受范围之后，则会阻碍植物的生长发育，导致植物体内生理生化过程紊乱，光合作用减弱，抑制微量元素的吸收。

2.4.2.1 镉

土壤中的镉含量超过一定阈值后会引起植物叶绿素的结构损坏，降低植物叶绿素的含量，导致叶片发黄，叶脉组织呈酱紫色，变脆、萎缩，表现出缺铁症状。叶片受到严重伤害，破坏了植物的生理平衡，导致植物生长缓慢，植株矮小，严重抑制根系的生长，最终导致作物产量降低，甚至会出现植物死亡的严重后果。Cd 的积累会影响种子的萌发、光合作用、水分平衡、气体交换和矿质养分的吸收，高水平的 Cd 会导致 DNA 损伤、根细胞超微结构损害，并造成细胞核和叶绿体基因表达的严重改变。Cd 对植物的危害，主要是其对某些酶的活性中心基团（—SH）有特别强的亲和力，从而抑制或破坏酶活性，影响植物正常生长。土壤溶液中的 Ca^{2+} 在根表面与 Cd^{2+} 竞争交换位置时，可以抑制作物对 Cd^{2+} 的吸收。由于 Mn^{2+} 和 Zn^{2+} 都与 Cd^{2+} 的离子半径相似，因此 Mn^{2+}、Zn^{2+} 与 Cd^{2+} 同时存在也会阻碍作物对 Cd^{2+} 的吸收。

Cd 对植物的毒害首先表现在损害根部的生长，阻碍植物种子的萌发和幼苗生长，如伤害根系细胞核仁改变 RNA 合成，阻抑核糖核酸酶、硝酸还原酶及质子泵的活性。并且，Cd 会激活植物体内活性氧，导致染色体畸变、基因突变和 DNA 损伤，从而影响细胞周期和细胞分裂[10]。在油菜中，Cd 会降低油菜种子发芽率，抑制根和茎生长，当 Cd 浓度为 1000mg/kg 时种子无法萌发，当 Cd 浓度为 350mg/kg 时幼苗无法生长。在水稻中，Cd 会使稻米的种子萌发率、地上部伸长率、生物量和含水量显著降低。其次，Cd 会引起植物光合作用、相对含水量、蒸腾速率、气孔导度和电解质渗漏的变化，破坏叶绿素的合成，可导致光合器官及色素蛋白复合物的损坏，进而导致植物的光合作用不能正常进行。Cd 导致棉花的植株高度、根长、单株叶片数，以及叶片、茎、根鲜重和干重显著降低，使叶片的光合色素减少，气体交换能力下降。Cd 使菠菜幼苗的生长、光合色素的合成、气体交换能力下降，使氨基酸和蛋白质含量减少。50μmol/L Cd^{2+} 抑制了小麦幼苗的相对生长速率和 CO_2 同化速率。Cd 对植物碳水化合物的影响是双方面的，在低浓度时可以促进水稻幼苗叶片可溶性糖和淀粉含量的升高，高 Cd 浓度下又会抑制二者的产生。此外，Cd 可置换金属硫蛋白中的 Ca、Mg、Zn、Fe 等必需元素，破坏生物大分子的构象，干扰细胞正常代谢。Cd 对植物的间接伤害则表现为：Cd 污染会降低土壤酶的活性，导致一些生化反应受到抑制，进而改变植物根际环境，间接地影响植物生长发育。

2.4.2.2 汞

汞对植物生长发育的影响主要是抑制光合作用、根系生长和养分吸收、酶的活性、根瘤菌的固氮作用等。植物受到汞污染后会出现叶片黄化、植株低矮、分蘖受限、根系发育不正常等症状，严重时产量明显下降。土培实验结果表明，当用含汞

2.5mg/L 的水灌溉水稻时，水稻的生长明显受到抑制，产量降低了 27.4%，当水中汞浓度为 5.0mg/L 时可减产达 90% 以上，同样，当灌溉水中汞浓度为 2.5mg/L 时，油菜的生长也受到明显影响，产量降低 12.3%。

在农田环境中，汞主要与土壤中多种无机和有机配位体生成配合物，在作物体内富集并通过食物链进入人体。植物对汞的吸收随土壤汞浓度的增加而提高。不同植物及同一植物的不同器官在各自生长阶段对汞的吸收、富集程度完全不同。粮食作物中富集汞能力的顺序是：水稻＞玉米＞高粱＞小麦。水稻比其他作物易吸收汞的主要原因是淹水条件下无机汞会转化为金属汞，使水田土壤中金属汞含量明显高于旱地。研究表明，酸性土壤中汞含量＞0.5mg/kg、石灰性土壤中汞含量＞1.5mg/kg 时，稻米中汞富集量会超过 0.02mg/kg 的粮食卫生标准，但不会影响水稻的生长。引起水稻生长不良的土壤汞浓度一般为 5mg/kg 以上。汞在水稻和小麦体内的分布情况类似，依次为根部＞叶片＞茎＞籽粒，其中叶片因其生长时间不同，汞含量自下叶向上叶逐渐递减。土壤中汞含量过高，不但会引起汞在植物体内的累积，还会对植物产生毒害，表现为根系发育不良，植株矮小，叶片、茎可能变成棕色或黑色，甚至导致死亡。汞抑制植株生长有许多生理原因，如汞抑制硝酸还原酶活性，影响无机氮转化成有机氮的速率，抑制叶绿素合成，破坏叶绿素结构，降低光合速率等。高浓度的汞会损害植物的生长发育，减小茎和根的长度，扰乱养分吸收，减少水分吸收并扰乱其平衡，降低蛋白质含量，阻碍叶绿素的产生和影响细胞分裂，破坏遗传物质，造成活性氧过量产生、蛋白质氧化和脂质过氧化[11]。汞中毒在植物中最常见的症状是生长抑制、根系发育不良、代谢过程（如叶绿素色素的产生和光合作用、呼吸作用）的抑制和产量下降[12]。

2.4.2.3 砷

砷对植物的危害程度受其价态的影响，三价砷的毒性比五价砷的毒性大 3 倍以上。砷对植物危害的症状首先表现在叶片上，导致植物叶片卷曲、枯萎脱落，其次是根部的生长受到阻碍，严重抑制植物的生长发育，甚至枯死。砷还会置换 DNA 中的磷，妨碍水分和养分的吸收，抑制水分从根部向地上部输送，从而使叶片凋萎以至枯死。过量的砷会引起地面蒸腾作用减弱，抑制土壤的氧化与硝化作用以及酶活性等。土壤砷含量过高时会抑制植物蒸腾作用，抑制根系活性和对水分、养分的吸收与运输。表现为出苗不齐，根部发黑、发褐，植株矮小，叶片枯黄脱落，最终导致生长发育受阻，产量降低，品质下降。

砷在作物体内的分布是不均匀的，植物不同部位的砷富集情况表现为根＞茎、叶＞籽粒，呈现自下而上的递减规律。在土壤砷含量相同时，水稻籽粒中的砷含量显著高于麦粒，原因是在淹水条件下可溶性亚砷酸含量提高，因此在砷污染严重的农田可改水作为旱作。不同种类植物对砷的吸收和富集存在较大差异。对蔬菜砷富集能力的研究发现，芋、空心菜、细香葱、芹菜、莲藕属砷高富集蔬菜，并认为对砷的富集能力依次为茎叶类＞根茎类＞豆类＞瓜果类。

2.4.2.4　铅

植物对铅的敏感性较汞、镉低。低浓度时对作物危害的症状不明显，当土壤铅含量＞1000mg/kg 时，秧苗叶面出现条状褐斑，苗身矮小，分蘖苗减少，根系短而少；当土壤铅含量＞4000mg/kg 时，秧苗的叶尖及叶缘均出现褐色斑块，最后枯萎致死。铅在土壤环境中比较稳定，故引起作物明显减产的浓度较高。中国科学院资料表明，比较对照处理凡引起作物减产 10% 者，北京地区的土壤铅浓度为 300mg/kg，长江以南地区大于 700mg/kg。当铅浓度达 1700 ～ 2000mg/kg 时作物减产 24%。

铅在植物体内活性很低，大部分被固定在根部，向地上部运输的比例很低。高浓度的铅可能抑制植物生长和光合作用，扰乱矿物质营养和水分平衡，改变激素状态，影响膜结构和通透性，铅中毒的一般症状是根生长受到抑制，植株生长发育不全，根系发黑和褪绿 [13]。即使是微摩尔水平浓度的铅也会对植物的发芽和生长产生不利影响 [14]。铅对植物的直接危害是通过抑制或不正常地促进某些酶的活性影响植物的光合作用和呼吸作用强度。表现为叶绿素减少，暗呼吸增强，从而阻碍植物的呼吸和 CO_2 同化作用。其次，铅被植物吸收并富集到一定程度会影响种子萌发，使根系丧失正常功能，妨碍养分和水分吸收，阻滞农作物正常生长，降低产量和品质。铅可以抑制蛋白质合成，阻碍细胞周期运行，导致有丝分裂指数下降，从而抑制植物体细胞分裂。此外，土壤铅在植物组织中累积可导致氧化作用、光合作用及脂肪代谢过程强度减弱，使植物失绿。

2.4.2.5　铬

铬化合物对植物有剧毒，不利于植物的生长发育，可能导致种子的萌发率降低。铬胁迫会影响光合作用过程中 CO_2 固定、电子传递、光合磷酸化和酶的活性。当土壤铬含量低时，增施微量铬可刺激作物生长，提高产量。但当环境中的铬超过一定量时，则对植物产生危害。土壤铬对植物的毒性与铬化学形态、土壤质地和有机质、土壤 pH 值与 Eh 值等因素有关。六价铬在土壤中是可溶性的，易于被植物吸收，毒性大；三价铬是难溶性的，难以被植物吸收，毒性小。铬对种子萌发、作物生长的影响主要是使细胞质壁分离、细胞膜透性变化并使组织失水，影响氨基酸含量，改变植株体内的活性酶。植物遭受铬毒害后的外观症状是根功能受抑制，生长缓慢和叶片卷曲、褪色。中国科学院资料表明，以减产 10% 为明显受害指标，三价铬对水稻的危害浓度为 704mg/kg，而六价铬为 208mg/kg。植物吸收的铬约 95% 保留在根中。高浓度铬对植物的危害，主要是阻碍植物体内水分和营养向地上部输送，并破坏代谢作用。铬能穿过细胞，干扰和阻碍植物对必需元素如钙、钾、镁、磷、铁等的吸收和运输，抑制光合作用等。

不同作物对铬的耐受能力并不相同，对高浓度 Cr（Ⅲ）耐受能力较强的有水稻、大麦、玉米、大豆。高浓度铬对植物产生严重的毒害作用，植物体受害症状为植株矮小、叶片内卷、根系变褐变短、发育不良。随着铬浓度的增加，它在农作物（水稻、小麦等）各器官中的浓度也增加，其分配规律基本为根＞茎叶＞籽粒。研究表明，土壤中外源添加 Cr（Ⅲ）至 500mg/kg 时，水稻各生态指标才出现明显差异，糙米产量减产 10% 左右；而添加 Cr（Ⅵ）达到 50mg/kg 时，水稻生长便明显地受到抑制。

2.4.2.6 其他重金属

（1）铜

土壤中过量的铜对植物具有细胞毒性，对植物造成胁迫和损伤，使植物出现生长迟缓和叶片褪绿的现象，使植物产生氧化应激和活性氧，引起代谢途径紊乱和大分子损伤。铜和镉共同暴露对茄子的萌发、幼苗长度和侧根数量有不利影响。

（2）锌

在受污染的土壤中锌的浓度常超过所需量，可能对植物产生毒性。土壤中锌含量过高会抑制植物的代谢功能，导致植物生长迟缓和衰老。植物的锌中毒限制了根和茎的生长。锌中毒还会导致嫩叶褪绿，长时间暴露后，可能会导致老叶也褪绿。Paunov 等发现 600μmol/L Zn^{2+} 抑制了小麦幼苗的相对生长速率和 CO_2 同化速率[15]。

2.4.3 重金属对生态系统的影响及作用机理

2.4.3.1 重金属对土壤微生物的影响

土壤微生物在土壤生态系统物质循环与养分转化过程中起着十分重要的作用。土壤微生物包括细菌、真菌、放线菌等。它们以各种有机质为能源，进行分解、聚合、转化等复杂的生化反应，一般土壤肥力越高，有机质含量越高，微生物数量越多，活性也越强。大多数重金属在低浓度下会对微生物的生长产生刺激作用，而在高浓度下则抑制微生物的生长，因而，不同浓度范围的重金属对土壤微生物数量增长的影响不一定是相同的。不同类群微生物对重金属污染的敏感性也不同，其敏感性大小通常是放线菌＞细菌＞真菌。土壤中微生物对重金属胁迫的敏感程度大于动物和植物，重金属污染会引起土壤中微生物生物量和活性、微生物群落结构和功能及多样性、土壤酶活性与土壤呼吸强度等生态特征的变化。因此，土壤微生物生态特征的变化可作为评估土壤污染状况的重要指标，可用于预测土壤环境质量的变化趋势。不同重金属污染对不同土壤微生物生态特征的影响结果存在差异，如产生促进作用、抑制作用或无明显影响，这主要是由土壤微生物体系复杂、重金属种类和浓度以及土壤理化性质的差异造成的。对于土壤微生物生物量来说，高浓度的重金属能够破坏细胞的结构和功能，加快细胞的死亡，抑制微生物的活性或竞争能力，从而降低生物量；另外，在重金属胁迫下，土壤中微生物需要过度消耗能量以抵御环境胁迫，抑制了其生物量增长。对于微生物群落结构和功能来说，大多数情况下，重金属污染会对微生物固有的群落结构和活性造成不利影响，长期受重金属污染的环境中的微生物群落结构会发生改变，物种多样性大大降低，大部分敏感的物种逐渐消失甚至灭绝，而关键代谢活动（反硝化和重金属抗性）较强的耐性物种存活下来形成新的群落，数量增多并积累。同时，微生物群落的变化是由重金属浓度和土壤性质共同决定的，土壤理化性质（土壤类型、有机质含量、含水率、pH 值等）可能与微生物群落的变化具有相关性。

重金属对土壤微生物的影响体现在微生物数量和微生物活性两个方面。土壤微生物量是表征微生物总体数量的常用指标。一般情况下，土壤微生物量与土壤有机碳含量之间存在正相关关系，当土壤出现重金属（如 Zn、Cu 等）污染时则会破坏这种相关性，此时微生物的呼吸量会成倍增加，而土壤微生物量则显著下降，表明土壤微生物在对重金属的污染响应过程中会启动某种逆境防御机制，因而增加了呼吸消耗。实验发现，在重金属污染的土壤中加入葡萄糖和玉米秸秆后，发现 CO_2 的释放速率较正常土壤提高了 50%，但土壤微生物碳和微生物氮含量仅为正常土壤的 60%，说明微生物在逆境条件下维持其正常生命活动需要消耗更多的能量。重金属在土壤中的迁移转化会受到微生物活性的影响，反过来微生物的生态功能和生化活性也会受到重金属毒害的影响。实验表明，当土壤中重金属浓度达到一定值（如 Zn 为 114mg/kg、Cd 为 2.9mg/kg、Cu 为 33mg/kg、Ni 为 17mg/kg、Pb 为 40mg/kg、Cr 为 80mg/kg）时，可使蓝绿藻固氮活性降低 50%，同时数量也会出现明显减少，这会导致豆科作物的减产。重金属抑制微生物的临界浓度受到土壤性质、气候及其他共存金属离子浓度的影响。高浓度的重金属对土壤微生物生长与繁殖的抑制，主要是重金属对微生物的毒性使带巯基（—SH）的体内酶失活引起的。

2.4.3.2 重金属对土壤酶活性的影响

土壤酶与土壤微生物密切相关，土壤酶由微生物分泌并和微生物一起参与土壤中物质和能量的循环。土壤中酶的种类很多，常见的有脲酶、磷酸酶、多酚氧化酶、水解酶和磷酸单酯酶等。土壤中酶活性是判断土壤生化过程强度及评价土壤肥力的指标，也是用于判断土壤中重金属和其他有毒元素最大允许浓度的重要依据，特别是近年来把土壤酶活性作为衡量土壤质量变化的重要指标越来越受到重视，是探讨重金属污染生态效应的有效指标之一。

土壤酶主要来自土壤微生物的分泌物，它们和微生物一起参与土壤的物质循环和能量代谢过程，两者之间有着非常密切的联系：土壤微生物是控制土壤酶分解转化的主体，而土壤酶的活性又控制着土壤微生物及其生物化学过程。土壤被重金属污染后，对土壤酶活性的影响通常表现为随重金属浓度的增加，土壤酶活性逐渐增强，到一定浓度时又逐渐减弱，但其拐点浓度及趋势会随土壤类型、土壤酶种类以及污染元素的不同而呈现出差异，不同土壤微生物对同种重金属污染的敏感性各不相同，同种重金属对不同土壤微生物种群数量的影响也存在差异，不能一概而论。同时，由于重金属对土壤污染往往具有复合性，多种重金属交互作用后往往表现出协同、拮抗或屏蔽等作用。重金属对土壤酶的抑制有两方面的原因：首先是污染物进入土壤对酶产生直接作用，使得土壤酶的活性基因甚至空间结构受到破坏，降低土壤酶的活性；其次是重金属污染物通过抑制微生物的生长、繁殖，减少微生物体内酶的合成和分泌，最终降低土壤酶的活性。研究表明，低质量分数的单一重金属镉和铅对土壤脲酶活性具有促进作用，较高浓度的重金属对土壤脲酶活性具有明显的抑制作用；在复合重金属对土壤脲酶活性的影响过程中，重金属镉为主导因素，控制土壤脲酶活性的变化趋势，低质量分数的有效态镉对脲酶活性具有促进作用，而较高质量分数的有效态镉表现为抑制作用。

重金属对土壤酶活性的影响一般通过生态剂量（ecological dose，ED）来评估，ED 可作为土壤重金属生态安全阈值。研究人员通常采用 ED_{10} 和 ED_{50}（土壤酶活性降低 10% 和 50% 时重金属的含量或浓度）表示土壤酶受重金属轻微或重度污染时的量。梳理文献资料可见，土壤酶活性对重金属胁迫的响应受到重金属和酶的自身特性以及土壤性质的影响。

重金属对土壤酶的抑制机理取决于重金属种类、价态和土壤酶类型。As、Cr、Cu 和 Hg 对土壤酶主要以竞争型抑制、非竞争型抑制或线性混合型抑制为主；Cd 和 Pb 对土壤酶主要以反竞争型抑制、非竞争型抑制或线性混合型抑制为主。土壤类型和土壤肥力对抑制机理存在影响。Hg 对黑土和草甸棕壤脲酶的作用属于反竞争型抑制，而对塿土脲酶为非竞争型抑制。在高肥力风沙土中 Cr（Ⅵ）对碱性磷酸酶为非竞争型抑制，而在低肥力风沙土中呈反竞争型抑制。不同酶类对重金属胁迫响应存在差异。相比参与碳循环的酶类，参与氮、硫循环的酶对重金属的毒性更为敏感。通过整合全球范围内有关 Cd 影响土壤酶活性的研究发现，Cd 对不同类型酶活性的 ED_{50} 存在 2 ～ 100 倍的差异，可能是因为土壤酶自身对重金属离子的敏感程度不同。不同土壤中同一酶类对重金属胁迫响应也存在差异。有研究发现，在酸性土壤中芳基硫酸酯酶对 Cr（Ⅵ）更敏感，而在碱性土壤中芳基硫酸酯酶对 Cr（Ⅵ）不敏感。针对我国不同类型土壤的研究发现，Hg 对脲酶、脱氢酶的毒性（ED_{10}）在不同类型土壤中分别相差 10 倍和 23 倍；Cr（Ⅲ）对这两种酶的 ED_{10} 分别相差 133 倍和 91 倍；Cd 对同一种酶的 ED_{50} 同样存在 2 ～ 100 倍的差异[16]。

2.4.4 重金属对人类健康的影响及作用机理

土壤中的重金属具有富集性、生物累积性、不可逆性等特点，不能或不易被分解转化，可通过食物链逐级浓缩放大对生物产生毒性效应，重金属的食物链污染直接威胁人体健康。重金属污染土壤的最终后果是影响人畜健康，土壤重金属污染往往是逐渐累积的，具有隐蔽性，一旦发现污染危害时，往往已经达到相当严重的程度，治理很难。人体受重金属暴露的主要途径为饮食暴露，重金属通过食物链传递并蓄积在人体内。水稻是我国主要的粮食作物，有超过 2/3 的人口以稻米为主食，水稻对重金属有很强的富集能力。蔬菜同样在饮食中占据重要地位，但其本身累积的有害重金属也会通过饮食进入人体。

土壤重金属进入人体的途径是多种多样的，复合污染的危害较严重。在食物链系统中主要通过“土壤—农作物”或“土壤—农作物—动物—人体”进入人体；在环境介质中主要通过“土壤—地表水 / 地下水—人体”或“土壤—空气—人体”危害人体健康；在地球生态系统中则可能通过“土壤—地表水—水生植物 / 动物—人体”等迁移到人体。

土壤重金属污染影响食品安全：

① 土壤重金属溶解于地表水及地下水污染水源，虽然土壤对重金属有吸持作用，但仍有部分通过渗滤和淋溶作用进入地表水和地下水，给生活用水带来污染，直饮受污染的水或食用受污染水源制成的食物会对人体健康造成威胁。

② 粮食和蔬菜吸收土壤中的重金属，并在可食部分积累。在受污染土壤中生长的植物虽然能通过根分泌作用等机制不同程度地排斥重金属进入体内，但这种保护作用并不是牢不可破的，特别是有些作物品种具有富集重金属的特性，体内积累了大量重金属，在可食部分富集，可使食品中重金属浓度超标。

③ 富集重金属的植物通过食物链将重金属带入食草动物，有些植物不是人类的食物来源，但却是牛、羊、猪等家畜的饲料来源，通过生物放大作用（植物—动物—人类），一些人体必需的微量元素在人体内蓄积到一定量或者是发生形态、价态改变后，也会对人体产生巨大的毒性。可对植物产生危害且毒性最强的重金属有镉、汞、砷、铅、铬 5 种，这些重金属通过食物链进一步对人体健康产生危害。

2.4.4.1　镉

镉可能致癌，产生神经毒性，危害人体肾脏，会导致骨骼疾病（如骨质疏松）、肝损伤、心血管疾病、性腺功能障碍，破坏人体内的矿物质平衡。Cd 会干扰哺乳动物的钙代谢，镉的过量暴露会导致痛痛病。对于不与镉职业性接触的一般人群（且不吸烟）来说，与镉的接触超过 90% 是由于摄入谷物、蔬菜和其他植物源性食品。吸烟者的该比例较低，因为吸入烟叶中积累的镉也是他们接触镉的重要途径 [17]。

1955 ～ 1977 年发生在日本富山县神通川流域的痛痛病事件就是重金属镉导致的。该病初始症状是腰、背、手、脚等各关节疼痛，随后遍及全身，有针刺般痛感，数年后骨骼严重畸形，骨脆易折，甚至轻微活动或咳嗽都能引起多发性病理性骨折，最后衰弱疼痛而死。经调查分析，此次事件的原因是当地居民长期饮用受镉污染的河水以及食用含镉稻米，致使镉在体内蓄积而中毒致病。

2.4.4.2　汞

蔬菜消费是汞接触的第二大因素（22% ～ 42%）。接触汞会对消化系统、神经系统、免疫系统产生毒性作用，并导致肺、肾、皮肤和眼睛疾病。汞（尤其是甲基汞）主要积聚在脑组织中，损害中枢神经系统。对发育中的胎儿来说，重金属汞会对其大脑造成损伤。对成人来说，汞的摄入会导致听力、语言和视觉障碍，心血管疾病和肢体肌肉瘫痪 [18]。甲基汞比无机汞毒性更大，生物可利用性更高。甲基汞极易通过水生食物链进行生物积累，主要通过海鲜被人体吸收，1956 年日本水俣湾的水俣病事件就由此导致，被称为世界八大公害事件之一。水俣病轻症者表现为口齿不清、步履蹒跚、面部痴呆、手足麻痹、感觉障碍、视觉丧失、震颤、手足变形，重症者表现为精神失常，或酣睡，或兴奋，身体弯弓高叫，直至死亡。

2.4.4.3 砷

砷具有神经毒性和基因毒性，可能引发心血管疾病、周围血管疾病、贫血和生殖系统功能障碍，甚至引发癌症。许多国家存在砷中毒现象，特别是在南亚和东南亚地区。在孟加拉国等地区，虽然饮用水污染是接触砷的最主要途径，但大米的食用也大大增加了砷的摄入。

2.4.4.4 铅

铅的摄入会导致心血管疾病，影响血红蛋白的生物合成和维生素 D 的代谢，导致肾脏和肝脏功能障碍，造成免疫和生殖系统的紊乱，破坏铁、锌和铜的代谢。铅的根 - 冠易位因子一般较低，但大量谷物和蔬菜样品仍可检测到铅的存在。低水平的铅暴露也可能诱发影响儿童智力的神经毒性，引发公共卫生问题。

2.4.4.5 铬

六价铬是一种吸入致癌物，但一般只有职业性人群会受到六价铬的吸入接触影响。相比之下，口服接触六价铬的情况更为普遍，受影响的人群较多。非职业人群口服接触铬的主要来源是食物和饮用水。食品中的铬含量在 10 ～ 1300μg/kg 之间，其中肉、鱼、水果和蔬菜中的含量较高。

参考文献

[1] 王圣伟，李志敏．环境土壤重金属分布特征与运移规律 [M]．北京：科学出版社，2019.

[2] 龙新宪．耕地土壤重金属污染调查与修复技术 [M]．北京：化学工业出版社，2021.

[3] 郭振，汪怡珂．镉在环境中的分布、迁移及转化研究进展 [J]．环境保护前沿，2019, 9(3): 365-370.

[4] 崔龙哲，李社锋．污染土壤修复技术与应用 [M]．北京：化学工业出版社，2016.

[5] 邓芰，罗付香，吴彦瑜，等．铅在环境中的形态迁移转化研究进展 [C]// 2013 中国环境科学学会学术年会，2013.

[6] 粟银，袁兴中，曾光明，等．土壤 - 植物系统中铅的迁移转化影响因素研究进展 [J]．安徽农业科学，2008(16): 6953-6955.

[7] 容群，罗栋源，边鹏洋，等．土壤中铬的迁移转化研究进展 [J]．四川环境，2018, 37(2): 156-160.

[8] 王晓飞，洪欣，梁晓曦. 农业土壤重金属污染控制理论与实践 [M]. 北京：化学工业出版社，2021.

[9] 马占强，李娟. 土壤重金属污染与植物 - 微生物联合修复技术研究 [M]. 北京：中国水利水电出版社，2019.

[10] El Rasafi T, Oukarroum A, Haddioui A, et al. Cadmium stress in plants: A critical review of the effects, mechanisms, and tolerance strategies[J]. Critical Reviews in Environmental Science and Technology, 2020, 52(5): 675-726.

[11] Natasha S M, Khalid S, Bibi I, et al. A critical review of mercury speciation, bioavailability, toxicity and detoxification in soil-plant environment: Ecotoxicology and health risk assessment[J]. Science of the Total Environment, 2020, 711: 134749.

[12] Raj D, Maiti S K. Sources, toxicity, and remediation of mercury: An essence review[J]. Environmental Monitoring & Assessment, 2019, 191(9): 566.

[13] Ali M, Nas F S. The effect of lead on plants in terms of growing and biochemical parameters: A review[J]. MOJ Ecology & Environmental Sciences, 2018, 3(4): 265-268.

[14] Islam E, Liu D, Li T, et al. Effect of Pb toxicity on leaf growth, physiology and ultrastructure in the two ecotypes of *Elsholtzia argyi*[J]. Journal of Hazardous Materials, 2008, 154(1-3): 914-926.

[15] Paunov M, Koleva L, Vassilev A, et al. Effects of different metals on photosynthesis: Cadmium and zinc affect chlorophyll fluorescence in durum wheat[J]. International Journal of Molecular Sciences, 2018, 19(3): 787.

[16] 谭向平，何金红，郭志明，等. 土壤酶对重金属污染的响应及指示研究进展 [J]. 土壤学报，2023, 60(1): 50-62.

[17] Clemens S, Ma J F. Toxic heavy metal and metalloid accumulation in crop plants and foods[J]. Annual Review of Plant Biology, 2016, 67: 489-512.

[18] Zwolak A, Sarzyńska M, Szpyrka E, et al. Sources of soil pollution by heavy metals and their accumulation in vegetables: A review[J]. Water, Air & Soil Pollution, 2019, 230(7): 164.1-164.9.

第3章

农药污染与迁移转化

- 产地农药污染特征
- 产地农药吸附与迁移过程
- 产地农药转化与降解
- 产地农药污染的影响及危害
- 产地农药污染的对策和阻控技术

农药（pesticide）是指用于预防、消灭或者控制危害农业、林业的病、虫、草和其他有害生物以及有目的地调节、控制、影响植物和有害生物代谢、生长、发育、繁殖过程的化学合成或者来源于生物、其他天然产物及应用生物技术生产的一种物质或者几种物质的混合物及其制剂。需要指出的是，对于农药的含义和范围，不同的时代、不同的国家和地区有所差异。目前，“农药”一词的含义在国际上也大体趋于一致，通常也把改善有效成分物理、化学性状的各种助剂包括在内。

人类大约在 3000 年前就开始使用无机农药来预防农作物病虫草害。最早的农药使用记录是公元前 9 世纪古希腊诗人 Homer 曾提到硫黄作为熏蒸剂熏蒸消灭害虫。我国也早在公元前 7 ～公元前 5 世纪就用莽草、蜃炭灰、牡鞠等杀灭害虫。15 世纪高加索部族用除虫菊粉灭杀虱、蚤，将除虫菊花加工成防治卫生害虫的杀虫粉出售并制造了鱼藤根粉。19 世纪中叶，亚砷酸铜、波尔多液等开始用于科罗拉多甲虫、绒毛霉菌的防治。而现代农药的发展起源于 1945 年，以 Ciba-Geigy 公司开发的滴滴涕为代表。随着农药化学工业的快速发展，农药的种类和品种得到了长足发展，但我国现代农药的起步比国外晚 5 ～ 10 年。至今世界有机合成农药的历史已近 80 年，农药在保护作物和控制人、畜疾病等方面发挥着重要作用，仅粮食损失每年可挽回约 7.0×10^7t，成为人类赖以生存的重要化学品。

美国、中国、巴西、日本和法国是世界农药生产和使用最多的国家。我国的农药使用量已经跃居世界第一位，仅 1991 年到 2010 年我国的农药使用量就增长了 130%。从农作物种类看，果树和蔬菜是全球农药使用的主要对象，其次为谷物、大豆、水稻，但在不同国家和地区存在差异。例如，在美国，蔬菜、玉米和大豆的农药使用量约占农药市场总份额的 70%，而棉花和果树是南非农药使用量最多的农作物。在我国，蔬菜、果树和粮食作物是使用农药最多的农作物，但不同地区间略有不同，像东部地区主要是蔬菜，东北地区主要是粮食作物 [1]。在农业活动中，农药为农作物的高产稳产提供了有力保障，作为农业生产的重要投入在农田发展中做出了重要贡献。

但是，农药的广泛使用给农产品产地生态环境带来了严重的负面效应，造成地表水、地下水和近海水域的污染，破坏生物多样性，病虫草害抗药性提高，农药残留增加和病虫害猖獗，这已成为世界性问题，综合治理难度极大，严重影响农业可持续发展，威胁粮食安全。据测算，大量使用的农药仅有 30% 左右能够附着在农作物上，其余 70% 左右的农药则进入了农业生态系统，导致土壤中农药残留量及衍生物含量增加，造成农田污染。农药污染已成为农业面源污染的主要来源，土壤与水体中污染负荷不断上升，痕量污染物种类日益增加，所引发的生态环境问题引起了人们的重视。

1962 年，美国海洋生物学家 Rachel Carson 写作出版了《寂静的春天》（*Silent Spring*）一书，向人们介绍了化学合成杀虫剂对大自然的危害，从而引起了全世界对农药残留和污染的重视，并从 20 世纪 70 年代开始世界各国相继停用高残留高风险的六六六、滴滴涕等农药。2001 年 5 月 22 日，127 个国家和地区的代表签署了《关于持久性有机污染物的斯德哥尔摩公约》，首先消除的 12 种持久性有机污染物中包含 8

种有机氯杀虫剂。2004 年 2 月 24 日，《鹿特丹公约》正式生效，规定了国际贸易中农药出口企业/国家出口某些公约限定的危险化学品和农药需事先告知进口国等程序。这些公约的实施，促使缔约国家对农药限量要求成倍提高，并相继禁用了一些高毒高残留农药；同时，这也促进了农药行业的发展，研究和使用程序日趋完善，对农药产品要求更加科学。

农药在人类经济特别是农业经济的发展中起着重要作用，这是农药作为农业生产资料属性的反映。然而农药又是有毒化学品，会对人类、动物、环境生物以及大气、水、土壤等环境介质产生危害和污染，这是农药另一属性的反映。本章主要介绍农药的主要类别、产地农药来源和污染状况、迁移转化、环境危害和防控技术等基本知识。

3.1 产地农药污染特征

3.1.1 农药分类及理化特征

3.1.1.1 农药的分类

根据农药定义可知，农药种类繁多。为了便于认识、研究和使用农药，可根据农药的来源、防治对象、作用方式等进行分类[2]。

（1）按照农药来源分类

① 矿物源农药。由天然矿物质原料加工、配制而成的农药，如硫黄、石灰、硫酸铜、磷化铝、波尔多液等。

② 有机合成农药。有机化学合成的主要由碳、氢元素组成的农药。目前大多数农药属于有机合成农药，如毒死蜱、苯醚菊酯、敌敌畏、多菌灵、烟嘧磺隆。

③ 生物源农药。利用生物活体或生物产生的天然活性物质作为农药，以及按照天然活性物质和化学结构或类似衍生结构人工合成的农药。其与环境兼容性好，对靶标生物相对安全，在环境中易降解，如植物性农药（烟草、除虫菊、印楝等）、微生物农药（苏云金杆菌、农用抗生素、鱼藤酮等）。

（2）按照防治对象分类

① 杀虫剂。对昆虫机体有直接毒杀作用，以及通过其他途径可控制其种群形成或可减轻害虫危害程度甚至消除害虫危害的化学制剂。主要用于防治农业害虫和城市

卫生害虫。

② 杀菌剂。对病原菌能起到杀死、抑制作用或中和其有毒代谢物，因而可使植物及其产品免受病菌危害或可消除病症的药剂。

③ 除草剂。可以用来防除杂草的药剂。

④ 杀螨剂。可以防除植食性有害螨类的药剂。

⑤ 植物生长调节剂。对植物生长发育有控制、促进或调节作用的药剂。

⑥ 杀鼠剂。用于毒杀多种场合中各种有害鼠类的药剂。

⑦ 杀线虫剂。用于防治农作物线虫病害的药剂。

⑧ 杀软体动物剂。用来防治蜗牛、蛞蝓、田螺、钉螺等有害软体动物的药剂。

（3）按照作用方式分类

杀虫剂按照作用方式可以分为胃毒剂、触杀剂、熏蒸剂、内吸剂、拒食剂、引诱剂、趋避剂、昆虫生长调节剂。

杀菌剂按照作用方式可以分为保护性杀菌剂、治疗性杀菌剂、铲除性杀菌剂、免疫性杀菌剂。

除草剂按照作用方式可以分为输导型除草剂、触杀型除草剂、灭生性除草剂、选择性除草剂，若按照施用方式可以分为土壤处理剂、茎叶处理剂以及茎叶 - 土壤处理剂。

1）杀虫剂按化学结构分类

有机氯杀虫剂，如滴滴涕、六六六、硫丹、艾氏剂、狄氏剂等。

有机磷杀虫剂，如对硫磷、马拉硫磷、乐果、甲拌磷、脱叶磷、三唑磷、毒死蜱、敌百虫、敌敌畏、甲胺磷、水胺硫磷等。

氨基甲酸酯类杀虫剂，如茚虫威、异丙威、涕灭威、硫双威等。

拟除虫菊酯类杀虫剂，如苄菊酯、胺菊酯、氯氰菊酯、溴氰菊酯、氟氯氰菊酯、氯氟氰菊酯、氰戊菊酯等。

新烟碱类杀虫剂，如吡虫啉、啶虫脒、噻虫嗪、噻虫胺、烯啶虫胺等。

鱼尼丁受体类杀虫剂，如氯虫苯甲酰胺、溴虫酰胺、氰虫酰胺等。

沙蚕毒素类杀虫剂，如杀螟丹、杀虫双、杀虫环等。

苯甲酰苯脲类杀虫剂，如除虫脲、氟啶脲、氟铃脲、氟虫脲等。

吡咯（吡唑）类杀虫剂，如虫螨腈、氟虫腈、丁烯氟虫腈等。

2）杀菌剂按化学结构分类

铜制剂，如波尔多液、王铜等。

无机硫杀菌剂，如硫黄粉、石硫合剂等。

有机磷杀菌剂，如异稻瘟净、敌瘟磷、稻瘟灵、甲基立枯磷、三乙膦酸铝等。

苯并咪唑类杀菌剂，如多菌灵、噻菌灵、甲基硫菌灵、乙霉威等。

羟酰替苯胺类杀菌剂，如萎锈灵、拌种灵、戊菌隆等。

三唑类杀菌剂，如三唑酮、烯唑醇、丙环唑、戊唑醇、苯醚甲环唑等。

苯基酰胺类杀菌剂，如甲霜灵、精甲霜灵、噁霜灵等。

噻唑/噻二唑类杀菌剂，如三环唑、烯丙苯噻唑、叶枯唑等。

甲氧丙烯酸酯类杀菌剂，如嘧菌酯、醚菌酯、肟菌酯、烯肟菌酯等。

苯吡咯类和苯胺基嘧啶类杀菌剂，如咯菌腈、嘧霉胺等。

氨基甲酸酯类、异噁唑类、取代脲类和甲氧基吗啡类杀菌剂，如霜霉威、恶霉灵、霜脲氰、氟吗啉、烯酰吗啉等。

氯代芳烃类杀菌剂，如六氯苯、五氯硝基苯、氯硝胺、百菌清等。

二甲酰亚胺类杀菌剂，如乙烯菌核利、腐霉利、异菌脲、菌核净等。

抗生素类杀菌剂，如井冈霉素、多抗霉素、链霉素、春雷霉素、放线菌酮等。

3）除草剂按化学结构分类

苯氧羧酸类除草剂，如 2,4- 二氯苯氧乙酸（2,4- 滴、2,4-D）、二甲四氯等。

芳氧苯氧基丙烯酸酯类除草剂，如高效氟吡甲禾灵、精喹禾灵、精噁唑禾草灵、氰氟草酯、喹禾糠酯等。

二硝基苯胺类除草剂，如二甲戊乐灵、氟乐灵、仲丁灵等。

三氮苯类除草剂，如莠去津、扑草净、氰草津、嗪草酮、西玛津、莠灭净等。

酰胺类除草剂，如乙草胺、丁草胺、异丙甲草胺、环草胺等。

二苯醚类除草剂，如三氟羧草醚丁草胺、氟磺胺草醚、乙羧氟草醚等。

磺酰脲类除草剂，如苯磺隆、烟嘧磺隆、氯磺隆、苄嘧磺隆等。

有机磷类除草剂，如草铵膦、草甘膦、莎稗磷、双丙氨膦等。

联吡啶类除草剂，如百草枯、敌草快等。

咪唑啉酮类除草剂，如咪唑乙酰胺、甲氧咪草烟等。

磺酰胺类除草剂，如唑嘧磺草胺、甲氧磺草胺、双氯磺草胺、双氟磺草胺等。

三酮类除草剂，如硝磺草酮、甲基磺草酮等。

取代脲类除草剂，如敌草隆、绿麦隆、杀草隆、异丙隆等。

4）杀线虫剂按化学结构分类

卤代烃类杀线虫剂，如氯化苦、溴甲烷、二氯丙烷、二溴乙烯等。

有机磷类杀线虫剂，如硫线磷、苯线磷、异硫磷、除线磷等。

硫代异氰酸甲酯类杀线虫剂，如棉隆、威百亩等。

氨基甲酸酯类杀线虫剂，如灭线磷等。

生物源杀线虫剂，如淡紫拟青霉、厚孢轮枝菌等。

3.1.1.2 农药的理化性质

表征农药理化性质的指标很多，它们从不同方面影响农药的环境行为与归趋，其中影响较大的有以下几个指标[3]。

（1）蒸气压

农药进入环境后在水、土、气等环境介质间的迁移、扩散与再分配特性受农药蒸气压的影响很大，蒸气压越大，农药越容易从土壤或水体向大气迁移，这样容易进一步引起农药的光降解作用。农药在土壤中的移动性能受农药蒸气压的影响也很大。

（2）水溶性

农药水溶性的大小对农药在环境中的迁移性、吸附性、生物富集性以及农药的毒性都有很大影响。水溶性大的农药容易从农田流向水体，或通过淋溶进入地下水环境，同时也容易被植物、微生物等吸收，导致生物的急性中毒，危害性较高；水溶性弱的强脂溶性农药容易在生物体内积累，引起生物的慢性中毒。

（3）挥发性

农药挥发性是指在自然条件下农药从植物表面、水面与土壤表面通过挥发逸入大气中的现象。农药挥发作用的大小除与农药蒸气压有关外，还与施药区域土壤和气候条件有关。农药残留在高温、湿润、砂质的土壤中比在寒冷、干燥、黏质的土壤中更易挥发。农药挥发性的大小也会影响农药在土壤中的持留性及其在环境中的再分配情况。挥发性大的农药一般持留时间较短，而在环境中的影响范围较大。

（4）分配系数

分配系数是指农药在互不相溶的两种极性和非极性溶剂中的分配能力，分配系数大的农药容易在非生物物质与生物体内富集，分配系数小的农药容易在环境中扩散，从而扩大农药的污染范围。

（5）化学稳定性

农药的化学稳定性是表征农药进入环境后遭受物理、化学因子影响时分解难易程度的指标，这是评价农药环境稳定性的基础资料。农药的化学稳定性主要包括热稳定性、光稳定性、酸碱稳定性、微生物稳定性、土壤稳定性等。

（6）土壤降解

农药的土壤降解是指土壤中残留的农药逐渐由大分子分解成小分子直至失去毒性和生物活性的全过程。农药在土壤中的降解特性是评价农药对整个生态环境影响的一个重要指标，农药在土壤中的降解速率通常用降解半衰期表示。

（7）生物富集作用

生物富集作用是评价环境中的残留农药对生物体及整个生态系统危害性的一个重要指标。生物富集作用通常用生物富集系数表示，它是稳定平衡状态下生物体受试物浓度与试验水体中受试物浓度之比。

3.1.2　农药污染的含义与主要类型

农药污染可以从本底值标准和农药卫生标准或生物标准两个方面来理解。按照本底值标准（在不受人为因素影响下污染物的环境含量），如果污染物的含量超过本底值并达到一定水平称为污染。当前，大部分农药是化学合成的，原本在环境中不存在，按照本底值标准，环境样品中检测到农药即可称为污染。农药卫生标准或生物标准是以是否危害人体或者生物健康为原则提出的农药污染评价标准超过此标准即称为污染。国内外也制定了一些关于农药的卫生标准，如农药食品卫生标准、农药饮用水源和渔业水质标准。

3.1.2.1 污染源分类

农药污染按照污染源可分为点源污染和非点源污染。

点源污染主要是农药生产和加工厂区集中排放处理不达标的废水、废气和废渣等对周围环境产生污染。这种点源含污染物多，成分复杂，其变化规律依据企业的排放规律，即具有季节性和随机性。其中，技术水平低、环保设施差、“三废”处理不达标的小型农药企业是重要的点污染源，尤其是一些小型除草剂生产企业，对周围农田造成的减产绝产事件频发。

非点源（面源）污染是指污染物以广域的、分散的、微量的形式进入土壤、地表水、地下水等环境介质，具有污染物排放途径、数量和时间的不确定性，污染物浓度通常较点源污染低，但总负荷却是巨大的，一般难以用点源污染的治理方法进行控制。为防治病虫草害所使用的农药对农田生态系统造成的污染属于典型的面源污染，据统计，在全球范围有 30% ～ 50% 的陆地面积受到农业面源污染。

3.1.2.2 环境介质分类

农药污染按照环境介质可归纳为农药对大气、水和土壤等环境介质的污染[4]。

农药对大气的污染主要来源于各种农药喷洒而产生的药剂漂浮物，以及农作物表面、土壤表面和水中残留农药的蒸发、挥发扩散以及农药企业排出的废气。农药在大气环境中的污染和危害程度与其理化性质、浓度、作用时间、环境条件、化学反应活性和速率等因素有关。当施药温度过高或农药挥发性较强时，农药进入大气的可能性增大，通量增加，农药气溶胶或颗粒物也可随气流进行长距离迁移。从农药剂型来说，易挥发性农药、气雾剂和粉剂对大气的污染相对严重，残留农药在大气中的持续时间较长，高风速也会增加农药扩散带的距离和进入大气中的农药量。当前药械的发展，也增加了农药对大气的污染，其中，飞机 / 无人机喷药引起的大气农药污染远比小型机动喷雾器和手动喷雾器大。进入大气的农药，一部分可以通过干沉降或者湿沉降返回地面并进入土壤和水体，一部分受到紫外线、大气臭氧、大气颗粒物的催化而降解，这些降解过程反应速度往往较快。

农药是水体的重要污染物，可以通过直接施药或企业污水排放进入水体环境，土壤中的农药也可随地表径流、渗滤液通过土层进入地下水。在自然环境中，只有少量农药可从地表渗入地下水中，农药的水溶性越强，则向深层土壤迁移的速度越快，进入土壤深层地下水的可能性越大。但是，大多数情况下，受农药理化性质和土壤吸附等影响，农药在土壤中的垂直迁移性较弱。农药的水环境行为与其溶解度、化学反应活性、水环境条件和气候等密切相关。通常，农药在水环境中的含量远低于其水溶解度以及农药卫生标准或生物标准。在水环境中，大部分农药可发生光解、水解和微生物降解，也可被水体动植物吸收并发生富集、代谢、排出等过程。不同水生生物对农药的富集、代谢系数有着很大不同，但生物体内的农药浓度一般与水体农药浓度成正比。

土壤是农药最主要的承载体，起着农药“储藏库”和“集散地”的作用，继而在土-水-气圈和生物圈之间进行物质和能量的交换。农药可以通过除草剂与拌种剂等直接土壤用药、叶面喷雾落入土壤或随大气沉降、灌溉水和动植物残体等进入土壤。农药在土壤中保留时间较长，在土壤中的行为主要受降解、迁移和吸附等作用的影响。降解作用是农药消失的主要途径，是土壤净化功能的重要表现。农药的挥发、径流、淋溶以及作物的吸收等，也可使农药从土壤转移到其他环境要素中去。吸附作用使一部分农药滞留在土壤中，并对农药的迁移和降解过程产生很大的影响。土壤中的农药还可以通过各种途径如挥发、扩散、移动而转入大气、水体和生物体中，造成其他环境要素的污染，通过食物链对人体产生危害。影响农药在土壤中残留与积累的因素主要是化学农药性质及土壤性质。同时，土壤中积累的农药通过植物吸收和食物链传播，危害人体健康。

3.1.3　农药污染来源和污染现状

据统计，目前世界上生产和使用的农药品种已有1500种，其中常用的有500余种。我国是农药生产和使用大国，每年的产量约为2.5×10^6t（折百量❶），使用量为（5.0～6.0）$\times10^5$t，位居全球第一。其中，被农作物有效利用的仅占20%～30%，而70%以上的农药经雨水冲刷和地表径流最终进入土壤和水体环境，降低土壤质量，造成生物量和生物多样性的降低，破坏土壤生态，威胁农田生态系统安全。据统计，我国已有（0.87～1.07）$\times10^6$hm^{2}的农田土壤受到农药污染。我国总播种面积从1990年的0.148×10^8hm^{2}增加到2011年的0.162×10^8hm^2，增加了9.5%，而农药使用总量却增加了50%。同时期，与大田农作物和经济作物相比，果树、蔬菜和茶园的贡献较多，其播种面积增加了1倍以上，农药使用量年均增长超5%。我国农药使用量最高的省份分别是山东、广州、黑龙江、安徽和河南，占全国总量的35%。农作物种植结构和面积是各省份农药用量存在差异的主要原因，以小麦和玉米为主的北方地区施药量小于南方水稻种植区，蔬菜、果园的农药使用强度明显高于其他农作物[1]。目前，农药已成为农业面源污染影响范围最大的一类有机污染物，且具有持续性和农产品富集性。随着使用量和使用年数的增加，农药残留量逐渐增加，呈现点-线-面的立体式空间污染态势。

3.1.3.1　杀虫剂

现阶段杀虫剂主要包括拟除虫菊酯类、有机磷类、新烟碱类、氨基甲酸酯类、昆虫生长调节剂等。在全球农药市场中，2011年杀虫剂销售额为140亿美元，占市场份额的28%，到2020年杀虫剂销售额增长至157亿美元，占市场份额的25.3%。杀

❶ 折百量主要应用于农药领域，指的是在统计农药产量时，将原药中的有效成分换算成100%纯度时的等量值。

虫剂最大的应用作物为蔬菜和果树，其他应用较多的有大豆、水稻、棉花等。随着对生态环境的愈发重视，全球杀虫剂品种的销量结构发生了较大的变化，占比较高的新烟碱类、拟除虫菊酯类及有机磷类三类杀虫剂合计销售额占全球杀虫剂市场份额的比例从 2009 年的 59.5% 下降至 2020 年的 45.8%，其中有机磷类杀虫剂由于其高毒性的特点，逐渐被其他品种杀虫剂替代[5]。同样具有高毒性、高残留特点的有机氯类杀虫剂（如六六六）、氨基甲酸酯类杀虫剂（如灭多威、克百威、丁硫克百威）已逐渐淡出市场，仅在一些发展中国家保持一定的销售额。用于农业的新烟碱类杀虫剂有 7 种，分别为吡虫啉、啶虫脒、噻虫嗪、噻虫胺、噻虫啉、呋虫胺和烯啶虫胺，其市场销售额一度占到全球杀虫剂市场的 20%（2007 年）。但是近年来，该类农药中多个品种受到管制，尤其是 2013 年起，吡虫啉、噻虫嗪和噻虫胺等在欧盟的使用受到限制。此外，当前销售额较高的其他类杀虫剂有鱼尼丁受体类杀虫剂（如氯虫苯甲酰胺、氟苯虫酰胺）、苯甲酰苯脲类杀虫剂（如除虫脲、氟啶脲、氟铃脲、氟虫脲）、吡咯（吡唑）类杀虫剂（如氟虫腈、乙虫腈、丁烯氟虫腈）、生物农药（如印楝素、鱼藤酮、苏云金杆菌阿维菌素）。

我国杀虫剂的使用情况与全球杀虫剂的销售状况类似，杀虫剂使用量占农药使用总量的比例高于杀菌剂和除草剂，约占 40%。2004 ～ 2014 年我国农药使用量一直处于增长阶段，2014 年使用量达到高峰值，为 59.7 万吨（折百量）。从各个省份的使用情况看，目前我国农药使用商品量超过 10 万吨的省份为山东、河南、湖北、湖南以及广东等，这些区域农药使用基数高，与农业禀赋好、经作比例高、复种指数高等因素有关，但随着我国高效农药使用比例提高、统防统治的实行、精准施药等各种措施和方法的叠加，农药使用基数大的省份使用量已逐年下降[5]。从杀虫剂种类来看（2013 年统计数据），有机磷类杀虫剂使用量最大，约占杀虫剂使用总量的 70%；其次是新烟碱类，约占 18%；氨基甲酸酯类和杂环类约占 5.1%。2000 年以来，杀虫剂的主要品种变化不大，但杀虫剂结构在调整，高效低毒生物农药用量上升，印楝素、鱼藤酮、苏云金杆菌和阿维菌素等上升幅度高于 50%。2007 年以来，甲胺磷、甲基对硫磷、水胺硫磷、甲基异柳磷、克百威等高毒农药品种相继被取消登记，停止使用。辛硫磷、毒死蜱、吡蚜酮等中等毒性杀虫剂用量迅速上升，其中辛硫磷的用量几乎增加了 1 倍。

多年施用杀虫剂对农田产地环境造成了不可避免的污染。有机氯农药因高生物富集性和放大性、高毒性的原因，在大多数国家已禁止使用，但是有机氯农药的污染问题仍是世界各国所面临的重大环境和公共健康问题之一。我国已于 20 世纪 80 年代中期全面禁用有机氯农药，但农田土壤中有机氯农药污染现象普遍存在，其中滴滴涕类仍是土壤中有机氯农药污染的主要组成，最高比例可占总量的 90% 以上。例如，吉林省农田土壤中可检出 17 种有机氯农药，总残留浓度为 133.2 ～ 1263.8μg/kg，其中总滴滴涕检出浓度范围为 46.3 ～ 266.4μg/kg。广州地区农田土壤中六六六和滴滴涕的平均含量分别为 42.8μg/kg 和 52.8μg/kg，含量范围分别在 1.35 ～ 803.7μg/kg 和 2.7 ～ 1036.9μg/kg，与国内不同区域的同类研究相比，广州地区土壤的有机氯农药污染水平较高。南京地区不同类型土壤中有机氯农药的污染水平依次为露天蔬菜地 ＞ 大棚蔬菜地 ＞ 闲置地 ＞ 旱地 ＞ 工业区土地 ＞ 水稻土 ＞ 林地，而珠江三角洲地区六六六和滴滴涕的污染水平从高到低依次为旱田＞稻田＞天然土壤。这说明了土地的耕作类型不同，有机氯农药的使用量也不同，从而使有机氯农药呈现出不同的污染水平。根据我国《土壤环境质量 农用地土壤污染风险管控标准（试行）》（GB 15618—2018）的规定，六六六总量和滴滴涕总量的农田土壤污染风险筛选值为 0.10mg/kg，我国大部分地区土壤中有机氯农药污染水平集中在中低浓度水平，但部分地区有机氯农药的浓度分布差异较大，存在有机氯农药污染严重超标的现象，如广州、成都、呼和浩特等。硫丹曾被广泛用于棉花、烟草和咖啡等农作物，导致在多个国家的土壤、大气、自然水体等样品中检测到其污染。近年来，我国在多个省份农田土壤和周边水域均有硫丹检出，我国太湖中硫丹平均浓度为 0.32pg/L。由于有机氯农药的长残留特征，其对我国农田土壤的污染仍将持续相当长的一段时间。

有机氯农药被替代以后，有机磷、新烟碱类、氨基甲酸酯类、拟除虫菊酯类农药在我国大量涌现，并广泛使用。虽然这些农药不会构成大范围、持久性的土壤污染，但其对土壤的污染问题也不容忽视，农田土壤的农药污染问题已处于有机氯农药与替代农药品种共存的状态。这些非持久农药多含有极性官能团，与土壤颗粒均具有较强的结合能力。已有研究表明，有机磷杀虫剂在土壤中的结合残留量高达 26% ～ 80%，氨基甲酸酯类农药西维因的结合残留量达 49%，拟除虫菊酯类农药的结合残留量达 36% ～ 54%。这些农药品种在世界各地农田土壤中也频繁检出。我国吉林省农田土壤中检测到了 12 种有机磷农药，总浓度范围为 162.9 ～ 305.9μg/kg，其中检出率为 100% 的有机磷农药包括氧化乐果、二嗪农、甲胺磷和甲拌磷，其平均浓度分别为 48.3μg/kg、37.9μg/kg、38.1μg/kg 和 30.4μg/kg。山东省大田和大棚土壤中 7 种拟除虫菊酯类农药总含量范围在 0.01 ～ 88.51μg/kg，均值为 5.65μg/kg。山东省各地区的拟除虫菊酯含量存在差异，但组成相近，高效氯氟氰菊酯、联苯菊酯和氯氰菊酯的检出比例较高，部分地区大棚土壤中的含量高于大田土壤。新烟碱类农药在种植不同作物（例如玉米、油菜、小麦和大豆等）农业土壤样品中的污染浓度均在微克每千克水平。例如，吡虫啉、噻虫胺和噻虫嗪在我国农田大田和温室大棚土壤中均普遍检出，土壤浓度最高可达 145.0μg/kg，而啶虫脒仅在部分点位检出，温室大棚土壤的污染较大田严重且复杂。加拿大的某些农田和美国得克萨斯州的湿地中新烟碱类农药检出浓度很高（后者浓度高达 225μg/kg）。2013 年之后，许多研究围绕湿地、农田、河流和沉积物等水生环境开展了新烟碱类杀虫剂的污染调查，发现近年来新烟碱类农药的浓度并没有降低的趋势，甚至在一些国家（例如荷兰、中国）新烟碱类农药的浓度不断积累。另外，不同来源的样品中新烟碱类农药的浓度存在较大差异，这可能与农药的用量、人类活动和环境条件等因素有关。还有研究发现新烟碱类农药可以在土壤中长时间蓄积。以吡虫啉为例，前一年或连续两年播种被吡虫啉处理过的种子的土壤样品，发现仍有 97% 的土壤样品可检测到吡虫啉，并且后者浓度明显高于前者，表明吡虫啉可以在土壤中随时间而积累。

除农田土壤环境中外，吡虫啉、啶虫脒和噻虫胺也会长期存在于污水处理厂且难以去除，可能原因是传统的污水处理方法去除这类农药的效率较低，继而会造成对地表水、饮用水源和地下水的再次污染。此外，研究报道在沉积物中也检测到了高浓度的吡虫啉和啶虫脒，说明沉积物中的新烟碱类农药可能不易被降解和去除。目前新烟碱类农药已在多种环境介质中被频繁检出，加之其使用量大、使用范围广，因此其环境风险应当引起人们广泛关注。

3.1.3.2 除草剂

近年来，除草剂的使用为有效控制农田杂草危害、确保农作物生产安全和粮食安全发挥了重要的作用。除草剂使用量的增长率远高于杀虫剂和杀菌剂，到 2020 年全球除草剂市场份额占比达到 44.2%。我国农田化学除草面积由 1985 年的 $8.67\times10^6hm^2$ 增加到 2010 年的 $9.165\times10^7hm^2$，除草剂用量从 2000 年的 3.84×10^4t 增加到 2010 年的 9.62×10^4t，占农药需求总量的 30% ～ 40%。我国农药市场先后有近百种除草剂产品，其中磺酰脲类、三嗪类、酰胺类、苯氧羧酸类、草甘膦和百草枯等除草剂的需求量较大，例如苄嘧磺隆、苯磺隆、吡嘧磺隆和烟嘧磺隆等磺酰脲类除草剂需求量从 2000 年到 2012 年增加了 4.1 倍。而阿特拉津、氯磺隆、咪唑乙烟酸和氟磺胺草醚均为长残效除草剂，占到除草剂使用总量的 15% 左右。从除草剂应用作物分布来看，谷物、玉米、大豆、果树和蔬菜应用较多，市场占比均超过 10%。除草剂在我国各个省份的使用量差异较大，使用量最高的 5 个省份是黑龙江、吉林、山东、江西和广东，约占全国的 43.1%（2011 年）。东北地区是我国重要的商品粮基地，同时也是农业机械化程度最高的地区，由于除草剂的使用有助于扩大粮食种植规模和提高粮食生产效益，因此除草剂在东北地区使用量较大。

除草剂的大量使用，造成了农业产地的面源污染，多个国家和地区地表水和地下水环境质量下降。农药的大量和不合理利用，使农药通过地表径流或农田灌溉等过程进入自然水体。美国、瑞士、希腊等多个国家均在地表水体中检出农药，检出浓度多为 0.01 ～ 20.6μg/L。检出率最高的农药为除草剂，包括阿特拉津、异丙甲草胺、氰草津、甲草胺、西玛津、2,4-D 丁酯、扑灭通等，其次是杀虫剂。而且，除草剂在农业区域的河流中的检出率和检出浓度均较高，尤其是玉米田常用的阿特拉津、异丙甲草胺、氰草津等品种。在我国受到农药污染的河流占全国河流的 71%，在农业区域的河流中均有农药检出，浓度在微克每升和纳克每升级别，检出的农药包括杀虫剂、杀菌剂和除草剂，但以杀虫剂为主。我国与西方国家在农业种植结构方面的差异是地表水农药污染状况不同的主要原因。我国淮河信阳、阜阳、淮南、蚌埠 4 个监测断面检测到阿特拉津的残留量分别为 76.4μg/L、80.0μg/L、72.5μg/L、81.3μg/L。辽河流域旱田分布区和非旱田分布区内地表水中阿特拉津的平均含量分别为 9.71μg/L 和 8.85μg/L，7 月份流域地表水中阿特拉津含量最高，可达 18.93μg/L。在南非、瑞士、西班牙、法国、芬兰、德国、美国和中国等阿特拉津使用历史较长的国家，地表水和地下水均受到了不同程度的污染，其污染全球性和环境持久性等特征所引起环境生态问题引起了各国的高度重视。

目前，关于农田土壤中除草剂残留的报道较多。辽北农田土壤中除草剂调查结果表明，阿特拉津和乙草胺 100% 检出；丁草胺检出率相对较低，仅为 27.8%；阿特拉津、乙草胺和丁草胺残留量分别为 0.14 ～ 21.20μg/kg、0.53 ～ 203.20μg/kg 和未检出至 30.87μg/kg。在高使用量条件下，土壤中草甘膦的浓度可能会达 2mg/kg，若考虑土壤对草甘膦的吸附，土壤表层中的实际浓度要高于这个值。在黑龙江省典型农场大豆田土壤中氟磺胺草醚和排草丹（灭草松）的残留浓度分别为 3.34 ～ 67.80μg/kg 和 6.27 ～ 56.03μg/kg；辽河平原、松嫩平原和三江平原地区土壤中农药总残留浓度高达 80.7 ～ 2799μg/kg，在辽中南等地残留较多，总残留浓度均在 1200μg/kg 以上。而且，匈牙利农田土壤调查发现，土壤中阿特拉津浓度为 0.07 ～ 0.11mg/kg，但是地下水样品中测到阿特拉津 166 ～ 3067μg/L、乙草胺 307 ～ 2894μg/L、二嗪农 15 ～ 223μg/L 和扑草净 109 ～ 160μg/L。在一些特殊农业系统中也有大量除草剂被检出，如江苏在稻蟹共作系统中共检出除草剂 11 种，分别为双苯酰草胺、乙草胺、噁草酮、禾草丹、苄嘧磺隆、灭草隆、氰草津、2,4-D 丁酯、阿特拉津、除草醚和草甘膦，浓度范围为 11.2 ～ 29.5μg/kg。另外，保护性耕作能够显著提高土壤有机质含量，改善土壤质量。但当前研究表明，保护性耕作通过增加土壤有机质含量提高阿特拉津土壤污染水平［(3.8 ± 0.3)μg/kg 增加至（17.7 ± 3.0)μg/kg］，通过影响土壤团聚体平均粒径降低乙草胺的土壤污染水平［(50.6 ± 10.3)μg/kg 降低至 (9.2 ± 2.5)μg/kg］。由于不同土壤性质对土壤中除草剂迁移和降解的复杂作用，保护性耕作对除草剂的影响仍存在较大的不确定性。

3.1.3.3　杀菌剂

杀菌剂是防治作物病害最重要的武器，杀菌剂近年来一直成为研发的热点。据统计，2010 ～ 2021 年，全球杀菌剂销售额从 114.8 亿美元增长到 163.8 亿美元，年均复合增长率达到 3.3%，成为第二大产品类型。我国杀菌剂的原药产量由 2012 年的 14.39×10^4t 增长至 2017 年的 26.82×10^4t，年均复合增长率为 13.26%。近年来世界杀菌剂新品种的开发取得了很大进展，甲氧基丙烯酸酯、三唑类（代表品种如丙环唑、戊唑醇）、琥珀酸脱氢酶（代表品种如啶酰菌胺）三大类农药品种占全球杀菌剂市场份额超过 50%。从农药使用量来看，全球杀菌剂增长速度达到近 8%，三唑类杀菌剂仍是主角；甲氧基丙烯酸酯类杀菌剂因其现阶段无可替代的作用效果将逐渐占据杀菌剂的主角地位。谷物、果树、蔬菜三类作物杀菌剂的使用量占近 60%。由于大部分杀菌剂为较低效或低效农药，在施用后一段时间内才可以看到明显的防治效果，因此使用过程中用量常被刻意提高数倍甚至数十倍，杀菌剂就成了蔬菜生产的重要污染源之一。

欧盟早在 1996 年就指出异菌脲、腐霉利、百菌清、苯菌灵、代森类等几种杀菌剂是作物生产中主要的农药污染物。捷克耕地土壤中农药的污染情况，在 2014 ～ 2017 年采集了 34 个土壤共 136 份样品，分析了 60 种农药及 4 种农药代谢物，结果表明，7 个三唑类杀菌剂的检出率由高到低依次为氟环唑、戊唑醇、氟硅唑、丙环唑、环丙唑醇、苯醚甲环唑和叶菌唑，其中氟环唑和戊唑醇的检出率分别为 57% ～ 62% 和 35% ～ 47%。欧盟地区 317 份农业表层土壤样品中检测出 76 种农药污染，80% 以上的土壤样本存在农药污染，其中啶酰菌胺、氟环唑和戊唑醇是土壤中最常见且残留量最高的杀菌剂。由于我国农药监管的重点是高毒高残留的杀虫剂，而对杀菌剂的监管重视不够，因此杀菌剂的用量一般会比登记用量大几倍甚至十几倍，特别是多菌灵、福美双、代森锰锌等在我国已经有很长的使用历史。在我国生产的水果、蔬菜中，多菌灵和苯醚甲环唑的检出率均较高，某些地方还会超标。例如，海南南繁片区土壤农药污染主要包括多菌灵、甲基硫菌灵、苯醚甲环唑等杀菌剂，其中多菌灵的污染浓度最高，在 1400 ～ 3000μg/kg 之间；滇池流域土壤样本中多菌灵的检出率为 33.3%，浓度为 30 ～ 1900μg/kg，其污染空间分布与取样时间、作物结构、农药用量、环境相关。多菌灵的检出率秋季样品＞夏季强光照时段，蔬菜作物区＞传统粮食区，农药用量高的地区＞其他地区，地表径流水＞菜地沟水＞滇池水。我国豫北地区 5 个蔬菜温室休闲期土壤中杀菌剂的类型及污染水平分析结果显示，多菌灵、甲霜灵、甲基硫菌灵、烯酰吗啉、咪鲜胺、嘧霉胺、三唑酮、苯醚甲环唑、百菌清等均被检出，其中烯酰吗啉在春季温室土壤中污染水平较高，浓度最高达 38.33μg/kg，而苯醚甲环唑在秋季温室土壤中污染水平较高，浓度最高达 62.70μg/kg。

杀菌剂除了农业上的广泛应用外，还用于室内观赏植物的病害防治，一些杀菌剂如噻菌灵和苯醚甲环唑等被广泛添加到建筑材料、涂料、木材中从而达到抑菌防腐的效果，这些都是室内环境杀菌剂的潜在来源。值得注意的是，由于室内环境缺乏促进降解的环境条件（如阳光、水、微生物作用），杀菌剂在室内微环境中的污染更加持久。灰尘作为室内环境污染的重要载体，是众多污染物的储藏库，在我国室内灰尘中杀菌剂污染状况调查中发现，6 种杀菌剂（嘧菌酯、吡唑醚菌酯、苯醚甲环唑、咪鲜胺、戊唑醇、三环唑）检出率高于 60%，其中苯醚甲环唑的浓度最高（中位数为 2.67ng/g）。太原室内灰尘中各杀菌剂的浓度均低于武汉和深圳地区。灰尘中杀菌剂的城乡分布差异分析显示，在城区采集的室内灰尘中杀菌剂污染普遍高于农村地区。基于深圳冬夏季节采集的灰尘中杀菌剂含量的季节差异分析，发现冬季灰尘中杀菌剂的污染水平高于夏季，表明室内来源的杀菌剂污染不容忽视。此外，污水处理厂也是杀菌剂重要的汇。2019 年通过比较武汉市 10 座水厂的水源水和对应出厂水样本中分析物的浓度，在所有水样中，8 种杀菌剂（嘧菌酯、吡唑醚菌酯、苯醚甲环唑、氟环唑、咪鲜胺、戊唑醇、噻菌灵、三环唑）的检出率较高（＞90%），其中三环唑在自来水中浓度最高（中位数为 22.7ng/L）。通过比较水源水与出厂水中杀菌剂的浓度，发现出厂水中杀菌剂总浓度中位数去除率为 21.5%，表明生活饮用水常规处理工艺无法有效去除水中杀菌剂残留。在 4 个季节采集的自来水样本中均检测到杀菌剂，其中杀菌剂总浓度在夏季最高。

3.2 产地农药吸附与迁移过程

农药的土壤残留是导致农药对农业造成环境污染的一大根源。据统计，喷施在植株上的农药大部分（70%～90%）会残留于土壤中。当农药在土壤中的残留积累到一定的量时，就会对土壤生态环境造成危害。残留在土壤中的农药不仅能通过挥发、扩散、迁移、转化等途径污染大气、地表水和地下水，还能通过生物富集和食物链最终危及人体健康。土壤对化学农药的吸附是土壤对有毒污染物的净化和解毒，土壤的吸附能力越大，农药在土壤中的有效性越低，净化效果就越好，但这种净化作用是相对不稳定的，也是有限的。如果农药的吸附条件被破坏，农药又可释放到土壤溶液中，导致土壤受到农药的再污染。所以说，土壤吸附是一种平衡过程，吸附速率由两个过程控制：吸附质从溶液到土壤吸附点位的运输过程和再吸附过程。运输过程包括到吸附点位外部的运输和向微孔与毛细管的扩散；再吸附过程是通过土壤固体，如有机质胶体和黏土矿物，扩散到溶液达不到的位置。影响吸附和解吸行为的因素有农药的性质结构、土壤组分、土壤 pH 值、温湿度、表面活性剂等。农药的迁移与扩散是指农药从施药区向周围环境扩散的物理行为。农药迁移扩散的主要方式是随水、气的流动。评定农药在土壤中的迁移行为时，必须考虑农药的不可提取残留，而化合物与土壤表面的共价结合可能是形成这种残留的一个原因，因此部分化合物在土壤中固定下来，当土壤有机质分解时，这部分化合物便分离出来，对环境造成污染。农药在土壤中通过挥发、吸附、生物降解、光解等途径而迁移、转化，挥发、吸附和扩散过程能够稀释农药浓度，降低农药的毒性；生物降解、光解、水解和化学氧化等过程能够改变农药的化学性质，最终使农药无毒化，使农药对环境的危害减到最小直至消除。

3.2.1　吸附过程

农药在土壤中的吸附过程，主要是农药在土壤有机质、矿物及孔隙水等介质中的分配过程。吸附包括物理和化学两种作用力，物理作用力包括范德华力和络合静电作用，化学作用力由短距离相互作用引起，包括共价键（含配位键）和氢键作用力等[6]。农药在土壤中的吸附作用是控制污染物在土壤中移动性、转归性以及生物有效性的重要因素，因此研究农药在土壤中的吸附行为是研究农药环境行为和环境毒性的基础。

3.2.1.1　吸附原理

农药在土壤中的吸附作用机理研究是农药环境行为研究的重要组成部分，通过吸附机理研究可以了解农药在土壤中吸附的主要类型、吸附的强弱以及可逆性。土壤黏土矿物和腐殖质是土壤对农药吸附的两类主要活性组分。关于农药在土壤活性组分上吸附机理的研究，国内外已有很多报道。迄今为止，已经发现的吸附机理包括离子交换、氢键、电荷转移、共价键、范德华力、配体交换、疏水性分配作用和螯合作用 8 种[7]。

（1）离子交换

根据农药的化学性质及其在水体、土壤中的电离行为，可把农药分为离子型农药和非离子型农药。离子型农药在一定 pH 值条件下可电离，与土壤腐殖质的羧基或酚羟基等相互结合，从而形成稳定的结合。研究表明，离子交换是土壤有机质吸附农药敌草快、百草枯和杀虫脒的主要机理。二价质子化的含联吡啶基的农药可与土壤有机质中两个带负电荷的基团反应，如两个羧基或一个羧基与一个酚基。但由于空间位阻效应，并不是所有土壤有机质中所有负电荷都可以接受正电荷键合成大的有机阳离子。百草枯和敌草快是阳离子型农药，可以与黏土通过离子键而被强烈吸附，同时通过电荷转移和范德华力增强吸附。

（2）氢键

几乎所有的农药中含有形成氢键的极性基团，但氢键在吸附中的作用是不确定的。原因是虽然含有大量氧和羟基官能团的腐殖质可与农药分子相应的官能团通过氢键结合，但同时农药分子与水分子也可竞争结合位点。所以，在水体体系中，农药分子与有机质间的氢的直接结合，水的重新介入也是有可能的。如磺草灵、麦草畏可以在 pH 值低于 pK_a 时，在中性状态下通过—COOH、—COOR 或类似基团与—SH 形成氢键而吸附。

（3）电荷转移

土壤有机质中缺电子结构如醌类和富电子结构如联苯酚类可以与具有供电子或受电子结构的农药分子通过电子供受机理形成电荷转移复合体。如杀草快、百草枯和杀虫脒以及具供电子能力的取代脲、三唑类除草剂等均能与土壤中有机质形成电荷转移复合体。

（4）共价键

农药分子及其降解产物等可通过光化学或酶催化作用与土壤有机质形成不可逆的稳定共价键，能与土壤有机质共价结合的农药一般与有机质有相似的官能团。在没有微生物活动的情况下，能与土壤有机质共价结合的化合物种类包括 *N*- 酰苯胺、氨基甲酸苯酯、苯基脲、二硝基苯胺除草剂、类硝基苯胺杀菌剂和有机磷杀虫剂等，如对硫磷和甲基对硫磷，它们以羰基、酮基与土壤有机质的羧基相结合，产生水解或非水解的结合产物。另外，酰胺、苯基脲等在土壤中降解释放出生物胺，可不经过微生物作用而直接与土壤有机质化学键合，其结合机理可能有两种，即与有机质中的羰基、醌基、羧基水解或非水解结合。

（5）范德华力

范德华力存在于所有吸附剂和吸附质之间的相互作用中，包括极弱的短距离的偶极和诱导偶极相互作用。由于范德华力随距离的增大而迅速减弱，所以它对吸附的贡献只有在一些离子与吸附表面近距离接触时才会达到最大，或者通过近距离接触被邻近的吸附离子保留。研究表明，西维因、对硫磷、灭草特、DDT、毒莠定和 2,4-D 等的吸附作用主要机理是范德华力。

（6）配体交换

与土壤黏土矿物或有机质键合在一起的带多价正电荷的配位水分子或弱配位体可以

被适当的农药分子取代，发生配体交换。如三嗪类农药是阴离子型农药，在土壤中的吸附主要是以不带电荷的分子形式被胡敏素吸附，其机理可能是与金属离子配位结合的水分子被农药分子取代。另外，取代尿素、氨基阿特拉津的吸附也可通过配体交换进行。

（7）疏水性分配作用

土壤有机质表面存在一些疏水性基团，如脂肪、树脂、腐殖酸和富里酸的脂肪族支链以及高含碳量木质素衍生物等，非极性农药分子可在这些疏水性基团表面积聚，形成疏水结合。这种吸附与 pH 值无关，但随有机质甲基化作用及亲水基团增多而降低。研究表明，DDT 和其他有机氯杀虫剂、对溴磷、灭草定等农药的主要吸附机理即是疏水性分配作用。

（8）螯合作用

疏水性农药化合物在土壤中随着停留或老化时间的延长，可以与土壤产生螯合作用。一般吸附作用可发生在很短时间内，而螯合作用则需要很长时间。

3.2.1.2 吸附模型

在特定体积的水环境中，研究有机污染物在固相和溶液间的平衡时，首先考虑吸附剂中污染物浓度 C_{is}（mol/kg）和水溶液中污染物平衡浓度 C_{iw}（mol/L）之间的关系，通常用吸附等温线来表示（这种吸附关系仅适用于恒温条件下）。吸附物与吸附剂的组合不同时，有多种形状的吸附等温线（见图 3-1）[8]。

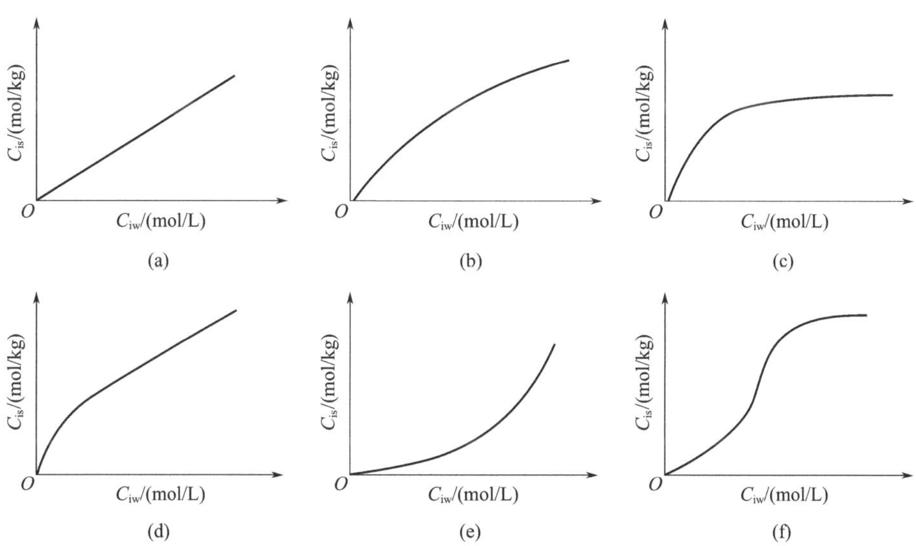

图 3-1 吸附态浓度与溶解态浓度之间的关系

了解吸附等温线的形状以及吸附模型的各项参数有助于分析吸附的机理。为了对吸附实验数据进行数学分析并解释土壤和沉积物的吸附能力，研究者常采用吸附模型对吸附等温线进行描述，目前主要使用以下几种模型。

（1）线性分配模型

$$C_{is} = K_{ip}C_{iw}$$

式中　C_{is}，C_{iw}——有机化合物在固相和液相中的浓度，mol/kg、mol/L；

K_{ip}——分配系数，L/kg。

利用 K_{ip} 进行分析是建立在忽略了土壤有机质的性质，如极性或非极性、聚集结构和分子结构对土壤有机质吸附性能影响的基础上，但是在大多数情况下非线性吸附是自然界的普遍行为，所以仅用线性分配模型来描述吸附并不合适。

（2）**Freundlich 模型**

Freundlich 模型是一种半经验模型，它的形式如下所示：

$$C_{is} = K_{iF}C_{iw}^{n}$$

式中　C_{is}，C_{iw}——有机化合物在固相和液相中的浓度，mol/kg、mol/L；

K_{iF}——Freundlich 吸附系数，$(mol/kg)/(mol/L)^{n}$；

n——等温线的线性因子，n 值越小，吸附的非线性越大。

当吸附等温线呈强烈的非线性时，K_{iF} 并不能比较吸附能力的大小。故部分研究根据 C_{iw} 在某特定浓度计算得到 C_{is}，计算出固相 - 水分配系数 K_{id}（L/kg 固体）或标准有机碳吸附系数 K_{ioc}（L/kg 有机碳）进行比较。

$$K_{id} = C_{is} / C_{iw}$$

$$K_{ioc} = K_{id} / f_{oc} = C_{ioc} / C_{iw}$$

式中　f_{oc}——有机碳含量，kg 有机碳/kg 固体；

C_{ioc}——与天然有机碳结合的总吸附物浓度相关的浓度，mol/kg 有机碳。

对于多数固液体系，Freundlich 模型能很好地拟合吸附数据。由于它的两个参数都比较简明，公式为半经验公式，故而可以代表部分“真实”过程，因此 Freundlich 模型得到广泛应用。

（3）**Langmuir 模型**

Langmuir 模型是一种理论模型，它是由 Langmuir 研究气体吸附时提出的。Langmuir 模型的运用是有严格要求的，因为它有两个基本假设：一是吸附为单分子层吸附且吸附热与表面覆盖度无关；二是吸附发生在均质界面。如果不能满足这两个基本假设就不能用 Langmuir 模型来描述吸附行为，Langmuir 模型的表达式是基于这两个基本假设简化得到的。表达式如下所示：

$$C_{is} = T_{max}bC_{iw} / \left(1 + bC_{iw}\right)$$

式中　C_{is}，C_{iw}——有机化合物在固相和液相中的浓度，mol/kg、mol/L；

b——吸附反应中吸附质和吸附点位的平衡常数。

T_{max} 是单位质量吸附剂的表面点位总数，理想状态下对所有吸附物都是相等的，但实际上不同化合物可能有不同的 T_{max}，因此，它通常表示给定化合物的最大表面浓度（即 $T_{max}=C_{is,max}$）。

实际使用时，Langmuir 方程可以描述多种类型的吸附等温线，然而需要指出的是，即使 Langmuir 方程能将实验数据拟合得很好，也不可以确定吸附机理遵循 Langmuir 方程的基本条件，即吸附能发生在相对大的表面且吸附质与吸附质之间并无相互作用。因为在实际情况中，有可能存在吸附点位与点位之间相对独立，而忽略了吸附质与吸附质之间的作用力的情况。

（4）Polanyi-Dubinin-Manes 模型

Freundlich 模型侧重于经验公式，而 Langmuir 方程在处理吸附问题时条件过于严格，它对于单分子层的严格设定常常并不符合实际情况。而且两者都偏重对吸附点位的分析。多分子层的一种处理是认为固体的表面存在势场，吸附质分子就是“落入”这种势场而被吸附的。因此吸附层就像大气层，它在固体的表面被压缩得最紧，随着与表面距离的增加，密度越来越低。Polanyi 将这种想法赋予一定的形式。经过发展变化，在处理固液表面的吸附时有以下几种形式：

$$C_{is}=Q_{max}\rho\exp\left\{-\left[\frac{RT\ln\left(S/C_{iw}\right)}{Z}\right]^{d}\right\}$$

$$C_{is}=Q_{max}\rho\exp\left\{-\left[\frac{RT\ln\left(S/C_{iw}\right)}{E}\right]^{2}\right\}$$

$$\varepsilon=kT\ln(S/C_{iw})$$

式中 C_{is}，C_{iw}——有机化合物在固相和液相中的浓度，g/kg、g/L；

Q_{max}——单位吸附剂上有机物饱和吸附容量，cm^3/kg；

ρ——有机物的密度，g/cm^3；

R——理想气体常数，J/(mol·K)；

T——热力学温度，K；

S——有机物吸附在标准态下的溶解度，g/L；

ε——吸附势，J/mol，定义为 1mol 的吸附质从无限远处到离吸附剂表面某处所需做的功；

E——吸附过程的特征自由能，J/mol；

d，Z——吸附模型参数，对于微孔或者介孔组成的吸附剂来说，指数 d 一般可以设为一个整数，如黑炭、活性炭等硬碳类吸附剂，d 取值 2。

近年来，Polanyi 方程被广泛地应用于疏水性有机物在黑炭等致密性有机质的吸附研究中。

（5）复合模型

土壤是由多种成分组成的、高度不均一的复杂体系。考虑到土壤的非均一性，Weber 等[8]提出一种复合吸附反应模型（distributed reacted model，DRM）来解释疏水性有机物的非线性吸附现象。DRM 模型被描述为，对吸附平衡而言，土壤可以被视作由活性有机组分和无机组分复合而成的非均质物质。每种组分都有各自独特的微观吸附机理，对于给定的化合物各自表现出不同的宏观吸附性质（非线性吸附或线性吸附）。而土壤整体的吸附量是各个组分的吸附行为的线性加和。同样地，不均一性也存在于土壤有机质中。因此，给定化合物在有机质上的整体吸附也是不同性质的有机质组分的吸附行为的加和。

通过限定条件，复杂的 DRM 模型可以表示为一个线性吸附组分和另外一个非线性吸附组分的加和。这个非线性吸附组分既可以用半经验的 Freundlich 模型来描述，也可以用位点有限而位能确定的 Langmuir 模型来描述，或者使用 Polanyi-Dubinin-Manes 模型来表达。建立模型时，利用线性方程拟合线性分配部分，利用 Langmuir 方程、Freundlich 方程或 Polanyi 方程拟合非线性点位吸附部分，二者相加得到总的吸附模型。

$$C_{is} = K_{ip}C_{iw} + K_{iF}C_{iw}^{n}$$

$$C_{is} = K_{ip}C_{iw} + T_{max}bC_{iw} / \left(1 + bC_{iw}\right)$$

$$C_{is} = Q_{max}\rho\exp\left\{-\left[\frac{RT\ln\left(S / C_{iw}\right)}{Z}\right]^{d}\right\}$$

（6）线性自由能关系

对于机理研究来说，更深入的了解方法是考虑吸附发生时的分子间作用力及吸附能和熵是如何变化的。线性自由能关系（linear free energy relationships，LFERs）通过建立两个相似过程间自由能（自由能 $\Delta G=-RT\ln K$）的相关性预测一个新过程的平衡常数或阐明相关过程的内在联系，为有机污染物行为研究提供了强大的工具。对于研究农药在土壤有机质上的吸附行为来说，LFERs 最重要的应用在于预测 $\lg K_{oc}$ 值，并以 $\lg K_{oc}$ 值为核心建立线性自由能关系式。

从 20 世纪 60 年代开始，针对有机污染物的吸附研究，科研工作者为建立单参数线性自由能关系（one-parameter linear free energy relationships，op-LFERs）进行了大量研究。这些工作主要包括：发现并建立合适的分子结构的描述符，其中重要的一类为分子连接性指数法（molecular connectivity indices，MCIs），再将这些描述符与目标参数 $\lg K_{oc}$ 之间建立定量结构 - 活性关系（quantitative structure activity relationships，QSARs）。除了分子结构描述符外，一些常见的物理化学性质也常常被应用于 QSARs 研究中，例如通过研究 $\lg K_{oc}$ 和 $\lg K_{ow}$ 以及 $\lg K_{oc}$ 和 $\lg S_{w}$ 之间的相关关系来建立 op-LFERs。然而该类 op-LFERs 是以基于分子间非专属作用力（non-specific interaction）的吸附为基础建立的，当吸附质和土壤有机质（SOM）之间存在专属作用力（specific interaction）时，op-LFERs的预测就存在偏差，不能很好地反映吸附发生时的真实机理。

因此，能够反映一个复杂过程的多种作用力的多参数线性自由能关系（poly-parameter linear free energy relationships，pp-LFERs）得到发展。一般来说，根据与周围介质作用方式的不同，溶质分子可以分为非极性、弱极性和极性三类。对于非极性分子和土壤有机质反应过程来说，非专属作用的范德华力占据了主导地位，而对于弱极性和极性分子来说，还需要考虑电子的接受与给予、氢键等专属作用力。因此，只要给出分子与土壤有机质和水介质之间的各种化学作用力的具体描述，就能建立基于分子间作用力的多参数线性自由能表达式，它的基本形式一般如下：

$$-\Delta G = G_{\text{c-w}} + G_{\text{i-w}} + G_{\text{c-SOM}} + G_{\text{i-SOM}}$$

式中　$G_{\text{c-w}}$，$G_{\text{c-SOM}}$——空穴在水相和有机质相引起的自由能变化；

$G_{\text{i-w}}$，$G_{\text{i-SOM}}$——溶质与水分子和有机质相中的有机分子相互作用引起的自由能变化。

在早期的研究工作中，由于pp-LFERs的几个化学参数很难得到，从而制约了其广泛使用。现在随着研究越来越深入，这些基础化学数据逐步完善，大大促进了pp-LFERs的使用，也推动了pp-LFERs往其他领域的扩展。pp-LFERs已经逐渐在环境化学的研究中得到重视，并且在环境归趋模型研究中得到了实际使用。

3.2.1.3　影响吸附的因素

（1）吸附剂性质与吸附的关系

一般情况下，土壤有机质（soil organic matter，SOM）是控制有机污染物在土壤等天然吸附剂中吸附过程的主要成分。为了表征SOM的组成和结构特性，过去的研究中提出和发展了很多不同的对SOM进行分类和定量的方法[9]。基于SOM中各组分在不同pH值溶液中溶解度的差异，从溶解度和分子量出发，将SOM分为3个部分：能够溶于任意pH值溶液的富里酸（FA）；能溶于碱但不溶于酸的腐殖酸（HA）；既不溶于酸也不溶于碱的胡敏素（HM）。溶解性质反映出物质结构的差异，这几种SOM组分的分子量、脂肪度、含碳量、密度、交联度、玻璃态-橡胶态转变温度（T_g）都有很大差异。不同吸附剂对农药的吸附参数与其SOM成分相关关系的研究表明，HA和HM是控制农药吸附的主要因素，吸附能力表现为FA＜HA＜HM。如果对HM的结构进行进一步划分，分为脂肪结合态胡敏素（BHA）和难溶的残渣态胡敏素（IRHM），则农药在其中吸附行为的非线性程度的顺序为IRHM＞BHA＞HA＞FA。基于SOM各组分的粒径大小（一般以0.45μm或0.22μm为界），可将其分为溶解性有机质（dissolved organic matter，DOM）和颗粒有机质（particulate organic matter，POM）。通常认为，分子量大小是影响DOM性质的重要因素，平均分子量越高，DOM内部疏水区也越大，对疏水性农药的亲和力就越大。一般地，DOM与农药的结合能普遍降低其生物有效性。但当DOM在较低浓度下（一般在

10mg/L），能提高生物富集系数，但是在较高浓度时又能降低其生物富集能力。也有研究按极性和电荷特性对 DOM 分类，认为 DOM 中不同组分所占比例的差异直接影响 DOM 的性质。此外，DOM 还可按元素和官能团、特殊基团和化合物、酸碱性质等分类。DOM 对有机污染物在吸附剂中吸附的影响与 DOM 各组分的性质以及农药的性质特征密切相关。近年来，随着研究的深入，人们的研究则更关注一些特殊的 SOM 成分对污染物吸附的贡献，如具有芳香结构的黑炭、木质素等。这些成分虽然在天然土壤中含量低（1% 以下），但是对污染物具有强吸附能力。事实上 SOM 的组成和结构远比以上复杂得多，而且不同的分离方法所得到的 SOM 各组分的化学组成和吸附特性差异很大，因此这种通过实验操作分离 SOM 各组分的方法只能作为一种研究有机污染物在 SOM 中不同结构部分相对分布的方法。

也有一些研究将 SOM 作为一个整体，试图将其化学特性（如元素组成、官能团相对丰度）与有机污染物在其中的吸附行为联系起来。研究发现，随着 SOM 在有机地球化学过程中成熟度的增加，其芳香度随之增加，在很多研究中观察到农药吸附等温线的非线性随着 SOM 芳香度的增加而增加，因此一些研究者将非线性吸附归因于 SOM 中芳香碳组分的贡献。一些研究中也观察到 SOM 吸附容量与 SOM 芳香度之间呈正相关关系。为了考察吸附剂单一结构对其吸附能力的影响，有的研究采用物理化学的方法对 SOM 进行处理，使其结构发生改变。例如，用次氯酸处理去除 SOM 中芳香碳组分后，农药在其中的吸附线性程度增加；而去除氧取代的烷基碳后，吸附等温线非线性程度增加。通过用 ^{13}C NMR 对 SOM 组分进行表征，也发现疏水性农药发生不可逆吸附的量也和 SOM 中的芳香碳含量呈一定的相关性。以上研究都突出了 SOM 中芳香碳组分在农药吸附过程中的重要性。

很多研究结果表明，SOM 的极性对其与农药间相互作用有着重要影响。SOM 的极性与农药的吸附系数 K_{oc} 和吸附等温线的非线性程度呈负相关关系。对于 SOM 的极性在农药吸附中的作用可以用疏水作用来解释，类似于相似相溶原理，疏水性农药更容易吸附进入疏水性更强的有机质中，但是该理论将有机质看作一个与溶剂一样均一的相，认为疏水作用是有机污染物在有机质中吸附的主要驱动力。另外，还有一些研究发现有机质分子的分子量与农药的吸附系数 K_{oc} 之间存在正相关关系。

到目前为止，对于有机质的哪一种化学性质是控制污染物吸附的关键因素还没有形成广泛的共识。研究者普遍认为脂肪碳和芳香碳在农药吸附过程中的作用为：脂肪碳对于农药在天然吸附剂中的吸附作用不能忽略；由于有机质组成和结构的复杂性，芳香度和脂肪度都不能单独作为预测天然吸附剂吸附有机污染物的指标；基于化学组成的指标对于结构和组成更加均一的吸附剂适用性较强，但是对于组成和结构复杂的天然土壤等天然吸附剂则不具有适用性。鉴于仅仅通过 SOM 化学组成很难解释农药在土壤等天然吸附剂中的吸附行为，因此越来越多的人认为除了 SOM 的化学组成外，其物理构象也在吸附过程中扮演着重要的角色。不同形态的 SOM 即使化学组成相同，其对农药的吸附行为也可能差异很大。因此，很难建立一个普遍适用的通过有机质的某单一性质来预测其对农药吸附行为的模型。

二元吸附模型推测农药在 SOM 中的非线性吸附行为可能来源于具有玻璃态的物

理构象的有机质。当对有机质进行加热时，农药的吸附等温线的非线性程度逐渐降低。当加热温度达到某一特定的临界温度后，吸附等温线就变得完全线性。在文献中也报道过 SOM 的玻璃态 - 橡胶态转变温度的存在，该值的范围为 43 ～ 79℃。这些现象都表明 SOM 具有一些物理构象特性。

SOM 的物理构象在农药吸附中的重要作用表现在，当 SOM 的构象因为有机质内分子结构的重排而改变时会引起农药在有机质中吸附行为的明显变化。当将 SOM 分离为很多组分后，各组分对有机物的吸附叠加容量远远超过了原土壤样品对农药的吸附容量，因此推测在分离过程中，SOM 的内部结构被暴露出来，或者分子结构发生了重排，导致 SOM 物理构象及可及性发生改变，而这种改变最终引起了农药在其中吸附行为的变化。SOM 与无机矿物界面作用及其对有机污染物吸附行为的影响结果表明，SOM 在 SOM- 无机矿物界面可能由于与矿物表面的相互作用而引起有机质分子结构的重排，从而形成一个构象更加致密的形态，这一重排会导致吸附的非线性程度增加。而另一研究中发现在用 HF/HCl 去除了矿物质后，腐殖质对农药的吸附能力明显增强，这也说明了无机矿物的存在会明显改变有机质分子的排列和物理构象，SOM 物理构象的变化会引起内部吸附点位的可及性变化，从而显著改变农药在其中的吸附行为。这些研究结果表明同一 SOM 在其化学组成不变而构象改变后，农药在其中的吸附行为也会发生明显变化。

另外，一些外源分子的进入也会引起 SOM 内部分子的重排，从而导致其物理构象的改变。一些溶剂分子的进入，如水分子的进入，会导致 SOM 构象的“溶胀”现象，进而导致 SOM 玻璃态 - 橡胶态转变温度的降低。而作为吸附质的农药分子进入有机质后也可能会导致有机质内部分子的重排。农药等吸附质分子进入 SOM 后可能会引起其物理构象的变化，从而导致农药分子在吸附和解吸过程中的变化，这可能是不可逆吸附现象发生的原因之一。此外，农药在天然吸附剂中吸附行为对于温度的依赖性也可能是有机质物理构象的改变导致的。温度升高时，SOM 的构象从玻璃态逐渐向橡胶态转变，导致农药在其中吸附的线性度增加。

综上所述，SOM 的化学组成和物理构象对农药在土壤中的吸附都有着重要的影响。因此，对农药在土壤等天然吸附剂中的吸附行为的研究要从 SOM 化学组成和物理构象两方面来考虑。

（2）农药性质与其吸附的关系

农药的物理化学性质直接关系到它们与土壤之间的作用力，从而影响其在土壤组分中的赋存状态及吸附行为。吸附的驱动力包括焓驱动（结合到表面吸附点位）和熵驱动（溶质在溶液中溶解度低）。农药和土壤之间的相互作用与焓有关的驱动力包括范德华力、静电力、π 键、氢键、偶极 - 偶极作用、离子交换和化学吸附。疏水性分配与上面的作用力不同，主要是熵驱动过程。污染物的分子量、分子大小或碳原子数增加，化合物极性越低、水溶性越低，化合物就越易于分配进入土壤固相。如果吸附质与吸附剂之间缺少特定的相互作用力，农药将会以疏水性吸附方式吸附到土壤中；而当二者之间存在特殊的相互作用力时，吸附剂对农药会有更强的吸附。近年来，有不少研究者对农药性质与其在土壤组分中的吸附关系进行研究。一般同系物的吸附随着分子大小的增加而增强，但是分子过大，不易进入吸附质的纳米级微孔，可能对吸附起到阻碍作用。这凸显了在吸附过程中基于吸附质分子体积的空间位阻作用的影响。

在实际环境中，通常多种农药共存时，共存农药对主农药在土壤组分中的吸附会产生影响。例如，马拉硫磷能促进阿特拉津在表层沉积物上的吸附，原因在于马拉硫磷水解产生的亲核基团—OH 可与阿特拉津的氮原子之间形成氢键，从而增加阿特拉津的吸附点位。

综上所述，农药的疏水性、分子体积、电子供体 / 受体能力、极性等性质影响其与土壤组分的相互作用，共存农药也会对主农药在土壤中的吸附行为产生影响。

（3）平衡时间和农药浓度对吸附的影响

农药在土壤中的吸附行为还会随着平衡时间以及农药浓度的变化而变化，即表现出一定的时间依赖性和浓度依赖性。关于时间依赖性，最早的经典报道是 Steinberg 等 [10] 发表的老化研究。他们发现土壤熏蒸剂 1,2- 二溴乙烷在施用 19 年后仍然存在于土壤中。尽管向同一土壤新鲜加入的 1,2- 二溴乙烷具有很高的挥发性和一定的水溶性，也很快被微生物降解，但现场土壤残留的 1,2- 二溴乙烷向水相和大气的迁移极慢，也不被生物降解。这说明随着与土壤作用时间的加长，农药在土壤中的结合状态发生变化，造成新加入的农药与现场老化的农药的环境有效性大相径庭。随后大量文献证实老化是一个普遍现象，既可以导致农药流动性和生物有效性降低，也可以导致化学反应活性降低。

对农药老化机制的研究还在深入，一种学说认为，在老化过程中，农药由低能点位移动到高能点位；而有人则提出老化作用是因为农药引起吸附剂孔道塌陷需要弛豫时间。当农药分子的进入导致有机质物理 - 化学的重排后，农药在吸附过程中的分子环境的改变可能导致吸附过程的不可逆，从而出现农药分子在有机质中的“锁定”现象。这两种现象可能共同起作用，在一些天然吸附剂中，吸附质的进入可能导致有机质结构的重排。

浓度不同的农药在土壤等天然吸附剂中的吸附行为也是不同的，即农药的吸附表现出一定的浓度依赖性。农药在土壤等天然吸附剂中的吸附等温线的非线性表明，在不同浓度时土壤对农药的吸附能力是不同的，即当吸附质的浓度升高时 SOM 分子中的一些与农药能形成特殊作用的吸附点位被逐渐饱和，土壤等天然吸附剂对吸附质分子的结合能力随之下降。吸附过程对浓度的依赖性还表现在对 SOM 构象的影响上。农药向 SOM 中“硬炭”区域吸附主要是通过微孔填充作用，这个过程不仅会占据这些吸附点位，还会改变吸附点位周围的有机质的构象，农药分子作为一种外源分子进入“硬炭”区域后会引起这些区域物理构象的“溶胀”现象，农药的浓度越高，则这种效应越明显，当农药的浓度足够高时可以导致“硬炭”熔融而变成“软炭”。

（4）环境因素及复合污染效应对吸附的影响

溶解性有机质（DOM）广泛存在于天然水体和土壤中。大量研究表明，DOM 对农药有明显的促溶解作用，并对农药在土壤中的吸附行为产生影响。一般，DOM

会增加疏水性农药在水相中的浓度，减弱其在固体颗粒物上的吸附。但有学者提出DOM可能对农药在土壤固/液两相间的平衡分布产生两方面的影响：一方面，土壤溶液中DOM与农药结合，增加农药溶解度，有利于农药从土壤上解吸；另一方面，DOM可能通过与农药共吸附或累积吸附增加农药的吸附。所谓共吸附，即农药先吸附在DOM中的一种或多种组分上，形成络合物，和DOM同时吸附到土壤颗粒上；所谓累积吸附，是指DOM的一种或多种组分先吸附到土壤颗粒上，增加了土壤中有机质含量，从而增强了土壤颗粒对农药的吸附能力。

溶液的pH值变化对非极性化合物吸附影响不大。但是对于可电离的农药，pH值变化可改变农药的形态以及天然颗粒物的表面电荷，对吸附造成很大影响。对于可电离为阴离子的农药（如取代酚类），当pH值增大，超过其pK_a值时，目标物主要以阴离子形式存在，由于与带负电的天然颗粒物之间存在静电斥力，吸附明显减弱。但是对于五氯酚这样疏水性很强的化合物，即使在碱性溶液中也具有非常强的吸附。而对于可形成阳离子的农药（如有机胺农药），因为天然颗粒物表面电荷和目标物的电荷随着pH值同步变化，因此，吸附在目标物的pK_a值附近达到最大，pH值大于和小于pK_a值时吸附都减弱。pH值的影响还表现在对DOM吸附农药行为的影响，在较低的pH值，由于氢键作用，DOM趋向具有致密结构，有利于疏水性农药的吸附。

溶液离子强度和含盐量的变化对农药的吸附也会产生重要影响。首先，随着盐度增加，疏水性农药溶解度降低，逃离水相的趋势增大，吸附增强，即为盐析作用。但盐度对农药吸附行为的影响不仅仅停留在对溶解度的影响，还会改变农药与颗粒物的相互作用。对于可电离为阴离子的农药，离子强度及盐度增加使得其与土壤颗粒的静电斥力减弱，从而增强吸附；而对于可电离为阳离子的农药，盐度增加可以对目标物的吸附产生竞争作用。离子强度同样可以改变DOM的构象，影响其吸附行为，但是表现出复杂的规律。

另外，环境中往往是多种农药的共存体系（复合污染），一种农药的环境化学吸附行为常常受到共存农药的影响。竞争效应就是一种广泛存在的共存农药的相互作用形式，竞争效应使得共存农药的吸附减弱。有研究表明，一般而言，极性农药的竞争能力强于非极性农药。但竞争效应的强弱受制于多种因素，例如吸附剂的性质、主溶质和共溶质的理化性质以及浓度大小。农药的吸附竞争能力与其物化性质相关，易于与土壤有机质形成氢键的农药其竞争能力比较强，可离子化的农药的吸附竞争能力与其存在形态有关。

表面活性剂广泛存在于环境中，这类物质作为共存污染物对疏水性农药吸附的影响引起研究者广泛兴趣。阴离子及非离子型表面活性剂一般可增加农药的溶解度，被用作受污染场址修复的洗脱剂以及生物有效性增强剂。研究表明，只有在表面活性剂浓度大于临界胶束浓度时，增溶效果才明显增强。而不同种类的表面活性剂复合使用，可明显降低临界胶束浓度。而阳离子表面活性剂自身吸附能力很强，因而更易在颗粒物表面富集并形成类似胶束的结构，因而增加了农药的吸附。以往的研究主要集中在含盐量较低的土壤，而沿海地区同样遭受有机污染物的污染。最近的一项研究表明，盐度有利于增强阴离子表面活性剂的溶解作用以及阳离子表面活性剂的吸附作用。盐度的提高降低了表面活性剂的临界胶束浓度，使其胶束结构更加致密，有利于溶解农药。

3.2.2 迁移过程

3.2.2.1 农药迁移过程原理

农药在土壤中的迁移是指农药挥发到气相的移动以及在土壤溶液中和吸附在土粒上的扩散、迁移，是农药从土壤进入大气、水体和生物体的重要过程，主要方式是扩散和质体流动等。在这两个过程中，农药的迁移运动可以蒸气的和非蒸气的形式进行。

（1）扩散

扩散是热能引起分子的不规则运动而使物质分子发生转移的过程。不规则的分子运动使分子不均匀地分布在系统中，因而引起分子由浓度高的地方向浓度低的地方迁移运动。扩散既能以气态发生，也能以非气态发生。非气态扩散可以发生于溶液中、气 - 液或气 - 固界面上。

研究均质稳定扩散的 Fick 第一定律和非稳态扩散的 Fick 第二定律，由于以均质系统和扩散系数与物质的浓度无关为前提，所以它们不能解决土壤这个非均质体系的复杂的扩散问题。土壤系统的复杂性包括：a. 扩散物质通常可被土壤吸附；b. 扩散系数取决于土壤的特性，如矿物组成、有机质含量、水分含量、紧实度和温度；c. 有机农药通过土壤系统的扩散，可以蒸气和非蒸气的形式进行；d. 不能假设扩散系数与浓度无关等。有学者根据农药在土壤系统的扩散特性提出了农药在土壤中的扩散方程[11]。

$$\frac{\partial \omega}{\partial t}=D_{\mathrm{vs}}\frac{\partial^2 \omega}{\partial x^2}$$

$$D_{\mathrm{vs}}=\left[\frac{D_{\mathrm{V}}P^{\frac{7}{3}}}{P_{\mathrm{T}}^2(R+1)}+\frac{R}{R+1}\right]\times\frac{D_{\mathrm{S}}+D_{\mathrm{A}}K'\beta+\beta D_{\mathrm{I}}R'}{\beta K'+\theta+\beta R'}$$

式中 ω——土壤中农药的质量分数，g/g；

D_{V}——空气中农药蒸气的扩散系数，cm^2/s；

P，P_{T}——土壤的充气孔隙度和总孔隙度，cm^3/cm^3；

R——农药蒸气密度和土壤中农药浓度之间的平衡系数；

D_{A}——吸附在液 - 固界面的分子的表观扩散系数，cm^2/s；

D_{S}——表观液相扩散系数，cm^2/s；

K'——溶液浓度和液固界面的浓度之间的平衡系数，cm^3/g；

β——土壤容重（即紧实度），g/cm^3；

R'——溶液浓度和气 - 液界面浓度之间的平衡系数，cm^3/g；

D_{I}——吸附在液 - 气界面的分子的表观扩散系数，cm^2/s；

θ——容积水重（即土壤水分含量），cm^3/cm^3；

D_{vs}——总表观扩散系数，cm^2/s。

Shearer 等指出，D_S 与自由溶液扩散系数（D_0）之间的关系近似于：

$$D_s=\left(\frac{\theta}{P_T}\right)^2\theta^{\frac{4}{3}}D_0$$

由于扩散程度受许多土壤和农药特性的影响。其中一些特性能够计算，而另一些不能计算，如 D_A 和 D_I。所以目前对土壤中农药扩散的定量测量尚在积极探讨之中。

（2）质体流动

物质的质体流动是由水或土壤微粒或是两者共同作用所致，如农药，既能溶于水中，也能悬浮于水中，或者以气态存在，或者吸附于土壤固体物质上，或存在于土壤有机质中，而使它们能随水和土壤微粒一起发生质体流动（这里讨论的质体流动不包括机械耕作和地表径流引起的土壤表面侵蚀）。

预测在稳定的土壤 - 水流状况下，化学品通过多孔介质移动的一般方程为

$$\frac{\partial\rho}{\partial t}=D\frac{\partial^2\rho}{\partial x^2}-v_0\frac{\partial\rho}{\partial x}-\beta\frac{\partial\omega}{\theta\partial t}$$

式中　D——分散系数，cm^2/s；

ρ——溶液中化学品的质量浓度，g/cm^3；

v_0——平均孔隙水流速度，cm/s；

β——土壤容重，g/cm^3；

θ——容积水量，cm^3/cm^3；

ω——吸附在土壤上的化学品质量分数，g/g。

土壤有机质含量增加，农药在土壤中渗透深度减小。另外，增加土壤黏土矿物的含量，也可以减小农药的渗透深度。不同农药在土壤中通过质体流动转移的深度不同。测定林丹和 DDT 在 4 种不同土壤中的质体流动转移距离时发现，DDT 只能在土壤中移动 3cm，而林丹则比 DDT 移动的距离长。人们认为这是 DDT 的水溶性非常低的缘故。

土壤中农药迁移可直接造成农药对土壤地下水及周边水体的污染。研究农药在土壤中的迁移行为，可以预测和评价农药对地下水污染的可能性和污染程度。通过建立模拟土壤中残留农药的迁移模型，综合考虑农药特性及土壤质地等指标，预测农药对水环境的污染趋势，可为农药对地下水污染风险性评估提供依据，并为农药水环境污染治理策略制订提供理论参考。

3.2.2.2　农药迁移过程影响因素

影响农药在土壤中扩散的因素主要是土壤水分含量、吸附、土壤的紧实度、温度、气流速度和农药种类等。

（1）土壤水分含量

土壤水分含量是影响农药气态和非气态扩散过程的重要因素（图 3-2）。不同土壤

水分含量条件下，林丹存在气态和非气态扩散的相互转化：在水分含量为 4% ～ 20% 时，气态扩散占 50% 以上；当水分含量超过 30% 时，主要为非气态扩散；在干燥土壤中不发生扩散。扩散随水分含量增加而变化，在水分含量为 4% 时，无论总扩散或非气态扩散都是最强的；水分含量在 4% 以下时，随水分含量增大，两种扩散都增强；水分含量大于 4% 时，总扩散则随水分含量增加而减弱；非气态扩散，水分含量在 4% ～ 16% 时，随水分含量增加而减弱；水分含量在 16% 以上时，随水分含量增加而增强。林丹和 DDT 在 4 种不同性质的土壤和不同含水量条件下的挥发结果表明，当土壤含单分子层水时农药就不再挥发了。因此，在水分含量为 1/3Pa 水吸力到大约一单分子层水范围内，农药的挥发取决于水分含量。

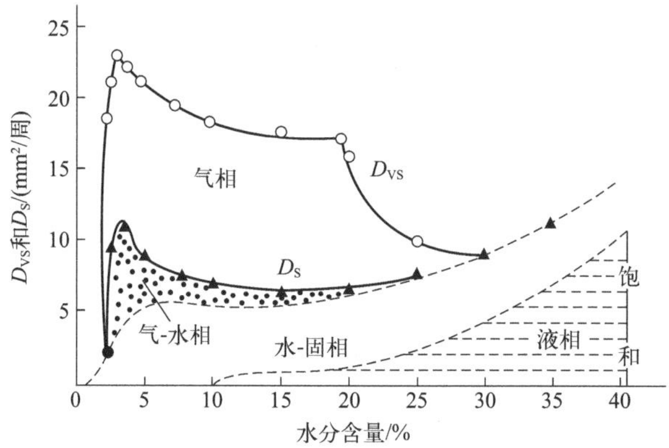

图 3-2　粉砂壤土中林丹的不同转移途径[7]

（2）吸附

许多研究证明吸附对农药在土壤中的扩散是有影响的。百草枯、敌草快等阳离子型农药，易溶于水并在水中完全离子化而很快吸附在黏土矿物上；弱碱性的农药，如氯化均三氮杂苯等，可以接受质子而带正电荷，从而吸附在黏土矿物或有机质的表面；酸性农药在水溶液中可解离成有机阴离子，而土壤胶体通常带负电荷，故酸性农药的吸附比碱性农药要弱，其吸附主要是范德华力和其他物理作用的结果。虽然许多因素对农药在土壤中的质体流动转移有影响，但许多研究表明，最重要的是农药与土壤之间的吸附。下列几种农药在土壤中的移动距离大小顺序为非草隆＞灭草隆＞敌草隆＞草不隆，而它们的吸附系数大小顺序则相反，为草不隆＞敌草隆＞灭草隆＞非草隆。即吸附最强者移动最困难，反之亦然。

（3）土壤的紧实度

土壤的紧实度是影响土壤孔隙率和界面特性的参数。增加土壤的紧实度会降低土壤对农药的扩散系数。这对于以蒸气形式进行扩散的化合物来说，增加紧实度就降低了土壤的充气孔隙率，扩散系数也就自然降低了。研究证明，当土壤的紧实度由 1.39g/cm^3 增加为 1.62g/cm^3（水分质量分数保持不变）时，土壤的充气孔隙率由 0.302 减小为 0.189，结果使二溴乙烷的表观扩散系数由 4.49×10^{-4}cm^2/s 降低为

$2.67\times10^{-4}cm^2/s$。当紧实度由 $1.00g/cm^3$ 增加为 $1.55g/cm^3$，水分含量保持在 10%，充气孔隙率由 0.515 降低为 0.263 时，林丹在该土壤中的扩散系数则由 $16.5mm^2$/ 周降低为 $7.5mm^2$/ 周。所以提高土壤的紧实度就是降低土壤的孔隙率，农药在土壤中的扩散系数也就随之降低。

（4）温度

当土壤的温度升高时，农药的蒸气密度显著增大。温度升高的效应是扩散系数增大，如有机氯农药林丹的总扩散系数将增大 10 倍。受环境温度的影响，持久性农药在土壤中存在吸附和挥发交替占优势的现象，例如印度新德里温度较低的冬季有利于土壤中大多数有机氯农药的吸附沉积，而环境温度较高的夏季则使土壤中的有机氯农药和有机磷农药挥发 [12]。

（5）气流速度

气流速度可直接或间接地影响农药的挥发。如果空气的相对湿度不是 100%，那么增加气流就可促进土壤表面水分含量降低，可以使农药蒸气更快地离开土壤表面，同时使农药蒸气向土壤表面运动的速度加快。狄氏剂在含量为 1%（即 1Pa 的水吸力）的土壤中的挥发就是一个很好的例证。当土壤上空气气流的相对湿度为 100%，而且是垂直的，气流量从 2mL/s 增加到 8mL/s，狄氏剂的挥发量可以增加 50% ～ 100%（20℃）。风速、湍流和相对湿度在造成农药田间的挥发损失中起着重要作用。

（6）农药种类

不同农药的扩散行为不同。有机磷农药乐果和乙拌磷在粉砂壤土中的扩散行为是不同的，乐果的扩散随水分含量增加而迅速增大。如在水分含量为 10% 时，其扩散系数为 $3.31\times10^{-8}cm^2/s$；水分含量为 43% 时，扩散系数为 $1.41\times10^{-6}cm^2/s$；而乙拌磷在整个含水量范围内扩散系数变化很小。乙拌磷主要以蒸气形式扩散，而乐果则主要在溶液中扩散。

3.3 产地农药转化与降解

土壤是一个复杂的环境体系，进入土壤的农药受土壤理化性质、光照及微生物的影响，通过物理、化学、生物等作用发生转化和降解。农药在土壤中经生物降解和非生物降解作用的结果是，化学结构发生明显改变，有些剧毒农药一经降解就失去了毒性；而另外一些农药虽然自身的毒性不大，但它的降解产物可能毒性大增；还有一些农药，其本身和代谢产物都有较大的毒性。在评价一种农药是否对环境有污染时，不仅要看药剂本身的毒性，而且还要注意其降解产物是否有潜在危害性。所以，土壤中农药的降解是解除其毒害的主要方式，但是也可能产生新的污染。

3.3.1 光解

农药光解是指农药分子在吸收适当波长的光能量时，该分子从低能态被激发为高能态，高能态物质可通过将激发的能量转化为平移能和转动能，然后在环境中消失，或者激发态的分子失去光子，以荧光或磷光的方式释放多余能量。另外，高能态分子还可将剩余能量用于化学反应，进行光化学反应，也就是通常所说的农药进行光解。大部分除草剂都能发生光化学降解，但是由于土壤能够吸收大量阳光，所以农药在土壤中的光化学降解作用很微弱。有些农药因太阳光的照射可能发生光化学降解。光解不可逆地改变了农药分子，因此极大地影响着某些农药在环境中的归趋。光解可分为直接光解和间接光解。直接光解是指农药分子吸收光子的能量跃迁至激发单重态后发生反应转化为产物。间接光解则需要在光敏剂的存在下进行。光解是农药在环境中的一种重要行为，是农药在环境中的重要归趋方式之一。

许多农药直接光解要比光敏光解重要。但有些农药并不容易被光解，如六氯代环戊烯，在其被施于环境中后就立刻被沉积物所吸附而避免了光解的发生。农药在光解过程中涉及诸多中间体和产物。

在光敏反应中，农药化合物并不直接吸收光能而发生转化。但是，当农药存在的介质中含有某些光敏剂时，由于光敏剂本身可以吸收光能，这些物质就可以通过各种方式把能量传递给农药化合物，从而为化合物的转化提供足够的能量。

光敏化反应主要有两种类型：一是Ⅰ型光敏化氧化，反应主要涉及氢原子转移；二是Ⅱ型光敏化反应，该反应涉及单线态氧的反应。

有机磷农药可发生光降解反应，如马拉硫酸在大气中可以逐步发生光化学分解，并在水和臭氧存在下加速分解。在有机磷的光降解过程中，有可能生成比其自身毒性更强的中间产物。如乐果在潮湿空气中可较快地发生光化学降解，但其第一步氧化产物氧化乐果比乐果本身对动物的毒性更大。又如辛硫磷在 253.7nm 的紫外光下照射 30h，其光降解产物如图 3-3 所示。经鉴定一硫代特普的毒性较高，照射 80h 后，一硫代特普又逐渐光解消失。

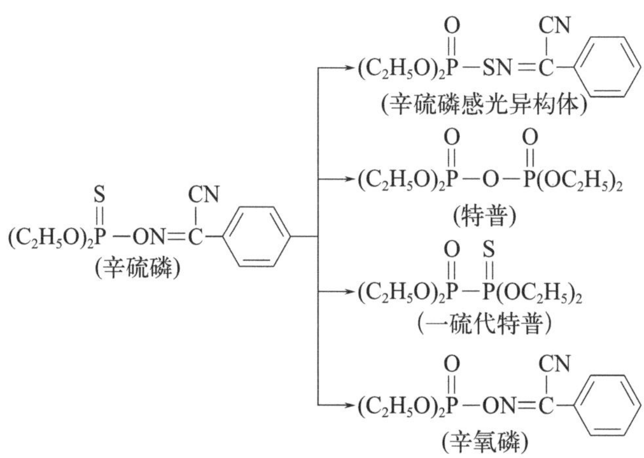

图 3-3　辛硫磷的光降解产物[7]

空气中 *p,p'*-DDT 在 290 ～ 310nm 的紫外光照射下，可转化为 *p,p'*-DDE 及 *p,p'*-DDD，*p,p'*-DDE 进一步光解，形成 *p,p'*- 二氯二苯甲酮及若干二氯联苯、三氯联苯、四氯联苯，其光解过程见图 3-4。

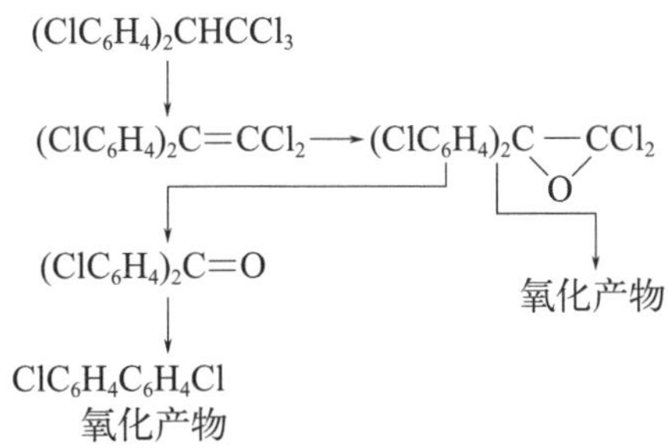

图 3-4　*p,p'*-DDT 的光降解过程[7]

3.3.2　水解

农药水解是农药分子与环境中水分子相互作用的过程，是许多农药如有机磷、拟除虫菊酯、氨基甲酸酯类等降解的主要途径。有机农药中的烷基卤、磷酸酯、环氧化物、氨基等官能团是水解反应的主要作用部位。根据农药分子中反应基团的饱和性，农药的水解反应可分为亲核取代反应和亲核酰基取代反应（或亲核加成 - 消去反应）两大类。亲核取代反应是指发生在饱和碳原子上的取代反应，而亲核酰基取代反应是指发生在不饱和碳原子上的取代反应。

水解是有机磷农药在土壤中降解的主要途径。水解反应在有土壤存在的体系中比在无土壤存在的体系中快。如硫代磷酸酯类农药三嗪磷（地亚农）在 pH=6 条件下，于无土体系中每天水解 2%，而在有土体系中，每天水解 11%，它们的水解产物是相同的。三嗪磷等硫代磷酸酯的水解反应如图 3-5 所示。

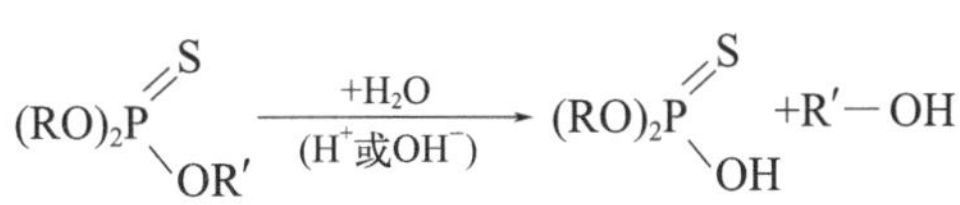

图 3-5　三嗪磷等硫代磷酸酯的水解反应

马拉硫磷在 pH=7 的土壤体系中，水解半衰期为 6 ～ 8h；在 pH=9 的无土体系中，半衰期为 20d，其反应过程如图 3-6 所示。

此外，磷酸酯类农药丁烯磷的水解也有类似情况，在 pH=7 的土壤体系中，降解半衰期为 2h，而在 pH=6 的无土体系中，降解半衰期为 14d。

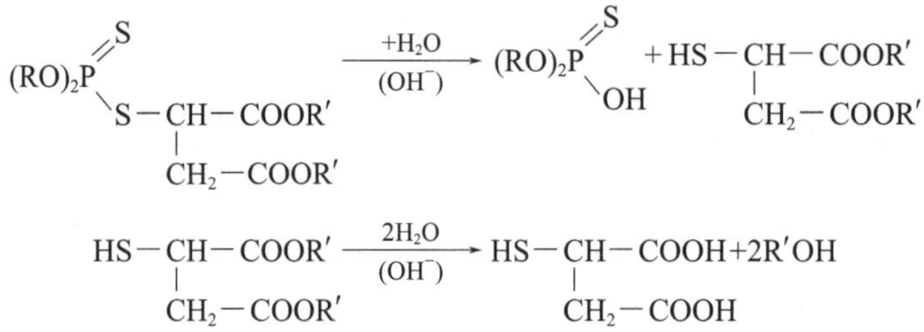

图 3-6 马拉硫磷的水解反应过程

3.3.3 化学氧化

土壤残留农药在分子氧的作用下发生氧化反应是土壤农药降解的另一条途径。分子氧是自然环境中广泛存在的一种氧化剂，它能缓慢氧化一些酚类和苯胺类有机农药，锰氧化物和铁氧化物等固体催化剂也能氧化这些污染物。土壤中的有机质在吸收太阳辐射后可以产生单分子氧、羟基、过氧烷基等自由基和过氧化氢、烷基过氧化物及过氧酸等氧化剂，这些氧化剂能氧化许多类型的农药。

3.3.4 生物降解

所谓生物降解是通过生物作用将农药分解成小分子化合物的过程。这里生物类型包括各种微生物、高等植物和动物，其中微生物降解是最重要的，这是因为：

① 微生物具有氧化还原作用、脱羧作用、脱氨作用、水解作用、脱水作用等各种化学作用能力，对能量的利用要比高等生物体更加有效。

② 微生物具有高速度的繁殖和遗传变异性，使它的酶体系能够以最快的速度适应外界环境的变化。

③ 虽然微生物、高等植物和动物能够代谢和降解许多种农药，但对一些人工合成的农药，微生物却比高等植物和动物具有将大多数农药降解为无机物质（CO_2、H_2O 和矿物质）的潜力，或者说，微生物是农药生物降解中的第一因素。所以，目前在环境科学界，一般提到生物降解是指微生物降解。

土壤残留农药在土壤微生物作用下的降解是消除农药的主要途径，可以说任何一种农药都可以被土壤微生物所代谢。土壤微生物包括细菌和真菌，农药在微生物作用下可通过氧化、还原、水解、脱氨、脱卤、芳基化、异构化等一系列生物化学反应而矿化。土壤微生物对农药的降解机理非常复杂，一般认为，对于大分子有机物，在微生物胞外酶作用下，首先分解为小分子的有机物，然后穿过微生物细胞膜而进入细胞内矿化；而对于小分子有机物，则直接穿透微生物的细胞质膜进入细胞内矿化。研究者对农田阿特拉津在土壤中的存在形态进行了为期4年的监测，发现了4种降解形态，其中施药后第一年内阿特拉津主要以去苯环形式存在，第二年则以去甲基形式存在，之后农药才开始完全矿化为无机物质。

土壤微生物对农药的降解作用分为酶促反应和非酶促反应两种。土壤微生物对农药的酶促降解可能是由于土壤微生物以农药分子作为能源和碳源，部分微生物以某种农药作为唯一碳源，微生物通过酶代谢农药分子，供自身繁殖。另外，一些微生物可能不是通过代谢农药分子来提供营养或能量，而是形成保护自身生存的解毒作用。土壤微生物对土壤残留农药的非酶促降解主要表现为由于微生物活动，改变土壤环境而加快农药的降解，或是产生某些辅助因子或化学物质参与农药的转化。从高农药残留土壤中分离农药降解菌，并通过分子生物学手段进行改造提高降解活性，进行环境投放利用，是农药污染生物修复的主要途径之一。

微生物代谢农药的途径主要包括以下反应类型。

（1）氧化

氧化是微生物降解农药的重要酶促反应。其中有多种形式，如羟基化、脱烃基、β-氧化、醚键开裂、环氧化、氧化偶联、芳环或杂环开裂等。以羟基化来说，微生物降解农药的第一步往往是将羟基引入农药分子中，结果这种化合物极性加强，从而容易被微生物利用。羟基化过程在芳烃类化合物的生物降解中尤为重要，苯环的羟基化常常是苯环开裂和进一步分解的先决条件。

（2）还原

在氯代烃类农药DDT、硝基苯的生物降解中常常是还原性脱氯反应。在厌氧条件下DDT还原脱氯与细胞色素氧化酶和黄素腺嘌呤二核苷酸（FAD）有关。微生物的还原反应还常使带硝基的农药还原成氨基衍生物，如硝基苯还原成苯胺类，这在某些带芳环的有机磷农药代谢中常见。

（3）水解

在氨基甲酸酯、有机磷和苯酰胺一类具有醚或酰胺键的农药中，水解是常见的。有酯酶、酰胺酶或磷酸酶等水解酶类参与。水解酶多为广谱性酶，在不同的pH值和温度条件下都稳定，又无需辅助因子，水解产物的毒性大大降低，在环境中的稳定性也低于其母体。因此，水解酶是农药生物降解中最有实用前景的酶类。

（4）聚合

生物降解中的聚合反应可分为缩合和结合两类。如苯酚和苯胺类农药及其转化产物在微生物的酚氧化酶和过氧化物酶作用下，可与腐殖酸类物质缩合。结合反应常见的有甲基化和酰化反应。

土壤中农药的实际降解过程通常有两个或两个以上作用的组合，如涕灭威，在土壤中可同时发生氧化、裂解与水解作用。

例如，有机农药在土壤中被微生物降解是其转化的一条重要途径。土壤微生物会利用有机农药作为能源，在体内酶或分泌酶的作用下，使农药发生降解作用，彻底分解为CO_2和H_2O。如有机氯农药可以发生脱氯作用，有机磷农药可以发生氧化作用。如马拉硫磷可被两种土壤微生物绿色木霉和假单胞菌以不同的方式降解，其反应如图3-7所示。

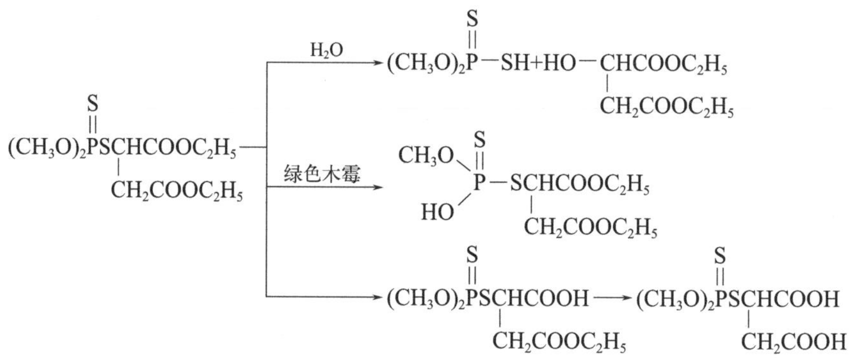

图 3-7 马拉硫磷的微生物降解过程[7]

马拉硫磷的羧酸衍生物是代谢产物的主要组成部分，能使马拉硫磷水解成羧酸衍生物的可溶性酯酶，可从微生物中分离出来。某些绿色木霉的培养变种也有高效脱甲基作用。

3.3.5 影响农药转化和降解的因素

影响农药生物降解的因素有很多，归纳起来有 4 个方面，即环境因素、农药的性质、农药间的相互作用及农业措施[13]。

（1）环境因素

影响农药降解的环境因素有气候条件（温度、降水、风、光照等）、土壤特性（好氧 / 厌氧状态、有机质含量、pH 值、矿物质含量等）、生物群落（植物、动物、微生物）。大量研究表明，影响土壤中农药降解的主要因素是土壤有机质、土壤温度和土壤水分。

提高环境温度可加快农药降解的反应速度，提高农药的挥发性和促进微生物的作用。例如，甲基异柳磷、单甲脒、嘧啶氧磷和克草胺 4 种农药在 25℃时的水解半衰期为 50℃时的 1.99 ～ 10.83 倍；比较不同气候地区农药在大田条件下的降解实验资料就会发现，同一种农药在寒冷地区的降解半衰期长于温暖地区，例如除草剂氟乐灵在土壤中的半衰期，在气温较低的加拿大长达几个月，而在上海气温较高的条件下为 30 ～ 40d。

水分是影响农药降解的又一重要因素，当水分很少时，农药降解特别慢。低含水量是粮食等农产品贮存的必要条件，在此情况下农药在贮粮中的降解半衰期可长达几十周甚至上百周。而对于含水量较高的贮存品，降解半衰期会相应变短。因此，贮存农产品开仓使用时需测定农药残留量。土壤含水量对农药降解的影响是多方面的，含水量高时农药可随土壤水分的蒸发而挥发至空气中。土壤水分可影响土壤微生物对农药的降解，当农药降解微生物主要属厌氧和兼性微生物时，淹水条件将促进农药的降解，而属好氧微生物时将抑制农药在土壤中的降解。在土壤淹水条件下降解快的农药是六六六。据中国科学院南京土壤研究所的资料，经 2 个月淹水土壤中的六六六可以基本降解完。除草剂氟乐灵也是属于在厌氧条件下降解快的农药。经实验室和大田试验，氟乐灵在淹水条件下的降解要比在湿土（含水量 25%）条件和干土（含水量 7%）条件下快得多。

在气温较低和干旱、半干旱地区，农药在大田土壤中的降解很慢，容易发生除草剂残留量的积累。地处东欧的摩尔多瓦共和国于 20 世纪 80 年代发生均三氮苯类除草剂的污染事件，污染农田土壤中西玛津浓度平均为 1.0mg/kg，是当时苏联制定的 0.01mg/kg 标准的 100 倍，超标率达 37% 以上，严重影响后茬敏感作物，如燕麦、小麦、甜菜、向日葵、烟草等的生长。造成该国西玛津严重污染的主要原因有两点：一是在玉米上多年连续使用，用量为 1.5 ～ 6.0kg/hm^2；二是该国地处草原黑土带，气候较寒冷，半干旱，年降雨量在 400 ～ 500mm，在此气候条件下西玛津的降解半衰期在 120d 以上，干旱年份可长达 200d 以上，多年连续使用必然造成积累。

酸碱度是影响农药在环境中降解的另一个重要因素。有机氯农药和大部分有机磷农药及其他类农药在弱酸性和中性条件下比较稳定，而在碱性条件下容易发生分解，这也是大部分农药不能与碱性化学物质混用的原因。当水溶液 pH 值超过 7 ～ 8 时有机磷农药的水解速率陡升，pH 值每增加 1 个单位，有的农药水解速率甚至可增加 10 倍。例如，在碱性条件下甲基异柳磷和单甲脒的水解半衰期要比 pH=5 时短得多，而克草胺是属于在碱性条件下水解慢的农药。

环境介质中存在的重金属离子会加速农药的降解。例如，土壤中存在铁离子和锰离子就会缩短有机氯农药的残留期；Zn^{2+}、Co^{2+}、Ni^{2+}、Ag^{+} 和 Cu^{2+} 等金属离子对有机磷农药的水解有促进作用，苯硫磷和对硫磷的水解速度在 Cu^{2+} 存在时分别增加了 47.6 倍和 20 倍。毒死蜱在甲醇水溶液中是稳定的，但存在铜离子即迅速分解，半衰期只有不足 1h。土壤质地、土壤有机质含量和土壤通气性等也是影响土壤中农药降解的一类重要因素。农药在壤土和黏土中的降解一般要比在砂土中慢，而且由于吸附性强的农药在黏土和壤土中的流动性差，对水环境的影响也小。土壤性质对农药水解速率的影响主要是源于部分土壤有机质或土壤矿物质对水解反应的催化作用，如阿特拉津、西马津、扑灭津等农药都可受土壤有机质的催化而加快水解。不同类型农药的水解降解作用差异非常大，主要是由于不同农药的亲核官能团的亲核能力不同。另外，有机质含量对农药在土壤中的微生物降解有双重影响，一方面有机质是土壤微生物的碳源，有机质丰富能促进微生物活动而加速农药的降解；另一方面活性有机质，如胡敏酸、胡敏素是土壤胶体的重要组成部分，它们与矿物黏粒一样能吸附农药而降低农药的移动性。

（2）农药的性质

农药的稳定性是影响农药降解的主要因素。农药稳定性是指农药在空气、土壤、水和各种生物体中经受化学、物理和生物作用攻击的能力。如果农药稳定性强就不易发生变化而保持其原来的性质。在植物保护中为保持一段时间的药效，各种农药都有一定的稳定性，否则就不会达到其使用目的。因此，农药的稳定性对于植物保护和环境保护是有一定矛盾的。例如，农药的组成成分（包括溶剂、乳化剂、填充剂、增湿剂、吸附剂、缓冲剂、发泡剂、增效剂等）进入土壤后都会对土壤生物及土壤的理化性质产生影响，从而间接影响农药的转化，这些组成成分同样会影响到农药的挥发性和移动性，进而影响到农药的转化和光降解。

（3）农药间的相互作用

由于同时或先后使用多种农药，有时则是将几种农药混配在一起使用，就必然存在农药间的相互作用。这种相互作用会产生增大降解速率、增加持久性、农药间或其残留物间结合形成混合物三种影响。

（4）农业措施

农药的施用方法、栽培技术及农作物本身都可影响到农药在土壤中的持久性。

3.4 产地农药污染的影响及危害

3.4.1 农药污染引起的环境安全问题

农业生产的高产和稳产长期依赖农药的使用，尤其是农药的开放式经营和农村由集体转为以家庭承包为单位的生产方式后，农业和植保技术服务网络不够完善，不合理用药的现象十分普遍，导致农作物病、虫、草抗药性发生趋于普遍，用药量增加，环境中农药残留在土壤、水体和大气中迁移分布频繁，农作物中农药残留量积累，农业有害生物天敌和环境有益生物种群数量减少，导致了饮用水和空气污染、食物和饲料中残留超标等环境生态安全和食品安全等系列问题。

农药残留污染引起的事故和灾难在20世纪中叶最为频繁。如20世纪50年代在日本发生的“水俣病”是由于使用的有机汞杀菌剂在水环境中转化形成了烷基汞，通过食物链进入人体后损伤了神经系统而引起中毒。后来的有机氯农药六六六和DDT则在世界范围内引起了土壤、大气、水体和食物的严重污染。这些在环境中残留期长、生物蓄积性强、作用广谱、使用量大的农药种类在20世纪70～80年代均已陆续被禁止生产和使用。然而这些农药在环境中分解转化缓慢，在地球圈和农业生态环境中污染的滞后效应仍然影响着人类生活和生态系统[14]。我国自禁止使用有机氯杀虫剂以后，有机磷杀虫剂的残留问题比较突出，在20世纪末，我国的杀虫剂占了农药总产量的70%，其中有机磷杀虫剂占杀虫剂总量的70%，而其中高毒品种占有机磷杀虫剂总量的70%。这类杀虫剂在蔬菜、果树、粮食和饲料作物上形成的残留引起了人、家畜和家禽的急性和亚慢性中毒。当时由蔬菜和果树引起的食物中毒事件时有发生，政府相继出台了“菜篮子工程”“从农田到餐桌”“有机农业”等对策，环境安全与生态平衡、食品安全和人体健康的问题再次受到了全社会的关注。

农药包含了化学农药和生物农药。前者在农业生产中是应用最广泛的一类，后者也是以化学物质的形态发挥了杀虫或抑菌的作用，本质上也可以认为属于化学农药。因此，农药残留及污染问题的本质是化学物质引起生命体异常反应。由于化学物质与生命体反应之间呈现剂量与效应的对应关系，在低于某一剂量阈值时生命体不表现出生理受害反应，通常称为无作用剂量。所以，环境或作物中农药残留与农药污染在概念上是有所区别的。农药残留对人、畜、禽和其他环境有益生物的毒性表现类型与农药的卫生毒理学是基本一致的。不同之处是农药残留是以低剂量多次接触的生物群体暴露方式对生命体发生毒性作用的。而且在环境和食物中通常是以多种农药残留或其他化学残留物同时与生命体发生毒性反应的，也可能是农药的母体及其分解产物同时对生物机体发生毒性作用。毒性作用主要是以亚慢性或慢性方式损伤生命体的细胞、组织和器官。虽然现有的农药品种均没有明显的“三致”毒性，但生命体在化学残留物长期慢性毒性作用条件下，遗传物质和器官组织有发生突变或病变的可能。因此，农药对生命体的残留毒性是多因子作用下的机体损伤反应，而且与医药的副作用对人体个体的影响不同，通常引起生命体群体的中毒反应。

3.4.2　农药对农产品安全及人体健康的影响

3.4.2.1　农药对农产品安全的影响

我国是一个拥有14亿多人口的大国，“民以食为天，食以安为先”。食品安全关系每个公民的切身利益。我国食品安全事件偶有发生，曾发生过瘦肉精、苏丹红、多宝鱼等影响重大的食品安全事件。日趋严峻的食品安全形势，不仅让老百姓心有余悸，不敢轻易下口，而且食品安全问题与当前树立科学发展观的要求严重相悖。我国政府已经高度重视食品安全问题。早在“十一五”规划中就明确提出：从解决人民群众最关心的问题入手，解决食品安全等影响社会和谐发展的因素。《中华人民共和国农产品质量安全法》已于2006年4月颁布，加强食品监管的问题越来越受到政府和全社会的重视。

农药是人类生产和生活中必不可少的生产资料。农药能防治病、虫、草害，确保农产品收成。据统计，对每一农户来讲，所用农药费用占农业经营费用的6%～7%，而机械费用占22%、肥料占9%，使用农药的经济效益为成本的6倍以上。近年来，人口的增长、土地的减少，使农业更离不开农药。世界人口不断增长，对粮食的需要也不断增加，但耕地增长的速度远远跟不上人口增长的速度。从1975年到2000年，人口增加了50%，耕地增长了不到5%。要解决人类的粮食问题，农药是必不可少的手段之一。

农药通常通过饮食、接触和呼吸3种途径进入人体，其中饮食是主要途径。农药污染农产品的主要途径包括：

① 使用农药防治农作物病虫害，直接污染食用作物。但农药在食用作物上的残

留受到农药的品种、剂型、施用次数、施药方法、施药时间、气象条件以及植物品种等多种因素的影响。

② 农药被植物根部吸收后转移至可食用部分，引起农产品污染。研究证实，喷洒农药后有 70% ～ 90% 的农药降落在土壤中。土壤中农药可通过植物的根系吸收转移至植物组织内部和农产品中，土壤中农药污染量越高，农产品中的农药残留量也越高。同时还受植物的品种、根系分布等多种因素的影响。

③ 施用农药的同时或以后对大气、水体的污染造成动植物体内有农药残留，间接污染农产品。

④ 经过食物链和生物富集作用污染农产品。农药对水体造成污染后，使水生生物长期生活在低浓度的农药中，水生生物通过多种途径吸收农药，通过食物链可逐级浓缩。这种食物链的生物浓缩作用，可使水体中的微小污染而导致农产品的严重污染。

⑤ 运输及贮存过程中由于和农药混放而造成的农产品污染。农产品在运输中由于运输工具等装运过农药未予清洗以及农产品与农药的混运，可引起农药的污染。另外，农产品在贮存中与农药混放，尤其是粮仓中使用的熏蒸剂未按规定存放，也可导致污染。

农药残留超标是农产品污染的主要问题。近年来，农药残留超标的事件屡见不鲜。农药残留超标不但影响国内的农产品销售，还严重影响出口贸易。国际社会拒绝不健康和有危害的食品进入市场。我国已发生了“茶叶出口”“大葱出口”农药残留严重超标等事件。尤其是我国加入世界贸易组织以后，农产品出口面临着以环保和农药残留问题为中心的各种“绿色壁垒”。农产品农药残留超标，就会被拒之国门外，影响出口贸易。以盛产苹果著称的陕西省、以生产蔬菜闻名的山东省和传统的茶叶出口大省浙江省为例，近年来因农药残留超标问题在国际市场上频遇红灯，使众多农民叫苦不迭，损失惨重。

农产品农药残留超标是农产品污染的主要原因。农产品生产者缺乏科学使用农药的知识，片面追求产量而导致盲目、超量使用农药是目前农药残留超标的主要原因。施用高毒、禁用农药是造成食用者中毒的主要原因。高毒、高残留农药因其在农产品上使用后，毒性强，不易分解，残存时间长，造成对环境和农产品的污染，对人体健康产生不良影响，被国家列为禁用或在部分农作物上限用。2003 年农业部对 21 个省 23 个县市的 1099 个农户进行的调查显示，90% 的农户选购农药时优先考虑防治效果；80% 的农户随意丢弃农药包装物和剩余农药；大多数农户未按安全间隔期规定采收。目前，我国农产品的质量标准尚在发展阶段。同时，许多新的食物种类和新的农药、兽药和化学品不断投入使用，食品安全标准的制定以及与国际接轨存在滞后效应。

农药的不合理使用、残留超标等问题引发的食品安全危机已经引起全世界的高度关注。在国际贸易中，以欧盟为代表的一些发达国家和组织对食品安全标准的要求也在不断提高，检测项目越来越多，检测手段越来越先进，检测技术指标越来越严格。我国加入世界贸易组织后，农副产品和食品的出口贸易经受了严峻的挑战。我国人口众多，各地发展不平衡，食品安全状况与发达国家相比存在较大差距，形势严峻。我们应正视我国食品安全的现状，随着我国科学技术水平的不断发展，食品安全科技投入的不断加大，市场监督管理的不断加强，全社会食品安全意识不断增强，必将逐步建立与国际接轨的食品质量安全标准体系。

3.4.2.2 农药对人体健康的影响

农药对人体健康的影响已形成了较为严重的社会问题。发展中国家每年有 350 万～ 500 万次急性农药中毒事件，还有数百万人处于浓度较低但仍能够造成危险的暴露之中。不同职业人群接触农药的机会和剂量有所不同。农药生产车间的工人，以及从事农药配制、包装和运输的工人通常接触农药的浓度最高，但这部分人占总人口的比例却不高。喷洒农药的农民、林业工人、园林工人和其他农药用户，接触农药的浓度比前者低，但人数比前者多。社会公众通过食物、饮用水和呼吸接触农药的浓度是低水平的，但接触人数最多。

农药中毒大致可以分为急性和慢性两种类型。急性中毒是指 1 次或短时间接触高剂量农药后引发的中毒现象。农药的生产者和使用者如果不注意安全防护，则有可能通过呼吸或接触农药而发生急性中毒。社会公众饮用或食用了受农药污染比较严重的水和食物也有可能发生急性中毒。如果受害者 1 次接触农药的剂量不算很高，但是接触的时间比较长，而该农药在机体内的代谢速度又比较慢，则有可能发生亚慢性或慢性中毒。

（1）急性中毒

常用农药中，有机磷杀虫剂对人的急性毒性最高，发生中毒的事件也最多。有机磷中毒后的症状表现为恶心、呕吐、多汗、瞳孔缩小、肺水肿、烦躁不安、头痛、肌肉挛缩、大小便失禁等。

（2）慢性毒性

农药对人类的慢性毒性，因药剂种类不同而表现形式各异。主要表现形式有“三致”（即致癌、致畸、致突变）作用、慢性神经系统功能失调（迟发神经毒性）、干扰内分泌活动、干扰免疫系统等方面。

1）“三致”作用

① 致突变性。致突变性多与细胞核或染色体的性状改变相关联。常用的观察指标有细胞微核率（Ames 试验）、核异性状、染色体数目和结构等。往往要通过对多项指标的综合考察，才能做出判断。例如，采用 Ames 试验方法对 3 种常见的酰胺类除草剂，即乙草胺、异丙甲草胺、丁草胺母体及其光降解产物的致突变性进行了检验。结果表明：乙草胺在光降解前后均表现出无致突变性；异丙甲草胺和丁草胺母体均具有致突变性；在光降解过程中异丙甲草胺未产生其他的致突变性物质，而丁草胺在光降解末期表现出有致突变性物质产生。

② 致畸性。“三致”作用中的致畸性与生殖和胎儿发育有关。农药对生殖系统的影响主要表现在精子数目减少、精子活力不够、畸胎、死胎等。现已证明，包括艾氏

剂、克菌丹、甲萘威、狄氏剂、地乐酚、碘苯腈、五氯酚、林丹、代森锰和百草枯等在内的多种农药对动物的生殖系统变异有阳性影响。

③ 致癌性。“三致”作用中的致癌性证明起来难度最大。这是因为癌症的发病周期长、影响因素多。多数情况下，致癌性只能通过间接证据加以证明。由于癌症的发生多与遗传物质的改变有关，致突变性也可从一个侧面反映化合物的致癌潜力。

2）慢性神经系统功能失调

有的人在有机磷急性中毒治愈后数天到数周后，出现四肢远端疼痛、不能触摸、渐感四肢远端无力、双足行走困难、双上肢持物不稳、出汗多、手肌萎缩、头昏不适等症状，是迟发性神经中毒。也有未经急性中毒过程，而是因长期接触小剂量有机磷杀虫剂而发生的迟发性神经中毒。迟发性神经中毒严重的会造成患者死亡。随着免疫毒理学的兴起和发展，人们对农药的免疫毒性作用日益重视并试图用免疫毒理学方法探讨农药对机体的毒性作用。

3）干扰内分泌活动

环境激素又称外因性干扰内分泌活动的化学物质，是近年来被逐渐认识的一类环境有害物质。目前已有包括 70 种污染物的“环境激素黑名单”，其中农药占多数。有机氯杀虫剂中的某些种类，如 DDT、硫丹、狄氏剂和十氯酮（开蓬）等，它们可以与激素受体结合，从而阻碍 1,7- 雌二醇等雌激素与受体的结合，产生抗雌激素作用。抗雌激素的作用结果是导致某些生物体的雄性化。与此相反，有机氯杀虫剂 DDT 的代谢产物 DDE 可以与雄激素受体相结合，阻碍体内内源雄激素与雄激素受体的正常结合，表现出抗雄激素作用，其结果是导致某些生物体的雌性化。

3.4.3 农药对产地生物的影响

（1）农药对植物生长的影响

土壤中农药可对植物产生直接或间接的影响[15]。土壤中农药可直接作用于植物，如土壤中过量残留的除草剂可对后茬作物造成直接的伤害，影响植物生长。因除草剂使用不当或农药生产企业生产过程中除草剂粉尘飘移或受污染水排放而影响农作物生长的事例时有发生，美国在越南战争期间曾使用大量的除草剂，使 50 万公顷红树林死亡了 20%。此外，土壤残留农药经植物吸收进入体内后，虽然不足以使植物产生药害或可见危害，但有些农药可以对体内酶系或胚芽发育产生危害，如有报道指出，毒死蜱严重抑制超氧化物歧化酶活性，造成过氧化氢酶活性下降，诱导过氧化物酶活性上升和丙二醛含量升高，致使谷胱甘肽过氧化物酶活性先降低后上升。土壤中残留 DDT 可影响秋茄红树植物的蒸腾作用和胚芽发育，同时还可刺激秋茄胚的脱氢酶活性。

土壤残留农药对植物的间接影响主要是通过破坏土壤生态系统而影响植物生长。农药可大量杀死土壤动物如蚯蚓等，从而破坏土壤结构，影响植物对养分的吸收。残留农药过量可能杀死害虫天敌或传粉昆虫，导致害虫猖獗或影响植物授粉等。而且，土壤残留农药还可通过影响土壤微生物群落结构而间接影响土壤中养分的循环，并进一步影响植物生长。另外，土壤中过量或高毒农药通过植物根系吸收并转移富集于农产品中，也是影响农产品质量安全的主要原因之一。

（2）植物对土壤中农药的吸收与富集

植物可通过其发达的根系从土壤中吸附或吸收残留农药，并通过转移、植物体内降解、叶面蒸腾挥发等方式消除土壤环境中的残留农药。同时，植物从土壤中吸收富集农药也是造成农产品农药污染的主要因素之一。由于大量使用克百威、毒死蜱等农药防治植物地下害虫，造成土壤中过量农药通过韭菜根系吸收进入食用部位而造成韭菜农药残留量超标。特别是土壤中残留的一些长期残留、难降解的农药则有可能会持续地通过植物根系吸收转移而造成在食品中大量残留。对广东省 3 类、8 种食品中有机氯农药的残留情况的调查结果表明，各类食物中仍可检出六六六和滴滴涕残留，六六六检出率为 35.7% ～ 100%，DDT 检出率为 42.8% ～ 100%，检出范围分别为 0 ～ 0.72mg/kg 和 0 ～ 6.8mg/kg，部分食物中残留量远远高于允许残留限量标准。英格兰有机种植食品中有机氯农药残留现状调查发现，土壤中有机氯残留量达 52.2 ～ 478μg/kg，有机栽培的胡萝卜、马铃薯中残留量达 8.09 ～ 133μg/kg。在阿根廷的一些有机种植的胡萝卜、马铃薯、番茄和韭菜中都报道有多种有机氯农药残留。而且，由于植物可以持续从土壤中吸收并富集农药，种植于受污染土壤中的植物的污染物残留量可能远远高于土壤中残留量。例如，莴苣和甜菜可有效地吸收富集土壤中的亲脂性有机氯农药，植株中农药残留浓度可达到土壤中的 4 ～ 45 倍。

植物根系吸收富集土壤中农药作用与多种因素有关，包括农药性质（水溶性越强、油 / 水分配系数越小，越容易被富集）、植物种类和性质（脂类物质含量越高越容易吸收农药，植物根系越发达越容易吸收富集农药）、土壤组成与性质。植物从有机质含量高的土壤中吸收农药明显要低于砂质土壤。DDT 和百克威（呋喃丹）相比，大部分的 DDT 可残留在土壤中，而水溶性相对较强的百克威则更容易被燕麦吸收；燕麦植株从壤土中吸收农药的能力低于砂质土，壤土中只有占总添加量的 0.7% ～ 4.3% 的 DDT、林丹、地虫磷、对硫磷可被燕麦植株吸收，但砂土中有 4.6% ～ 12.6% 的施用农药可被吸收；而且，水溶性越强的农药如百克威和甲拌磷等被植物吸收后越容易借助植物蒸腾作用转移到植物地上部分。农药添加量为 10lb/hm^2（1lb=0.45kg）的土壤经过一年老化后，种植于粉砂壤土的胡萝卜植株中林丹含量（13.9mg/kg）是粉砂壤土（1.8mg/kg）中的 7.7 倍；农药添加量为 100 磅 /hm^2 时，种植于粉砂壤土的胡萝卜植株中林丹含量仅是粉砂壤土中的 1.7 倍。土壤类型对植物吸收农药的量有明显影响，腐殖质土中残留农药基本上不能被植物吸收，也基本没有被降解，而植物从粉砂壤土中吸收农药明显要强于从砂壤土中吸收农药，而且对 3 种农药基本表现为同样的趋势，其主要原因是农药被腐殖质土中有机质所吸附或是以化合物形态溶解于有机质中，从而降低了农药的生物可利用率。

一方面，土壤植物对农药的吸收和富集，为农药污染的土壤植物修复提供可能；

另一方面，农药通过植物吸收残留在农产品中，进入食物链，危害人体健康。因此，控制土壤农药污染是当前土壤环境科学研究的首要问题。

（3）农药对土壤动物的影响

所谓土壤动物是指经常或暂时栖息在包括大型植物残体在内的土壤环境中并在那里进行某些活动的类群，主要包括蚯蚓、线蚓、线虫、甲壳类、多足类、软体动物、昆虫及其幼虫当中的某些类群等。土壤动物是土壤生态系统中的重要组成部分，土壤动物长期生活在土壤环境中，它们一方面积极同化各种有机物质以维持自身生存，另一方面又将其排泄物归还到环境中不断改造环境，因此土壤动物与环境间存在密不可分的关系。土壤动物活动范围小、迁移能力弱，它们与环境间具有相对稳定的关系，土壤动物的组成、数量、生物量及其分布基本上反映了其生存环境的质量。土壤动物是农药污染的重要指示生物，能敏感反映土壤污染的程度，在土壤质量评价体系中具有重要作用。

农药残存在土壤中，对土壤中的原生动物、环节动物、软体动物以及其他节肢动物等均产生不同程度的影响。有机磷杀虫剂对土壤动物呼吸有抑制作用，甚至导致其死亡，而且能显著改变土壤动物群落结构，降低土壤动物生物多样性。相关实验表明，农药污染对土壤动物新陈代谢及排卵数目和孵化能力均有影响，对大型土壤动物蚯蚓有很强的致死效应，低剂量杀虫剂即可致使蚯蚓行为异常和数量剧减。相关调查表明，大量施用农药的农田中，土壤动物多样性明显降低，90% 以上蚯蚓死亡；蚯蚓细胞超微结构观察发现有明显病理性变化。除草剂克无踪对土壤动物有明显影响，并随着克无踪浓度的增加，土壤动物的种类和数量显著减少，但上、下层动物随染毒历时递减规律有所不同。染毒试验中土壤动物种类的减少主要由于常见类群和稀有类群的减少，土壤动物的数量变化则主要由优势类群弹尾类和蜱螨类的数量消长引起。有机磷农药乐果、敌敌畏、杀虫双、甲胺磷对大型土壤动物蚯蚓有明显致死效应，并对蚯蚓、鞘翅目幼虫和等足类鼠幼虫等大型动物的呼吸强度有显著抑制作用，其呼吸代谢强度随着农药处理浓度增加与染毒历时的延长而迅速减弱。

（4）农药对土壤微生物的影响

土壤是自然界物质循环的重要基础，土壤中各种微生物和酶对土壤中的碳、氮等物质和能量循环起着十分重要的作用，是农田土壤的重要组成部分，且对外来化学物质具有高度敏感性。因此，土壤微生物、土壤酶常用于评价土壤生态环境，将其作为一项生态毒理学指标，用以判断外来化学物质对土壤的污染程度及可能对生态环境造成的影响。

土壤微生物在作物生长、产率和土壤肥力上扮演着重要角色。土壤残留农药对微生物的影响主要表现在土壤微生物群落和数量以及土壤生化过程两个方面。一方面，土壤残留农药影响土壤微生物群落和数量。农药严重污染将导致土壤微生物群落功能多样性的下降，减少能利用有机碳为底物的微生物数量，降低微生物对单一碳源的利用能力。但不同农药对微生物群落和数量的影响不完全相同，同一浓度农药对不同类群数量的影响也不完全一样。如用 3μg/L 二嗪农处理 180d 后，土壤中细菌和真菌数量没有变化，但放线菌数量增加了300倍。氯化烃类农药在高剂量下可明显抑制土壤中有硝化作用的微生物。杀菌剂或熏蒸剂对土壤微生物数量的影响最大，杀菌剂苯菌灵处理的土壤，真菌数量可减少20%～30%，而对细菌数量没有影响。另一方面，土壤残留农药影响土壤生化过程。土壤生化过程是反映土壤微生物活性的外在表现。进入土壤的农药可对土壤的一些生化过程产生间接的影响，如对有机体的降解、土壤呼吸作用、土壤氨化作用、土壤硝化作用、土壤固氮作用和土壤酶活性等有影响。

农药对土壤微生物的影响较为复杂，取决于农药种类、土壤组成和性质等多种环境因素。同时，由于不同种类微生物在农药吸收和代谢途径方面的差异，因此对一种微生物具有抑制作用的污染物对另外一种微生物的生长却有可能产生刺激作用。农药对土壤微生物的毒性作用原因在于膜结构的破坏和细胞生命代谢的抑制等方面，细胞的生长和分裂因此延迟或终止，因而农药对土壤微生物的影响首先表现在数量变化上。这种影响的大小取决于农药和微生物的种类，并受到土壤环境状况的制约。不同类型的农药对土壤微生物具有不同的影响。杀虫剂对土壤微生物的影响很小，杀菌剂和某些除草剂对土壤微生物的影响较明显。艾氏剂、狄氏剂、氯丹、DDT和毒杀芬对砂质土中细菌和真菌的数量均不产生影响，即使有时农药在短时间内引起土壤中微生物数量的变化，但是一般经过3～4周后又恢复正常。对土壤微生物数量影响最为显著的是各种杀菌剂，杀菌剂在杀死引起农作物病害的微生物的同时，也对土壤微生物的数量和结构产生影响。用于浸种的杀真菌剂进入土壤后对根瘤菌有抑制作用，100mg/L的克菌丹和灭菌丹能显著抑制 *Rhizobium trifolii* 的生长；西维因则可以显著减少豌豆和大豆根瘤的数量。但也有一些杀真菌剂对土壤微生物数量的影响不明显。

3.4.4 农药对生态系统的影响

农药在农田生态系统中的使用为人类带来了好处，但是也产生了一些长期的、潜在性的生态影响，在整个生物圈内，甚至在极地的某些动物组织、土壤、空气和水体中，都有农药的残留。在生态系统中，由于农药的不断积累和浓缩，必然影响系统本身的种类组成、群体数量，破坏生态平衡。与其他生态系统相比，又由于农田生态系统是农药直接使用的对象，具有作用方式直接、数量大、浓度高以及使用频繁的特点。因此，农药带来的生态效应是最直接、最重要的。最有代表性的农田生态系统包括稻田生态系统、“三园”（果园、茶园、桑园）生态系统等。水生态系统受农药影响的生态效应则具有面积广、时间长、影响广泛的特点。不同的生态系统中农药的生态影响又有其各自特点。但是对农田生态系统来说，最主要的环境介质是土壤，农药对不同生态系统中土壤生态系统的影响具有共性。

农药对土壤生态系统的影响主要是农药对生态因子包括土壤微生物、土壤动物、土壤植物的影响和生物富集作用。其中又以对土壤微生物和土壤动物的影响最大，带来的生态效应也最严重。土壤微生物和土壤动物是调节土壤肥力的重要因素。田间喷洒农药时的药液流失、土壤药剂处理或化学灌溉以及使用后所抛撒的废弃农药，所造成的残留农药破坏了土壤微生物的繁殖，使高敏感性的微生物种类受到抑制，土壤微生物的种群趋于单一化，土壤中的农药浓度超过一定界限，土壤的某些生物（细菌、放线菌、真菌或无脊椎动物）就会死亡或呼吸、结瘤、氮素矿质化等过程的强度降低。农药通过影响个别土壤生命过程而影响土壤的功能，降低土壤的可利用性。农药对生物的毒害可能严重影响土壤生物群落结构，干扰食物链，使生物多样性水平降低，生态失去平衡。持久性较长的农药可能会减少特定生物种群的数量，严重时可导致系统中特定种群的消失。

（1）农药对水稻田生态系统的影响

水稻田中的作物、土壤、水以及各种生物（鱼、浮游动物、浮游植物等）形成了一个相对比较复杂的生态系统，能量流动和物质循环的关系更为复杂，使农药对水稻田生态系统造成的生态效应也更有其独特之处。农药对水稻田中浮游生物的影响：在水稻田中使用的除草剂灭草特的浓度为 20μg/mL 时能够抑制固氮蓝绿藻的生长。这种藻类在热带地区的稻田中对维持土壤肥力起到关键作用。较低的农药浓度（0.05μg/mL）则对藻类的生长有促进作用。而亚致死浓度（5μg/mL）暴露 48h 能够改变藻细胞的组成，减少了细胞的蛋白质和藻胆素含量，最后导致固氮能力受损。

杀虫剂是对浮游动物群落产生最大影响的农药种类，其中氨基甲酸酯类杀虫剂的毒性作用最大，其次是有机氯和有机磷杀虫剂。在浮游动物群落中，水蚤是最为敏感的种类，然后是桡足类动物，而介形亚纲动物是最不敏感的品系。轮虫、原生动物、桡足类和枝角类 4 类浮游动物对塘水中溴氰菊酯反应有较大差异。溴氰菊酯对轮虫无影响，其危害程度以枝角类最严重，其次是桡足类，原生动物受害较轻。在排水后几个小时内，塘水中的浮游动物就有明显减少，24h 达到了危害高峰，枝角类几乎全部受抑制，桡足类的现存量约 1%，原生动物也减少到 50% 以下。24h 到 1 周后迅速增长，2 周后已恢复到原有水平，说明溴氰菊酯未对浮游动物造成持久的、不可逆的毒性效应。

在水稻田使用杀虫剂硫丹、久效磷、甲胺磷、甲基对硫磷、二嗪磷 3 ～ 5d 后，水稻田中除鱼之外的其他捕食昆虫的动物，例如甲虫、黑肩绿盲蝽以及蜘蛛种群的数量下降 90%。喷洒杀虫剂会引起田间一些害虫种群的增长，起因是使用杀虫剂后农业生态系统中天敌种群急剧减少，与许多害虫相比，天敌对杀虫剂要更敏感。农药能够引起一些天敌昆虫如草蛉、寄生蜂发育历程的改变，并影响生长发育，甚至导致畸形、天敌种群的减少和捕食压力的减轻，因此引起农田中目标害虫或非目标害虫的暴发。在农田生态系统中受此影响明显的是有益节肢动物蜘蛛。对稻田蜘蛛优势种和目标害虫空间生态位的研究发现，杀虫双在低浓度时能较大增加稻田蜘蛛的空间生态位宽度及蜘蛛与害虫的比例相似性指数，且蜘蛛空间生态位宽度的增加幅度大于害虫，但随着时间的推移，其空间生态位宽度与害虫的比例相似性指数逐渐减小，直至恢复到未施药的水平。系统的研究发现，在合适的低剂量农药作用下，蜘蛛能维持较高的相对活力约 1 周的时间，通过对蜘蛛控制害虫的生物量测定，发现低剂量的杀虫双能显著增加天敌对害虫的捕食量。

（2）农药对果园生态系统的影响

农药是防治果树病虫害必须采取的措施。农药在果园生态系统中主要是对果树和天敌的影响。农药对果树的影响分为直接和间接影响两部分。农药对果树的直接影响来自农药施用后一部分渗透到组织内部，在植物体内输导，造成不同程度的药害。农药产生急性药害可使叶片、果实出现斑点、黄化、失绿、枯萎、卷叶、落叶、落果等；慢性药害可使果树光合作用减弱、花芽形成推迟、果实成熟延迟，味道、色泽恶化，甚至导致果树死亡。间接影响主要是通过各种方式进入果园土壤的农药可杀灭土壤微生物，从而影响土壤的腐熟和通透性，破坏土壤结构和土壤肥力，造成土壤板结，影响果树生长发育，降低果实品质。

农药对果园生态系统最大的生态效应还是表现在它对天敌的影响。这种影响也分直接和间接两种作用。前者是田间施药或是残留农药直接杀死在地面活动的天敌，如某些甲虫或蜘蛛。施用广谱性农药在防治害虫的同时，也消灭了天敌。即使是采用选择性农药，也会不同程度地杀伤天敌，这种现象在捕食性天敌中表现尤为突出。后者是间接消灭天敌。由于施药消灭了害虫，使寄生在害虫体内的寄生性天敌同样被消灭。而残存的害虫仍可以作物为食料，重新迅速繁衍起来，而以捕食害虫为生的天敌，在施药后，当害虫恢复大量繁殖以前，由于食物短缺，生长受到抑制，同时在施药后的一段时间内，在天敌与害虫之间未建立新的生态平衡之前，有可能发生害虫的再猖獗。天敌的消失破坏了生物链，造成果园生态平衡的破坏，同时使害虫产生了抗药性，导致害虫种群数量急剧上升；长期使用同种农药防治害虫，还会导致主要害虫被控制，而次要害虫上升为主要害虫，甚至可使原来捕食害虫的种类转为害虫，产生新的害虫群体。另外，果园中食虫鸟会因为食用被农药杀死的昆虫后中毒死亡，造成果园生态系统平衡的进一步破坏。一般来说，生物源农药对天敌的杀伤力轻，化学源农药对天敌的杀伤力重。化学源农药对天敌的杀伤力亦有较大差异。有机磷、氨基甲酸酯类杀虫剂对天敌毒性最大，其次为拟除虫菊酯类农药，而昆虫生长调节剂对天敌则比较安全。

（3）农药对茶园生态系统的影响

化学农药的使用导致茶园昆虫和蜘蛛的丰富度减少，多样性指数和均匀度降低，经常出现害虫暴发成灾的现象。生物多样性是指生态系统中生物及其与环境形成的生态复合体以及与此相关的各种生态过程的总和。它包括数以千计的动物、植物、微生物和它们所拥有的基因以及它们与生存环境形成的复杂的生态系统。就特定的生物组织层次而言，生物多样性导致群落稳定性，即稳定性随生物多样性增加而提高。

生物多样性与生态系统的稳定性密切相关。群落多样性越大，则系统稳定性越强。较高的生物多样性可有效提高系统抗干扰的能力，即在外界条件改变时，系统内生物可凭借其占据邻近栖境而抵抗不良因子的侵扰。就群落对害虫的抵抗力而言，复杂的群落很少发生暴发性的病虫害，而大规模单一植物物种的栽培，无疑使群落结构简单化，容易诱发特定害虫的猖獗。

农药对茶园生态系统中土壤微生物的影响有代表性的是对有机磷农药的研究。结果表明，甲基对硫磷长期污染对土壤微生物数量影响不大，但参与土壤氮素循环的某些功能菌群却受到影响，除部分自生固氮菌和反硝化细菌受抑制外，氨化细菌、亚硝化细菌、硝化细菌数量在污染土壤中有所增加且增幅很大，氨化作用和硝化作用强度也得到增强，农药对土壤生物数量和活性的影响是有选择性的，敏感类群受到抑制，能耐受或降解该农药的微生物类群由于营养和生态位竞争者减少而增殖，虽对土壤微生物的总数影响不大，但其组成结构发生了改变。

（4）农药对水生态系统的影响

① 农药生物富集的生态效应。进入水生态系统中的农药，可以通过食物链而引发生物富集作用，而农药对水生生物的生态效应大多与它们在生物体中的积累和转移有关。水体中的农药一部分可被浮游生物吸收或被悬浮性颗粒物质所吸附，部分悬浮物沉淀以后，形成底质，从而变成底栖生物的饵料。例如，水中的 DDT 通过浮游生物→小鱼→大鱼→水鸟的食物链传递而在生物体内富集。以美国长岛河口区生物对 DDT 的富集为例，该地区大气中 DDT 平均含量为 3.0ng/kg，而溶于水中的量更微乎其微。但水中浮游生物体内的 DDT 含量为 0.04mg/kg，富集系数为 1.3 万（以大气中 DDT 含量作为基数，下同）；浮游生物为小鱼所食，小鱼体内 DDT 增加到 0.5mg/kg，富集系数为 16.7 万；其后小鱼为大鱼所食，大鱼体内 DDT 浓度增加到 2mg/kg，富集系数为 833 万；海鸟捕食鱼，其体内 DDT 增加到 5mg/kg，富集系数高达 858 万。环境中的有机磷农药，也可以通过食物链发生生物富集作用，但是有机磷农药在生物体内的蓄积量远比有机氯农药低。

② 农药对浮游植物的影响。不同藻类对农药的敏感性不同。氯氰菊酯浓度在 10 ～ 50mg/L 时，抑制双对栅藻而刺激或稍抑制聚球藻的生长；氰戊菊酯浓度在 10 ～ 50mg/L 时，双对栅藻生长明显受抑制而刺激聚球藻的生长；两种拟除虫菊酯杀虫剂都抑制灰色念球藻的生长而刺激小席藻的生长。浮游植物对农药的吸收效率很快。进入分层明显的水域表层水的农药，除少数被吸附沉淀外，主要都在这一水层被浮游植物吸收富集，并沿食物链转移，最后积累于鱼、虾、贝类体内。根据放射性 ^{14}C 的实验发现，含量极微的 DDT、狄氏剂和艾氏剂，就可能降低某些浮游植物的光合作用能力。但其毒性随着农约和浮游植物种类的不同而存在很大差异。例如 DDT 的浓度在 10 ～ 100μg/L 时显著地抑制硅藻的光合作用，而浓度高于 1mg/L 时却未能对某些绿藻的光合作用产生影响。狄氏剂的毒性较 DDT 大得多，当它的浓度达 0.01μg/L 时就能明显抑制上述各种浮游植物的光合作用。在使用有机氯农药的附近水域中，一些藻类的选择性中毒会导致该水域植物区系平衡的破坏，即引起敏感种类的衰亡和抗性种类的繁殖，从而产生深远的生态后果。

③ 农药对浮游动物的影响。有关淡水中农药对浮游动物的研究，大多结论都证明水生态系统中种群结构变化的都是主要种群，由大型溞变成了其他小型浮游动物如 *Rotifer* 和 *Bosmina* 占主要地位。说明农药促进了小型浮游动物的生长，而同时抑制了中等大小的浮游动物的生长繁殖。而由于优势种群是大型溞时，系统的种群丰富度很低，当农药改变种群结构后，大大提高了种群多样性。生态系统中浮游动物群落结构的改变同时影响到生态系统的功能。未受农药污染的生态系统中由于包含了大量的大型溞，通过藻→浮游动物→鱼的食物链途径由浮游植物产生的能量能够传递到顶

端的捕食者（鱼和鸟）。而在农药污染的生态系统中由于物种多样性的变化，大型溞的数量变少，其他小型浮游动物数量增加，导致了食物链变长尤其是一些小型无脊椎动物的繁荣进而导致捕食者数量和种类大大增加，复杂了食物链，增加了能量在食物链传递过程中的损失。最后达到顶端捕食者的能量远远低于正常的、未被污染的生态系统。

④ 农药对其他水生动物的影响。农药污染对鱼的毒害，可分为短期影响和长期影响。短期影响包括立即回避、急性致死、活动能力减弱、失去平衡和麻痹作用；长期影响包括慢性中毒、生长缓慢、失去种群竞争能力和生理生殖机制的改变。在江河湖泊等某些天然水体中，因受农药厂废水污染，虽未出现死鱼的现象，但有些半洄游性或洄游性的大型经济鱼类，均会因对农药的嫌忌而洄游到其他水域。另外，鱼类若长期生活在含低浓度农药的水体中，通过鳃呼吸、体表接触及食物等途径吸收农药。当吸入量大于体内解毒和排毒能力时便在体内形成农药的积累。蓄积的农药可能会降低鱼类的繁殖率，使幼鱼成活率下降。

⑤ 农药对水鸟和哺乳动物的繁殖也有严重影响。有机磷农药（二嗪磷、甲基对硫磷、乐果）可使鱼的红细胞和血红蛋白减少；甲基对硫磷和乐果使红细胞和细胞核的直径减小。农药对动物生理性状的改变必将影响动物的繁殖，进而严重影响种群的延续。鳟鱼卵中 DDT＞0.4mg/L 时，孵出的幼鱼死亡率为 30%～90%，亲鱼体内含 DDT 1～2mg/L 时，产出的卵中含 DDT 0.9mg/L 以上，孵出的幼鱼死亡率明显增高；0.005～0.02mg/L 林丹可抑制卵黄形成，抑制黄体生成素对排卵的诱导作用，卵中胚胎发育受阻。有些农药例如 DDE 还能够抑制输卵管内的碳酸酐酶与 ATP 酶的活性，阻碍了碳酸钙在卵壳上的沉积而使蛋壳变薄。

（5）农药对非生物环境的影响

农药进入水生生态系统后，改变原系统的非生物环境条件也能极大地影响水生生态系统。如有机农药在水体中分解的时候会大量消耗水中的溶解氧，缺氧环境的形成会造成发酵腐败，从而产生大量的甲烷和硫化氢等有毒气体，导致水中的某些生物中毒死亡。有机磷农药在水中分解还可产生无机磷。含磷、含氮农药进入水生生态环境后会造成水体富营养化。这种富营养化会影响水体的水质，造成水的透明度降低，由于阳光难以穿透水层而影响水中植物的光合作用，可能造成溶解氧的过饱和状态。溶解氧的过饱和或水中溶解氧的减少都会对水生动物产生有害影响，造成鱼类的大量死亡。同时，富营养化促使水体表面生长的蓝藻、绿藻大量繁殖成为优势种，形成一层"绿色浮渣"，致使底层堆积的有机物质在厌氧条件下分解时产生有害气体，有些浮游生物产生的生物毒素也会危害鱼类。

农药污染水体对水生生态系统的影响，大多数情况下还是可以恢复的，其速度受多种因素的影响，如环境中农药残留物消失的速度、气候条件以及生境的不同。河流中因水流冲洗，上游河流可携带种群，所以群落恢复较快，池、湖等则因水流交换慢而恢复较慢。对美国黄石公园喷洒 DDT 后的跟踪研究表明，一些种群 1 年之后就开始恢复，而一些毛翅目幼虫 4 年后，在处理过的河流也未得到恢复，处理区域面积大小也有很大影响，一个流域中的河流也许要 4 ～ 5 年才能使其动物群落完全恢复，而且恢复后的种群数量也较少。

3.5 产地农药污染的对策和阻控技术

3.5.1 建立产地环境质量和农产品安全的监测、预警体系

我国已基本建立对农产品农药残留的安全性监测方法以及监测技术系统，但我国幅员辽阔，农业生态环境条件和耕作制度差异很大，农药的种类、数量、进入农田土壤的途径各不相同。我国人口与耕地矛盾又十分尖锐，农药、肥料等农用化学物质的投入不可避免，农产品生产面临着数量和质量的国内需求和占领国际市场的双重压力。为此必须建立适合我国国情的农产品安全调控理论、方法与技术；建立我国重点农业产地生态环境中农药污染长期定位监测点与全国农业环境监测信息网络；建立起农产品产地环境质量与农产品安全监测、评价与预警系统，市场准入制度等农畜产品安全保障体系。

3.5.2 制定更为严格和完善的质量标准

我国已加入世界贸易组织（WTO），农业生产必须应对国际竞争。国际农产品的贸易壁垒会逐步消失，但是技术壁垒仍然存在，这使得我国安全农产品的生产面临严峻的挑战。我国的绿色标志认证制度是按我国的绿色食品安全、营养、卫生标准制定的，这和国际上推选的有机农产品（安全农产品）是有区别的。无污染安全农产品是按照国际有机农业运动联盟（IFOAM）的有机农业标准和食品加工标准进行生产、加工的。在生产和加工过程中绝对禁止使用农药等化学物质，在生产、加工、销售过程中无任何污染，国际上统称为有机农产品。我国的 A 级绿色食品不是有机农产品，AA 级绿色食品与国际标准仍有一些微小的差别，绝大多数产品还不是国际上承认的有机农产品。我国农产品质量标准必须尽快与国际接轨，建立农产品生产过程质量控制和质量管理技术保障体系，推动和提高我国农产品的出口创汇能力。

3.5.3 加强新型、低毒、高效农药的研制和推广

淘汰对人体危害较大的剧毒、高残留农药，研究并推广快速的农药降解技术，减少或消除农药残留对食品安全的影响。只有能够为生产者提供更多新型、对人类安

全、无环境污染或污染较小、高效、易降解的低残留农药，生产者才能够较快地放弃高毒农药的使用，减少农药用量和施用次数，从而降低农产品的农药残留。

发展生物农药、开发生物源农药和基因工程农药是当今国际农药研究开发领域的热点，人们希望从中找到符合要求的环保型新农药。目前，我国在新农药研发方面加大了投入力度，在“十五”时期我国有 21 个具有自主知识产权的农药品种取得农药临时登记，实现了创制农药零的突破。例如，沈阳化工研究院创制的杀菌剂氟吗啉、江苏省农药研究所股份有限公司研制的昆虫生长调节剂呋喃虫酰肼，这些创制品种成为中国首批具有自主知识产权的新农药。

目前我国的绿色农药新剂型也正在快速发展，特别是近年来，绿色农药制剂进入了快速发展阶段。据不完全统计，目前已开发成功或正在研发的品种有 70 多个，品种涉及有机磷类农药、菊酯类农药、杂环类农药。说明我国绿色农药新剂型已进入大力研制和发展阶段。

施用技术是制约农药高效利用一个重要因素。我国农药年使用量已居世界首位。由于我国耕地面积有限，加上不同作物之间用药量极不平衡，实际上我国的农药应用已经处在一个非常严重的状况。我国有关植保的研究大多集中在病虫的行为特征和农药本身，对施药机理、方法和设备的研究开发不足，这是我国农药应用效率不高的一个重要原因。虽然目前国际上通用的施药方法仍以压力喷洒为主，但在此基础上所做的各方面改进已使得其喷雾效果大大改善。如针对不同作物和施药环境对喷雾机、无人机做个性化设计，提高农药中靶率，提高药效。风助喷雾技术、定向跟踪除草技术等已开始得到广泛应用。特殊用途的喷头也在近年来得到了大力开发，如低飘移喷头、低量喷头、双流喷头、不同喷雾锥角的实心与空心锥喷头以及应用非常广泛的扁扇喷头等。这些技术的开发应用使得现在的喷雾技术得到了极大发展。农药施用技术的改进，可以逐步解决化学农药快速有效的植保优点和它污染环境的矛盾。化学农药本身是农业技术进步的产物，只是在人类施用它的过程中扩大了它的作用，过分地依赖它，加之施用技术没有跟上，致使它在除害的同时对人类和其他生物的生存环境构成了威胁。未来的病虫害综合防治，化学农药仍将发挥重要作用，但也必将是一种理性的使用方式。

3.5.4 产地农药污染土壤的阻控技术

3.5.4.1 农药污染过程阻断技术

农田内部的拦截技术，包括稻田生态田埂技术、生态拦截缓冲带技术、设施菜地增设填闲作物种植技术、果园生草技术等。这里重点介绍稻田生态田埂技术和生态拦截缓冲带技术[16]。

（1）稻田生态田埂技术

农田初期地表径流（即降水形成的农田地表径流的初期部分）是农业面源污染进

入河道、湖泊等水体的重要来源之一，通过建设生态田埂可有效减少暴雨条件下因田间水漫溢而造成的流失。农田一般布设在河道两侧、湖库周边的耕地地块，通过对原有偏矮、偏窄的田埂进行加高、加宽构建并在田埂上栽植固土效果好、吸收能力强的植物，形成隔离带。田埂加高、加宽直接从两侧地块取土，田埂栽植的植物根据立地条件选择，如紫云英、白车轴草（白三叶）和黑麦草等。生态田埂所采用的植物种类尽可能与农业生产相结合，可用于生产各种绿肥、饲草、粮食和水产品等，在发挥生态效益的同时兼顾经济效益。

农田地表径流是残留农药向水体迁移的重要途径。现有农田的田埂一般只有20cm左右，遇到较大的降雨时很容易产生地表径流。将现有田埂加高10～15cm，可有效防止30～50mm降雨时产生的地表径流。在农田的两侧可栽种植物形成隔离带，在发生地表径流时可有效控制残留农药向水体迁移。太湖地区将田埂高度增加8cm，稻季径流量降低了73%。生态田尽可能利用农田现有设施加以改造，基本不新增占地，方便实施推广。

（2）生态拦截缓冲带技术

生态拦截缓冲带是利用植物减少农药进入地表水和地下水的一种可持续防控技术，其形式多样，有生物篱和农田边缘植物缓冲带等。植物缓冲带是目前最为常用且效果较好的一种植物防控农药流失技术。利用植物缓冲带技术防控农药流失，指在易发生农药流失的土地上种植覆盖度高、根系发达、固土能力强的植物，通过植物冠层对雨滴击溅的保护作用、植物根系对土壤的固持作用，以及植物茎秆对径流泥沙的拦截作用等途径减少农药流失。与坡改梯等工程措施相比，利用该技术防控农药流失具有成本低廉、操作简便、管理粗放、效果显著、持续时间长、可自我修复等优点。若在防治农药流失中使用具有经济价值的植物，则在发挥其水土保持功能的同时，还可产生一定的经济效益。在我国西北黄土高原区、西南岩溶区、西南紫色土区、东北黑土区、南方红壤区、北方土石山区等以坡耕地农业为主的地区，水土流失严重，生物篱是阻截控制农田面源污染物的重要措施之一。而在介于水体和高地之间的生态过渡区，构建植物缓冲带可有效拦截污染物进入受纳水体。

生态拦截带技术主要用于控制旱地系统氮磷养分、农药残留等向水体迁移。将旱地的沟渠集成生态型沟渠，同时在旱地的周边建立生态隔离带，由地表径流携带的泥沙、氮磷养分、农药等通过生态隔离带被阻截，将大部分泥沙及部分可溶性氮磷养分、农药等留在生态拦截带内，拦截带种植的植物可吸收径流中的氮磷养分，从而减少地表径流携带的氮磷等向水体迁移。

3.5.4.2 污染物离开农田后的拦截阻断技术

离开农田后的拦截阻断技术，包括生态拦截沟渠技术、生态护岸边坡技术等。这类技术多通过对现有沟渠的生态改造和功能强化，或者额外建设生态工程，利用物理、化学和生物的联合作用对氮、磷和农药等主要污染物进行强化净化和深度处理，不仅能有效拦截、净化农田污染物，而且还可以将其滞留于田内和（或）沟渠中，实现污染物的减量化排放或最大化去除以及资源化利用。

（1）生态拦截沟渠技术

生态拦截沟渠有别于田间沟渠，田间沟渠是用于雨季田间排水，防止田间作物渍害的重要农田基本建设内容。如果沟渠过度硬质化，虽然有利于排水，但对田间面源污染物拦截效率非常低，不利于农田面源污染防治。设计、建设兼顾排水和拦截农田面源污染物的生态沟渠具有重要意义。

生态沟渠用于收集农田径流、渗漏排水，一般位于田块间。生态沟渠通常由初沉池（水入口）、泥质或硬质生态沟框架和植物组成。初沉池位于农田排水出口与生态沟渠连接处，用于收集农田径流颗粒物。生态沟渠框架采用泥质还是硬质取决于当地土地价值、经济水平等因素。土地紧张、经济发达的地区建议采用水泥硬质框架，而土地不紧张、经济实力弱的地区可采用泥质框架。生态沟渠框架（沟底、沟边）用含孔穴的水泥硬质板建成，空穴用于植物（作物或草）种植。沟底、沟边种植的植物应能适应一定水深和流速，既能拦截农田径流污染物，也能吸收径流水、渗漏水中的氮磷养分，并能形成较为稳定的群落。如眼子菜、香蒲、泽泻、慈姑、野芋、美人蕉、铜钱草、黑三棱、狐尾藻、灯心草、茭白、菖蒲、蕉草、芦苇等。空穴密度，沟底及沟板植物种植密度、植物种类和植物生长，沟长度、宽度、深度和坡度，水流速度及水泥性质等影响生态沟渠对农田污染拦截效率。太湖宜兴稻区生态沟渠对氮磷拦截效率可达 40% 以上。昆明蔬菜种植区生态沟渠对氮、磷拦截效率可达 35% 和 50%。

（2）生态护岸边坡技术

生态护岸边坡技术是综合工程力学、土壤学、生态学和植物学等学科基本知识对斜坡或边坡进行支护，形成由植物或工程和植物组成的综合护坡系统的护岸边坡技术。

根据不同河段的生态特征，包括河岸坡度、水文条件、土壤特性以及河段环境特征，可以采用 3 种生态护岸边坡技术——全系列生态护岸、土壤生物工程以及复合式生物稳定技术，实际工程中大多将这 3 种技术有机组合，形成多种植物生态护岸方案。

3.5.4.3 农药污染的生态修复技术

农药污染物离开农田、沟渠后的汇流被收集，再采用生态修复技术（如前置库技术、生态塘技术、人工湿地技术等）进行末端强化净化与资源化处理，通过对现有塘池的生态改造和功能强化，或者额外建设生态工程，利用物理、化学和生物的联合作用对农药进行强化净化和深度处理，不仅能有效拦截、净化种植区农药污染物，还能滞留种植区农药污染，实现种植区农药污染物减量化排放或最大化去除。

（1）前置库技术

前置库净化面源污染的原理，包括沉淀、自然降解、微生物降解、水生植物吸收等。

（2）生态塘技术

旱作区或水旱轮作区的旱作季节农田径流流入沟渠，随后汇流进入塘池系统。排水系统包括引流渠和生态塘池系统。水田或水旱轮作区的水稻种植季节生态排水系统仅包括生态沟渠和生态塘池系统。

对于大面积连片旱地，在田间可以建设若干地表径流收集系统，收集田间径流水，并输送入生态塘池系统。径流输送系统可以通过地下暗管输送，也可通过地上沟渠输送。

生态塘池系统主要用于收集、滞留沟渠排水。一个区域应建设若干个生态塘系统——梯级生态塘系统，经过生态塘系统处理的水可以进一步流入下游湿地系统或直接用于农田灌溉。

生态塘池系统一般包括两部分，位于前端的沉降塘系统和位于后端的滞留系统，沉降塘系统深度要大于后端。生态塘通常因地制宜，依当地地势、地形、地貌和当地实际情况而建，采取废弃塘改造的方式成本低，泥质和硬质化均可，取决于当地土地和经济发展水平。生态塘长、宽、深比例，植物种类、密度、生长和植物配置均影响生态塘对农田面源污水中污染物的拦截效率。前端生态塘系统深度一般大于1m，位于后端的滞留系统深度约0.3m。

（3）人工湿地技术

人工湿地是由人工模拟自然湿地建造和控制的，由土壤、植物、微生物形成的生态系统，利用生态系统中的物理、化学和生物的直接和协同作用，通过过滤、吸附、沉淀、离子交换、植物吸收和微生物降解来实现污水高效净化的一种废水处理技术。

常见的人工湿地根据系统布水方式及水流动方式，分为表面流人工湿地和潜流人工湿地，潜流人工湿地又分为水平潜流人工湿地和垂直潜流人工湿地。

3.5.4.4 产地农药污染土壤的修复技术

土壤本身具有一定的自净能力。在土壤矿物质、有机质和土壤微生物的作用下，农药进入土壤后，经过化学、生物学等降解作用活性降低，在一定条件下转变为无毒或低毒物质。土壤生态系统是一个高效的“过滤器”，但其自身的净化能力和速率通常满足不了污染给环境造成的压力，人们需要重视土壤污染治理和修复技术的研究。污染土壤修复的概念一般可理解为通过技术手段促使受污染的土壤恢复其基本功能和重建生产力的过程。

污染土壤修复的方法颇多，但必须慎重评估其在修复过程中的适用性，在不同修复阶段应该选择合适、经济和有效的土壤修复技术。成本、时间、长效性、公众接受度，以及高污染和复合污染的适用性等都是影响各种修复技术选用的重要因素；同时，还必须考虑对土壤健康的整体效应，因而确定具体对象的最优修复技术面临很大的挑战。从修复的原理来考虑，大致可分为物理修复技术、化学修复技术和生物修复技术三大类[17]。

（1）物理修复技术

物理修复技术是指以物理手段为主体的移除、覆盖、稀释和热挥发等污染治理技术。主要包括土壤蒸气提取技术、热处理技术、电动力学技术、稀释和覆土等。

① 土壤蒸气提取技术是一种通过布置在不饱和土壤层中的提取井，利用真空向土壤导入空气，空气流经土壤时，挥发性和半挥发性有机物随空气进入真空井而排出土壤，土壤中的污染物含量因而降低的技术。土壤蒸气提取技术有时也被称为真空提取技术，属于一种原位处理技术，但在必要时也可以用于异位修复。该技术适合于挥发性有机物和一些半挥发性有机物污染土壤的修复，也可以用于促进原位生物修复过程。

② 热处理技术就是利用高温所产生的一些物理或化学作用，如挥发、燃烧、热解，将土壤中的有毒物质破坏或去除的技术。热处理技术最常用于处理农药等有机污染的土壤，也适用于部分重金属污染的土壤。最早的热处理技术是一种异位处理技术，但原位的热处理技术也在发展之中。

③ 电动力学技术是指向土壤施加直流电场，在电解、电迁移、扩散、电渗透和电泳等的共同作用下，使土壤溶液中的离子向电极附近富集而被去除的技术。所谓电迁移，就是指离子和离子型配合物在外加直流电场的作用下向相反电极的移动。电迁移的效率主要取决于孔隙水的电传导性和在土壤中传导途径的长度，对土壤的液体通透性的依赖性较小。电迁移不取决于孔隙大小，既适用于粗质地土壤，也适用于细质地土壤。当湿润的土壤中含有高度溶解的离子化无机组分时会发生电迁移现象。电动力学技术是去除土壤中这些离子化污染物的有效办法，因为该技术对渗透性很低的土壤也具有修复能力。

④ 将污染物含量低的清洁土壤混合于污染土壤，以降低污染土壤污染物的含量，称为稀释作用。稀释作用可以降低土壤污染物含量，因而可降低作物对土壤污染物的吸收，降低土壤污染物通过农作物进入食物链的风险。在田间，可以通过将深层土壤犁翻上来与表层土壤混合实现稀释，也可以通过客入清洁土壤来实现稀释。

⑤ 覆土也是客土的一种方式，即在污染土壤上覆盖一层清洁土壤，以避免污染土层中的污染物进入食物链。清洁土层的厚度要足够，以防植物根系延伸到污染土层，否则有可能因为促进了植物生长、增强了植物根系的吸收能力反而增加了植物对土壤污染物的吸收。另一种与覆土相似的改良方法就是换土，即去除污染表土，换上清洁土壤。

稀释和覆土措施的优点是技术比较简单，操作容易。但缺点是不能去除土壤污染物，没有彻底排除土壤污染物的潜在危害，只能抑制土壤污染物对食物链的影响，并不能减少土壤污染物对地下水等其他环境部分的危害。这些措施的费用取决于当地的交通状况、清洁土壤的来源和劳动力成本等。

（2）化学修复技术

化学修复技术是指利用外来的，或土壤自身物质之间的，或环境条件变化引起的化学反应来进行污染治理的技术。主要包括土壤淋洗技术、化学氧化技术等。

① 土壤淋洗技术是指在淋洗剂（水或酸或碱溶液、螯合剂、还原剂、络合剂以及表面活性剂溶液）的作用下，将污染物从土壤颗粒中去除的一种修复技术。淋洗技术包括原位淋洗技术和异位淋洗技术两种。

② 化学氧化技术主要是通过混入土壤的氧化剂与污染物发生氧化反应，使污染物降解甚至矿化的技术。在污染区域通过注入井或高压旋喷技术将氧化剂注入土壤中。原位化学氧化修复技术适用于被油类、有机溶剂、多环芳烃、农药以及非水溶性氯化物污染的土壤。常用的氧化剂是高锰酸钾、双氧水和臭氧，溶解氧有时也可以作为氧化剂。在田间最常用的是芬顿（Fenton）试剂，是一种铁催化剂 + 双氧水的氧化体系。加入催化剂，可以提高双氧水的活化率，提高氧化反应速率。进入土壤的氧化剂的分散是氧化技术的关键环节。传统的分散方法包括竖直井、水平井、过滤装置和处理栅栏等。土壤深层混合和液压破裂等方法也能够对氧化剂进行分散。

（3）生物修复技术

1）土壤植物修复技术

土壤植物修复技术是指利用植物及其根际微生物对土壤污染物的吸收、挥发、转化、降解和固定作用而去除土壤中污染物的修复技术。广义的植物修复技术不仅包括污染环境土壤的植物修复，还包括植物对污水的净化和植物对空气的净化。植物修复这一术语大约出现于 1991 年。总体而言，植物修复技术具有如下优点：

① 用植物提取、植物降解、根际降解和植物挥发等作用，可以将污染物从土壤中去除，永久解决土壤污染问题；

② 植物修复不仅对修复场地破坏小，对环境扰动小，而且还具有绿化环境的作用；

③ 植物修复一般会提高土壤的肥力，而一般的物理修复和化学修复或多或少会损害土壤肥力，有的甚至使土壤永久丧失肥力；

④ 植物修复成本低，超富集植物所累积的重金属还可以回收，可能带来一定的经济效益；

⑤ 植物修复操作简单，便于推广应用。

由于植物修复技术具有上述优点，因此被认为是一种绿色的修复技术，引起人们的极大关注，是污染土壤修复技术中发展最快的一种。污染土壤的植物修复机理包括植物提取作用、根际降解作用、植物降解作用、植物稳定化作用和植物挥发作用。

2）土壤微生物修复技术

污染土壤的微生物修复是指利用天然存在的或特别培养的微生物将土壤中有毒污染物转化为无毒物质的处理技术。微生物修复技术取决于生物过程或因生物而发生的过程，如降解、转化、吸附、富集或溶解。大部分微生物修复技术主要取决于生物降解，以生物降解来破坏土壤污染物。污染物的分解程度取决于它的化学组成、所涉及的微生物和土壤介质的主要物理化学条件。

简单来说，微生物降解就是指化合物在微生物的作用下分解成为更小的化学单元的过程。因此，微生物降解最适合于有机污染物。好氧降解和厌氧降解都可能存在，有些化合物在好氧条件下的降解产物与厌氧条件下的降解产物有所不同。好氧条件下有机物降解的最终产物是包括二氧化碳和水的简单化合物。

除上述三类修复技术外，农业改良措施也常被用于农药污染土壤的修复。农业改良措施是指采用一般农业生产上可操作的技术措施，以达到降低土壤污染物有效性、抑制土壤污染物向农作物迁移目的的技术。农业改良措施包括施用改良物料和调节土壤氧化还原状况等。施用改良物料指直接向污染土壤施用改良物料以改变土壤污染物的形态并降低其有效性和移动性。改良物料有石灰等无机材料、生物炭、有机物和还原物质。施用改良物料虽然不能去除土壤中的污染物，但能在一定时期内不同程度地固定土壤污染物，抑制其危害性。此技术方法简便、取材容易、费用低廉，为现阶段广大农村控制和消除土壤污染物对食物链和周围环境产生污染的一种实用技术。

参考文献

[1] 徐汉虹. 植物化学保护学 [M]. 北京：中国农业出版社，2010.

[2] 贺字典，王秀平. 植物化学保护 [M]. 北京：科学出版社，2016.

[3] 汪立刚，焦文涛. 土壤残留农药环境行为与农产品安全 [M]. 北京：中国农业大学出版社，2011.

[4] 高永，傅小飞，纪国林. 环境污染控制工程 [M]. 北京：化学工业出版社，2023.

[5] 赵玲，滕应，骆永明. 中国农田土壤农药污染现状和防控对策 [J]. 土壤，2017(3): 417-427.

[6] 孙红文，张彦峰，张闻. 生物炭与环境 [M]. 北京：化学工业出版社，2013.

[7] 戴树桂. 环境化学 [M]. 2 版. 北京：高等教育出版社，2006.

[8] Weber W J, Huang W L. A distributed reactivity model for sorption by soils and sediments. 4. Intraparticle heterogeneity and phase-distribution relationships under nonequilibrium conditions[J]. Environmental Science & Technology，1996, 30(3): 881-888.

[9] Schwarzenbach R P, Gschwend P M, Imboden D M. Environmental organic chemistry[M]. 2nd ed. New Jersey: John Wiley & Sons, 2003.

[10] Steinberg S M, Pignatello J J, Sawhney B L. Persistence of 1,2-dibromoethane in soils: Entrapment in intraparticle micropores[J]. Environmental Science & Technology, 1987, 21(12): 1201-1208.

[11] Lockington D, Parlange J Y, Dux P. Sorptivity and the estimation of water penetration into unsaturated concrete[J]. Scientific Reports, 1999, 32: 342-347.

[12] Chakraborty P, Zhang G, Li J, et al. Occurrence and sources of selected organochlorine pesticides in the soil of seven major Indian cities: Assessment of air-soil exchange[J]. Environmental Pollution, 2015, 204: 74-80.

[13] 陈怀满，朱永官，董元华，等. 环境土壤学 [M]. 北京：科学出版社，2018.

[14] Dereumeauxa C, Fillola C, Quenelb P, et al. Pesticide exposures for residents living close to agricultural lands: A review[J]. Environment International, 2020, 134: 105210.

[15] Dalla V M, Dachs J, Sweetman A J, et al. Maximum reservoir capacity of vegetation for persistent organic pollutants: Implications for global cycling[J]. Global Biogeochemical Cycles, 2005, 134(1): 153-164.

[16] 王罗春，白力，时鹏辉，等. 农村农药污染及防治 [M]. 北京：冶金工业出版社，2019.

[17] 张大弟，张晓红. 农药污染与防治 [M]. 北京：化学工业出版社，2001.

第4章

持久性有机污染物污染

≫ 持久性有机污染物概述

≫ 持久性有机污染物来源与污染特征

≫ 持久性有机污染物迁移过程与转化降解

≫ 持久性有机污染物危害及作用机理

4.1 持久性有机污染物概述

4.1.1 持久性有机污染物定义

持久性有机污染物（persistent organic pollutants，POPs）是指具有长期残留性、生物蓄积性、长距离迁移性和高毒性，能通过各种环境介质（大气、水、生物体等）进行长距离迁移，并对人类健康和环境具有严重危害的天然或人工合成的有机污染物。

4.1.2 持久性有机污染物特性

根据 POPs 的定义，国际上公认 POPs 同时具有以下 4 个方面的重要特性。

（1）长期残留性

POPs 结构非常稳定，对光、热、微生物、生物代谢酶等各种作用均具有较强的抵抗能力，在自然条件下很难发生降解。一旦进入环境中，将在水体、土壤和沉积物等环境介质以及生物体中长期残留，残留时间可长达数年，甚至数十年。

（2）生物蓄积性

POPs 具有很强的亲脂憎水性，即不溶或者微溶于水，而易于分配在脂肪中。由于野生动物以及人体中都含有相当数量的脂肪组织，当 POPs 通过各种接触途径被生物体摄入后，就会在脂肪组织中逐渐累积而形成“生物蓄积”，其浓度一般远高于周围环境介质中的 POPs 浓度，形成所谓的“生物浓缩”。在食物链中，由于捕食关系的存在，处于更高营养级的生物因不断地捕食体内含有 POPs 的低营养级生物，其体内将会蓄积更高浓度的 POPs，即所谓的“生物放大”。这就意味着，POPs 在自然环境中可能浓度很低，但是它可以通过大气、水和土壤进入植物或者低等的生物体内，然后通过食物链逐级放大，由于人类处于食物链的最高级，可能受到更高浓度 POPs 的毒害。

（3）长距离迁移性

大多数 POPs 具有半挥发性，这使得它们能够在环境温度下通过蒸发从土壤、水体进入大气，并以游离气体的形式存在或者吸附在大气颗粒物上，可以通过大气扩散、水体流动以及生物体的迁移等实现长距离迁移。由于 POPs 具有持久性，所以它们能在大气环境中长距离迁移而不会全部被降解，但半挥发性又使得它们不会永久停留在大气层中，会在一定条件下重新沉降到地球表面，然后又在某些条件下挥发。POPs 在大气环境中不断地挥发、沉降、再挥发，通过“全球蒸馏效应”和“蚱蜢跳效应”可以沉积到地球的偏远极地地区，从而导致 POPs 在全球范围内的传播。

（4）高毒性

POPs 大多具有“三致”（致癌、致畸、致突变）效应，人类和动物通过饮食和环境污染等途径直接摄入或间接接触到 POPs，可能会对生殖、遗传、免疫、神经、内分泌等系统造成严重不良影响，危害身体健康。

4.1.3 持久性有机污染物分类

为保护环境和人类免受 POPs 的危害，在联合国环境规划署（UNEP）主持下，2001 年 5 月 23 日，包括中国在内的 90 多个国家和区域经济一体化组织在瑞典斯德哥尔摩共同签署了《关于持久性有机污染物的斯德哥尔摩公约》（简称《斯德哥尔摩公约》），旨在淘汰和削减 POPs 的生成和排放。该公约被认为是继《巴塞尔公约》《鹿特丹公约》之后，国际社会在有毒化学品管理控制方面迈出的极为重要的一大步。

首批被列入《斯德哥尔摩公约》全球控制清单的 POPs 有 12 种，包括艾氏剂、狄氏剂、异狄氏剂、滴滴涕（DDT）、七氯、氯丹、灭蚁灵、毒杀芬、六氯苯、多氯联苯、多氯代二苯并 - 对 - 二噁英以及多氯代二苯并呋喃。事实上，世界上的 POPs 远远不止以上 12 种，为了控制其他具有 POPs 特性的化学物质，《斯德哥尔摩公约》建立了一项程序以扩大 POPs 物质的清单。目前，除了第一批被列入《斯德哥尔摩公约》受控名单的 12 种 POPs 外，2009 年、2011 年、2013 年、2015 年、2017 年、2019 年、2022 年和 2023 年又分八批新增选了 22 种受控 POPs（表 4-1）。截至 2023 年 7 月，《斯德哥尔摩公约》收录了 34 种 / 类 POPs，共有 184 个缔约方。

表4-1 《斯德哥尔摩公约》的受控POPs物质清单

公约要求	时间	化合物
首批受控（12 种）	2001 年 5 月	艾氏剂、狄氏剂、异狄氏剂、滴滴涕、六氯苯、氯丹、灭蚁灵、毒杀芬、七氯、多氯联苯、多氯代二苯并 - 对 - 二噁英以及多氯代二苯并呋喃
第一次增列（9 种）	2009 年 5 月	α- 六氯环己烷、β- 六氯环己烷、林丹、六溴二苯醚和七溴二苯醚（商用八溴二苯醚）、四溴二苯醚和五溴二苯醚（商用五溴二苯醚）、六溴联苯、十氯酮、五氯苯以及 PFOS 类物质（全氟辛基磺酸及其盐类和全氟辛基磺酰氟）
第二次增列（1 种）	2011 年 5 月	硫丹
第三次增列（1 种）	2013 年 5 月	六溴环十二烷
第四次增列（3 种）	2015 年 5 月	六氯丁二烯、五氯苯酚及其盐类和脂类、多氯萘
第五次增列（2 种）	2017 年 5 月	短链氯化石蜡、十溴二苯醚
第六次增列（2 种）	2019 年 5 月	三氯杀螨醇、全氟辛酸及其盐类和相关化合物
第七次增列（1 种）	2022 年 5 月	全氟己烷磺酸及其盐类和相关化合物
第八次增列（3 种）	2023 年 5 月	甲氧滴滴涕、得克隆、紫外线吸收剂 UV-328

从用途和成因上来分类，POPs 主要可分为农药、工业化学品、非故意生产的副产品三类。

4.1.3.1 农药类

（1）艾氏剂

艾氏剂（aldrin），化学名称为 1,2,3,4,10,10- 六氯 -1,4,4*a*,5,8,8*a*- 六氢 - 外 -1,4- 内 -5,8- 二亚甲基萘。CAS 编号为 309-00-2，分子式为 $C_{12}H_8Cl_6$，分子量为 364.91，为白色结晶性粉末，不溶于水，溶于乙醇和丙酮等大多数有机溶剂。熔点为 104℃，沸点为 384.9℃，蒸气压（20℃）为 2.3×10^{-5}mmHg（1mmHg=133.3Pa），水中溶解度（25℃）为 27μg/L，$\lg K_{OW}$ 为 5.17 ～ 7.40，在土壤和地表水中的半衰期为 20d ～ 1.6a。主要用于防治地下害虫和某些大田、饲料、蔬菜、果实作物害虫，是一种极为有效的触杀和胃毒剂。分子结构见图 4-1。

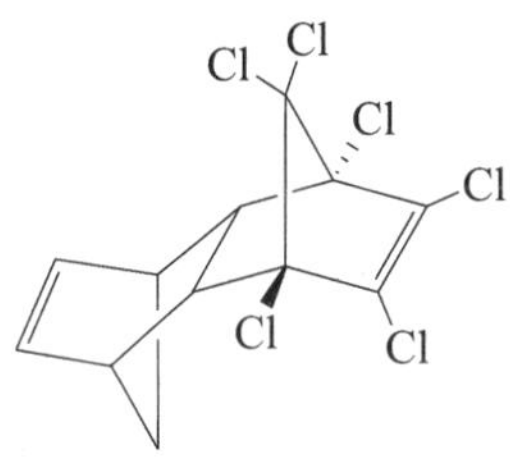

图 4-1 艾氏剂的分子结构

（2）狄氏剂

狄氏剂（dieldrin），化学名称为 1,2,3,4,10,10- 六氯 -6,7- 环氧 -1,4,4*a*,5,6,7,8,8*a*- 八氢 -1,4- 桥 -5,8- 挂 - 二甲撑萘。CAS 编号为 60-57-1，分子式为 $C_{12}H_8Cl_6O$，分子量为 380.91，纯品为白色结晶性粉末，工业品为褐色固体，不溶于水，溶于丙酮、苯和四氯化碳等有机溶剂。熔点为 175 ～ 177℃，沸点为 330℃，水中溶解度（20℃）为 140μg/L，蒸气压（20℃）为 1.78×10^{-7}mmHg，$\lg K_{OW}$ 为 3.69 ～ 6.20。在土壤中的半衰期为 3 ～ 4a。主要用于控制白蚁、纺织品类害虫、森林害虫、棉花作物害虫和地下害虫，也用于防治热带蚊蝇传播疾病。分子结构见图 4-2。

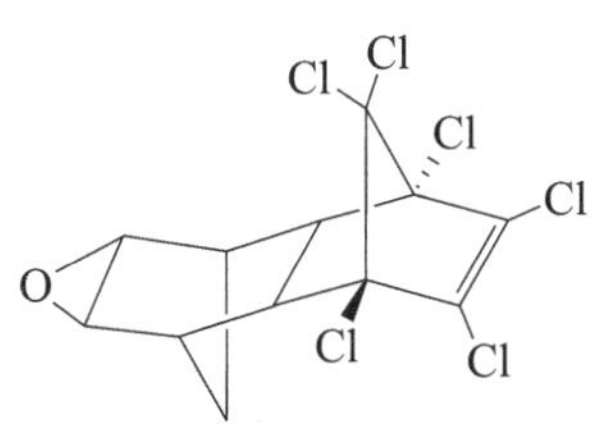

图 4-2 狄氏剂的分子结构

（3）异狄氏剂

异狄氏剂（endrin），化学名称为 1,2,3,4,10,10- 六氯 -6,7- 环氧 -1,4,4*a*,5,6,7,8,8*a*-八氢 -1,4- 挂 -5,8- 挂二甲撑萘，系狄氏剂的立体异构体。CAS 编号为 72-20-8，分子式为 $C_{12}H_8Cl_6O$，分子量为 380.91，白色结晶性粉末，不溶于水，难溶于醇、石油烃，溶于苯、丙酮、二甲苯。熔点为 245℃（分解），蒸气压（20℃）为 2.7×10^{-7}mmHg，水中溶解度（25℃）为 220 ～ 260μg/L，lgK_{OW} 为 3.21 ～ 5.34，在土壤中的半衰期约为 12a。主要用作棉花和谷物等大田作物的叶片杀虫剂，也用于控制老鼠和野鼠等啮齿类动物。分子结构见图 4-3。

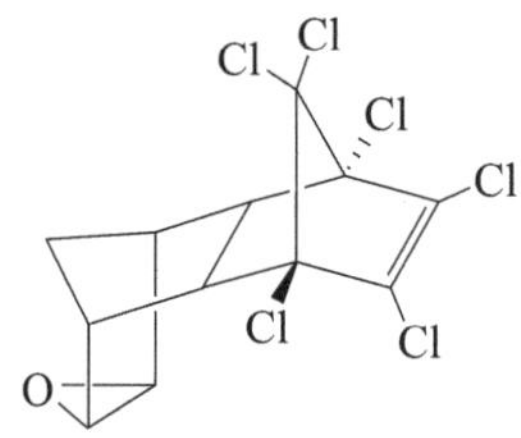

图 4-3　异狄氏剂的分子结构

（4）滴滴涕

滴滴涕，化学名称为双对氯苯基三氯乙烷（dichlorodiphenyltrichloroethane，DDT），其中文名称从英文缩写 DDT 而来。CAS 编号为 50-29-3，分子式为 $C_{14}H_9Cl_5$，分子量为 354.486，为白色晶体，不溶于水，溶于煤油，主要物理化学性质如表 4-2 所列。DDT 在土壤中的半衰期为 15a，在空气中的半衰期为 7d。主要用于防治棉田后期害虫、果树和蔬菜害虫，具有触杀、胃毒作用，也用于防治蚊蝇传播疾病。分子结构见图 4-4。

表4-2　滴滴涕的主要物理化学性质[1]

化合物	分子量	溶解度 (25℃)/(mol/m³)	蒸气压 (25℃)/Pa	lg K_{OW}	lg K_{OA}	lg K_{OC}
p,p'-DDE	318.1	7.90×10^{-4}	3.20×10^{-3}	6.93	9.70	5.64
p,p'-DDD	320.1	2.30×10^{-3}	1.20×10^{-3}	6.33	10.03	5.89
o,p'-DDT	354.5	2.40×10^{-4}	3.10×10^{-3}	6.53	9.45	—
p,p'-DDT	354.5	4.20×10^{-4}	4.80×10^{-4}	6.39	9.73	5.39

注：K_{OW} 为正辛醇 - 水分配系数；K_{OA} 为正辛醇 - 空气分配系数；K_{OC} 为有机碳 - 水分配系数。

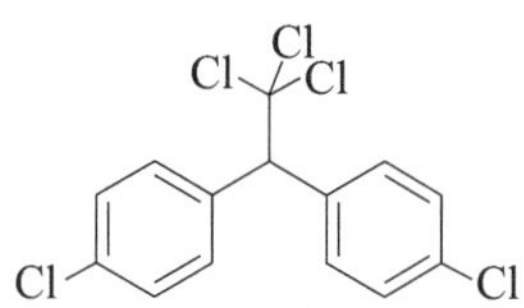

图 4-4　滴滴涕的分子结构

DDT 于 1874 年被首次合成，1939 年被发现具有杀虫威力，1942 年开始大量生产。由于其药效维持时间长、杀虫范围广而在当时被认为是最有潜力的农药，其后因在控制疟疾、斑疹伤寒等蚊蝇传播疾病以及防治农业害虫等方面有着卓越贡献而被广泛使用。DDT 在 20 世纪上半叶防治农业病虫害，减轻疟疾、斑疹伤寒等蚊蝇传播的疾病危害中起到了不小的作用。但由于其对环境污染过于严重，目前已被很多国家和地区禁用。

（5）氯丹

氯丹（chlordane），化学名称为 1,2,4,5,6,7,8,8,- 八氯 -2,3,3*a*,4,7,7*a*- 六氢 -4,7- 亚甲基茚。CAS 编号为 57-74-9，分子式为 $C_{10}H_6Cl_8$，分子量为 409.779，为灰白色粉末，不溶于水，溶于大多数有机溶剂。熔点为 106 ～ 107℃，沸点为 424.7℃，蒸气压（20℃）为 0.98×10^{-5}mmHg，水中溶解度（25℃）为 56μg/L，lgK_{OW} 为 4.58 ～ 5.57，在土壤中的半衰期约为 4a。主要用于防治高粱、玉米、小麦、大豆及林业苗圃等地下害虫，是一种具有触杀、胃毒及熏蒸作用的广谱杀虫剂。同时因具有杀灭白蚁、火蚁的功效，也用于建筑基础防腐。分子结构见图 4-5。

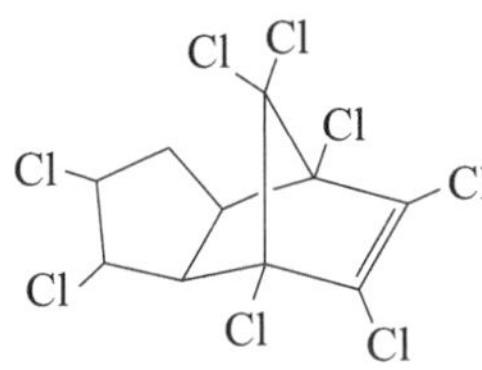

图 4-5　氯丹的分子结构

（6）七氯

七氯（heptachlor），又名七氯化茚，化学名称为 1,4,5,6,7,8,8- 七氯 -3*a*,4,7,7*a*- 四氢 -4,7- 亚甲基茚。CAS 编号为 76-44-8，分子式为 $C_{10}H_5Cl_7$，分子量为 373.318，纯品为具有樟脑气味的白色晶体，不溶于水，溶于乙醇、丙酮和四氯化碳等有机溶剂，对光、湿气、酸、碱、氧化剂均稳定。熔点为 95 ～ 96℃，沸点为 135 ～ 145℃，蒸气压（20℃）为 0.3×10^{-5}mmHg，水中溶解度（25℃）为 180μg/L，lgK_{OW} 为 4.40 ～ 5.50，在土壤中的半衰期为 0.75 ～ 2a。主要用于防治地下害虫、棉花后期害虫及禾本科作物和牧草害虫，也具有杀灭白蚁、火蚁、蝗虫的功效。分子结构见图 4-6。

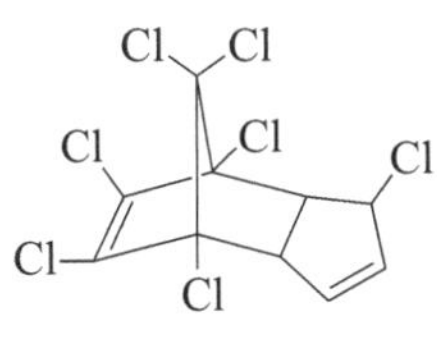

图 4-6　七氯的分子结构

（7）灭蚁灵

灭蚁灵（mirex），又名全氯五环癸烷，化学名称为十二氯代八氢 - 亚甲基 - 环丁

并 [*c*,*d*] 戊搭烯。CAS 编号为 2385-85-5，分子式为 $C_{10}Cl_{12}$，分子量为 545.543，白色结晶性粉末，不溶于水，溶于苯、四氯化碳、二甲苯等有机溶剂。熔点为 485℃，沸点为 421.1℃，蒸气压（25℃）为 3×10^{-7}mmHg，水中溶解度（25℃）为 0.07μg/L，$\lg K_{OW}$ 为 5.28，在土壤中的半衰期长达 10a。主要用于防治白蚁、火蚁等多种蚁虫，也可在塑料、橡胶及电子产品中作火焰延缓剂。分子结构见图 4-7。

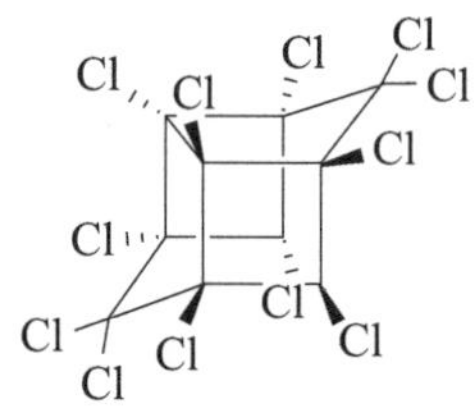

图 4-7　灭蚁灵的分子结构

（8）六氯苯（同时是工业化学品和非故意排放副产物）

六氯苯（hexachlorobenzen，HCB），别名灭黑穗药，是 6 个氯原子取代苯环碳原子上的 6 个氢而形成的单环芳香族化合物，又称全氯苯或苯全氯，属于氯苯类化合物。CAS 编号为 118-74-1，分子式为 C_6Cl_6，分子量为 284.782，纯品为无色针状或小片状晶体，工业用品呈淡黄色或淡棕色晶体，不溶于水，溶于乙醚、氯仿、苯等多数有机溶剂，熔点为 226℃，沸点为 324.5℃，蒸气压（20℃）为 1.09×10^{-5}mmHg，水中溶解度（20℃）为 50μg/L，$\lg K_{OW}$ 为 3.93 ～ 6.42，在土壤中的半衰期可达 2.7 ～ 5.7a，在空气中的半衰期为 0.5 ～ 4.2a。在农业上，主要用作杀真菌剂，可防治小麦腥黑穗病和秆黑穗病；在工业上，可用作生产五氯酚和五氯酚钠的原料以及生产军事烟雾、合成橡胶、木材防腐剂、聚氯乙烯塑料和染料的中间体或添加剂；同时，也会在一些化工过程中作为副产物产生，如废弃物焚烧、制浆和造纸、有色金属冶炼、含氯化学品（氯乙烯单体、四氯化碳、四氯乙烯和三氯乙烯等）生产等，还会在许多农药中以杂质形式出现。分子结构见图 4-8。

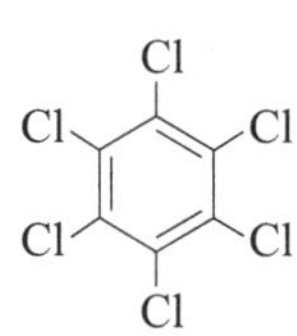

图 4-8　六氯苯的分子结构

（9）毒杀芬

毒杀芬（toxaphene），化学名称为八氯莰烯。CAS 编号为 8001-35-2，分子式为 $C_{10}H_8Cl_8$，分子量为 411.795，纯品为无色结晶，工业品为乳白色或琥珀色蜡样固体，不溶于水，溶于苯、四氯化碳等有机溶剂。熔点为 65 ～ 90℃，沸点为 155℃(分解），蒸气压（20℃）为 3.3×10^{-5}mmHg，水中溶解度（20℃）为 550μg/L，$\lg K_{OW}$ 为 3.23 ～ 5.50，在土壤中的半衰期为 100d ～ 12a。主要用于棉花、谷物、坚果、蔬菜、林木以及牲畜体外寄生虫的防治，具有触杀、胃毒作用。分子结构见图 4-9。

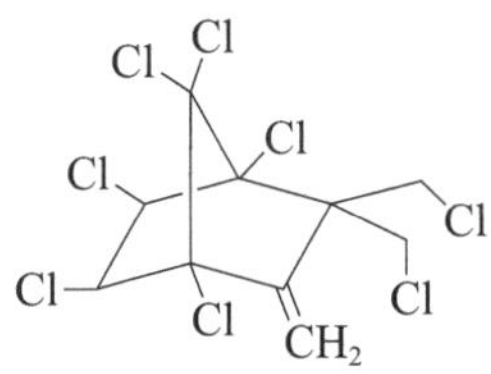

图 4-9 毒杀芬的分子结构

（10）六氯环己烷（同时是非故意排放副产物）

六氯环己烷（1,2,3,4,5,6-hexachlorocyclohexane，HCHs），又称六六六，是环己烷每个碳原子上的一个氢原子被氯原子取代形成的饱和化合物，分子式为 $C_6H_6Cl_6$，分子量为 290.83，CAS 编号为 6108-10-7，是一种广谱性、杀虫能力很强的有机氯杀虫剂，对昆虫具有触杀、熏杀和胃毒作用。主要用于防治蝗虫、稻螟虫、小麦吸浆虫以及蚊、蝇、臭虫等。根据氢原子在环两侧位置的不同，HCHs 共有 8 种异构体（α、β、γ、δ、ε、η、θ 以及 α 异构体的一对旋光异构体）。作为农药使用的 HCHs 主要有 α-HCH、β-HCH、γ-HCH 和 δ-HCH 四种，其中 γ-HCH（又名林丹）杀虫效力最高，为商业品杀虫剂的主要活性成分，α-HCH 次之，δ-HCH 又次之，β-HCH 最低。上述四种异构体的分了结构如图 4-10 所示，主要理化性质见表 4-3。纯 HCHs 无味，呈纯白色晶体，工业 HCHs 为白色或浅黄色晶体，有时颜色较深，并有霉臭味。六六六的应用主要有两种形式：一种是工业纯的 HCHs，又叫混合六六六粉，主要由 α-HCH（60% ～ 70%）、β-HCH（5% ～ 12%）、γ-HCH（10% ～ 15%）、δ-HCH（6% ～ 10%）和 ε-HCH（3% ～ 4%）五种异构体组成；另一种是林丹，主要成分为 γ-HCH（99%）。

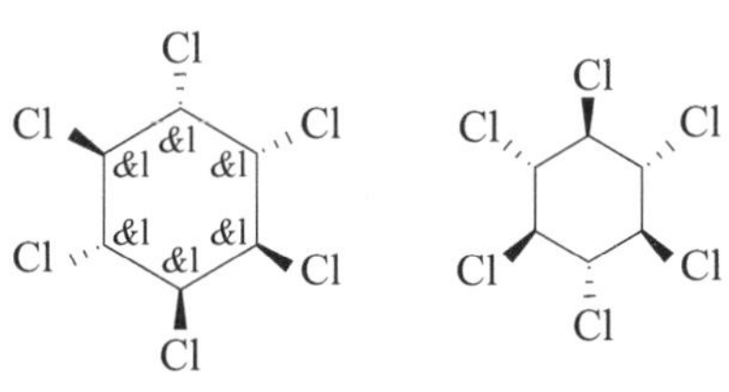

(a) α-HCH (b) β-HCH

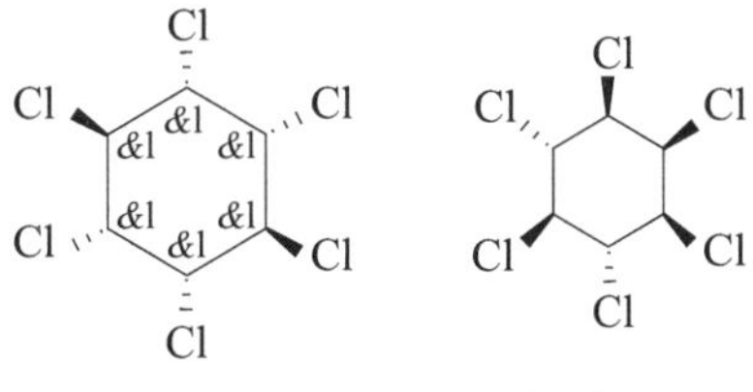

(c) γ-HCH (d) δ-HCH

图 4-10 四种常见六氯环己烷异构体的分子结构

表4-3　四种常见六氯环己烷异构体的主要物理化学性质[1]

化合物	溶解度 (25℃)/(mol/m³)	蒸气压 (25℃)/Pa	$\lg K_{OW}$	$\lg K_{OA}$	$\lg K_{OC}$
α-HCH	5.20×10^{-3}	3.00×10^{-3}	3.81	7.46	3.58
β-HCH	3.50×10^{-4}	4.00×10^{-5}	3.80	8.64	3.58
γ-HCH	2.50×10^{-2}	7.10×10^{-3}	3.78	7.75	3.03
δ-HCH	3.30×10^{-2}	2.27×10^{-3}	4.14	8.85	3.82

（11）十氯酮

十氯酮（chlordecone），又名开蓬，化学名称为十氯代八氢 - 亚甲基 - 环丁异 [*c*,*d*] 戊搭烯 -2- 酮。CAS 编号为 143-50-0，分子式为 $C_{10}Cl_{10}O$，分子量为 490.636，黄褐色或白色晶体，微溶于水，溶于植物油、丙酮、乙醇、乙酸等有机溶剂，熔点为 350℃（分解），沸点为 459.7℃，蒸气压（25℃）为 1.24×10^{-8}mmHg，水中溶解度（25℃）为 2.70mg/L，$\lg K_{OW}$ 为 4.50 ～ 5.41，十氯酮在环境中不易发生水解或生物降解，直接光解作用有限，在土壤中的半衰期为 1 ～ 2a。主要用于防治白蚁、地下害虫、土豆上的咀嚼式口器害虫，还可防治苹果蠹蛾、红带卷叶虫，对番茄晚疫病与红粉病、白菜霜腐病等也有效果，对防治咀嚼式口器害虫有效，对刺吸式口器害虫为低效。分子结构见图 4-11。

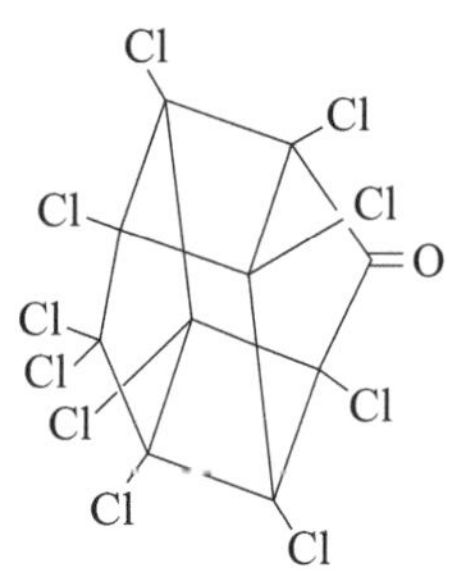

图 4-11　十氯酮的分子结构

（12）五氯苯（同时是工业化学品和非故意排放副产物）

五氯苯（pentachlorobenzene，PeCB），是生产制造杀菌剂五氯硝基苯的一种中间体。CAS 编号为 608-93-5，分子式为 C_6HCl_5，分子量为 250.337，为白色或无色针状晶体，不溶于醇，微溶于醚及苯，熔点为 84 ～ 87℃，沸点为 275 ～ 277℃，蒸气压（20 ～ 30℃）为 6×10^{-3}mmHg，水中溶解度（25℃）为 1.332mg/L，$\lg K_{OW}$ 为 4.88 ～ 6.12，在空气中的半衰期为 45 ～ 467d，在水中的半衰期为 194 ～ 1250d，在土壤中的半衰期为 194 ～ 345d。五氯苯曾被用作杀虫剂、阻燃剂，或是与 PCBs 混合用作绝缘液，也曾被用于生产五氯硝基苯，其还可能会作为废物焚烧的副产物而间接排放到环境中，或者是存在于造纸厂、钢铁厂和炼油厂的废水中，以及废水处理厂的活性污泥中。在我国，五氯苯没有作为农药生产和使用。分子结构见图 4-12。

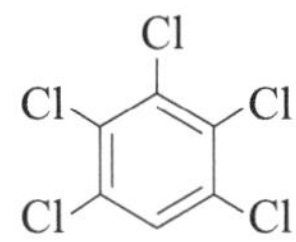

图 4-12 五氯苯的分子结构

（13）硫丹

硫丹（endosulfan），化学名称为 (1,4,5,6,7,7- 六氯 -8,9,10- 三降冰片 -5- 烯 -2,3- 亚基双甲基) 亚硫酸酯。CAS 编号为 115-29-7，分子式为 $C_9H_6Cl_6O_3S$，分子量为 406.925。硫丹纯品为白色结晶性粉末，工业品为黄棕色固体，是 *α*- 硫丹、*β*- 硫丹两种异构体的混合物。熔点为 106℃，沸点为 449.7℃，难溶于水，易溶于二甲苯、氯仿、丙酮等有机溶剂，25℃时水中溶解度为 530μg/L（*α*- 硫丹）和 280μg/L（*β*- 硫丹），在土壤中的半衰期为 6 ～ 11 个月，在水中的半衰期约为 4d。主要用于防治谷物、咖啡、棉花、果树、油菜、土豆、茶叶、蔬菜以及其他多种不同作物、观赏植物和森林树木上的害虫，对棉铃虫有很好的防治效果，还曾被用作工业木材和日用木材的防腐剂。分子结构如图 4-13 所示。

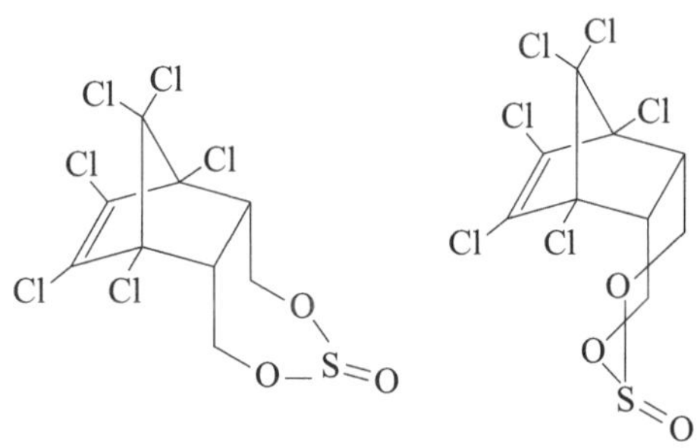

α-硫丹　　*β*-硫丹

图 4-13 硫丹的分子结构

（14）五氯苯酚及其盐类和脂类

五氯苯酚（pentachlorophenol，PCP），又名五氯酚，CAS 编号为 87-86-5，分子式为 C_6Cl_5OH，分子量为 266.337，纯品为白色薄片或结晶固体，工业品为灰黑色粉末或片状固体。难溶于水，易溶于甲醇、丙酮、乙醚等有机溶剂。熔点为 165 ～ 180℃，沸点为 310℃，蒸气压（211.2℃）为 40mmHg，水中溶解度（30℃）为 20mg/L，$\lg K_{OW}$ 为 5.17（pH=2.00）和 3.00（pH=7.00），五氯苯酚在通常条件下不被氧化，也难被水解，在光照下迅速分解，脱出氯化氢，颜色变深。五氯苯酚最初被用作木材防腐剂，广泛应用于工农业中，随后被用于其他多种途径，如杀虫剂、除草剂、杀菌剂等，并被用于生产月桂酸五氯苯酯。分子结构如图 4-14 所示。

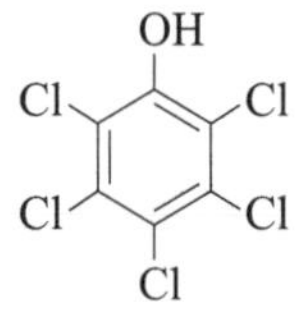

图 4-14　五氯苯酚的分子结构

（15）三氯杀螨醇

三氯杀螨醇（dicofol，DCF），又名开乐散，化学名称为 2,2,2- 三氯 -1,1- 双 (4-氯苯基) 乙醇。CAS 编号为 115-32-2，分子式为 $C_{14}H_9Cl_{15}O$，分子量为 370.486，纯品为白色结晶，工业品为褐色透明油状液体，难溶于水，易溶于苯、丙酮、氯仿等有机溶剂。熔点为 78.5℃，沸点为 225℃，水中溶解度（25℃）为 0.8mg/L。DCF 对螨类有触杀和胃毒作用，对成螨、幼螨及卵的有效率一般都在 95% 以上，持效期为 10 ～ 20d，因而主要用于防治棉花、柑橘、苹果、荔枝、龙眼、玉米、茶树、小麦、部分蔬菜以及其他农作物的螨害。分子结构如图 4-15 所示。

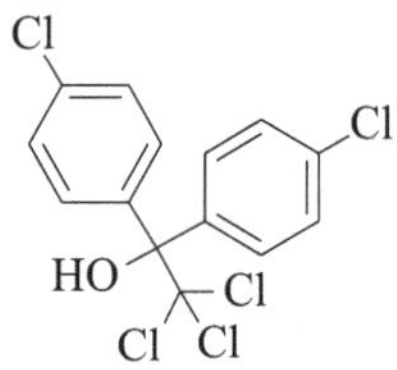

图 4-15　三氯杀螨醇的分子结构

（16）甲氧氯

甲氧氯（methoxychlor），又名甲氧滴滴涕，化学名称为 1,1,1- 三氯 -2,2,- 双 (4-甲氧基苯基) 乙烷。CAS 编号为 72-43-5，分子式为 $C_{16}H_{15}Cl_3O_2$，分子量为 345.648，纯品为白色或乳黄色块状或片状固体，工业品为灰白色鳞状粉末，不溶于水，溶于乙醇、石油，易溶于许多芳香烃溶剂。熔点为 86 ～ 88℃，沸点为 346℃，水中溶解度（25℃）为 0.1mg/L。甲氧氯是非内吸性触杀和胃毒广谱杀虫剂，稍有杀蚜和杀螨活性，主要用于防治食芽象甲、春尺蠖（杨尺蛾）等林木、枣树害虫，其生物活性范围与滴滴涕大体相同。主要用于防治大田作物、果树、蔬菜等的害虫，如玉米螟、桑尺蠖（造桥虫）、果树食心虫、苹果蠹蛾、日本金龟子等，还可用于防治家畜体外寄生虫和卫生害虫。分子结构如图 4-16 所示。

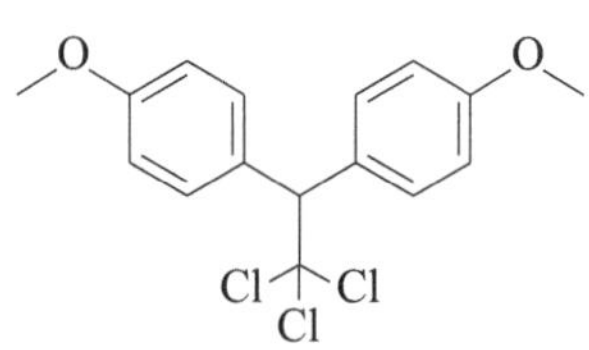

图 4-16　甲氧氯的化学结构

4.1.3.2 工业化学品类

（1）多氯联苯（同时是非故意排放副产品）

多氯联苯（polychlorinated biphenyls，PCBs）是联苯苯环上的氢原子被氯原子所取代而形成的一类氯化物，化学通式为 $C_{12}H_{10-n}Cl_n$（n=1 ～ 10），分子结构如图 4-17 所示。由于联苯苯环上氯原子取代位置和数目的不同，PCBs 共有 209 种可能的结构，但在环境中检出频率较高的 PCBs 大约有 90 种。采用国际纯粹与应用化学联合会（The International Union of Pure and Applied Chemistry，IUPAC）命名法对 PCBs 进行编号，编号由 PCB1 ～ PCB209。纯 PCBs 化合物为晶体，混合物为油状液体，一般商业化生产的 PCBs 产品均为混合物。二氯、三氯和四氯联苯等低氯化物呈液态，流动性好，随着取代氯原子数的增加，其黏稠度也相应增加，呈糖浆或树脂状。PCBs 极难溶于水，溶解度随氯原子数的增加而降低，易溶于正己烷、丙酮等有机溶剂。PCBs 在空气中的半衰期为 21d ～ 2a（一氯和二氯联苯除外），在土壤和沉积物中的半衰期约为 6a。PCBs 的主要物理化学性质如表 4-4 所列。

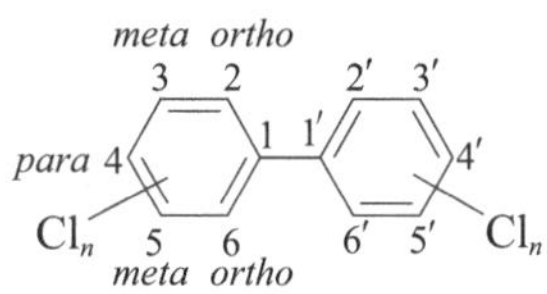

图 4-17 多氯联苯的分子结构

表4-4 多氯联苯各同族体的主要物理化学性质[2]

同族体	IUPAC 编号	氯原子个数	同族体个数	分子量	熔点 /℃	蒸气压 (25℃)/Pa	溶解度 (25℃) /(g/m³)	$\lg K_{OW}$
一氯联苯	1 ～ 3	1	3	188.5	25 ～ 78	1.1	4	4.7
二氯联苯	4 ～ 15	2	12	223	24 ～ 149	0.24	1.6	5.1
三氯联苯	16 ～ 39	3	24	257.5	18 ～ 87	0.054	0.65	5.5
四氯联苯	40 ～ 81	4	42	192	47 ～ 180	0.012	0.26	5.9
五氯联苯	82 ～ 127	5	46	326.5	76 ～ 124	2.6×10^{-3}	0.099	6.3
六氯联苯	128 ～ 169	6	42	361	77 ～ 150	5.8×10^{-4}	0.038	6.7
七氯联苯	170 ～ 193	7	24	395.5	122 ～ 149	1.3×10^{-4}	0.014	7.1
八氯联苯	194 ～ 205	8	12	430	159 ～ 162	2.8×10^{-5}	5.5×10^{-3}	7.5
九氯联苯	206 ～ 208	9	3	464.5	183 ～ 206	6.3×10^{-6}	2×10^{-3}	7.9
十氯联苯	209	10	1	499	306	1.4×10^{-6}	7.6×10^{-4}	8.3

PCBs 具有良好的电绝缘性和耐热性，化学性质稳定，并且不易燃烧，被广泛应用于工业和商业领域，如电容器、变压器和蓄电池等内部的绝缘散热介质以及涂料、绝缘油、橡胶和复写纸等工业产品的添加剂。PCBs 的商业化生产始于 1929 年，全球 PCBs 产量在 20 世纪 60 年代中期达到高峰（约 10 万吨 / 年）。我国从 20 世纪 70 年代开始生产 PCBs，每年产量累计近万吨，主要包括用作电容器浸渍剂的三氯联苯以及用作涂料添加剂的五氯联苯。

（2）溴代阻燃剂

阻燃剂是指能够使聚合物不容易着火或者着火后使其燃烧变慢的一种助剂。溴代阻燃剂（也被称为“溴系阻燃剂”）是一类包括脂肪族、脂环族、芳香族及芳香 - 脂肪族的含溴化合物。由于这类阻燃剂的阻燃效率高，相对用量少，对复合材料的力学性能几乎没有影响，因此被广泛用于塑料、纺织品、合成纤维、电子电器等商业产品中，是最重要的阻燃剂之一。溴代阻燃剂主要分为添加型和反应型，其中典型的添加型溴代阻燃剂有多溴联苯、多溴联苯醚和六溴环十二烷，这类溴代阻燃剂与添加载体之间没有化学键连接，因而容易从产品释放到环境中。目前已被列入《斯德哥尔摩公约》的溴代阻燃剂有 5 种，包括六溴联苯、商用八溴二苯醚（六溴二苯醚和七溴二苯醚）、商用五溴二苯醚（四溴二苯醚和五溴二苯醚）、十溴二苯醚、六溴环十二烷。

1）多溴联苯

多溴联苯（polybrominated biphenyls，PBBs）化学通式为 $C_{12}H_{(0\sim9)}Br_{(1\sim10)}$，分子量为 232.9 ～ 943.0，分子结构如图 4-18 所示。根据溴原子取代数量和位置的不同，共有 209 种可能的结构，采用 IUPAC 的编号系统进行编号，将其从 PBB1 命名至 PBB209。PBBs 的商业产品由溴化反应制成，因此 209 种同类物中的任一个在商业 PBBs 产品中都有可能存在。PBBs 商业产品为纯白色、米白色或者米黄色固体颗粒物。一般而言，PBBs 微溶于水，在水中的溶解度随着溴原子取代个数的增加而逐渐减小。PBBs 在室温下具有蒸气压低和亲脂性强的特点，有较宽温度范围的挥发性，商用的六溴联苯、八溴联苯、十溴联苯产品常态下为固态。PBBs 作为溴代阻燃剂被广泛应用于家具、建筑、电子电器等行业，其大规模应用时期为 20 世纪 70 年代。

六溴联苯属于应用较广的多溴联苯，共有 42 种同分异构体（PBB128 ～ PBB169）。CAS 编号为 36355-01-8，分子式为 $C_{12}H_4Br_6$，分子量为 627.584，为白色固体。熔点为 72℃，蒸气压（25℃）为 5.2×10^{-8}mmHg，水中溶解度（25℃）为 11μg/L，$\lg K_{OW}$ 为 6.39，$\lg K_{OC}$ 为 3.33 ～ 3.87。

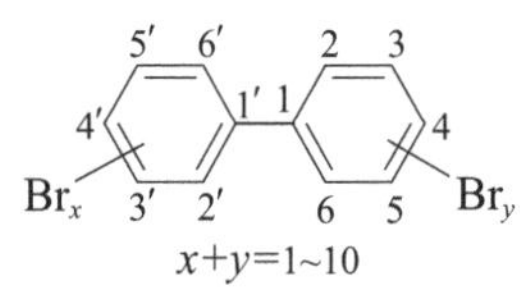

图 4-18　多溴联苯的分子结构

2）多溴联苯醚

多溴联苯醚（polybrominated diphenyle ethers，PBDEs），是一组溴代的芳香烃化合物，化学通式为 $C_{12}H_{(0\sim9)}Br_{(1\sim10)}O$，分子量为 249.1 ～ 959.2，分子结构如图 4-19 所示。由于苯环上溴原子取代数目和位置的不同，PBDEs 共有 209 种同系物，采用 IUPAC 的编号系统进行编号，将其从 BDE1 命名至 BDE209，共 10 类同族体。PBDEs 的基本理化性质如表 4-5 所列。PBDEs 在土壤中的半衰期约为 150d，在水中的半衰期为 6.4 ～ 150d。

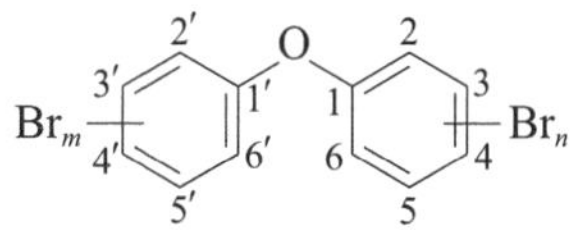

$PBDEs=C_{12}H_{(10-x)}Br_xO(x=1, 2, \cdots, 10=m+n)$

图 4-19 多溴联苯醚的分子结构

表4-5 部分多溴联苯醚同族体的物理化学性质[3]

溴原子个数	同类物	蒸气压 /mmHg	水溶性 /(μg/L)	亨利定律常数 /(Pa · m³/mol)	$\lg K_{OW}$
2	BDE15	1.30×10^{-4}	130	2.07×10^{-4}	
3	BDE17				5.74
	BDE28	1.64×10^{-5}	70	5.03×10^{-5}	5.94
4	BDE47	1.40×10^{-6}	15	1.48×10^{-5}	6.81
	BDE66	9.15×10^{-7}	18	4.93×10^{-6}	
	BDE77	5.09×10^{-7}	6	1.18×10^{-5}	
5	BDE85	7.40×10^{-8}	6	1.08×10^{-6}	
	BDE99	1.32×10^{-7}	9	2.27×10^{-6}	7.32
	BDE100	2.15×10^{-7}	40	6.81×10^{-7}	7.24
6	BDE138	1.19×10^{-8}			
	BDE153	1.57×10^{-8}	1	6.61×10^{-7}	7.90
	BDE154	2.85×10^{-5}	1	2.37×10^{-6}	7.82
7	BDE183	3.51×10^{-9}	2	7.30×10^{-8}	8.27
	BDE190	2.12×10^{-9}			
10	BDE209		＜0.1		10

注：1mmHg=133.3Pa。

工业化生产的 PBDEs 品种主要包括五溴联苯醚（penta-BDEs）、八溴联苯醚（octa-BDEs）和十溴联苯醚（deca-BDEs）三种。penta-BDEs 商业品的主要成分为

BDE47、BDE99、BDE153、BDE154 和 BDE100，主要作为溴代阻燃剂被用于电子电器、建材、纺织品等行业；octa-BDEs 商业品的主要成分为 BDE183 和 BDE153，主要在塑料工业中用于电子元件设备外壳的聚合物中；deca-BDEs 商业品的主要成分是 BDE209，主要用于各种电子电器和自动控制设备、建材、纺织品、家具等产品中。

3）六溴环十二烷

六溴环十二烷（hexabromocyclododecane，HBCD），属于脂环族溴代阻燃剂，CAS 编号为 3194-55-6，分子式为 $C_{12}H_{18}Br_6$，分子量为 641.695，为白色结晶性粉末，难溶于水，可溶于甲醇、乙醇、丙酮以及乙酸戊酯等有机溶剂。HBCD 有 6 个手性中心，理论上可形成 16 种不同的异构体，包括 6 对对映异构体和 4 对非对映异构体。工业品 HBCDs 主要包括 α-HBCD、β-HBCD 和 γ-HBCD 3 种同分异构体，其占比分别为 10% ～ 13%、1% ～ 12% 和 75% ～ 89%，其中 γ-HBCD 是工业品中最主要的异构体。另外，工业品 HBCD 中还含有少量的 δ-HBCD 和 ε-HBCD。3 种主要异构体 α-HBCD、β-HBCD 和 γ-HBCD 的分子结构如图 4-20 所示，基本理化性质见表 4-6。HBCD 作为世界三大溴代阻燃剂之一，其自身优异的阻燃性使之被广泛应用于塑料产品，在纺织业、电子电器业以及建筑业等领域也被普遍使用。

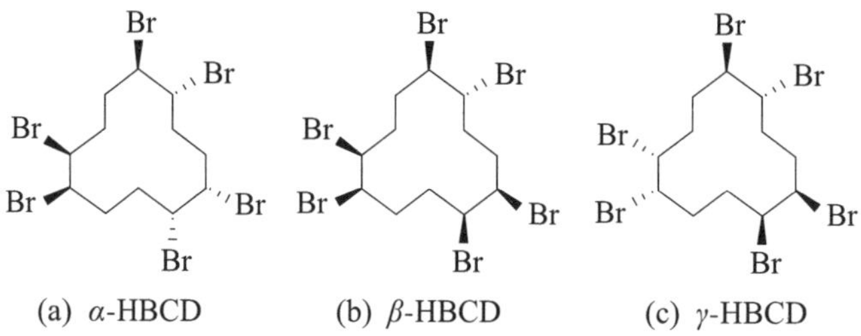

图 4-20　六溴环十二烷 3 种异构体的分子结构

表4-6　六溴环十二烷3种异构体的基本理化性质[4]

熔点 /℃	蒸气压（21℃）/Pa	溶解度 /(μg/L)	稳定性 /℃	$\lg K_{OW}$	$\lg K_{OA}$	$\lg K_{OC}$
168 ～ 184	6.27×10^{-5}	48.8（α） 14.7（β） 2.08（γ）	160（重排） 240（脱溴）	5.38（α） 5.47（β） 5.80（γ）	9.96（α） 10.47（β） 10.40（γ）	5.10

（3）全氟及多氟烷基化合物

全氟及多氟烷基化合物（per- and polyfluoroalkyl substances，PFASs）是指碳链上与碳原子相连的氢原子全部或部分被氟原子取代的一类高氟有机化合物，根据其末端带有的官能团主要分为全氟羧酸类、全氟磺酸类、全氟酰胺类和全氟调聚醇类等。PFASs 因具有优良的化学稳定性、热稳定性以及表面活性而被广泛应用于化工、电子、制药、航空、纺织等工农业和商业领域。由于 PFASs 结构中的 C—F 键键能极强，因此 PFASs 具有较高的化学稳定性、热稳定性和生物稳定性，能够在自然环境中长期存在。目前已被列入《斯德哥尔摩公约》的PFASs包括全氟辛烷磺酸及其盐类和全氟辛烷磺酰氟、全氟辛酸及其盐类和相关化合物、全氟己烷磺酸及其盐类和相关化合物。

1）全氟辛烷磺酸及其盐类和全氟辛烷磺酰氟

全氟辛烷磺酸（perfluorooctane sulfonic acid，PFOS）由17个氟原子和8个碳原子组成的烃链末端碳原子上连接一个磺酸基团组成。CAS编号为1763-23-1，分子式为$C_8F_{17}SO_3H$，分子量为500.13，为白色粉末，在水中溶解度较高。熔点＞400℃，沸点为260℃，蒸气压（20℃）为3.31×10^{-4}Pa，水中溶解度（20℃）为519mg/L，$\lg K_{OW}$为5.26。分子结构如图4-21所示。目前，PFOS已成为全氟化酸性硫酸基酸各种类型衍生物及含有这些衍生物的聚合体的代名词。PFOS类物质的化学通式为$C_8F_{17}SO_2Y$，其中Y为羟基、金属盐或其他盐类、卤化物、氨化物以及包括聚合物在内的其他衍生物。

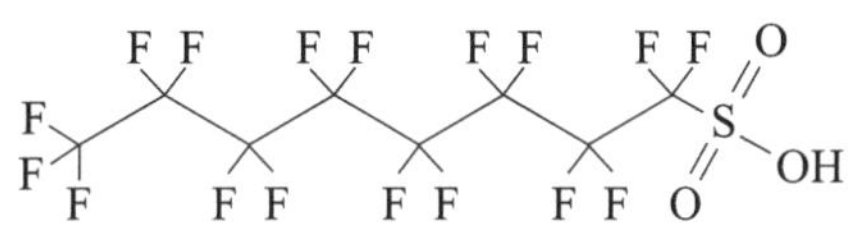

图4-21 全氟辛烷磺酸的分子结构

全氟辛烷磺酰氟（perfluorooctane sulfonyl fluoride，PFOSF）是全氟辛烷磺酸和与全氟辛烷磺酸有关物质合成的重要中间体。CAS编号为307-35-7，分子式为$C_8F_{18}O_2S$，分子量为502.121，无色或微黄色液体，不溶于水。沸点为154.2℃，蒸气压（20℃）小于10mmHg。分子结构见图4-22。

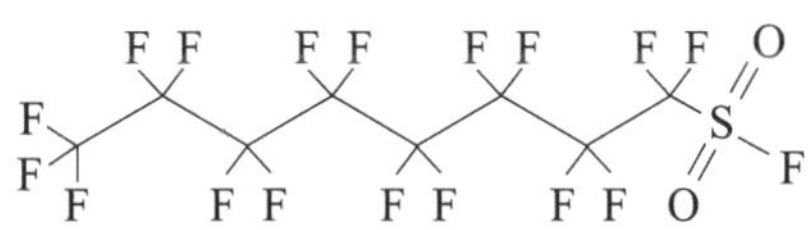

图4-22 全氟辛烷磺酰氟的分子结构

2）全氟辛酸及其盐类和相关化合物

全氟辛酸（perfluorooctanoic acid，PFOA），CAS编号为335-67-1，分子式为$C_8HF_{15}O_2$，分子量为414.07，常温常压下为白色粉末或蜡状白色固体。熔点为45～54℃，沸点为188～192℃。蒸气压（20℃）为0.017mmHg，在水中的溶解度（25℃）为2.29g/L，$\lg K_{OW}$为4.81，在大气中的半衰期约为90d，在水中的半衰期（25℃）超过92a。分子结构如图4-23所示。

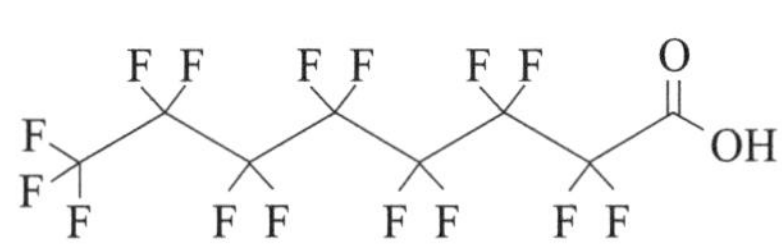

图4-23 全氟辛酸的分子结构

3）全氟己烷磺酸及其盐类和相关化合物

全氟己烷磺酸（Perfluorohexane sulfonate acid，PFHxS）是 PFOS 的同系物，具有相似的化学结构，由 6 个碳原子组成主链连接磺酸基团构成。CAS 编号为 355-46-4，分子式为 $C_6HF_{13}O_3S$，分子量为 400.11，常温常压下为白色结晶粉末，易溶于水，分子结构见图 4-24。由于大众普遍认为短链 PFASs（全氟及多氟烷基化合物）的毒性比长链的更小而得到发展应用，是近几年受到广泛关注的一种 PFOS 的替代品。PFHxS 主要应用于消防的水性成膜泡沫，并可用作水、油脂和土壤驱避剂，在地毯、纺织品、印刷油墨、密封剂等各种消费品的制作中得以应用。此外，PFHxS 还被广泛应用于纸质食品包装材料和炊具不粘锅涂层生产过程中。

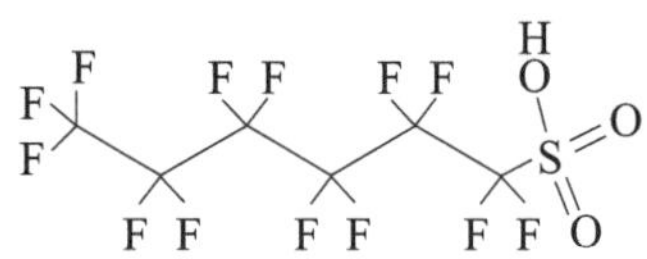

图 4-24 全氟己烷磺酸的分子结构

（4）六氯丁二烯（同时是非故意排放副产物）

六氯丁二烯（hexaachlorobutadiene，HCBD），化学名称为六氯 -1,3- 丁二烯，是一种脂肪族卤代烃化合物，CAS 编号为 87-68-3，分子式为 C_4Cl_6，分子量为 260.761，为无色至淡黄色液体，稍有特殊气味，不溶于水，溶于乙醇、乙醚。熔点为 −19 ～ −22℃，沸点为 210 ～ 220℃，蒸气压（20℃）为 0.2mmHg，水中溶解度（25℃）为 4.78mg/L，分子结构如图 4-25 所示。HCBD 被广泛用作橡胶及其他聚合物的溶剂、回收含氯气体或从气体中清除挥发性有机成分的“清洗剂”、液压液、热传导液或变压器油，或用在陀螺仪中。六氯丁二烯还在铝和石墨棒的生产中使用或在农业生产活动中用作杀虫剂、除草剂和杀菌剂。

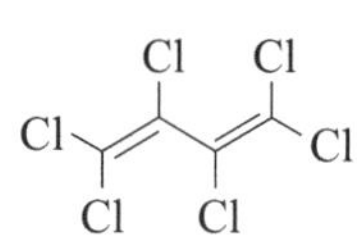

图 4-25 六氯丁二烯的分子结构

（5）多氯萘（同时是非故意排放副产物）

多氯萘（polychlorinated naphthalene，PCNs），又称氯化萘或多氯化萘，是一类基于萘环上的氢原子被氯原子所取代的化合物的总称，理论上可产生 75 种同系物，化学通式为 $C_{10}H_{8-n}Cl_n$（n=1 ～ 8），分子结构如图 4-26 所示。一氯萘和二氯萘为油状液体，三氯萘到八氯萘为粉末状固体，不溶于水，溶于正己烷、二氯甲烷、乙醚、甲苯和异辛烷等大多数有机溶剂。PCNs 同系物重要的理化性质见表 4-7。PCNs 具有较高的化学稳定性、电绝缘性以及热稳定性等，被广泛用作电容器介质、润滑油添加剂、电缆绝缘剂、防腐剂、黏合剂及防虫剂等，同时氯碱工业、金属冶炼和焚烧等工业过程也会产生 PCNs。

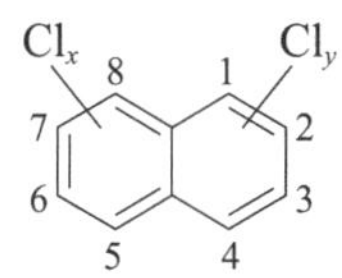

图 4-26　多氯萘的分子结构

表4-7　多氯萘同族体的基本物理化学性质[2]

同族体	氯原子个数	同族体个数	蒸气压 /Pa	水溶解度 /(μg/L)	$\lg K_{OW}$	$\lg K_{OA}$	$\lg K_{AW}$
一氯萘	1	2	0.402 ～ 0.747	924 ～ 2870	3.93 ～ 3.97	5.93 ～ 6.02	−2.05 ～ −2.01
二氯萘	2	10	−0.521 ～ −0.453	137 ～ 474	4.20 ～ 4.63	6.55 ～ 7.02	−2.83 ～ −1.98
三氯萘	3	14	−1.169 ～ −0.943	17 ～ 65	5.49 ～ 5.50	7.19 ～ 7.94	−3.35 ～ −2.01
四氯萘	4	22	−1.967 ～ −1.504	3.7 ～ 8.2	5.14 ～ 6.10	7.88 ～ 8.79	−3.54 ～ −2.02
五氯萘	5	14	−2.561 ～ −2.098	—	5.67 ～ 6.49	8.79 ～ 9.40	−3.73 ～ −2.30
六氯萘	6	10	−3.134 ～ −2.804	—	6.02 ～ 6.68	9.62 ～ 10.2	−4.13 ～ −3.04
七氯萘	7	2	−3.609 ～ −3.556	—	6.48 ～ 6.57	10.68 ～ 10.81	−4.34 ～ −4.11
八氯萘	8	1	−4.165	0.08	6.43	11.64	−5.21

（6）短链氯化石蜡

氯化石蜡（chlorinated paraffins，CPs）是一类人工合成的直链正构烷烃氯代衍生物，可根据其碳链长度分为短链氯化石蜡（short-chain chlorinated paraffins，SCCPs，C_{10} ～ C_{13}）、中链氯化石蜡（medium-chain chlorinated paraffins，MCCPs，C_{14} ～ C_{17}）和长链氯化石蜡（long-chain chlorinated paraffins，LCCPs，C_{18} ～ C_{30}）。在所有的氯化石蜡中，SCCPs 的应用最为广泛。由于其具有较好的电绝缘性、优良的阻燃性，同时价格低廉，被广泛应用于润滑剂、增塑剂、阻燃剂、黏合剂以及金属切削液等生产中。

SCCPs 的 CAS 编号为 85535-8-48，化学通式为 $C_nH_{(2n-m+2)}Cl_m$（n=10 ～ 13，m=1 ～

13），分子量为 320 ～ 500。由于氯原子所处位置不同、碳链长度不同以及氯原子数量不同，SCCPs 存在多种对映异构体和非对映异构体，且彼此之间的理化性质有较大差异。一般情况下，SCCPs 为淡黄色或黄色黏稠液体，沸点一般在 200℃以上，热稳定性好，可微溶于醇类溶剂和甘油中，能溶于非卤代脂肪烃中，易溶解于氯化物溶剂、芳香烃、醚类、酯类等有机溶剂中，蒸气压为 2.8×10^{-7} ～ 6.6×10^{-2}Pa，水中溶解度为 0.49 ～ 1260μg/L，亨利常数为 0.68 ～ 17.7Pa • m^3/mol，lgK_{OW} 为 4.48 ～ 8.69。分子结构如图 4-27 所示。

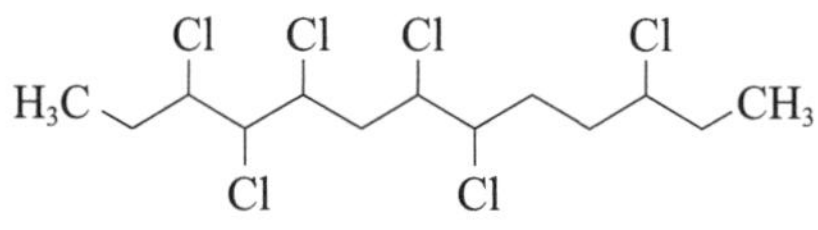

(a) $C_{13}H_{22}Cl_6$

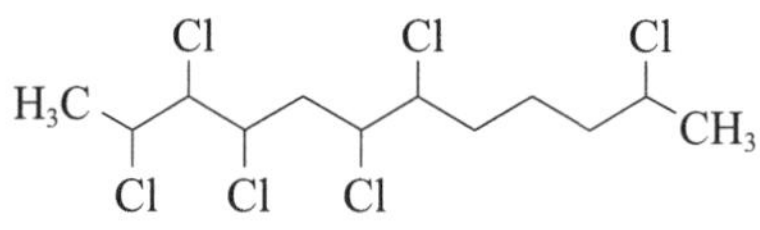

(b) $C_{12}H_{20}Cl_6$

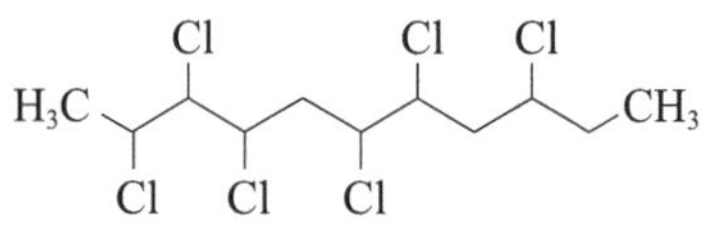

(c) $C_{11}H_{18}Cl_6$

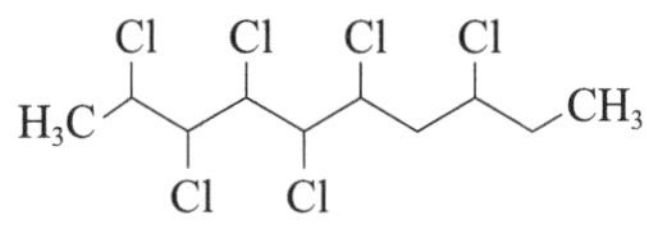

(d) $C_{10}H_{16}Cl_6$

图 4-27　不同碳链长度短链氯化石蜡的分子结构

（7）得克隆

得克隆（dechlorane plus，DPs），化学名称为双(六氯环戊二烯基)环辛烷，CAS 编号为 13560-89-9，分子式为 $C_{18}H_{12}Cl_{12}$，分子量为 653.58，纯品为白色粉末状固体，难溶于水，微溶于一些有机溶剂。熔点为 350℃（分解），沸点为 675.3℃，蒸气压为 4.71×10^{-8}Pa，水中溶解度为 0.04ng/L，lgK_{OW}（25℃）为 9.3，lgK_{OA}（25℃）为 12.26，在土壤中半衰期为 8640h，在水中半衰期为 4320h。DPs 主要以 1,5- 环辛二烯和六氯环戊二烯为反应物通过 Diels-Alder 反应合成，存在顺式（*syn*-DP，CAS 编号为 135821-03-3）和反式（*anti*-DP，CAS 编号为 135821-74-8）两种同分异构体，其分子结构如图 4-28 所示。不同生产商生产的 DPs 中 *syn*-DP 和 *anti*-DP 的含量稍有差异。DPs 作为一种添加型有机氯脂肪族阻燃剂，被广泛应用于电线电缆、尼龙、电子元件、电视及计算机外壳等高分子材料中。

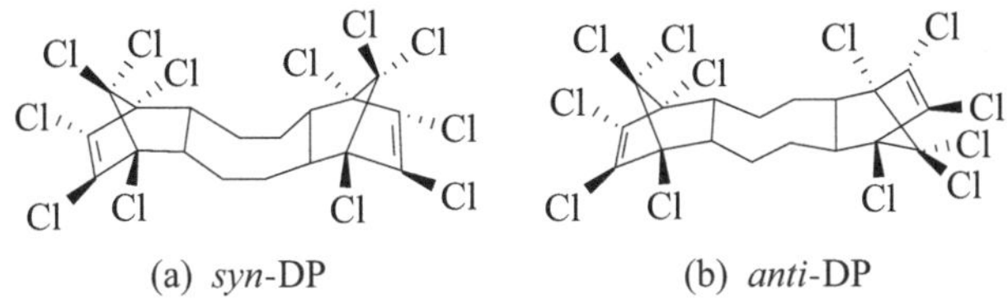

图 4-28 顺式和反式得克隆异构体的分子结构

（8）紫外线吸收剂 UV-328

UV-328，化学名称为 2-(2′- 羟基 -3′,5′- 二特戊基苯基) 苯并三唑，CAS 编号为 25973-55-1，分子式为 $C_{22}H_{29}N_3O$，分子量为 351.485，略淡黄色粉末，溶于苯、甲苯、乙酸乙酯和石油醚，微溶于乙醇和甲醇，不溶于水。熔点为 78 ～ 80℃，沸点为 469.1℃（760mmHg），蒸气压（25℃）为（0.0 ± 1.2）mmHg，分子结构如图 4-29 所示。UV-328 能吸收 290 ～ 400nm 波长的紫外光，在 305nm 和 345nm 波长处有最大吸收，广泛应用于合成高分子材料、涂料、文物保护、合成纤维、毛纺织品以及感光材料等工业领域。目前，国内主要用于感光材料，特别是彩色照相材料。

UV-328 可以保护表面在紫外线下不变色和降解，在塑料、橡胶、树脂和化妆品以及涂料中用作紫外线保护剂，被用于纺织及皮革产品、填料、表面处理、黏合剂、涂料类、印刷油墨、消费者香水、建筑材料中。

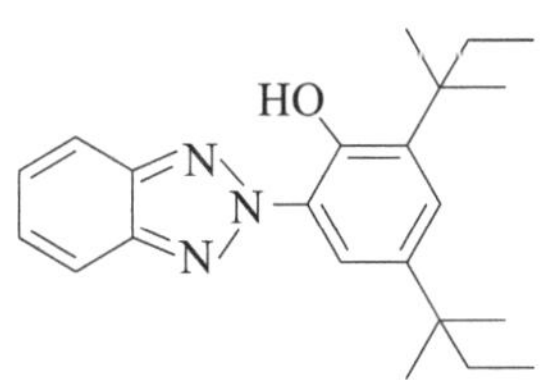

图 4-29 UV-328 的分子结构

4.1.3.3 非故意生产的副产品类

二噁英（dioxin）是多氯代二苯并 - 对 - 二噁英（polychlorinated dibenzo-*p*-dioxin，PCDDs）和多氯代二苯并呋喃（Polychlorinated dibenzofurans，PCDFs）总称，分子结构如图 4-30 所示。根据氯原子取代数目和位置的不同，PCDDs 和 PCDFs 分别有 75 种和 135 种异构体。PCDD/Fs 的毒性因氯原子取代数目和位置的不同而存在差异，其中 2、3、7、8 位均有氯原子取代的 17 种 PCDD/Fs 具有毒性，并且以 2,3,7,8- 四氯代二苯并 - 对 - 二噁英（2,3,7,8-tetrachlorodibenzo-*p*-dioxin，2,3,7,8-TCDD）的毒性最强，是迄今为止人类已知毒性最强的物质，其半数致死剂量（LD_{50}）为 1μg/kg 体重，毒性相当于氰化钾毒性的 1000 倍，素有“世纪之毒”之称，国际癌症研究中心已将其列为人类一级致癌物。

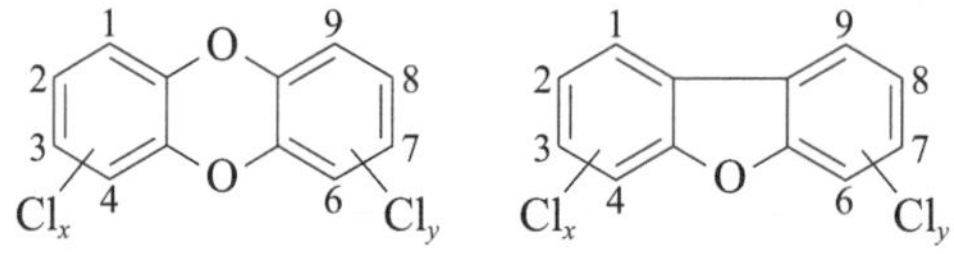

图 4-30　PCDD/Fs 的分子结构

由于环境中的 PCDD/Fs 主要以混合物的形式存在，为准确表示 PCDD/Fs 的毒性，国际上通常把各有毒 PCDD/Fs 同系物折算成相当于 2,3,7,8-TCDD 的量来表示，称为毒性当量（toxic equivalent quantity，TEQ）。为此引入毒性当量因子（toxic equivalency factor，TEF）的概念。TEF 是指某 PCDD/Fs 的毒性与 2,3,7,8-TCDD 的毒性相比得到的系数。样品中某有毒 PCDD/Fs 同系物的毒性当量浓度等于样品中该 PCDD/Fs 的实际质量浓度与其 TEF 的乘积，而样品中 PCDD/Fs 的总毒性当量浓度则等于样品中各有毒 PCDD/Fs 同系物的毒性当量之和。

$$TEQ_{PCDD/Fs}=\sum_{i=1}^{n=17} c_i \times TEF_i$$

式中　$TEQ_{PCDD/Fs}$——总毒性当量浓度；

c_i——第 i 种有毒 PCDD/Fs 同系物的实际质量浓度；

TEF_i——第 i 种有毒 PCDD/Fs 同系物的毒性当量因子。

国际上曾使用过三套 TEF 值，分别是 1989 年美国环境保护署（US EPA）采用的国际毒性当量因子（I-TEF）、1998 年世界卫生组织（WHO）进行更新后的 TEF 以及 2005 年 WHO 重新修订的 TEF。目前 3 套 TEF 均有所使用，计算 PCDD/Fs 毒性当量（TEQ）浓度时应说明选择的是何种体系的 TEF 值。

PCDD/Fs 具有极强的化学稳定性和热稳定性，常温下呈固态，无色无味，熔沸点较高，熔点为 100 ～ 350℃，沸点为 300 ～ 550℃，其熔沸点随着氯取代数目的增加呈现不断增长的趋势，难溶于水，可溶于大部分有机溶剂，易在生物体内积累，具有较长的半衰期，其在土壤中的半衰期长达 10 ～ 12a。17 种有毒 PCDD/Fs 的理化性质及国际毒性当量因子（WHO-TEF、I-TEF）如表 4-8 所列。PCDD/Fs 既非人为生产，又无任何用途，而是燃烧和各种工业生产过程的副产物，如废弃物焚烧、钢铁及有色金属冶炼、发电和供热、矿物制品生产、纸浆造纸、氯碱生产等。另外，森林火灾、火山爆发等自然现象也会生成 PCDD/Fs。

表4-8　17种有毒PCDD/Fs的主要物理化学参数和国际毒性当量因子[5]

有毒异构体	分子量	WHO-TEF	I-TEF	熔点/℃	沸点/℃	蒸气压(25℃)/Pa	溶解度(25℃)/(mg/L)	$\lg K_{OW}$	$\lg K_{OA}$(25℃)
2,3,7,8-TCDD	322.0	1	1	305	446	2.57×10^{-5}	1.58×10^{-2}	7.06	10.0
1,2,3,7,8-PeCDD	356.4	1	0.5	240	465	4.17×10^{-6}	4.00×10^{-3}	7.55	10.6

续表

有毒异构体	分子量	WHO-TEF	I-TEF	熔点/℃	沸点/℃	蒸气压(25℃)/Pa	溶解度(25℃)/(mg/L)	$\lg K_{OW}$	$\lg K_{OA}$(25℃)
1,2,3,4,7,8-HxCDD	390.0	0.1	0.1	273	488	8.91×10^{-7}	1.15×10^{-3}	7.94	11.1
1,2,3,6,7,8-HxCDD	390.9	0.1	0.1	258	488	8.51×10^{-7}	1.10×10^{-3}	7.94	12.2
1,2,3,7,8,9-HxCDD	390.9	0.1	0.1	243	488	8.51×10^{-7}	1.10×10^{-3}	7.92	12.3
1,2,3,4,6,7,8-HpCDD	425.3	0.01	0.01	264	507	2.04×10^{-7}	3.15×10^{-4}	8.27	11.4
OCDD	460.8	0.0003	0.001	325	510	6.61×10^{-8}	1.03×10^{-4}	8.48	13.0
2,3,7,8-TCDF	306.0	0.1	0.1	227	438	8.91×10^{-5}	2.43×10^{-2}	6.13	10.0
1,2,3,7,8-PeCDF	340.4	0.03	0.05	225	465	1.70×10^{-5}	6.79×10^{-2}	6.47	11.4
2,3,4,7,8-PeCDF	340.4	0.3	0.5	196	465	1.15×10^{-5}	4.81×10^{-3}	6.56	11.5
1,2,3,4,7,8-HxCDF	374.9	0.1	0.1	256	488	3.24×10^{-6}	1.64×10^{-3}	6.92	11.9
1,2,3,6,7,8-HxCDF	374.9	0.1	0.1	232	488	3.09×10^{-6}	1.56×10^{-3}	6.93	12.0
1,2,3,7,8,9-HxCDF	374.9	0.1	0.1	246	488	2.45×10^{-6}	1.24×10^{-3}	7.01	12.1
2,3,4,6,7,8-HxCDF	374.9	0.1	0.1	239	488	2.09×10^{-6}	1.06×10^{-3}	7.07	12.2
1,2,3,4,6,7,8-HpCDF	409.3	0.01	0.01	236	507	9.33×10^{-7}	4.92×10^{-4}	7.37	12.2
1,2,3,4,7,8,9-HpCDF	409.3	0.01	0.01	331	507	5.75×10^{-7}	2.83×10^{-4}	7.60	12.3
OCDF	444.8	0.0003	0.001	258	537	2.88×10^{-7}	1.22×10^{-4}	8.03	12.8

4.2 持久性有机污染物来源与污染特征

4.2.1 土壤中主要持久性有机污染物来源

由于POPs结构非常稳定，对光、热、微生物、生物代谢酶等各种作用均具有较强的抵抗能力，因此一旦进入环境中便很难发生降解，可以在水体、土壤和底泥等环境介质中长期残留，残留时间可长达数年甚至数十年。调查表明，POPs广泛分布于全球范围内的大气、水、土壤、沉积物和生物组织等各类环境介质中，甚至在人迹罕至的南北极地区以及地球北部的许多高山（如奥地利的阿尔卑斯山、西班牙的比利牛斯山以及我国的喜马拉雅山）也检测到了不同浓度的POPs。由于大多数POPs具有很强的亲脂憎水性，而土壤则是矿物质和有机物复合体的团粒结构混合物，可有效地吸附POPs，是环境中POPs的重要的汇。土壤是人类社会赖以生存和发展的物质基础，是农业生产的最基本的生产资料。土壤中残留的POPs不仅能够在植物体内富集，导致农作物品质和产量下降，也能够通过食物链的传递和积累，对人类健康构成严重威胁。大量研究表明，POPs可通过化学品施用、大气沉降、污水灌溉、污泥农用、固体废物随意处置以及意外泄漏等途径进入土壤。

有机氯农药曾是国内外生产使用历史较长、应用范围较广的一类杀虫剂。在农业生产过程中施用有机氯农药防治虫害是该类POPs进入土壤的主要途径。例如，为了防治地下害虫，有机氯农药直接施入土壤，或以拌种、浸种等形式进入土壤；对土壤上部喷洒时，有40% ～ 50%的有机氯农药直接落在土壤表层，有10% ～ 20%的有机氯农药黏附于植物表面，黏附于植物表面的有机氯农药可随挥发和雨水淋洗进入大气和土壤中，而进入大气中的有机氯农药又可通过大气沉降进入土壤。除直接施用外，有机氯农药也会在生产过程中随废水、废气和废渣的排放而进入环境中，并通过污水灌溉和大气沉降等途径进入土壤。

工业化学品类POPs（例如PCBs、PBBs、PBDEs、HBCDs、PFOS、PFHxS、CPs等）是人类为了满足特定需求而有意合成和生产的，通常伴随着其生产、流通、使用、报废等生命周期主要环节而进入土壤。以PCBs为例，PCBs被广泛应用于电子设备中，含PCBs产品的使用以及产品废弃后回收、贮存或处置不当都会导致其中所含的PCBs释放出来进入周围土壤中；工业生产过程中含PCBs的工业废弃物如废气、废液、废渣的排放也会导致PCBs进入周围土壤中。除了工业直接排放和电器制品泄漏等点源污染源能够导致PCBs直接进入土壤外，PCBs也可通过原PCBs污染场地的二次挥发进入大气中，随后通过大气沉降进入土壤中。已有研究表明，在非点源污染区，大气沉降是土壤中PCBs的主要来源。此外，PCBs还可通过污水灌溉、污泥土地利用以及含PCBs农药的施用等途径进入土壤。除故意生产外，PCBs也会在一些工业热过程（如垃圾焚烧、金属冶炼和化工生产等）中非故意产生，这些非故意产生的PCBs可能随着工业热过程产生的烟道气和飞灰进入大气环境中，然后通过大气沉降进入土壤中。与PCBs类似，HCBs、PeCBs、HCBDs、PCNs也会在一些工业热过程中无意生成，进而进入土壤中。

环境中PCDD/Fs的来源十分广泛，主要包括自然来源和人为来源。一直以来，自然界中火山爆发或森林火灾等燃烧过程都会释放PCDD/Fs，但环境中PCDD/Fs的背景含量相对较低。自20世纪以来，环境中PCDD/Fs的浓度急剧上升，归根结底主要是由人类的生活和生产活动造成的。2008年我国发布了以2004年为基准的官方PCDD/Fs排放清单（表4-9），从清单中可以看出，金属冶炼是最大的PCDD/Fs排放源，其对大气和土壤的影响最大；发电和供热、垃圾焚烧以及非受控燃烧是PCDD/Fs第二大排放源，其中垃圾焚烧对土壤的影响最大。相关企业或工厂排放的PCDD/Fs可直接进入土壤，或者经过干湿沉降从大气沉积到土壤。

表4-9　我国PCDD/Fs排放清单　　单位：g TEQ/g

污染源	大气	水	产品	土地	总量
金属冶炼	2486.20	13.50	0	2167.20	4666.90
垃圾焚烧	610.50	0	0	1147.10	1757.60
发电和供热	1304.40	0	0	588.10	1892.50
非受控焚烧	63.50	0	0	953.20	1016.70
矿物产品生产	413.60	0	0	0	143.60
化学品生产	0.68	23.16	174.39	68.90	267.13
交通	119.70	0	0	0	119.70
废弃物处置	0	4.50	0	43.20	47.70
其他	44.20	0	0	11.00	55.20
总计	5042.78	41.16	174.39	4978.70	9967.03

污水处理厂（包括物理化学处理和生物处理）是目前处理城市和工业污水的主要场所，对于大部分常规污染物而言，目前的二级生物处理是比较成熟和有效的处理方式，但现有的污水处理工艺对一些难降解污染物的处理效果并不理想。这些物质最终会富集在污泥中，若处理与处置不当会对周边环境造成潜在影响。目前，PCBs、PBDEs、PFOA、PFOS 和 SCCPs 等 POPs 在我国多个城市污水处理厂污泥中均被检出。例如，广州某大型污水处理厂污泥中 PCBs 含量达到 115.73ng/g，长江三角洲地区主要城市污水处理厂污泥中 PCBs 的含量为 0 ～ 720ng/g；关中地区固体废物处置区污水处理厂污泥中 PCBs 的含量为 9.64 ～ 213.85ng/g。周鹏等[6]通过对典型污水处理厂各构筑物进行采样分析研究了 PBDEs 在污水处理厂中的分布特征，发现在污水处理厂所有污泥样品中都有 PBDEs 检出（4226.76 ～ 9204.14ng/g），其中 BDE209 是主要同系物。天津某污水处理厂污泥中 PFOS 浓度（41.53 ～ 168.64ng/g）最高，其次是 PFOA（11.98 ～ 68.23ng/g）；沈阳某污水处理厂污泥中 PFOA 浓度最高（20.96 ～ 62.29ng/g），而 PFOS 的浓度在未检出到 9.16ng/g 之间。调查发现，PFASs 及其短链替代品在沈阳市 3 个污水处理厂的污泥中被广泛检出，3 个污水处理厂产生的污泥在堆肥过程中 PFASs 的总浓度分别在 73.6 ～ 103ng/g、11.2 ～ 39.7ng/g 和 51.2 ～ 72.3n/g 之间，3 个污水处理厂污泥堆肥产物中主要的 PFASs 为 PFOS，其次是 PFOA 及其短链替代品全氟丁酸，污泥经过高温好氧发酵，短碳链 PFASs 去除 10% ～ 30%，长碳链 PFASs 无明显去除效果。一项关于我国 13 个省（自治区、直辖市）25 个城市污水处理厂污泥中 SCCPs 污染情况的调查表明，污泥中 SCCPs 的含量为 0.80 ～ 52.7μg/g，平均值为 10.7μg/g，其含量远高于 PBDEs、PCBs 和 OPCs 等其他 POPs。由此可见，污泥土地利用可能是 PCBs、PBDEs、HBCDs、PFOS、PFOA 和 SCCPs 等工业化学品类 POPs 进入土壤的一个重要途径。

4.2.2 土壤中主要持久性有机污染物污染特征

4.2.2.1 有机氯农药

有机氯农药具有高效、杀虫谱广、成本低、使用方便等特点，曾在全球范围内大量生产和使用。然而，随着有机氯农药的大量使用，大气、土壤、水体以及动植物体内均检测到了有机氯农药的存在，并且其可通过食物链的传递逐级放大，最终影响人类健康。认识到有机氯农药存在的危害后，一些发达国家在20世纪70年代已经禁止生产和使用有机氯农药。一些以农业经济为主的发展中国家，禁止使用有机氯农药的时间比一些发达国家推迟了数十年，甚至目前有些国家仍在使用，以达到作物增产和控制疾病传播的目的。我国从20世纪50年代开始生产有机氯农药，直至80年代初才禁止生产、销售和使用。特别是HCHs和DDTs，其作为两种典型的有机氯农药在20世纪80年代以前的很长时间里一直作为主导农药使用。据统计，从1950年到1983年，我国生产的HCHs和DDTs总量估计超过400万吨和46万吨，分别占全球产量的33%和20%[7]。尽管我国从1983年开始陆续禁止生产、销售和使用有机氯农药，但由于有机氯农药过去使用量大、在环境中降解缓慢、滞留时间长，目前仍可在我国不同地区土壤、大气和水体等环境介质中检测到HCHs和DDTs等有机氯农药。此外，DCF与五氯酚钠以及船舶防污漆的生产、疟疾和白蚁的防治等都导致DDTs、氯丹、HCB以及灭蚁灵在被禁用多年后仍然存在新污染源的输入。

我国不同地区农业土壤中有机氯农药污染水平如表4-10所列。从表中可以看出，在我国不同地区不同类型农业土壤中均有不同程度的有机氯农药残留。其中，DDTs和HCHs是我国农业土壤中检出率最高、污染最普遍的两种有机氯农药，并且目前大部分已有的关于农业土壤中有机氯农药污染特征的研究也主要集中在这两种有机氯农药上。这主要是因为在我国DDTs和HCHs作为两种典型的有机氯农药在20世纪80年代以前很长的时间里一直作为主导农药使用，从而导致全国大部分地区农业土壤中普遍存在DDTs和HCHs残留。除了DDTs和HCHs外，部分地区农业土壤中也有不同浓度的HCB、七氯、氯丹、艾氏剂、狄氏剂、异狄氏剂、灭蚁灵、硫丹、甲氧滴滴涕等其他有机氯农药的检出。自1983年我国陆续禁用有机氯农药后，我国不同地区农业土壤中有机氯农药的残留量整体呈现逐渐下降的趋势，大部分地区农业土壤中DDTs和HCHs的浓度低于我国《土壤环境质量 农用地土壤污染风险管控标准（试行）》（GB 15618—2018）中规定的HCHs（α-HCH、β-HCH、γ-HCH和σ-HCH四种异构体含量总和）和滴滴涕（p,p'-DDE、p,p'-DDD、o,p'-DDT、p,p'-DDT四种衍生物含量总和）在农用地土壤中的污染风险筛选值（0.10mg/kg），未达到污染水平或属于低污染水平。但不同地区农业土壤中DDTs和HCHs等有机氯农药的检出率仍然较高，并且在局部地区，如辽宁、吉林、内蒙古、北京、长江三角洲、山东、安徽、浙江、江苏、福建、广东、湖北、湖南等地的农业土壤中检测到了相对较高浓度水平的DDTs。DDTs在好氧条件下可被微生物脱氯转化为DDE，在厌氧条件下则可

表4-10 我国不同地区农业土壤中有机氯农药的含量

地区	土壤类型	时间	∑OCPs /(ng/g)	OCPs平均值 /(ng/g)	∑DDTs /(ng/g)	DDTs平均值 /(ng/g)	∑HCHs /(ng/g)	HCHs平均值 /(ng/g)	其他有机氯农药（浓度范围，平均值）/(ng/g)
辽宁、黑龙江	大辽河流域下游水稻田土壤	2013年	5.28 ~ 28.97	11.30	2.04 ~ 19.39	5.91	1.76 ~ 8.33	4.06	六氯苯 (0.36 ~ 3.15, 1.13)、七氯 (nd ~ 0.0100, 0.0011)、环氧七氯 (0.0043 ~ 0.1900, 0.0016)、氯丹 (0.03 ~ 0.16, 0.10)、艾氏剂 (nd ~ 0.0030, 0.0002)、九氯 (0.02 ~ 0.08, 0.04)、灭蚁灵 (0.01 ~ 0.04, 0.02)
	松花江流域中游水稻田土壤		3.28 ~ 18.85	6.83	1.57 ~ 16.70	4.23	0.74 ~ 4.04	1.54	六氯苯 (0.41 ~ 3.51, 0.96)、七氯 (nd ~ 0.003, 0.001)、环氧七氯 (0.003 ~ 0.009, 0.006)、氯丹 (0.02 ~ 0.05, 0.03)、艾氏剂 (nd ~ 0.0020, 0.0002)、九氯 (0.02 ~ 0.05, 0.03)、灭蚁灵 (0.005 ~ 0.160, 0.020)
	乌苏里江流域中游水稻田土壤		1.19 ~ 78.53	16.98	0.45 ~ 75.32	14.65	0.21 ~ 2.91	1.39	六氯苯 (0.24 ~ 4.12, 0.82)、七氯 (nd ~ 0.004, 0.001)、环氧七氯 (0.002 ~ 0.020, 0.010)、氯丹 (0.02 ~ 0.10, 0.04)、艾氏剂 (nd ~ 0.0020, 0.0002)、九氯 (0.01 ~ 0.09, 0.05)、灭蚁灵 (0.003 ~ 0.030, 0.009)
辽宁	大辽河流域下游水稻田土壤	2010年	—	—	1.60 ~ 21.55	6.67	0.70 ~ 2.61	1.42	六氯苯 (0.43 ~ 74.43, 14.93)、灭蚁灵 (0.001 ~ 0.050, 0.010)
辽宁	沈阳南部郊区农田土壤	2010年	0.00 ~ 51.32	6.86	nd ~ 40.25	—	nd ~ 42.79	—	六氯苯 (nd ~ 6.47, 0.59)

续表

地区	土壤类型	时间	∑OCPs /(ng/g)	OCPs 平均值 /(ng/g)	∑DDTs /(ng/g)	DDTs 平均值 /(ng/g)	∑HCHs /(ng/g)	HCHs 平均值 /(ng/g)	其他有机氯农药（浓度范围，平均值）/(ng/g)
辽宁	沈阳周边设施农业区土壤	2013 年	4.07 ～ 282.74	65.31	0.99 ～ 218.56	25.82	0.67 ～ 224.51	14.51	六氯苯 (0.54 ～ 41.65, 8.35)、七氯 (1.35 ～ 85.2, 10.05)、艾氏剂 (0.97 ～ 20.60, 1.18)、狄氏剂 (0.84 ～ 5.65, 0.92)、异狄氏剂 (0.44 ～ 116.22, 4.48)
辽宁	沈阳市郊区夏季菜田土壤	1987 年	—	—		—	60.00 ～ 2250.00	840.00	—
	沈阳市郊区秋季菜田土壤		—	—	—	—	120.00 ～ 4080.00	970.00	
吉林	长春、德惠、扶余、公主岭和永吉农田土壤	2012 年	1.45 ～ 83.88	—	1.45 ～ 81.75	—	1.17 ～ 27.83	—	—
吉林	吉林市城区蔬菜田土壤	2013 年	12.10 ～ 72.51	29.69	3.16 ～ 48.35	13.19	4.37 ～ 44.77	11.17	七氯 (0.23 ～ 12.70, 1.37)、氯丹 (1.19 ～ 13.17, 3.69)、艾氏剂 (0.24 ～ 2.60, 0.63)、狄氏剂 (nd ～ 3.43, 1.02)
吉林	长春市郊区菜地土壤	2014 年	2.44 ～ 177.06	31.95	0.94 ～ 107.81	16.59	0.89 ～ 98.29	11.62	七氯 (nd ～ 4.97, 0.99)、氯丹 (0.22 ～ 18.20, 2.14)、艾氏剂 (nd ～ 4.49, 0.67)、狄氏剂 (nd ～ 9.66, 0.94)
	吉林市郊区菜地土壤		12.10 ～ 72.51	29.69	3.16 ～ 48.35	13.19	4.37 ～ 44.77	11.17	七氯 (0.23 ～ 12.70, 1.37)、氯丹 (1.19 ～ 13.17, 3.69)、艾氏剂 (0.24 ～ 2.60, 0.63)、狄氏剂 (nd ～ 3.43, 1.02)
	四平市郊区菜地土壤		9.12 ～ 416.99	67.80	3.45 ～ 375.12	43.48	2.54 ～ 193.13	18.87	七氯 (0.20 ～ 17.68, 1.99)、氯丹 (0.71 ～ 18.67, 3.88)、艾氏剂 (nd ～ 2.79, 0.61)、狄氏剂 (nd ～ 6.33, 0.96)

续表

地区	土壤类型	时间	∑OCPs /(ng/g)	OCPs 平均值 /(ng/g)	∑DDTs /(ng/g)	DDTs 平均值 /(ng/g)	∑HCHs /(ng/g)	HCHs 平均值 /(ng/g)	其他有机氯农药（浓度范围，平均值）/(ng/g)
吉林	东北玉米带农田土壤	2016 年	—	—	6.00 ～ 82.00	24.30	4.07 ～ 15.60	6.90	—
吉林	梅河口地区夏季水稻田土壤	2009 年	—	98.90	5.80 ～ 22.60	15.10	45.70 ～ 105.30	83.80	—
	梅河口地区秋季水稻田土壤		—	25.20	nd ～ 4.30	3.00	7.20 ～ 32.00	22.20	—
吉林	中部地区农业土壤	—	0.79 ～ 74.57	5.65	nd ～ 69.35	3.01	0.47 ～ 13.47	2.00	艾氏剂 (nd ～ 2.35)、氯丹 (nd ～ 0.72, 6.64%)、狄氏剂 (nd ～ 1.88)、异狄氏剂 (nd ～ 1.03)、七氯 (nd ～ 1.83)
吉林	松花江沿岸农田土壤	2009 年	133.15 ～ 1263.80	302.15	46.29 ～ 266.42	92.00	nd ～ 60.98	18.21	六氯苯 (nd ～ 38.82, 1.68)、七氯 (nd ～ 609.08, 32.91)、艾氏剂 (nd ～ 148.79, 28.23)、环氧七氯 (nd ～ 69.28, 20.17)、硫丹Ⅰ (nd ～ 170.22, 18.15)、狄氏剂 (nd ～ 59.61, 20.15)、异狄氏剂 (nd ～ 60.39, 14.12)、硫丹Ⅱ (nd ～ 73.05, 30.10)、甲氧滴滴涕 (nd ～ 63.08, 26.89)
吉林	洁净地区长白山表层土壤	2008 年	—	—	0.96 ～ 19.40	9.08	3.09 ～ 25.60	10.52	—

续表

地区	土壤类型	时间	∑OCPs /(ng/g)	OCPs 平均值 /(ng/g)	∑DDTs /(ng/g)	DDTs 平均值 /(ng/g)	∑HCHs /(ng/g)	HCHs 平均值 /(ng/g)	其他有机氯农药（浓度范围，平均值）/(ng/g)
黑龙江	哈尔滨市农田土壤	1997～1999年	—	—	—	3.40	—	6.38	—
黑龙江	松花江上游肇源江段沿岸水稻田土壤	2008年	—	—	0.15～40.31	35.78	0.70～21.30	15.00	—
黑龙江	松花江上游肇源江段沿岸菜地土壤	2008年			0.15～89.24	49.66	1.08～35.15	20.15	
内蒙古	林草交错带土壤	2018年	7.07～435.80	85.22	—	—	—	—	异狄氏剂醛 (0.16～354.35, 35.99)，异狄氏剂酮、灭蚁灵、甲氧滴滴涕、异狄氏剂、氯丹、硫丹、艾氏剂、七氯、六氯苯在所有样品中均有检出
内蒙古	呼和浩特市某集约化园艺区土壤	2008～2011年	10.69～1384.12	184.87	nd～994.39	137.22	4.84～281.44	52.39	—
内蒙古	农业区土壤	2015年	0.64～102.33	26.31	0.44～41.16	9.71	0.53～29.97	8.63	甲氧滴滴涕 (nd～22.56, 2.80)、顺式氯丹 (nd～4.22, 0.74)、反式氯丹 (nd～3.54, 0.69)、α-硫丹 (nd～7.12, 1.20)、β-硫丹 (nd～3.69, 0.51)、硫丹硫酸盐 (nd～5.19, 0.16)、七氯 (nd～4.37, 0.89)、环氧七氯 (nd～2.98, 0.47)、艾氏剂 (nd～1.73, 0.11)、狄氏剂 (nd～2.83, 0.15)、异狄氏剂 (nd～1.72, 0.12)、异狄氏剂醛 (nd～0.48, 0.06)、异狄氏剂酮 (nd～0.44, 0.07)

续表

地区	土壤类型	时间	∑OCPs /(ng/g)	OCPs 平均值 /(ng/g)	∑DDTs /(ng/g)	DDTs 平均值 /(ng/g)	∑HCHs /(ng/g)	HCHs 平均值 /(ng/g)	其他有机氯农药（浓度范围，平均值）/(ng/g)
内蒙古	牧业区土壤	2015 年	0.18 ~ 23.78	5.81	0.09 ~ 9.93	2.47	0.17 ~ 6.59	1.67	甲氧滴滴涕 (nd ~ 1.15, 0.12)、顺式氯丹 (nd ~ 2.18, 0.22)、反式氯丹 (nd ~ 1.32, 0.18)、α- 硫丹 (nd ~ 1.79, 0.14)、β- 硫丹 (nd ~ 0.36, 0.08)、硫丹硫酸盐 (nd ~ 1.64, 0.07)、七氯 (nd ~ 1.27, 0.27)、环氧七氯 (nd ~ 0.86, 0.13)、艾氏剂 (nd ~ 1.56, 0.09)、狄氏剂 (nd ~ 2.38, 0.13)、异狄氏剂 (nd ~ 1.24, 0.11)、异狄氏剂醛 (nd ~ 0.40, 0.07)、异狄氏剂酮 (nd ~ 0.39, 0.06)
天津	塘沽区小梁子村玉米地土壤	2009 年	—	—	—	30.84	—	88.74	六氯苯、七氯、艾氏剂、异艾氏剂、反式氯丹、顺式氯丹、狄氏剂、异狄氏在大部分样品中检出
	宁河县农场土壤					1.30		1.30	
天津	蔬菜田 A	2002 年	—	—	—	102.00	—	3.60	—
	蔬菜田 B		—	—	—	235.00	—	80.10	
北京	北京郊区温室土壤	2001 年	—	—	18.04 ~ 101.33	64.44	11.64 ~ 29.80	15.77	—
北京	官厅水库周边农业土壤	2003 年	—	—	nd ~ 7.33	0.66	nd ~ 76.01	9.46	—
		2007 年			nd ~ 5.56	0.85	nd ~ 116.74	7.84	
		2009 年			nd ~ 14.97	0.73	nd ~ 64.91	6.46	

续表

地区	土壤类型	时间	∑OCPs /(ng/g)	OCPs 平均值 /(ng/g)	∑DDTs /(ng/g)	DDTs 平均值 /(ng/g)	∑HCHs /(ng/g)	HCHs 平均值 /(ng/g)	其他有机氯农药（浓度范围，平均值）/(ng/g)
北京	官厅水库、密云水库周边农业土壤	2007 年	—	—	nd ～ 116.74	6.64	nd ～ 5.56	0.67	—
北京	西北郊区某农场土壤	1993 年	—	—	44.00～24615.00	1417.90	12.00 ～ 948.00	327.00	—
		2003 年			7.20 ～ 2910.00	381.30	2.00 ～ 760.30	32.00	
北京	市区和郊县农田土壤	2003 年	—	—	0.00 ～ 5910.83	77.36	0.00 ～ 56.12	0.92	—
北京	东南灌区土壤	2015 年	—	—	0.50 ～ 54.4	11.40	—	—	敌敌畏 (nd ～ 2.70, 0.10)、六氯苯 (0.20 ～ 9.80, 1.40)、莠去津 (0.50 ～ 76.30, 14.30)、百菌清 (nd ～ 3.30, 0.20)、除草醚 (nd ～ 5.30, 0.30)、七氯 (nd ～ 2.40, 0.10)、环氧七氯 (nd ～ 3.00, 0.20)、艾氏剂 (nd ～ 6.50, 0.40)
北京	郊区农田土壤	2006 ～ 2007 年	—	—	0.00 ～ 292.40	—	0.69 ～ 26.62	—	—

续表

地区	土壤类型	时间	∑OCPs /(ng/g)	OCPs 平均值 /(ng/g)	∑DDTs /(ng/g)	DDTs 平均值 /(ng/g)	∑HCHs /(ng/g)	HCHs 平均值 /(ng/g)	其他有机氯农药（浓度范围，平均值）/(ng/g)
北京	密云县蔬菜地土壤	2009 年	35.43 ～ 478.40	164.88	1.96 ～ 20.58	6.54	0.34 ～ 2.39	1.07	六氯乙烷 (0.17 ～ 0.40, 0.25)、七氯 (nd ～ 0.64, 0.38)、艾氏剂 (nd ～ 2.22, 0.63)、异艾氏剂 (29.99 ～ 476.66, 159.63)、环氧七氯 A(0.06 ～ 0.63, 0.19)、环氧七氯 B(nd ～ 0.19, 0.06)、反式氯丹 (0.02 ～ 0.24, 0.12)、氯苯基乙烯 (0.57 ～ 2.32, 1.46)、顺式氯丹 (0.02 ～ 0.17, 0.08)、狄氏剂 (nd ～ 0.15, 0.06)、硫丹Ⅱ (nd ～ 0.05, 0.02)、异狄氏剂 (nd ～ 0.08, 0.03)、甲氧氯 (0.04 ～ 1.07, 0.46)、灭蚁灵 (0.27 ～ 3.49, 1.08)
北京	平原区农田土壤	2003 年	—	—	1.42 ～ 5910.80	77.18	0.64 ～ 32.32	1.47	—
北京	通州污水灌区、清污混合灌区、清水灌区农田和菜地土壤	2007 年	6.02 ～ 123.87	36.18	4.04 ～ 82.12	26.36	1.24 ～ 23.97	4.09	六氯苯 (0.33 ～ 43.74, 4.97)，α- 硫丹、β- 硫丹、反式氯丹、顺式氯丹、反式九氯和顺式九氯在所有样品中均有检出，硫丹硫酸盐、狄氏剂、异狄氏剂、七氯、外环氧七氯、异狄氏剂醛、异狄氏剂酮和甲氧滴滴涕在所有样品中均未检出
山西	太原市污灌区土壤	2010 年	2.01 ～ 47.20	16.76	0.27 ～ 37.93	8.38	0.18 ～ 11.89	3.37	—
山西	太原市污灌区土壤	2011 年	0.41 ～ 39.61	—	0.14 ～ 30.47	—	0.25 ～ 9.21	—	—

续表

地区	土壤类型	时间	∑OCPs /(ng/g)	OCPs 平均值 /(ng/g)	∑DDTs /(ng/g)	DDTs 平均值 /(ng/g)	∑HCHs /(ng/g)	HCHs 平均值 /(ng/g)	其他有机氯农药（浓度范围，平均值）/(ng/g)
山西	太原市小店污灌区土壤	2010 年	13.49 ～ 98.56	36.76	—	16.74	—	7.89	硫丹、甲氧滴滴涕、反式氯丹、七氯、狄氏剂、异狄氏剂和九氯在所有样品中均有检出
河北	石家庄市汪洋沟污灌区土壤	2012 年	37.90 ～ 75.50	57.30	31.40 ～ 63.50	48.30	2.84 ～ 9.18	5.89	甲氧滴滴涕 (nd ～ 8.32, 2.88)、环氧七氯 (nd)、七氯 (nd)、α- 硫丹 (nd ～ 0.12, 0.07)、β- 硫丹 (0.41 ～ 1.02, 0.59)、艾氏剂 (nd)、狄氏剂 (0.03 ～ 0.12, 0.08)
河北	唐山市郊区菜地、果园及城市绿地土壤	2008 ～ 2010 年	—	—	7.40 ～ 61.90	34.65	5.92 ～ 26.22	16.07	—
河北	唐山市城市绿地、果园、蔬菜及玉米地土壤	—	—	—	11.09 ～ 141.07	66.40	2.73 ～ 32.20	15.02	—
浙江、江苏、江西	浙江、江苏、江西省农业土壤	2014 ～ 2019 年	—	—	0.01 ～ 5659.00	—	0.03 ～ 3.58	—	硫丹硫酸盐 (0.18 ～ 3235.00, 102.00)、硫丹 (0.05 ～ 3235.00)
上海、江苏	上海市嘉定区、江苏省昆山市和太仓市农业土壤	2014 年	nd ～ 662.00	134.00	—	—	—	—	—

续表

地区	土壤类型	时间	∑OCPs /(ng/g)	OCPs 平均值 /(ng/g)	∑DDTs /(ng/g)	DDTs 平均值 /(ng/g)	∑HCHs /(ng/g)	HCHs 平均值 /(ng/g)	其他有机氯农药（浓度范围，平均值）/(ng/g)
长江三角洲	上海、江苏、浙江农田土壤	2014 年	1.00 ～ 3520.00	59.30	0.13 ～ 3515.00	56.20	0.37 ～ 30.30	2.46	六氯苯 (nd ～ 21.5)、七氯 (nd ～ 2.2)、艾氏剂 (nd ～ 8.7)、异狄氏剂 (nd ～ 5.7)、七氯环氧乙烷 (nd ～ 3.3)
长江三角洲	长江三角洲地区农业土壤	2003 年	0.57 ～ 302.73	36.49	0.57 ～ 302.73	36.49	—	—	—
长江三角洲	长江三角洲农业土壤（水田、旱地和高地）	2003 年	—	—	0.46 ～ 484.24	28.87	0.28 ～ 17.93	3.23	—
长江三角洲	长江三角洲地区某废旧电容器拆解地周边水稻田土壤	2006 年	—	—	11.36 ～ 33.28	18.86	10.61 ～ 33.11	19.42	—
长江三角洲	农业土壤	2003 年	—	—	0.46 ～ 484.24	28.87	0.28 ～ 17.93	3.23	—
长江三角洲	长江三角洲农业区传统菜地土壤	2014 年	0.48 ～ 99.37	26.27	0.48 ～ 91.85	22.45	nd ～ 9.25	5.48	—
	长江三角洲农业区水稻田土壤		1.01 ～ 3.78	2.50	0.61 ～ 3.41	1.81	nd ～ 0.89	0.87	
黄河三角洲	黄河三角洲农业土壤	2012 年	1.36 ～ 200.10	22.70	0.46 ～ 17.60	5.84	nd ～ 7.11	1.49	—

续表

地区	土壤类型	时间	∑OCPs /(ng/g)	OCPs 平均值 /(ng/g)	∑DDTs /(ng/g)	DDTs 平均值 /(ng/g)	∑HCHs /(ng/g)	HCHs 平均值 /(ng/g)	其他有机氯农药（浓度范围，平均值）/(ng/g)
山东	青岛农田、菜园地、靠近公路区域的表层土壤	2005 年	5.07 ～ 87.77	32.58	3.88 ～ 79.55	26.51	0.41 ～ 9.67	4.01	六氯苯 (0.51 ～ 2.36)、艾氏剂 (nd ～ 0.96)、狄氏剂 (nd ～ 0.24)、异狄氏剂 (nd ～ 0.54)、七氯 (nd ～ 1.04)
山东	济宁市农田土壤	—	—	—	nd ～ 24.23	10.56	nd ～ 18.22	5.36	艾氏剂 (nd ～ 0.59, 0.02)、狄氏剂 (nd ～ 0.85, 0.03)、异狄氏剂 (nd ～ 0.44, 0.02)、七氯 (nd ～ 1.26, 0.07)、环氧七氯 (nd ～ 0.61, 0.02)、顺式氯丹 (nd ～ 0.87, 0.02)、反式氯丹 (nd ～ 0.75, 0.02)
山东	聊城市 8 个县市的耕地土壤	—	—	—	nd ～ 4451.06	128.75	nd ～ 52.25	11.16	六氯苯 (nd ～ 13.72, 2.48)、艾氏剂 (nd ～ 8.49, 0.13)、狄氏剂 (nd ～ 27.94, 0.31)、异狄氏剂 (nd ～ 69.29, 2.05)、七氯 (nd ～ 34.01, 0.47)
山东	聊城市耕地土壤	—	—	—	26.00 ～ 615.00	—	3.00 ～ 22.00	—	—
山东	黄河以南菏泽—济宁一带农业土壤	—	—	—	0.70 ～ 264.00	17.00	1.00 ～ 70.00	5.73	—
山东	聊城市农田土壤	2008 年	—	—	nd ～ 4451.06	128.75	nd ～ 52.25	11.16	六氯苯 (nd ～ 13.72, 2.48)、艾氏剂 (nd ～ 8.49, 0.13)、狄氏剂 (nd ～ 27.94, 0.31)、异狄氏剂 (nd ～ 69.29, 2.05)、七氯 (nd ～ 34.01, 0.47)

续表

地区	土壤类型	时间	∑OCPs /(ng/g)	OCPs 平均值 /(ng/g)	∑DDTs /(ng/g)	DDTs 平均值 /(ng/g)	∑HCHs /(ng/g)	HCHs 平均值 /(ng/g)	其他有机氯农药（浓度范围，平均值）/(ng/g)
山东	烟台地区黄县、牟平、荣成、莱阳四县麦田土壤	1980 年	—	—	272.00 ～ 497.50	—	111.00 ～ 641.00	—	—
山东	烟台市苹果种植区土壤	2009 ～ 2010 年	—	—	0.01 ～ 2.66	0.35	0.02 ～ 0.56	0.15	—
安徽	寿县等 19 个地区农田土壤（0 ～ 20cm）	2010 年	nd ～ 23.75	—	—	—	—	—	百菌清 (0.52)、α- 硫丹 (1.81)
	寿县等 19 个地区农田土壤（0 ～ 50cm）		20.30 ～ 117.84	50.00	—	—	11.12 ～ 90.71	29.19	百菌清 (nd ～ 46.09, 1.11)、α- 硫丹 (nd ～ 11.21, 1.51)
安徽	焦岗湖流域农田土壤	—	73.07 ～ 742.11	341.20	17.21 ～ 666.90	240.33	6.01 ～ 119.23	30.89	硫丹硫酸盐 (0.06 ～ 4.76, 1.65)、七氯 (0.70 ～ 83.33, 12.94)、环氧七氯 (0.09 ～ 7.96, 3.00)、反式氯丹 (nd ～ 1.48, 0.18)、顺式氯丹 (nd ～ 1.36, 0.25)、艾氏剂 (0.04 ～ 1.52, 0.43)、狄氏剂 (0.71 ～ 4.38, 1.98)、异狄氏剂 (1.29 ～ 70.04, 14.21)、异狄氏剂醛 (0.04 ～ 3.27, 0.67)、异狄氏剂酮 (0.06 ～ 23.11, 4.81)、甲氧滴滴涕 (5.76 ～ 53.66, 26.58)

续表

地区	土壤类型	时间	∑OCPs /(ng/g)	OCPs 平均值 /(ng/g)	∑DDTs /(ng/g)	DDTs 平均值 /(ng/g)	∑HCHs /(ng/g)	HCHs 平均值 /(ng/g)	其他有机氯农药（浓度范围，平均值）/(ng/g)
安徽	淮河中游河岸农业土壤	—	1.80 ～ 63.00	19.00	0.03 ～ 1.20	0.40	1.20 ～ 31.00	13.00	六氯苯 (0.02 ～ 1.40, 0.24)、七氯 (nd ～ 38.00, 3.60)、氯丹 (0.02 ～ 1.80, 0.83)、硫丹 (nd ～ 2.00, 0.55)、艾氏剂 (nd ～ 1.80, 0.53)
安徽	砀山等 16 个县农田土壤	—	—	—	18.00 ～ 4428.00	150.00	61.00 ～ 496.00	361.00	—
安徽	巢湖周边地区农田土壤	2009 年	0.11 ～ 32.24	3.71	0.36 ～ 32.24	7.87	0.24 ～ 4.58	1.39	六氯苯、七氯、硫丹、狄氏剂及艾氏剂在所有样品中均有检出
上海	崇明岛农田土壤	2008 年	3.11 ～ 117.47	26.25	0.14 ～ 77.89	15.80	1.14 ～ 22.43	4.52	六氯苯 (0.23 ～ 11.63)、艾氏剂 (0.03 ～ 0.75)、环氧七氯 (0.05 ～ 1.44)、狄氏剂 (0.05 ～ 5.33)、异狄氏剂 (nd ～ 14.66)、灭蚁灵 (0.03 ～ 10.58)
上海	农业区农业土壤	2007 年	3.16 ～ 265.24	—	0.44 ～ 247.45	21.41	nd ～ 10.38	2.41	氯丹 (0.84 ～ 10.88)、硫丹 (nd ～ 3.68)、六氯苯 (0.10 ～ 3.62)、艾氏剂 + 狄氏剂 + 异狄氏剂 (nd ～ 5.69)
上海	崇明岛农场土壤	2007 年	—	—	6.33 ～ 60.9	35.10	0.57 ～ 12.90	2.64	六氯苯 (0.11 ～ 2.75, 0.70)、灭蚁灵 (nd ～ 0.83, 0.31)，七氯、艾氏剂、狄氏剂、异狄氏剂以及毒杀芬在所有样品中均有检出
	崇明岛普通农业区土壤				2.52 ～ 7.63	4.83	0.46 ～ 2.39	1.26	
	崇明岛城镇土壤				0.56 ～ 13.40	4.16	0.42 ～ 1.76	1.10	
	崇明岛自然保护区土壤				1.32 ～ 2.53	1.99	0.60 ～ 1.16	0.87	

续表

<table>
<tr><th>地区</th><th>土壤类型</th><th>时间</th><th>∑OCPs /(ng/g)</th><th>OCPs 平均值 /(ng/g)</th><th>∑DDTs /(ng/g)</th><th>DDTs 平均值 /(ng/g)</th><th>∑HCHs /(ng/g)</th><th>HCHs 平均值 /(ng/g)</th><th>其他有机氯农药（浓度范围，平均值）/(ng/g)</th></tr>
<tr><td>上海</td><td>崇明岛东北部农业土壤</td><td>2006 年</td><td>—</td><td>—</td><td>0.78 ～ 163.20</td><td>27.80</td><td>0.40 ～ 20.00</td><td>1.57</td><td>—</td></tr>
<tr><td>浙江</td><td>宁波市郊农业土壤</td><td>—</td><td>nd ～ 41.30</td><td>1.08</td><td>0.08 ～ 5.39</td><td>1.22</td><td>0.05 ～ 5.90</td><td>2.20</td><td>艾氏剂 (nd ～ 0.96)、氯丹 (nd ～ 41.3)、狄氏剂 (nd ～ 1.26)、异狄氏剂 (nd ～ 1.26)、七氯 (nd ～ 1.15)</td></tr>
<tr><td>浙江</td><td>农业土壤</td><td>2006 年</td><td></td><td></td><td>4 ～ 529</td><td>82</td><td>—</td><td>—</td><td>—</td></tr>
<tr><td rowspan="4">浙江</td><td>杭州农业区土壤（冬季）</td><td rowspan="4">2014 ～ 2015 年</td><td rowspan="4">—</td><td rowspan="4">—</td><td rowspan="4">—</td><td rowspan="4">—</td><td>0.26 ～ 4.38</td><td>1.74</td><td rowspan="4">—</td></tr>
<tr><td>杭州农业区土壤（夏季）</td><td>0.03 ～ 2.80</td><td>0.72</td></tr>
<tr><td>生态产业园区土壤（冬季）</td><td>0.27 ～ 1.91</td><td>0.63</td></tr>
<tr><td>生态产业园区土壤（夏季）</td><td>0.04 ～ 1.78</td><td>0.35</td></tr>
<tr><td>浙江</td><td>农田土壤</td><td>2007 ～ 2008 年</td><td>—</td><td>—</td><td>3.87 ～ 529.08</td><td>95.93</td><td>nd ～ 50.56</td><td>6.69</td><td>硫丹 (nd ～ 39.43, 3.94)、七氯 (nd ～ 5.38, 0.15)、环氧七氯 (nd ～ 3.25, 0.35)、艾氏剂 (nd ～ 8.54, 0.51)、狄氏剂 (nd ～ 5.00, 0.30)、顺式氯丹 (0.90 ～ 17.55)、反式氯丹 (0.13 ～ 28.61)</td></tr>
</table>

续表

地区	土壤类型	时间	∑OCPs /(ng/g)	OCPs 平均值 /(ng/g)	∑DDTs /(ng/g)	DDTs 平均值 /(ng/g)	∑HCHs /(ng/g)	HCHs 平均值 /(ng/g)	其他有机氯农药（浓度范围，平均值）/(ng/g)
浙江	58 个农业站点土壤	2006 ～ 2007 年	—	—	—	—	—	—	七氯 (nd ～ 2, 0.12)、艾氏剂 (0.7 ～ 8.5)，狄氏剂、硫丹、硫丹硫酸盐在所有样品中均有检出
浙江	舟山海岛地区农田土壤	—	—	—	0 ～ 0.10	—	0 ～ 0.01	—	—
江苏	南京、镇江、常州、无锡和苏州五市农业土壤	2014 年	0 ～ 99.37	30.75	0 ～ 91.85	31.93	0 ～ 8.64	6.11	六氯苯、艾氏剂、七氯、狄氏剂和硫丹硫酸盐在所有样品中均有检出
江苏	南京市郊某钢铁厂周边农业土壤	—	—	—	3.31 ～ 43.80	11.10	0.81 ～ 9.40	3.60	—
江苏	南京市主城区农田土壤	2002 ～ 2003 年	10.30 ～ 1059.60	77.60	6.30 ～ 1050.70	64.10	2.70 ～ 130.60	13.60	—
江苏	长江三角洲典型冲积平原土壤	2004 年	—	—	nd ～ 600.00	88.80	nd ～ 99.00	3.23	—
江苏	洪泽湖周边水田土壤	2009 年	6.49 ～ 219.10	41.99	2.71 ～ 184.02	30.07	0.64 ～ 42.59	11.21	六氯苯 (nd ～ 6.35)
	洪泽湖周边旱田土壤		4.80 ～ 93.90	22.41	nd ～ 73.55	16.58	nd ～ 20.43	5.31	六氯苯 (nd ～ 3.45)
	洪泽湖周边湿地土壤		nd ～ 2.82	1.36	nd ～ 1.76	0.70	nd ～ 1.70	0.54	六氯苯 (nd ～ 0.26)

续表

地区	土壤类型	时间	∑OCPs /(ng/g)	OCPs 平均值 /(ng/g)	∑DDTs /(ng/g)	DDTs 平均值 /(ng/g)	∑HCHs /(ng/g)	HCHs 平均值 /(ng/g)	其他有机氯农药（浓度范围，平均值）/(ng/g)
江苏	张家港农业土壤	2004 年	—	—	nd ～ 600.00	88.80	nd ～ 99.00	3.20	—
江苏	南通市棉花田土壤（表层）	2006 年	4.20 ～ 678.60	99.81	6.29 ～ 678.60	185.66	—	—	—
	南通市棉花田土壤（底层）				4.20 ～ 623.80	195.00			
	南通市蔬菜田土壤（表层）				6.29 ～ 25.79	13.96			
	南通市蔬菜田土壤（底层）				4.19 ～ 23.36	13.46			
江苏	太湖地区农业土壤	2004 年	—	—	—	—	0.73 ～ 60.97	24.06	狄氏剂、异狄氏剂、六氯苯、α- 硫丹在所有样品中均有检出
江苏	宜兴市宜城稻田土壤	2003 年	15.50 ～ 56.80	27.80	6.20 ～ 36.90	13.70	5.70 ～ 12.30	8.60	六氯苯 (2.09)、α- 硫丹 (1.30)、异狄氏剂 (1.08)、五氯硝基苯 (0.76)、狄氏剂 (0.58)
江苏	南京市城郊蔬菜生产基地土壤	2005 年	6.18 ～ 84.72	18.63	3.36 ～ 74.19	12.61	2.48 ～ 17.80	6.02	—
江苏	宜兴市某蔬菜基地土壤（0 ～ 15cm）	2004 年	19.81 ～ 45.01	32.53	—	—	7.05 ～ 10.54	8.92	HCB、狄氏剂、异狄氏剂、五氯硝基苯、硫丹在所有样品中均有检出
	宜兴市某蔬菜基地土壤（15～30cm）		21.14 ～ 43.20	32.78	—	—	7.12 ～ 9.50	8.24	

续表

地区	土壤类型	时间	∑OCPs /(ng/g)	OCPs 平均值 /(ng/g)	∑DDTs /(ng/g)	DDTs 平均值 /(ng/g)	∑HCHs /(ng/g)	HCHs 平均值 /(ng/g)	其他有机氯农药（浓度范围，平均值）/(ng/g)
福建	龙岩、三明、南平地区水稻田土壤	2008～2010 年	7.36～473.09	53.19	6.51～469.50	51.17	0.41～9.61	2.02	—
福建	武夷山北段农业土壤	2009 年	—	—	0.01～107.99	7.48	1.05～25.07	3.98	—
福建	鹫峰山脉农业土壤	2009 年	—	—	0.01～384.75	18.91	0.97～247.40	10.17	—
福建	戴云山脉农业土壤	2009 年	2.56～465.99	38.00	0.10～240.38	14.94	0.78～90.71	5.03	硫丹 (0.00～212.5, 6.93)、六氯苯 (0.02～6.33, 0.64)、七氯 (0.03～25.64, 1.22)、艾氏剂 (0～14.35, 1.07)、七氯环氧化物 (0～8.61, 0.36)、反式氯丹 (0.01～7.21, 0.59)、顺式氯丹 (0.00～4.29, 0.36)、狄氏剂 (0.00～0.68, 0.19)、异狄氏剂 (0.00～105.98, 1.41)、甲氧滴滴涕 (0.00～12.23, 1.95)
福建	宁德市农田土壤	2009 年	3.66～658.42	78.83	0.51～241.30	78.83	0.45～151.21	14.51	硫丹 (0.14～453.96, 17.59)
福建	九龙江下游农业土壤	2009 年	—	—	0.94～700.99	71.17	0.38～39.52	9.51	—
福建	漳州市农业土壤	2009 年	—	—	0.64～78.07	3.86	0.72～30.16	9.79	—
福建	茶园土壤	2011 年	—	—	nd～0.31	0.18	0.02～0.26	0.10	—

续表

地区	土壤类型	时间	∑OCPs /(ng/g)	OCPs 平均值 /(ng/g)	∑DDTs /(ng/g)	DDTs 平均值 /(ng/g)	∑HCHs /(ng/g)	HCHs 平均值 /(ng/g)	其他有机氯农药（浓度范围，平均值）/(ng/g)
福建	茶园土壤	—	—	—	0.03 ～ 62.76	6.04	nd ～ 15.85	0.78	—
福建	福州市区和郊区农田土壤	2009 年	3.80 ～ 160.18	21.25	0.52 ～ 158.29	16.44	1.26 ～ 26.64	4.81	—
福建	福州市蔬菜基地土壤	—	4.63 ～ 375.00	92.60	4.63 ～ 298.00	55.70	nd ～ 115.00	21.10	艾氏剂 (nd ～ 19.20, 1.10)、狄氏剂 (nd ～ 3.10, 0.22)、三氯杀螨醇 (nd ～ 53.10, 13.40)、硫丹 (nd ～ 10.60, 0.57)、氯丹 (nd ～ 9.13, 0.53)
福建	晋江流域农业土壤	2009 年	3.98 ～ 114.69	22.38	1.42 ～ 111.93	18.65	1.16 ～ 30.13	3.73	—
福建	闽江干流沿岸农田土壤	2009 年	4.31 ～ 877.80	74.13	1.67 ～ 876.49	66.64	1.32 ～ 24.01	7.50	—
广东	潮汕地区农业土壤	2002 年	4.60 ～ 1021.50	113.40	nd ～ 152.70	26.90	nd ～ 104.40	15.30	七氯 (nd ～ 12.0, 2.6)、艾氏剂 (nd ～ 26.1, 3.8)、七氯环氧化物 (nd ～ 99.1, 4.9)、狄氏剂 (nd ～ 49.7, 12.9)、异狄氏剂 (nd ～ 61.4, 8.1)、异狄氏剂醛 (nd ～ 61.8, 6.2)、硫丹硫酸盐 (nd ～ 69.7, 9.1)、甲氧滴滴涕 (nd ～ 110.6, 18.8)
广东	北江韶光流域典型地区农业土壤	2010 年	2.71 ～ 62.40	11.90	1.82 ～ 60.30	8.57	nd ～ 1.74	0.53	七氯 (nd ～ 0.87, 0.05)、艾氏剂 (nd ～ 1.97, 0.12)、异狄氏剂 (nd ～ 0.92, 0.05)、异狄氏剂酮 (nd ～ 0.21, 0.03)、氯丹 (nd ～ 0.08, 0.02)、硫丹 (0.10 ～ 20.90, 2.15)、六氯苯 (nd ～ 0.86, 0.19)、灭蚁灵 (nd ～ 0.97, 0.25)、环氧七氯 (nd)、狄氏剂 (nd)、九氯 (nd)、异狄氏剂醛 (nd)、甲氧氯 (nd)

续表

地区	土壤类型	时间	∑OCPs /(ng/g)	OCPs 平均值 /(ng/g)	∑DDTs /(ng/g)	DDTs 平均值 /(ng/g)	∑HCHs /(ng/g)	HCHs 平均值 /(ng/g)	其他有机氯农药（浓度范围，平均值）/(ng/g)
广东	珠江三角洲 9 个城市的农业土壤	2006 年	—	—	nd ～ 110.00	8.80	nd ～ 62.00	3.40	—
广东	深圳不同行政区农业土壤	2007 年	—	—	1.93 ～ 199.00	60.80	0.35 ～ 281.00	22.00	七氯 (0.26 ～ 5.37, 1.29)、艾氏剂 (0.35 ～ 3.90, 1.35)、环氧七氯 (0.25 ～ 10.00, 1.59)、α- 硫丹 (0.26 ～ 46.80, 5.09)、β- 硫丹 (0.25 ～ 0.39, 0.30)、狄氏剂 (0.25 ～ 0.81, 0.46)、硫丹硫酸盐 (0.29)、甲氧滴滴涕 (0.33 ～ 152.00, 18.40)
广东	东莞和佛山农业土壤	2005 年	—	86.50	3.58 ～ 831.00	82.10	0.19 ～ 42.30	4.42	—
广东	珠江三角洲果蔬田土壤	2002 年	—	—	0.52 ～ 414.00	20.10	0.04 ～ 2.41	2.94	反式氯丹 (nd ～ 13.70)、顺式氯丹 (nd ～ 15.50)
	珠江三角洲水稻田土壤		—	—	2.23 ～ 232.00	24.70	nd ～ 10.50	3.01	
广东	珠江三角洲最有代表性城市农业土壤	2000 年	0.82 ～ 439.75	42.81	0.27 ～ 414.29	37.18	0.01 ～ 28.31	3.86	—
广东	雷州市南渡河沿岸水稻田土壤	2012 年	0.05 ～ 8.81	2.44	0 ～ 8.32	1.86	0 ～ 0.39	0.04	六氯苯 (0 ～ 0.20, 0.02)、艾氏剂 (nd)、环氧七氯 (0.00 ～ 1.78, 0.15)、γ- 氯丹 (nd)、α- 氯丹 (nd)、硫丹Ⅰ (0.00 ～ 0.31, 0.02)、狄氏剂 (nd)、硫丹Ⅱ (nd)、灭蚁灵 (0.000～0.060, 0.002)

续表

地区	土壤类型	时间	∑OCPs /(ng/g)	OCPs 平均值 /(ng/g)	∑DDTs /(ng/g)	DDTs 平均值 /(ng/g)	∑HCHs /(ng/g)	HCHs 平均值 /(ng/g)	其他有机氯农药（浓度范围，平均值）/(ng/g)
广东	珠江三角洲不同农田的农业土壤	2019 年	nd ～ 946.00	65.50	nd ～ 743.00	34.20	nd ～ 110.00	4.52	艾氏剂 (nd ～ 743.00, 34.20)、狄氏剂 (nd ～ 5.80, 0.04)、异狄氏剂 (nd ～ 283.00, 2.81)、灭蚁灵 (nd ～ 29.20, 0.51)、α- 硫丹 (nd ～ 288.00, 13.00)、β- 硫丹 (nd)、顺式氯丹 (nd ～ 20.40, 0.63)、反式氯丹 (nd ～ 8.70, 0.08)、七氯环氧化物异构体 A(nd ～ 113.00, 3.89)、七氯环氧化物异构体 B(0.00 ～ 102.00, 0.43)、顺式九氯 (nd ～ 90.40, 0.63)、反式九氯 (nd)、六氯苯 (nd ～ 41.50, 0.40)
广东	东莞市农业土壤	2002 年	—	—	0.05 ～ 36.33	3.49	nd ～ 16.11	1.76	硫丹Ⅱ (3.55)、异狄氏剂醛 (3.34)、甲氧滴滴涕 (3.22)、硫丹硫酸盐 (2.23)、艾氏剂 (1.46)、硫丹Ⅰ (1.03)、异狄氏剂 (0.76)、狄氏剂 (0.21)、七氯 (0.06)、七氯环氧化物 (0.01)
广东	典型区域的农业土壤	2002 ～ 2005 年	nd ～ 936.94	45.93	nd ～ 157.75	10.18	nd ～ 104.38	5.90	硫丹Ⅰ (nd ～ 186.00, 5.43)、硫丹Ⅱ (nd ～ 61.22, 3.17)、硫丹硫酸盐 (nd ～ 915.49, 6.49)、七氯 (nd ～ 11.96, 0.55)、七氯环氧化物 (nd ～ 99.10, 0.92)、艾氏剂 (nd ～ 26.10, 1.31)、狄氏剂 (nd ～ 49.65, 1.39)、异狄氏剂 (nd ～ 61.43, 1.54)、异狄氏剂醛 (nd ～ 337.56, 3.00)、甲氧滴滴涕 (nd ～ 167.60, 6.04)

续表

地区	土壤类型	时间	∑OCPs /(ng/g)	OCPs 平均值 /(ng/g)	∑DDTs /(ng/g)	DDTs 平均值 /(ng/g)	∑HCHs /(ng/g)	HCHs 平均值 /(ng/g)	其他有机氯农药（浓度范围，平均值）/(ng/g)
广东	广州市部分市区和远郊区的农田土壤	2007 ～ 2008 年	0.34 ～ 778.60	53.10	nd ～ 697.70	—	0.29 ～ 14.90	—	六氯苯 (nd ～ 2.25, 5.79)、灭蚁灵 (nd ～ 5.93, 1.06)
广东	广州市菜地土壤	2009 年	—	—	0.33 ～ 2.88	1.59	nd ～ 2.04	1.12	艾氏剂、狄氏剂、异狄氏剂、异狄氏剂醛、七氯、环氧七氯、硫丹（Ⅰ、Ⅱ）、硫丹硫酸盐、甲氧滴滴涕在所有样品中均有检出
广东	广州市农田土壤	2005 年	24.72 ～ 9481.56	378.06	2.73 ～ 1036.90	52.76	1.35 ～ 803.72	42.75	—
广东	惠州市农业土壤	2004 ～ 2005 年	0.17 ～ 66.59	14.63	nd ～ 36.62	4.98	nd ～ 10.40	1.66	—
广东	惠州市农业土壤	2005 年	0.25 ～ 64.16	8.79	0.01 ～ 15.48	—	0.01 ～ 3.84	—	硫丹Ⅱ (nd ～ 24.25)
广东	雷州半岛典型区域农业土壤	2004 年	0.79 ～ 78.64	13.33	nd ～ 52.00	3.83	nd ～ 65.95	3.43	七氯 (nd ～ 1.82, 0.19)、七氯环氧化物 (nd ～ 0.60, 0.10)、艾氏剂 (nd ～ 8.73, 1.08)、狄氏剂 (0.12 ～ 0.55, 0.07)、硫丹Ⅰ (0.75 ～ 4.66, 0.24)、硫丹Ⅱ (3.76 ～ 23.34, 1.37)、硫丹硫酸盐 (1.65 ～ 7.66, 1.48)、异狄氏剂 (0.32 ～ 2.36, 0.16)、异狄氏剂醛 (0.65 ～ 4.38, 0.38)、甲氧滴滴涕 (3.01 ～ 23.74, 0.98)

续表

地区	土壤类型	时间	∑OCPs /(ng/g)	OCPs 平均值 /(ng/g)	∑DDTs /(ng/g)	DDTs 平均值 /(ng/g)	∑HCHs /(ng/g)	HCHs 平均值 /(ng/g)	其他有机氯农药（浓度范围，平均值）/(ng/g)
广东	雷州半岛南部典型农用地土壤	2020 年	—	—	—	—	18.30 ～ 138.60	71.78	七氯 (4.16 ～ 30.97, 17.28)、六氯苯 (0.07 ～ 0.31, 0.16)、艾氏剂 (nd ～ 4.19, 1.04)、狄氏剂 (nd ～ 7.43, 2.01)、异狄氏剂 (nd ～ 14.61, 5.54)、灭蚁灵 (nd ～ 0.44, 0.10)
广东	梅州市梅江区城郊菜地土壤	—	—	—	—	—	—	—	六氯苯、七氯、环氧七氯、艾氏剂、狄氏剂、异狄氏剂、α- 硫丹、β- 硫丹在所有样品中均有检出
广东	汕头市农业土壤	—	nd ～ 650.06	113.37	nd ～ 152.75	26.89	nd ～ 104.38	15.29	艾氏剂类 (nd ～ 129.84, 16.56)、七氯类 (nd ～ 108.39, 5.20)、硫丹类 (nd ～ 235.11, 33.62)、甲氧滴滴涕 (nd ～ 101.64, 15.82)
广东	珠江三角洲地区农业土壤	—	—	—	0.16 ～ 32.80	4.05	—	—	—
广东	珠江三角洲经济区农用地土壤	2008 ～ 2009 年	nd ～ 649.33	20.67	nd ～ 383.41	12.30	nd ～ 41.62	1.87	甲氧滴滴涕 (nd ～ 57.62, 1.07)、硫丹Ⅰ (nd ～ 38.04, 0.19)、硫丹Ⅱ (nd ～ 74.21, 1.11)、硫丹硫酸盐 (nd ～ 273.43, 3.81)、七氯 (nd ～ 0.33, 0.03)、七氯环氧化物 (nd ～ 0.47, 0.05)、艾氏剂 (nd ～ 1.67, 0.05)、狄氏剂 (nd ～ 0.41, 0.05)、异狄氏剂 (nd ～ 0.98, 0.09)

续表

地区	土壤类型	时间	∑OCPs /(ng/g)	OCPs 平均值 /(ng/g)	∑DDTs /(ng/g)	DDTs 平均值 /(ng/g)	∑HCHs /(ng/g)	HCHs 平均值 /(ng/g)	其他有机氯农药（浓度范围，平均值）/(ng/g)
广东	东莞市蔬菜地土壤	2002 年	2.47 ～ 82.23	22.53	0.05 ～ 36.33	4.23	nd ～ 16.11	1.77	七氯 (nd ～ 0.25, 0.07)、艾氏剂 (0.74 ～ 2.72, 1.50)、环氧七氯 (nd ～ 0.16, 0.02)、硫丹Ⅰ(nd ～ 8.61, 0.39)、硫丹Ⅱ(nd ～ 23.69, 3.65)、狄氏剂 (nd ～ 1.30, 0.21)、异狄氏剂 (nd ～ 30.46, 1.08)、异狄氏剂醛 (nd ～ 41.26, 4.78)、硫丹硫酸盐 (nd ～ 5.88, 1.59)、甲氧滴滴涕 (nd ～ 11.57, 3.25)
海南	不同县市区瓜菜地土壤	—	nd ～ 17.37	2.30	nd ～ 12.38	1.25	nd ～ 2.23	0.16	硫丹 (nd～0.93, 0.13)、硫丹硫酸盐 (nd～2.92, 0.38)、甲氧滴滴涕 (nd ～ 1.43, 0.18)、七氯 (nd～0.83、0.03)、环氧七氯 (nd～0.11, 0.01)、艾氏剂 (nd ～ 0.06, nd)、狄氏剂 (nd ～ 0.94, 0.06)、异狄氏剂 (nd ～ 1.70, 0.08)、异狄氏剂醛 (nd ～ 0.08, nd)
广西	青狮潭库区稻田土壤	2016 ～ 2017 年	47.66 ～ 118.09	79.03	7.04 ～ 31.07	12.37	21.62 ～ 79.40	38.32	七氯 (nd ～ 7.54, 4.97)、环氧七氯 (nd ～ 13.28, 1.68)、硫丹Ⅰ(0.89 ～ 22.79, 2.40)、硫丹Ⅱ(nd ～ 33.24, 8.56)、顺式氯丹 (0.74～5.21, 1.44)、艾氏剂 (0.95～3.63, 1.59)、异狄氏剂 (nd ～ 8.54, 1.58)、甲氧滴滴涕 (1.16 ～ 19.37, 6.11)
广西	青狮潭库区稻田土壤	2016 年	—	—	12.22 ～ 17.20	—	23.26 ～ 39.89	—	—
广西	漓江流域果园土壤	2013 年	—	—	＜0.50 ～ 10.67	2.83	—	—	—

续表

地区	土壤类型	时间	∑OCPs /(ng/g)	OCPs 平均值 /(ng/g)	∑DDTs /(ng/g)	DDTs 平均值 /(ng/g)	∑HCHs /(ng/g)	HCHs 平均值 /(ng/g)	其他有机氯农药（浓度范围，平均值）/(ng/g)
江西	鄱阳湖地区水稻田土壤	2007 年	—	—	nd ～ 43.04	7.11	0.37 ～ 7.52	1.66	—
江西	环鄱阳湖区蔬菜生产基地土壤	—	2.39 ～ 47.28	14.72	1.65 ～ 55.03	12.35	nd ～ 7.53	1.86	七氯 (nd)、六氯苯 (nd ～ 2.10, 0.22)、环氧七氯 (nd)、氯丹 (nd ～ 2.90, 0.29)
江西	环鄱阳湖区 11 个县市水稻田土壤	2013 年	—	—	1.69 ～ 16.17	6.25	nd ～ 26.65	10.64	七氯 (nd ～ 9.05, 1.88)、环氧七氯 (nd ～ 7.41, 1.63)、六氯苯 (nd ～ 8.02, 0.21)、氯丹 (nd ～ 6.71, 2.05)
河南	焦作附近区县农田土壤	—	—	—	0.40 ～ 290.40	—	0.40 ～ 192.00	—	—
河南	吕店镇农田土壤（棉田）	2015 年	85.00 ～ 1392.10	212.70	20.00 ～ 206.10	71.30	6.50 ～ 56.40	19.00	七氯 (4.30 ～ 14.00, 9.60)、反式氯丹 (18.00 ～ 1254.40, 109.90)、硫丹 (nd ～ 3.30, 0.40)、顺式氯丹 (nd)、狄氏剂 (nd)、硫丹硫酸盐 (nd)
	吕店镇农田土壤（其他作物）		101.30 ～ 393.80	173.30	nd ～ 79.20	38.50	2.90 ～ 53.20	21.60	七氯 (6.5 ～ 13.50, 10.30)、反式氯丹 (48.50 ～ 317.80, 99.70)、硫丹 (nd)、顺式氯丹 (nd)、狄氏剂 (nd)、硫丹硫酸盐 (nd)
河南	丹江口水库淅川淹没区农田土壤	2008 年	15.16 ～ 279.93	76.59	—	—	—	—	—
河南	开封市农田土壤	2019 年	—	—	1.20 ～ 154 58	119.76	5.57 ～ 77.83	45.35	—

续表

地区	土壤类型	时间	∑OCPs /(ng/g)	OCPs 平均值 /(ng/g)	∑DDTs /(ng/g)	DDTs 平均值 /(ng/g)	∑HCHs /(ng/g)	HCHs 平均值 /(ng/g)	其他有机氯农药（浓度范围，平均值）/(ng/g)
河南	农田土壤	2014 ～ 2016 年	—	17.78	—	3.54	—	26.09	HCB(16.13)，灭蚁灵 (nd)、艾氏剂（nd），顺式九氯、反式九氯、顺式氯丹、反式氯丹、β- 硫丹和 α- 硫丹在所有样品中均有检出
河南	黄河流域河南段农田土壤	—	—	—	2.56 ～ 42.41	16.78	1.23 ～ 9.29	6.23	六氯苯 (0.78 ～ 8.15, 5.12)、反式氯丹 (nd ～ 0.98, 0.23)、顺式氯丹 (nd ～ 1.47, 0.56)、α- 硫丹 (0.03 ～ 0.85, 0.12)、β- 硫丹 (nd ～ 0.23, 0.15)、反式九氯 (0.07 ～ 0.97, 0.56)、顺式九氯 (nd ～ 3.05, 0.78)
河南	九龙江流域河南段农田土壤	2014 ～ 2016 年	—	17.78	—	3.54	—	26.09	六氯苯 (16.13)、反式氯丹 (0.09)、顺式氯丹 (0.08)、反式九氯 (0.11)、顺式九氯 (0.07)、硫丹硫酸盐 (nd)、狄氏剂 (nd)、异狄氏剂 (nd)、艾氏剂 (nd)、七氯 (nd)、外环氧七氯 (nd)、异狄氏剂醛 (nd)、灭蚁灵 (nd)、异狄氏剂酮 (nd) 和甲氧滴滴涕 (nd)
湖北	武汉、宜昌、襄阳蔬菜种植基地土壤	2013 年	21.00 ～ 590.00	88.00	8.00 ～ 570.00	68.00	4.90 ～ 27.00	11.00	七氯 (3.30 ～ 14.00, 5.80)、氯丹 (nd ～ 88.00, 3.60)
湖北	长江沿岸巴东县至宜昌市农业土壤	2013 年	1.26 ～ 22.15	6.49	0.31 ～ 5.36	1.80	0.23 ～ 3.77	1.27	七氯 (nd ～ 0.25, 0.04)、艾氏剂 (nd ～ 1.08, 0.35)、七氯外环氧化物 (nd ～ 1.13, 0.33)、α- 硫丹 (0.10 ～ 7.32, 0.79)、异狄氏剂 (nd ～ 2.08, 0.20)、β- 硫丹 (0.18 ～ 0.98, 0.40)、异狄氏剂醛 (nd ～ 2.82, 0.43)、甲氧滴滴涕 (nd ～ 7.23, 0.77)

续表

地区	土壤类型	时间	∑OCPs /(ng/g)	OCPs 平均值 /(ng/g)	∑DDTs /(ng/g)	DDTs 平均值 /(ng/g)	∑HCHs /(ng/g)	HCHs 平均值 /(ng/g)	其他有机氯农药（浓度范围，平均值）/(ng/g)
湖北	武汉市农业土壤	2009 年	11.43 ～ 1253.30	196.59	nd ～ 1198.00	151.56	nd ～ 100.58	196.59	六氯苯 (nd ～ 17.77, 3.01)、七氯 (nd ～ 28.71, 5.34)、艾氏剂 (nd ～ 21.56, 8.27)、环氧七氯 (nd ～ 3.65, 0.20)、顺式氯丹 (nd ～ 4.70, 0.28)、狄氏剂 (nd ～ 16.69, 0.42)、异狄氏剂 (nd ～ 6.12, 0.16)、甲氧滴滴涕 (nd ～ 169.03, 10.47)、硫丹 (nd ～ 23.04, 1.28)
湖北	武汉、宜昌和襄阳菜地土壤	2013 年	21.00 ～ 592.00	88.50	7.95 ～ 572.00	68.00	4.88 ～ 27.00	11.10	七氯 (3.27 ～ 13.50, 5.82)、氯丹 (nd ～ 88.40, 3.55)
湖北	丹江口库区农田土壤	2017 年	—	—	9.01 ～ 27.48	14.40	2.06 ～ 4.66	3.19	—
湖北	鸭儿湖周边农田和菜地土壤	2015 年	—	—	0.61 ～ 111.20	21.22	0.07 ～ 6.60	1.90	—
湖北	黄石典型农场土壤	2012 年	1.16 ～ 13.79	5.55	0.20 ～ 5.91	2.61	0.73 ～ 11.30	2.46	*α*- 硫丹 (nd ～ 0.28, 0.03)、*β*- 硫丹 (nd)、硫丹硫酸盐 (nd ～ 0.06, 0.02)、六氯苯 (0.04 ～ 1.50, 0.42)
湖北	江汉平原中部农田土壤	—	35.51 ～ 624.83	140.40	6.13 ～ 544.18	87.46	1.00 ～ 7.01	1.44	六氯苯 (3.04 ～ 15.38, 1.15)、七氯 (0.03 ～ 2.70, 1.01)、环氧七氯 (0.06 ～ 1.41, 0.30)、反式氯丹 (0.12 ～ 0.91, 0.29)、顺式氯丹 (0.03 ～ 0.65, 0.23)、硫丹Ⅰ (0.09 ～ 1.14, 0.37)、硫丹Ⅱ (0.04 ～ 1.24, 0.40)、硫丹硫酸盐 (0.16 ～ 3.78, 0.90)、狄氏剂 (0.6 ～ 111.6, 30.98)、异狄氏剂 (0 ～ 1.78, 0.57)、艾氏剂 (0.14 ～ 3.7, 1.17)、艾氏剂酮 (0.31 ～ 2.02, 0.75)、甲氧滴滴涕 (1.12 ～ 35.97, 5.98)

续表

地区	土壤类型	时间	∑OCPs /(ng/g)	OCPs 平均值 /(ng/g)	∑DDTs /(ng/g)	DDTs 平均值 /(ng/g)	∑HCHs /(ng/g)	HCHs 平均值 /(ng/g)	其他有机氯农药（浓度范围，平均值）/(ng/g)
湖北	武汉市郊区蔬菜田土壤	—	—	—	1.82 ～ 165.34	31.41	0.18 ～ 18.90	1.97	—
湖南	湘江流域、资江流域、沅水流域、洞庭湖流域、长江流域岳阳沿岸区域农业土壤	2004 年	—	115.30	0.33 ～ 2421.00	111.20	—	—	六氯苯 (0.05 ～ 41.60, 1.67)、七氯 (nd)、艾氏剂 (nd)、氯丹 (nd ～ 1.16, 0.04)、狄氏剂 (nd)、异狄氏剂 (nd)、灭蚁灵 (nd ～ 211.00, 2.41)
湖南	洞庭湖流域农业土壤	2004 年	—	216.24	2.18 ～ 2421.00	214.70	—	—	六氯苯 (0.07 ～ 17.90, 1.42)、艾氏剂 (nd)、狄氏剂 (nd)、七氯 (nd)、氯丹 (nd ～ 0.156, 0.006) 和灭蚁灵 (nd)
湖南	东部 7 个地区城市近郊和工业区附近稻田土壤	2006 年	19.10 ～ 73.10	49.80	10.50 ～ 40.40	23.80	1.70 ～ 25.30	18.20	七氯环氧化物 (nd ～ 12.10)、氯丹 (nd ～ 11.30)，艾氏剂和狄氏剂在部分样品中检出，硫丹 (nd)、硫丹硫酸盐 (nd)、异狄氏剂 (nd)、七氯 (nd)、甲氧滴滴涕 (nd)、异狄氏剂酮 (nd)、异狄氏剂醛 (nd)
湖南	东北部 7 个地区蔬菜田土壤	2006 年	29.19 ～ 77.46	50.46	6.05 ～ 57.91	37.77	0.15 ～ 16.80	7.39	艾氏剂 (nd ～ 1.53, 0.42)、狄氏剂 (nd ～ 2.47, 0.61)、γ- 氯丹 (nd ～ 3.80, 2.00)、环氧七氯 (0.85 ～ 3.29, 2.26)
湖南	农田土壤	2009 年	21.35 ～ 498.68	338.26	5.05 ～ 45.96	36.26	0.20 ～ 17.89	8.03	—
重庆	青木关地下河流域菜地土壤	2010 年	—	—	7.35 ～ 88.50	—	0.55 ～ 2.09	—	—

续表

地区	土壤类型	时间	∑OCPs /(ng/g)	OCPs 平均值 /(ng/g)	∑DDTs /(ng/g)	DDTs 平均值 /(ng/g)	∑HCHs /(ng/g)	HCHs 平均值 /(ng/g)	其他有机氯农药（浓度范围，平均值）/(ng/g)
重庆	南山老龙洞地下河流域农田土壤	2013 年	5.57 ～ 2618.57	467.28	0.59 ～ 191.60	48.43	0.30 ～ 80.96	16.96	氯丹 (1.00 ～ 2204.64, 371.20)、艾氏剂 (0.27 ～ 57.58, 11.66)、灭蚁灵 (0.34 ～ 5.50, 2.36)、甲氧滴滴涕 (1.04 ～ 47.94, 10.72)、六氯苯 (0.11 ～ 30.36, 5.95)
重庆	沿江流域农业土壤	2005 年	—	—	0.81 ～ 38.28	—	0.19 ～ 1.37	—	—
重庆	万州实验基地土壤	—	—	—	53.86 ～ 181.24	—	1.51 ～ 20.85	—	—
	开县实验基地土壤		—	—	69.34 ～ 249.68	—	1.69 ～ 31.79	—	—
四川	成都市不同县市区蔬菜地土壤	2010 年	20.18 ～ 104.33	61.46	—	53.89	—	5.01	HCB(0.54)、艾氏剂 (0.14)、狄氏剂 (0.15)、异狄氏剂 (0.20)、毒杀芬 (0.21)、灭蚁灵 (0.25)、硫丹Ⅰ (0.29)、环氧七氯 (0.24)、γ-氯丹 (0.55)
云南	滇池湖滨蔬菜种植区土壤	—	—	—	—	—	2.88 ～ 17.62	7.45	七氯 (nd ～ 1.15, 0.46)、艾氏剂 (nd)、环氧七氯 (nd ～ 0.84, 0.12)、异狄氏剂 (nd ～ 2.6, 0.43)、狄氏剂 (nd)、硫丹Ⅰ (nd ～ 0.37, 0.07)、硫丹Ⅱ (nd ～ 0.86, 0.26)、异狄氏剂醛 (nd ～ 0.34, 0.03)、硫丹硫酸盐 (nd)、甲氧滴滴涕 (2.40 ～ 3.95, 2.74)
云南	滇池湖滨区和入滇河流柴河流域温室土壤	2009 年	nd ～ 63.40	6.30	—	—	—	—	—

续表

地区	土壤类型	时间	∑OCPs /(ng/g)	OCPs 平均值 /(ng/g)	∑DDTs /(ng/g)	DDTs 平均值 /(ng/g)	∑HCHs /(ng/g)	HCHs 平均值 /(ng/g)	其他有机氯农药（浓度范围，平均值）/(ng/g)
云南	西双版纳傣族自治州蔬菜地土壤	2022 年	—	—	nd	nd	nd	nd	α-氯丹 (nd)、γ-氯丹 (nd)、α-硫丹 (nd)、β-硫丹 (nd)、六氯苯 (nd)、七氯 (nd)、环氧七氯 (nd)、狄氏剂 (nd)、异狄氏剂 (nd)、艾氏剂 (nd)、灭蚁灵 (nd)
青藏高原	青藏高原农业土壤	2011 年	—	—	nd ～ 41.60	1.36	nd ～ 8.36	0.35	—
青藏高原	青藏高原东坡农田土壤	2006 年	—	—	—	1.73	—	1.08	—
贵州	遵义市果园土壤	2008 年	2.30 ～ 244.00	5.42	—				DDTs、HCHs、六氯苯、五氯硝基苯、七氯、艾氏剂、环氧七氯、狄氏剂、异狄氏剂在所有样品中均有检出
	遵义市菜地土壤		0.87 ～ 55.60	4.26	—				
	遵义市农田土壤		0.22 ～ 11.20	2.24	—				
贵州	黔南布依族苗族自治州农业土壤	—	nd ～ 8.99	1.99	nd ～ 4.27	0.50	nd ～ 8.44	1.31	五氯硝基苯 (nd ～ 0.130, 0.003)、七氯 (nd ～ 2.59, 0.06)、艾氏剂 (nd ～ 1.02, 0.02)、环氧七氯 (nd ～ 6.02, 0.02)、异狄氏剂 (nd ～ 0.220, 0.004)、狄氏剂 (nd ～ 1.33, 0.02)
新疆	克拉玛依市乌尔禾区农田土壤	2017 年	—	—	nd	nd	nd	nd	—

续表

地区	土壤类型	时间	∑OCPs /(ng/g)	OCPs 平均值 /(ng/g)	∑DDTs /(ng/g)	DDTs 平均值 /(ng/g)	∑HCHs /(ng/g)	HCHs 平均值 /(ng/g)	其他有机氯农药（浓度范围，平均值）/(ng/g)
新疆	新疆维吾尔自治区农业土壤	2010 年	—	—	0.91 ～ 858.47	95.11	0.37 ～ 22.82	5.94	硫丹Ⅰ(nd ～ 3.35, 0.21)、硫丹Ⅱ(nd ～ 15.86, 0.97)、硫丹盐 (nd ～ 73.83, 4.55)、α- 氯丹 (nd ～ 0.25, 0.06)、γ- 氯丹 (nd ～ 3.54, 0.52)、七氯 (nd ～ 6.66, 1.01)、环氧七氯 (nd ～ 45.83, 2.19)
甘肃	兰州市周边地区农田土壤	2011 年	—	—	0.14 ～ 120.00	16.90	0.08 ～ 4.49	0.69	—
甘肃	河西走廊及兰州市农田土壤	2011 年	—	—	0.22 ～ 53.69	8.58	0.07 ～ 9.16	1.32	—
陕西	关中盆地农业土壤	2013 年	—	—	1.66 ～ 12.92	5.89	0.45 ～ 2.25	0.79	—
陕西	西安市蔬菜基地土壤	—	83.50 ～ 580.40	293.70	19.4 ～ 391.40	110.60	—	—	六氯苯 (1.60 ～ 20.9, 5.40)、七氯 (8.20 ～ 17.30, 13.70)、艾氏剂 (2.90 ～ 14.10, 6.80)、环氧七氯 (2.20 ～ 13.80, 6.30)、氯丹 (3.30 ～ 81.50, 34.20)、狄氏剂 (2.90 ～ 149.20, 40.60)、异狄氏剂 (22.00 ～ 151.10, 71.70)、灭蚁灵 (nd ～ 9.10, 4.50)
陕西	西安市郊区农田土壤	2012 年	—	—	0.76 ～ 56.30	12.80	0.22 ～ 11.24	3.56	氯丹 (0.47 ～ 12.95, 5.90)、硫丹Ⅰ(nd ～ 4.89, 1.60)、硫丹Ⅱ(nd ～ 8.50, 2.23)、硫丹硫酸盐 (nd)、艾氏剂 (0.20 ～ 3.44, 0.89)、狄氏剂 (nd ～ 4.56, 1.00)、异狄氏剂 (nd ～ 13.35, 3.58)、异狄氏剂醛 (nd)、异狄氏剂酮 (nd ～ 9.57, 2.10)、甲氧滴滴涕 (nd)

续表

地区	土壤类型	时间	∑OCPs /(ng/g)	OCPs 平均值 /(ng/g)	∑DDTs /(ng/g)	DDTs 平均值 /(ng/g)	∑HCHs /(ng/g)	HCHs 平均值 /(ng/g)	其他有机氯农药（浓度范围，平均值）/(ng/g)
青海	乐都区某镇大棚土壤	2020 年	—	—	p,p'-DDT（102.10 ～ 356.70）、p,p'-DDD（22.10 ～ 932.10）	—	—	—	—
—	辽宁省、山东省的环渤海地区农业土壤	2005 ～ 2008 年	—	—	nd ～ 91.86	24.35	0.06 ～ 369.31	4.45	硫丹 (nd ～ 19.47, 3.61)、硫丹硫酸盐 (nd ～ 13.30, 1.47)
—	31 个省、自治区和直辖市农田土壤	2011 ～ 2013 年	—	—	0.03 ～ 211.00	8.06	0.15 ～ 23.90	1.74	—
—	17 个省、自治区和直辖市耕地土壤	2017 年	nd ～ 337.00	10.50	nd ～ 337.00	5.33	nd ～ 56.70	0.68	氯丹 (nd ～ 159.00, 1.50)、硫丹 (nd ～ 159.00, 0.73)、五氯硝基苯 (nd ～ 145.00, 0.91)、六氯苯 (nd ～ 118.00, 0.84)、艾氏剂 (nd ～ 38.60, 0.17)、狄氏剂 (nd ～ 1.50, 0.02)、异狄氏剂 (nd ～ 30.90, 0.15)、七氯 (nd ～ 0.12, 0.06)
—	北方烟区、东南烟区、黄淮烟区、西南烟区、长江中上游烟区烟田土壤	2010 ～ 2011 年	—	—	0.18 ～ 410.88	15.44	1.01 ～ 10.74	2.80	敌敌畏 (nd ～ 2.01, 0.27)、乐果 (nd ～ 1.77, 0.18)、甲基对硫磷 (nd ～ 1.20, 0.14)、马拉硫磷 (0.09 ～ 7.95, 1.29)、对硫磷 (nd ～ 3.46, 0.50)
—	黄淮海地区农业土壤	2003 年	—	—	—	—	—	—	—
—	辽东半岛农业土壤	2005 ～ 2008 年	—	—	—	45.70	—	3.71	硫丹 (0.70)
	山东半岛农业土壤		—	—	—	18.28	—	4.82	硫丹 (6.30)

注：nd—未检出。

被微生物降解为 DDD。因此，通过（DDD+DDE）/DDTs 值可以判断土壤中是否有新的 DDTs 输入：当（DDD+DDE）/DDTs 值＞1 时，表明近期土壤中没有新的 DDTs 输入，并已经过长期降解；当（DDD+DDE）/DDTs 值＜1 时，表明土壤中有新的 DDTs 输入。在上述 DDTs 检出浓度较高的土壤中（DDD+DDE）/DDTs 值普遍小于 1，表明土壤中有不同程度的 DDTs 输入[8,9]。迄今为止，环境质量标准只涉及 DDTs 和 HCHs，但部分地区农业土壤中 HCB 等也表现出了较高的浓度。

由于土壤是非流动介质，因此有机氯农药在农业土壤中的空间分布存在很大差异。从现有结果来看，我国农业土壤中有机氯农药的空间分布特征大致呈现出京津冀地区、黄河三角洲、长江三角洲、珠江三角洲等人口密集、工农业发达地区农业土壤中有机氯农药的污染水平普遍高于西藏、新疆、内蒙古等偏远地区农业土壤的趋势[10]。在不同功能区和不同用地类型土壤中有机氯农药的残留量一般存在明显差异。对于不同功能区土壤而言，研究表明不同典型农业生产功能区土壤中有机氯农药的残留量依次为畜禽养殖基地＞污水灌溉区＞常规农业生产区＞无公害蔬菜生产基地＞绿色食品生产基地＞有机食品生产基地；关于崇明岛不同典型功能区土壤中有机氯农药残留情况的研究则表明土壤中有机氯农药残留量依次为农场＞普通农业区＞城镇区＞自然保护区。对于不同用地类型土壤而言，研究表明南京地区不同利用类型土壤中有机氯农药残留量依次为露天蔬菜地＞大棚蔬菜地＞闲置地＞旱地＞工业区土地＞水稻土＞林地；Li 等研究表明珠江三角洲地区不同利用类型土壤中 HCHs 和 DDTs 残留量的大小顺序均为旱地耕作土＞水稻土＞原生土；张家泉研究表明福建武夷山北段不同土地利用类型土壤中总有机氯农药残留量依次为水田＞蔬菜地＞林地；洪泽湖附近不同土地利用类型土壤中 DDTs、HCHs 和 HCB 残留量的大小顺序均为水稻田＞旱田＞湿地。有研究表明，稻田的厌氧 - 好氧轮作条件更有利于 DDTs 的降解[8]。但也有研究指出，水稻田土壤中有机氯农药的残留量大于旱地土壤可能是因为水稻在生长期间施用了大量有机氯农药，以 HCHs 为例，在 1952 ～ 1984 年之间大约有 50% 的 HCHs 被用于水稻田[11]。由此可见，土地的耕作类型和用途不同，有机氯农药的使用量也会有所不同，从而使不同类型土壤中的有机氯农药呈现出不同的残留水平。在不同地形中，山区地带土壤中有机氯农药的残留量一般要高于平原地区[12]。在土壤垂直分布上，不同有机氯农药的污染状况不同。例如，关于广东省惠州市土壤七氯残留状况及空间分布特征的研究表明，七氯在土壤剖面中的分布随着土层深度的增加而降低，后期的人为扰动也会对其分布产生影响；关于黄淮海地区典型农业土壤中 HCHs 和 DDTs 的空间分布及垂直分布的研究表明，HCHs 在不同深度（0 ～ 100cm）土层均能检出，其含量随土壤剖面深度的增加变化不明显，并且 HCHs 在深度＞30cm 的土壤剖面中以 β-HCH 的残留浓度最高，而 DDTs 残留量则主要集中在表层（0 ～ 30cm）土壤，＞30cm 深度其浓度水平显著降低。Zhu 等[13]研究了北京郊区表层（5 ～ 30cm）和深层（150 ～ 180cm）土壤中 HCHs 和 DDTs 的污染特征，发现表层土壤中 HCHs 和 DDTs 的残留量范围分别为 1.36 ～ 56.61ng/g 和 0.77 ～ 2178ng/g，远高于深层土壤中 HCHs 和 DDTs 的残留量（0.40 ～ 5.36ng/g 和 0.13 ～ 66.98ng/g）。此外，也有研究对影响土壤中有机氯农药空间分布的因素进行了深入探讨，指出有机氯农药自身理化性质、土壤类型（如土壤质地、有机质含量、总有机碳含量、pH 值、水分含量、温度、土壤微生物等）、耕作方式、作物类型等因素均会对有机氯农药在土壤中的空间分布产生重要影响。

4.2.2.2 多氯联苯

1881 年德国首次成功合成了 PCBs，而后因其化学性质稳定并具有良好的阻燃性、热稳定性及电绝缘性等特点，被广泛应用于变压器油、液压油及涂料等的生产中。PCBs 的大规模商业化生产始于 1930 年的美国，澳大利亚、德国、法国、英国等众多国家也相继进行工业化生产，全球 PCBs 的产量在 20 世纪 60 年代中期达到高峰。20 世纪 60 年代后期，人们逐渐意识到 PCBs 的环境危害性，特别是 1968 年发生在日本的“米糠油”事件，导致数千人集体中毒，严重威胁了人类的健康和生态环境安全。从 1970 年开始，美国、日本、加拿大、瑞典等各国开始陆续停止生产和禁止使用 PCBs。我国于 1965 年开始生产 PCBs，大多数企业于 1974 年底停产，至 20 世纪 80 年代初，国内基本已停止生产 PCBs，历年累计产量近万吨。20 世纪 50 ～ 70 年代，在未知情的情况下，我国也曾从一些发达国家进口了部分含有 PCBs 的电力电容器和动力变压器等。尽管各国已经停止了 PCBs 的生产和使用，但由于其在环境中的残留期较长，并且也可能作为工业副产物在生产过程中被无意释放出来，因此 PCBs 对周边环境的影响仍不容忽视，特别是土壤、底泥和生物组织等 PCBs 在环境中循环的最终受体。

我国不同地区农业土壤中 PCBs 污染水平如表 4-11 所列。从表中可以看出，我国不同地区不同类型土壤中均检测到了 PCBs 的存在，并且污染水平差异较大。目前关于我国土壤中 PCBs 污染特征的研究主要集中在工业区土壤或电子垃圾拆解厂周边土壤，关于农业用地土壤中 PCBs 污染特征的研究相对较少。PCBs 被广泛应用于电子电器设备中，PCBs 污染最严重的地区主要是电力电容器存放点周边的土壤，主要来自这些设备老化腐蚀所导致的 PCBs 泄漏；其次是电子垃圾拆解区土壤，其主要来自电子垃圾的堆存和拆解活动。整体而言，大多数农业用地土壤中的 PCBs 含量低于工业用地，但部分农业用地土壤中 PCBs 的含量仍相对较高。例如，已有调查显示，我国浙江省台州市、广东省贵屿镇、广东省清远市等典型电子垃圾拆解场地土壤中 PCBs 含量较高。同时，电子垃圾拆解区附近农业用地土壤中 PCBs 的浓度也相对较高，远高于无确定电子垃圾拆解污染源的农业土壤。此外，土壤中 PCBs 的污染水平与该区域人口、经济以及工业化程度密切相关。在人口密集、经济发达和工业化程度高的地区，生产和使用的 PCBs 多，土壤中 PCBs 的残留量也相对较高。例如，与其他地区相比，华南地区和东部地区的 PCBs 水平更高 [10]。

PCBs 的种类多达 209 种，目前许多研究往往把 PCBs 分为低氯代 PCBs（四氯或四氯以下）和高氯代 PCBs（五氯或五氯以上）来进行讨论。通常低氯代 PCBs 具有相对较强的挥发性，容易挥发到大气中并随之飘移一定距离而沉降到土壤；高氯代 PCBs 挥发性与水溶性均较弱，随水、气等媒介的迁移性较差，易在污染源附近

表4-11　我国不同地区农业土壤中PCBs的含量

地区	土壤类型	时间	∑PCBs	平均值	主要污染物
东北	大辽河流域下游水稻田土壤	2010 年	0.07 ～ 0.32ng/g	0.15ng/g	PCB77、PCB126
	大辽河流域下游水稻田土壤	2013 年	176.2 ～ 429.1ng/kg	240.2ng/kg	
东北	松花江流域中游水稻田土壤		104.8 ～ 448.8ng/kg	237.3ng/kg	
东北	乌苏里河流域中游水稻田土壤		203.1 ～ 481.9ng/kg	314ng/kg	
吉林	长春市郊区蔬菜田土壤		1.3 ～ 147.5ng/g	42.0ng/g	PCB138、PCB153、PCB180、PCB101
吉林	长白山表层土壤	2008 年	7.3 ～ 31.9ng/g	17.2ng/g	
吉林	吉林市工农业地区表层土壤	2009 年		50.3ng/g	
吉林	长春工农业地区表层土壤	2009 年		61.0ng/g	
吉林	梅河口地区夏季水稻土	2009 年		98.9ng/g	PCB28、PCB52
吉林	梅河口地区秋季水稻土	2009 年		27.1ng/g	PCB28、PCB52
吉林	吉林市郊区菜地土壤	2013 年	58.2 ～ 253.1μg/kg	111μg/kg	
	长春市郊区菜地土壤		27.7 ～ 219.5μg/kg	83.8μg/kg	
辽宁	鞍山城区土壤	2008 年	327 ～ 4071ng/kg	1073ng/kg	
黑龙江	哈尔滨城区土壤	2006 年	0.025 ～ 1.795ng/g	0.545ng/g	四氯联苯（tetra-CB）、五氯联苯（penta-CB）、六氯联苯（hexa-CB）
黑龙江	哈尔滨城区土壤		17 ～ 3260ng/g	508ng/g	
黑龙江	三江平原水稻田土壤	2014 年	115 ～ 1160pg/g		PCB28

续表

地区	土壤类型	时间	∑PCBs	平均值	主要污染物
北京	农村土壤		2.60 ～ 19.56ng/g		二氯联苯（di-CB）、三氯联苯（tri-CB）
北京	不同水源灌溉的农田表层土壤	2008 年	1.45 ～ 497.00ng/kg		
北京	城区与近郊不同类型土壤	2002 年	0.39 ～ 13.00ng/g	3.10ng/g	
北京	东南郊灌区表层土壤	2015 年	0.00 ～ 0.71μg/kg	0.43μg/kg	
北京	密云县潮河周边不同类型土壤	2011 年	0.0039 ～ 0.0365ng/g		PCB118、PCB115、PCB77
北京	通州农田土壤		0.256 ～ 2.140ng/g		
北京	通州区不同水源灌溉农田土壤	2008 年	1.45 ～ 497.00ng/kg		
天津	城区土壤	2008 年	407 ～ 10499ng/kg	2529ng/kg	
天津	城区土壤	2010 年	0.82 ～ 8.86ng/g	3.56ng/g	
河北	迁安市钢铁厂周边土壤	2014 年	0.01 ～ 287.81ng/g（指示性 PCBs）	89.95ng/g	PCB101
河北	迁安市钢铁厂周边土壤	2014 年	4.77 ～ 462.04pg/g（*dl*-PCBs）	121.72pg/g	PCB118、PCB105、PCB77、PCB156
山东	寿光农业土壤	2008 年	1.46 ～ 19.20ng/g	5.89ng/g	
山东	济南工业区土壤		1.95 ～ 215.94ng/g（*dl*-PCBs）	61.40ng/g	PCB126、PCB169
山东	黄河三角洲土壤	2006 年	108.7 ～ 2153.0ng/kg（*dl*-PCBs）	800.5ng	PCB118、PCB81、PCB77、PCB114
山东	黄河三角洲上中下游地区土壤		108.7 ～ 2152.7ng/kg		

续表

地区	土壤类型	时间	∑PCBs	平均值	主要污染物
江苏	南京市溧水县典型小灌区农田土壤	2009 年	10.01 ～ 54.63ng/g	33.92ng/g	PCB18、PCB31、PCB28、PCB118
江苏	太仓市农业土壤	2004 ～ 2006 年	0.016 ～ 4.050μg/kg	1.071μg/kg	PCB138、PCB126
江苏	溧水县农业土壤	2004 年	0.00 ～ 81.00ng/g	5.75ng/g	PCB118、PCB105、PCB128、PCB153
江苏	某变电站场内土壤		0.24 ～ 5.80μg/kg		PCB28、PCB52、PCB77、PCB81、PCB101、PCB118、PCB105、PCB114、PCB123、PCB126
江苏	某变电站场周边土壤		0.00 ～ 0.80μg/kg		PCB138
浙江	沿海东部某镇农业用地		0.01 ～ 484.50ng/g	35.52ng/g	
浙江	台州电子垃圾拆解厂周边水稻田土壤		4.9 ～ 21.6μg/kg	9.7μg/kg	三氯联苯、四氯联苯、五氯联苯
浙江	台州电子电路板拆除废墟附近蔬菜田土壤		（1321.3 ± 132.1）μg/kg		
浙江	台州电子电路板拆除废墟附近水稻田土壤		（7216.9 ± 232.0）μg/kg		
浙江	台州电子垃圾拆解厂周边农田土壤		0.00 ～ 2985.25μg/kg	（15.26 ± 187.74）μg/kg	
浙江	台州市路桥区固废拆解区农田土壤		71.26 ～ 113.06ng/g	92.39ng/g	
浙江	台州电子垃圾拆解区周边土壤	2006 年	0.0 ～ 152.8μg/kg		
浙江	台州电子垃圾回收场地周边农业土壤	2006 年	11 ～ 100ng/g	41ng/g	PCB77、PCB114、PCB118

续表

地区	土壤类型	时间	∑PCBs	平均值	主要污染物
浙江	富阳重金属严重污染区周边农业土壤		0.0 ～ 484.5ng/g	30.6ng/g	
浙江	台州市电子垃圾拆解厂周边农田土壤	2007 年	0.8 ～ 937.0ng/g	75.7ng/g	PCB95、PCB56/60、PCB134/131、PCB153、PCB110、PCB138/178/16
浙江	台州电子垃圾拆解区周边农田土壤		1.44 ～ 8523.87mg/kg		PCB171、PCB47
浙江	沿海东部电子垃圾拆解区周边农田土壤		0.00 ～ 1061.00μg/kg	（81.65 ± 142.10）μg/kg	
浙江	电子垃圾拆解厂周边土壤	2008 年	1.4 ～ 1417.0μg/kg	246.0μg/kg	
浙江	绍兴典型电力电容器污染土壤		（1705.0 ± 424.3）μg/g		PCB28/31、PCB33/20、PCB66/80、PCB70、PCB32、PCB18
浙江	萧山典型电力电容器污染土壤		（233.0 ± 80.0）μg/g		
浙江	萧山典型电力电容器污染土壤		（225.7 ± 90.2）μg/g		
浙江	废旧电容器封存点土壤（0 ～ 30cm）	2011 年		6.23mg/kg	PCB18、PCB28、PCB44、PCB52、PCB66、PCB77
	废旧电容器封存点土壤（30 ～ 100cm）	2011 年		19.3mg/kg	
	废旧电容器封存点土壤（100 ～ 300cm）	2011 年		1540mg/kg	

续表

地区	土壤类型	时间	∑PCBs	平均值	主要污染物
浙江	金华、嘉兴、常山、台州、永嘉河塘边土壤		1520～318380pg/g	97000pg/g	
上海	滴水湖周边农田土壤	2013 年	0.47～1.27ng/g	0.87ng/g	PCB105、PCB118、PCB77
上海	崇明岛土壤	2008 年	0～261ng/g	56ng/g	PCB001、PCB029、PCB098
上海	崇明岛农业土壤	2007 年	24.86～814.50ng/g	92.65pg/g	
上海	上海城区土壤	2013 年	24.6～606.0pg/g（*dl*-PCBs）	168.0pg/g	PCB118、PCB105
		2013 年	0.049～0.900pg TEQ/g（毒性当量浓度）	0.250pg TEQ/g	PCB126、PCB169
长江三角洲	农业土壤	2014 年	0.1～130.0ng/g	20.2ng/g	PCB126、PCB81、PCB169
长江三角洲	太湖平原水稻田土壤	2014 年	93.7～1930.0pg/g		PCB138
广东	郊区稻田土壤（4～7 月）	2012 年	0.69～0.82ng/g		PCB28、PCB138、PCB153
	郊区稻田土壤（8～12 月）	2012 年	0.85～1.18ng/g		PCB28、PCB138、PCB153
广东	清远市镇焚烧地、拆解作坊周边农田土壤	2014 年		170.5μg/kg	
广东	清远市电子垃圾拆解区周边农田土壤	2014 年	2.09～1355.80μg/kg	162.92μg/kg	

续表

地区	土壤类型	时间	∑PCBs	平均值	主要污染物
内蒙古	河套灌溉区土壤		2.05 ～ 278.22ng/g	43.12ng/g	PCB1、PCB5、PCB29、PCB47、PCB98
内蒙古	解放闸灌域表层土壤		nd ～ 209.95ng/g	15.09ng/g	PCB1、PCB29 和 PCB47
陕西	关中盆地农田土壤	2013 年	0.14 ～ 3.44ng/g	0.79ng/g	PCB28、PCB52
陕西	西安市城区土壤	2013 年	0.110 ～ 13.497μg/kg		PCB169、PCB189、PCB77
山西	太原市城区土壤	2006 年	51.0 ～ 4700pg/g	640pg/g	三氯联苯
甘肃	皋兰城区和三川口工业园区周边农田土壤	2018 年	3.675 ～ 19.146ng/g		四氯联苯和五氯联苯为主
甘肃	兰州市区土壤	2016 年	31.7 ～ 70.6μg/kg	45.9μg/kg	PCB138、PCB169
河西走廊	居民区、绿化带、公园、路边、农田及工业区土壤	2018 年	2.00 ～ 148.47ng/g	21.34ng/g	PCB81、PCB77、PCB16、PCB167、PCB156、PCB157
长江流域	岸边土壤	2014 年	8.81 ～ 199.40ng/g		
华东	华东某典型污染场地土壤		0.096 ～ 3661.000μg/kg	307.000μg/kg	PCB28、PCB52、PCB101、PCB118
云南	哈尼梯田土壤	2014 年	58.6 ～ 490.0pg/g		PCB28
贵州	红枫湖地区水稻土	2004 年	89.0 ～ 55.9ng/g	29.8ng/g	PCB28、PCB52
西藏	藏南地区农田土壤	2011 年	1.9 ～ 13.2pg/g	（5.1 ± 2.9）pg/g	

土壤中累积。从全国范围来看，在大城市郊区附近土壤中含6个氯原子的同系物对PCBs总量的贡献率明显高于其他同系物，而背景区以及农村地区土壤中PCBs主要为含2个、3个氯原子的同系物。不同土地利用方式对土壤中PCBs的污染水平也具有一定的影响，大致呈现出水稻田＞旱地＞未耕地的趋势。例如，有研究表明，长江三角洲典型地区农田土壤中PCBs残留量从大到小依次为水稻土、蔬菜基地、大棚蔬菜地、传统菜地，同时指出水稻土中的PCBs主要来源于灌溉水，传统蔬菜地中的PCBs主要来源于大气沉降，而大棚土壤中的PCBs则主要来源于农用化学品。研究表明，长江三角洲电子垃圾拆解区周边不同土地利用方式土壤中PCBs的残留量顺序为果园＞水田＞荒地＞林灌＞菜地。不同土地利用方式土壤中PCBs污染水平的差异可能与土壤条件和种植模式有关[10]。稻田中的水减少了PCBs向大气中的挥发，并减缓了PCBs的好氧降解。但也有研究发现，广东省旱地中PCBs的残留量几乎是水稻田土壤的4倍，这可能是因为水稻田的深耕活动以及灌溉水稀释了表层土壤中PCBs的浓度，并将其转移到深层土壤。在土壤垂直分布上，不同深度土壤PCBs污染水平不同。一般来说，污染较重的是表层（0～20cm）土壤，呈现随土壤深度增加PCBs污染水平逐渐减小的趋势，并且低氯代的PCBs同系物由于水溶解度高，更容易向深层土壤迁移，其在土壤纵向分布随时间变化较快，而高氯代PCBs同系物向深层土壤的扩散能力较弱，其在土壤纵向分布较为稳定[14]。土壤中PCBs的空间分布受土壤环境因素（如水溶性盐分含量、pH值等水溶液性质）、土壤组成因素（如颗粒尺寸、有机碳含量等）、PCBs自身理化性质、降水以及温度等因素的影响。此外，土壤中PCBs的空间分布也受人为因素的影响。例如，关于我国长三角洲典型地区农田土壤PCBs空间分布特征的研究发现，该地区农田土壤中PCBs总量及其各同系物在所研究的尺度上存在较强的空间自相关格局，表明PCBs的空间分布受到一些较为分散的人为因素的影响，如局部点位的变压器拆解、焚烧以及含PCBs污水灌溉等小尺度因素。有研究也表明，农田土壤中低氯代的PCBs含量与土壤理化性质（如土壤有机质含量、黏粒含量）具有一定的相关性，高氯代PCBs则呈现典型点位污染且在点位土壤中含量显著高于低氯代同系物。

4.2.2.3 溴代阻燃剂

溴代阻燃剂因具有阻燃效率高、热稳定性好、相对用量少、对复合材料的力学性能几乎没有影响等优点，被广泛应用于建筑材料、纺织材料、塑料产品以及电子设备中。溴代阻燃剂共有70多个品种，生产量和使用量较大的有PBDEs、HBCDs、PBBs及四溴双酚A等。溴代阻燃剂主要分为添加型和反应型两种，其中添加型溴代阻燃剂以PBDEs、PBBs和HBCDs为主，这类溴代阻燃剂与添加载体间没有化学键作用，因此在商品生产、使用和废弃过程中易释放进入环境。

（1）多溴联苯

在几种常用的溴代阻燃剂中，多溴联苯（PBBs）最先用作阻燃剂。在1973年，工人误将 PBBs 掺进动物饲料原料中，导致美国密斯根州的奶牛、畜牧和家禽饲料受到 PBBs 污染，进而造成奶牛、肉制品和蛋类污染及动物中毒，该事件造成 900 多万人口暴露于 PBBs 污染中。此后，PBBs 污染逐渐引起人们的关注。随着研究的深入，人们对 PBBs 生态毒性的认识逐渐加深。2009 年六溴联苯被列入《斯德哥尔摩公约》控制清单。由于 PBBs 生态毒性发现较早，全球产量较少，在自然环境中的残留量相对较少。目前，我国已有的关于土壤中 PBBs 污染水平的研究主要集中在浙江台州电子垃圾拆解区及周边土壤（表 4-12）。例如，有研究者研究了浙江某电子废物处置场地及其周边土壤中 10 种 PBBs 的污染水平，发现该电子废物处置场地及周边土壤中 PBBs 的总浓度分别低于 1.22×10^{-2}mg/kg 和 2.03×10^{-2}mg/kg，其中高溴代 PBB209 所占比例最高，并且随着采样深度的增加 PBBs 浓度大致呈下降趋势。

表4-12　PBBs在我国不同地区土壤中的污染水平

<table>
<tr><th>地区</th><th colspan="2">土壤类型</th><th>时间</th><th>∑PBBs</th><th>平均值</th><th>主要同系物</th></tr>
<tr><td>浙江台州</td><td colspan="2">电子垃圾拆解区土壤</td><td>2014 年</td><td>—</td><td>868.5mg/kg</td><td>PBB030</td></tr>
<tr><td rowspan="2">浙江台州</td><td colspan="2">电子废物处置场地土壤</td><td>—</td><td>nd ～ 1.22×10^{-2}mg/kg</td><td>2.81×10^{-3}mg/kg</td><td>PBB209</td></tr>
<tr><td colspan="2">电子废物处置场地周边土壤</td><td>—</td><td>nd ～ 2.03×10^{-2}mg/kg</td><td>2.50×10^{-3}mg/kg</td><td>PBB209</td></tr>
<tr><td rowspan="3">浙江</td><td rowspan="3">电子废物处置场地周边土壤</td><td>印刷电路板酸洗场</td><td rowspan="3">2008 年</td><td>—</td><td>108.78ng/g</td><td>PBB169、PBB103、PBB209</td></tr>
<tr><td>简易焚烧场</td><td>—</td><td>704.58ng/g</td><td>PBB169、PBB103、PBB209</td></tr>
<tr><td>最终倾倒场</td><td>—</td><td>1943.86ng/g</td><td>PBB169、PBB209、PBB103、PBB77、PBB3</td></tr>
</table>

（2）多溴联苯醚

多溴联苯醚（PBDEs）被广泛应用于电器制造、建筑材料、泡沫、室内装潢、家具、汽车内层、装饰织物纤维等。2001 年全球 PBDEs 的消耗量已达 67440t，其中五溴联苯醚与八溴联苯醚的工业年用量分别为 8500t 和 3825t。十溴联苯醚是多溴联苯醚家族中含溴原子数最多的一种化合物，由于其价格低廉、性能优越、阻燃效果最好，而在全球范围内生产使用量最大且应用范围最广。2001 年，十溴联苯醚工业品使用量为 54800t，占 PBDEs 使用总量的 75% 以上 [15]。随着研究的深入，PBDEs 的高脂溶性、生物蓄积性和生物放大作用等相继被发现，各国相继采取了一系列措施控制或禁止 PBDEs 的生产和使用。2009 年 5 月，商品化五溴联苯醚和八溴联苯醚被优先列入《斯德哥尔摩公约》名单，商品化十溴联苯醚也于 2013 年 5 月也被列入 POPs 名单。

目前，在全球范围内多种环境样品中均检测到了 PBDEs 的存在，例如大气、水体、沉积物、土壤、生物体等。在多介质的环境体系中，土壤是 PBDEs 最主要的存储源和再释放源。我国不同地区土壤中 PBDEs 污染水平如表 4-13 所列。从表中可以看出，我国 PBDEs 高污染区主要集中在电子垃圾拆解处理集散地，如广东贵屿和清远、浙江台州等，较其他地区高出几百倍。这主要是因为 PBDEs 的一个重要用途是作为阻燃剂应用于电子产品中，电子垃圾的不合理堆放以及简单拆解回收处理过程会导致其中所含的 PBDEs 通过挥发、大气沉降或随降水与地表径流等进入土壤中。同时，PBDEs 的生产和使用也会导致 PBDEs 进入土壤，因此 PBDEs 生产和使用企业周边土壤中 PBDEs 的浓度一般也相对较高。此外，不同城市和地区工业用地及农业用地土壤中也检测到了不同浓度的 PBDEs。整体而言，人口密集、经济发达和工业化程度高的地区土壤中 PBDEs 的浓度高于农村和偏远地区，并且工业用地土壤中 PBDEs 的污染情况较农业用地更加严重，但电子垃圾拆解区附近农业用地土壤中 PBDEs 的浓度也相对较高，远高于无确定电子垃圾拆解污染源的农业土壤。

根据污染来源的不同，不同地区土壤中含量最高的 PBDEs 同系物单体分布也有所差异。例如，在电子垃圾拆解区、废旧塑料处置地、溴代阻燃剂生产区土壤中 BDE209 是主要的同类物，这与商品化十溴联苯在我国长时间的大量生产和使用有关 [16]，而河套平原黄河农灌区土壤中的 PBDEs 则主要以低溴代 PBDEs 为主，其主要来源于含低溴代 PBDEs 的农用地膜。此外，随着溴原子取代数目的增多，PBDEs 挥发性和水溶性降低、脂溶性升高，因此大多数距离污染源较近的土壤中以高溴代 PBDEs 为主，而偏远地区土壤中的 PBDEs 则主要以挥发性较强的低溴代 PBDEs 为主。例如，西藏高原地区人口稀少且远离工业污染源，其污染主要来自 PBDEs 随大气流动的长距离传输，因此其土壤中 PBDEs 多为气相中的低溴联苯醚，如 BDE47。

土壤有机质的吸附决定了 PBDEs 在环境中（包括土壤）的分布和迁移，因此土壤 PBDEs 的空间分布很大程度上取决于土壤有机质的吸附作用。有研究表明，土壤中总 PBDEs 和各同系物的浓度水平与土壤总有机碳（TOC）含量呈显著的正相关。海拔高度对土壤 PBDEs 浓度的大小也有一定的影响。有研究发现，土壤 PBDEs 的含量随着海拔的升高而逐渐升高，其主要原因是海拔越高温度越低，使得 PBDEs 受到冷凝作用而在土壤中不断富集。但也有研究指出，土壤中 PBDEs 的含量随着海拔的升高而减少。在土壤垂直分布上，PBDEs 主要沉积在土壤表层。例如，关于黄河三角洲土壤中 PBDEs 污染特征的研究表明，土壤中 PBDEs 的含量随剖面深度的增加而降低，并且 BDE209 占 ∑PBDEs 的比重在各采样点中随土壤深度的增加逐渐下降，而随剖面深度的增加低溴代联苯醚的丰度升高，表明低溴代联苯醚较高溴代联苯醚更易在土壤中迁移。在黄河三角洲下游土壤、台州市电子废物集中处置场地土壤中也观察到了这种随深度增加含量减少的现象。

表4-13　多溴联苯醚在我国不同地区土壤中的污染水平

地区	土壤类型	时间	∑PBDEs/（ng/g）	平均值 /（ng/g）	主要同系物
沈抚地区	城镇用地、耕地、林地、农村居住用地	2016 年	0.279 ～ 50.715	10.466	BDE209
辽河流域	稻田土壤	2010 年	0.1921 ～ 1.7838	—	—
黑龙江	哈尔滨市区土壤	2007 ～ 2008 年	0.134 ～ 1.790	0.679	BDE209
黑龙江	哈尔滨垃圾焚烧发电厂周边土壤	2012 年	5.32 ～ 169.00	62.90	BDE209
黑龙江	齐齐哈尔富拉尔基区混合工业区土壤	2013 年	0.963 ～ 10.700	4.510	BDE209
内蒙古	河套平原灌溉区农田土壤	2011 年	17.22 ～ 77.13	—	BDE47、BDE100、BDE183 和 BDE99
内蒙古	大兴安岭南端阿尔山支脉某自然保护区内土壤	2019 年	0.06986 ～ 0.47160	0.19010	BDE2
天津	电子垃圾回收堆放处、工业园区土壤和农田土壤	2012 年	1.34 ～ 343.88	40.37	BDE209
天津	电子垃圾回收处土壤	2015 年	5.9 ～ 2699.0	103.0	BDE209
天津	工业区和城区土壤	2018 年	0.65 ～ 108.00	—	BDE209
北京	河流沿岸土壤	2010 年	—	1.3	BDE47
北京	沟渠和地下水灌溉的麦田土壤	2008 年	—	2.73	BDE209
	地下水灌溉的麦田土壤		—	3.62	BDE209
	污水河水灌溉的麦田土壤		—	8.29	BDE209

续表

地区	土壤类型	时间	∑PBDEs/（ng/g）	平均值 /（ng/g）	主要同系物
北京	化工厂周围土壤	—	0.24 ～ 120.00	8.50	BDE209
山西	临汾城市和工业土壤	2006 年	0.064 ～ 1.670	—	BDE209
上海	城市地区土壤	2006 年	0.0236 ～ 3.7970	0.7350	BDE209
上海	农业区土壤	2007 年	0.129 ～ 1.245	0.429	BDE209
上海	工业区、农业区、商业区、居住区、汽车制造区和绿地及公园土壤	2012 年	4.31 ～ 141.80	32.50	BDE209
上海	中心城区土壤	2012 ～ 2013 年	14.5 ～ 64.2	26.5	BDE209
	郊区马路土壤		0.875 ～ 68.200	12.000	BDE209
	居民住宅区土壤		9.75 ～ 50.00	30.10	BDE209
	工业园区		8.12 ～ 65.10	30.70	BDE209
	垃圾焚烧厂周围土壤		4.36 ～ 12.10	8.46	BDE209
上海	崇明岛农业用地土壤	2018 年	154.35	4.29	BDE209
	崇明岛道路用地土壤		53.77	3.84	BDE209
	林地土壤		19.72	1.97	BDE209
浙江	台州 PBDEs 倾倒源周边农田土壤	2012 年	2.96 ～ 200.00	65.20	BDE209
浙江	台州拆解区、居民区和农田土壤	2013 年	227 ～ 8447	2090	BDE209
浙江	台州电子垃圾拆解地周边土壤	2014 年	1513 ～ 12594	6238	BDE209

续表

地区	土壤类型	时间	∑PBDEs/（ng/g）	平均值 /（ng/g）	主要同系物
浙江	台州峰江和滨海地区金属资源再生产业基地及其周边农田土壤	2016 年	6.19 ～ 1310.00	—	BDE209
	台州峰江地区金属资源再生产业基地及其周边农田土壤		21.8 ～ 1310.0	304.0	BDE209
	台州滨海地区金属资源再生产业基地及其周边农田土壤		6.19 ～ 220.00	76.60	BDE209
浙江	台州电子垃圾处置厂内土壤	—	33.2 ～ 2190.0	625.0	BDE209
	台州电子垃圾处置厂周边土壤		16.2 ～ 3460.0	209.0	BDE209
浙江	台州峰江电子拆解地周围农田土壤	2016 年	1.28 ～ 264.00	91.90	—
	滨海电子拆解地周围农田土壤		0.161 ～ 2.920	1.340	—
浙江	电子垃圾回收站附近土壤	2006 年	284.5 ～ 2017.1	—	十溴联苯醚
	路桥拆解厂地土壤	2018 年	78 ～ 13300	1290	BDE209
长江三角洲	城市、郊区和农村土壤	2003 年	0.553 ～ 13.000	3.310	BDE209
		2012 年	1.01 ～ 43.2	10.0	BDE209
长江三角洲	长三角地区城郊和农村地区土壤	2017 ～ 2018 年	0.17 ～ 218.55	13.40 ± 33.50	BDE209
	苏州地区城郊和农村地区土壤		1.97 ～ 218.55	40.76 ± 70.61	BDE209
	常州地区城郊和农村地区土壤		0.73 ～ 172.88	38.39 ± 59.51	BDE209
	上海地区城郊和农村地区土壤		0.76 ～ 170.95	18.01 ± 33.49	BDE209
	无锡地区城郊和农村地区土壤		1.26 ～ 38.73	10.84 ± 12.75	BDE209
	嘉兴地区城郊和农村地区土壤		3.43 ～ 16.50	10.20 ± 5.74	BDE209

续表

地区	土壤类型	时间	∑PBDEs/（ng/g）	平均值 /（ng/g）	主要同系物
长江三角洲	镇江地区城郊和农村地区土壤	—	0.96 ～ 39.97	8.92 ± 14.01	BDE209
	南京地区城郊和农村地区土壤		0.17 ～ 20.62	3.55 ± 4.34	BDE209
	杭州地区城郊和农村地区土壤		0.32 ～ 8.70	3.08 ± 2.14	BDE209
山东	潍坊道路土壤	2018 年	1513.56 ～ 6303.74	3515.43	BDE209
山东	潍坊农田土壤	—	—	2989.06	BDE209
山东	潍坊化工厂周边土壤	2011 年	17000 ～ 146000	58700	BDE209
山东	莱州湾 PBDE 生产场地周边土壤	2006 年	58.2 ～ 7190.7	—	BDE209
山东	化工园区、农田土壤和道路旁土壤	2012 年	2.93 ～ 8345.54	879.25	BDE209
山东	化工园区周边土壤	2020 年	7.41 ～ 63900.00	6560.00	BDE209
江苏	常州市塑料生产厂区和厂区周边土壤	2012 ～ 2013 年	nd ～ 40.54	—	BDE209
江苏	常州市塑料制造厂周围土壤	2012 ～ 2013 年	2.21 ～ 18451.00	1004.00	BDE209
黄河三角洲	保护区、郊区农田和开发区农田土壤	2012 年	0.261 ～ 3.717	0.944	BDE209
黄河三角洲	自然保护区及其邻近地区土壤	2013 年	nd ～ 0.732	0.142	BDE153
广东	贵屿周边农业土壤	—	30 ～ 9400	277	BDE209
广东	贵屿电子垃圾焚烧厂周围土壤	2004 年	218.5 ～ 1422.3	—	BDE209、BDE183、BDE153、BDE154、BDE99 和 BDE47
广东	贵屿居住区	2012 年	168 ～ 6535	2665	BDE183 和 BDE209
	贵屿农业区		10 ～ 4454	14	BDE183 和 BDE209

续表

地区	土壤类型	时间	∑PBDEs/（ng/g）	平均值 /（ng/g）	主要同系物
广东	贵屿路边、番薯地和田边	2013 年	76.5 ～ 13354.0	—	BDE209
广东	贵屿电子垃圾拆解地周边土壤	2013 年	75 ～ 74740	—	BDE209
广东	贵屿水库周围土壤	2014 年	12 ～ 2100	—	BDE47、BDE66、BDE99、BDE153、BDE183
广东	贵屿水稻土壤	2020 年	16.7 ～ 9010.0	1140.0	BDE209
广东	清远 BS 电子垃圾燃烧厂夏季周围土壤	2011 ～ 2012 年	—	2130	BDE153、BDE154 和 BDE99
	清远 BS 电子垃圾燃烧厂冬季周围土壤		—	869	BDE153、BDE154 和 BDE99
	NBS 电子垃圾燃烧厂夏季周围土壤		—	31	BDE153、BDE154 和 BDE99
	NBS 电子垃圾燃烧厂冬季周围土壤		—	611	BDE153、BDE154 和 BDE99
广东	清远花生和水稻土壤	2011 年	31.7 ～ 143.0	—	BDE209
广东	清远拆解场地土壤	—	28.19 ～ 23517.27	5812.90	BDE209
	清远焚烧场地土壤		5.27 ～ 22108.39	2282.98	BDE209
	清远酸洗场地土壤		7.04 ～ 18283.21	3083.63	BDE209
	清远堆放场地土壤		3.05 ～ 3853.03	703.27	BDE209
广东	清远农田土壤	2012 年	1.8 ～ 89.3	—	BDE209
广东	清远电子垃圾拆解地周边农田	2012 年	115.82 ～ 264.81	—	BDE209
四川	成都农田土壤	2017 年	nd ～ 58.6	4.9	BDE209
西藏	垃圾填埋场土壤	—	0.559 ～ 1.219	—	BDE207

续表

地区	土壤类型	时间	∑PBDEs/（ng/g）	平均值 /（ng/g）	主要同系物
青藏高原	冰碛土壤	2005 年	0.0043 ～ 0.0349	0.0111	BDE47
青藏高原	自然保护区土壤	2008 年	0.005 ～ 0.061	0.026	—
青藏高原	从拉萨沿羌塘盆地表层土壤	2010 年	0.01703 ～ 0.29829	—	BDE3
青藏高原	冰川附近表层土壤	2011 年	0.0153 ～ 0.2480	0.1038	BDE3
中国东部10 个省	农田土壤	2011 年、2013 年、2016 年、2021 年	0.144 ～ 215.000	9.270	BDE209
中国 31 个省	蔬菜、小麦和水稻土壤	2016 年	0.126 ～ 130.646	6.835	BDE209
中国北部地区	河北省、山东、山西、北京、天津和河南省的一小部分地区的地表土壤	2011 年	0.08 ～ 8260.00	202.00	BDE209
中原城市群	农田土壤	2019 年、2021 年	8.52 ～ 461.00	65.90 ± 66.53	BDE209
	工业土壤		16.8 ～ 11500.0	1030.0 ± 335.0	BDE209
	城区土壤		29.4 ～ 5050.0	595.0 ± 141.0	BDE209
南海	永兴岛土壤	2018 年	5.36 ～ 417.00	75.4 ± 50.1	BDE209
	东岛土壤		1.64 ～ 3.02	2.12 ± 0.15	BDE209

（3）六溴环十二烷

作为PBDEs的替代产品，六溴环十二烷（HBCDs）的市场需求量很大，曾一度成为除了PBDEs和TBBPA之外的全球第三大溴代阻燃剂。由于其产量高、使用广泛，并且在环境中的半衰期较长，因此HBCDs在非生物和生物环境样品中普遍检出。我国不同地区土壤中PBDEs污染水平如表4-14所列。从表中可以看出，HBCDs检出浓度较高的土壤样品主要采集自HBCDs生产工厂、电子垃圾拆解地、城市垃圾堆放场等典型污染源周边，并且在地表径流以及大气传输和沉降的作用下上述污染源所释放出来的HBCDs可移至周围农田土壤中。例如，山东某HBCDs生产厂周围土壤中HBCDs的浓度高达11700ng/g，周边农田土壤中HBCDs的浓度范围为38.54～232.65ng/g；中国北方某塑料垃圾回收场地土壤中HBCDs的浓度为11.0～624.0ng/g，周边农田土壤中HBCDs的浓度范围为8.69～55.50ng/g。在无确定污染源的农业土壤中也检测到了不同浓度的HBCDs，甚至是在青藏高原土壤环境中也受到了HBCDs污染。

从地理分布上来看，中国东部和东南部地区农业土壤中HBCDs的污染水平远高于西部和西北部农业土壤，表明人口密集、经济发达、工业化程度高的发达城市是HBCDs的主要排放源。不同类型土壤中HBCDs含量不同，农业区、养殖区土壤中HBCDs浓度普遍低于工业区。大部分农业土壤中HBCDs的异构体组成与工业品中的相似，主要以γ异构体为主。但关于远距离污染源农业土壤的调查研究也显示，土壤中α-HBCD所占比例较工业品有所升高，这可能是因为在远距离传输过程中发生了由γ-HBCD向α-HBCD异构体的转化，并且与其他异构体相比α-HBCD具有更长的半衰期和更高的热稳定性，使其在环境中残留时间更长。在土壤垂直分布上，HBCDs主要沉积在土壤的表层。例如，苑金鹏[15]关于黄河三角洲土壤中HBCDs污染特征的研究发现，不同深度的土壤剖面样品中均检出了HBCDs，其浓度随剖面深度的增加而降低。

4.2.2.4 全氟及多氟烷基化合物

土壤是环境中全氟及多氟烷基化合物（PFASs）最为重要的汇，土壤中PFASs的一个重要来源为氟化工生产，因此氟化工产业密集地区土壤中PFASs的污染较为严重。例如，辽宁阜新市氟化工园以及山东省桓台县氟化工产业基地等地区土壤中PFASs浓度相对较高，可达上千微克每千克。此外，工农业生产活动频繁地区周边土壤中PFASs的污染程度也往往较高，远高于农村及偏远地区。例如，Na等[17]调查表明，东莞市某金属电镀工业园区周边土壤中PFASs的总浓度范围为1.71～16.30ng/g，并且土壤中全氟辛烷磺酰基化合物（PFOS）的浓度随着与金属电镀厂之间距离的增加而下降，金属电镀厂的工业排放是土壤中PFOS主要来源。淮河流域土壤中PFASs的浓度范围为nd（未检出）～1.22μg/kg，其主要来自小型化工厂排放及大气干湿沉降[18]；安徽城市土壤中PFASs的含量为1.15～5.89μg/kg，其中造纸工业发达的安徽泾县等地土壤中PFASs含量较高。目前，国内外关于土壤中PFASs污染的研究主

表4-14 六溴环十二烷在我国不同地区土壤中的污染水平

地点	土壤类型	采样时间	∑HBCDs/(ng/g)	平均值 /(ng/g)	主要同系物
东北	辽河流域水稻田土壤	2010 年	nd ～ 3.4	—	α-HBCD
黑龙江	哈尔滨市及其周边地区表层土壤	2006 年	0.000 ～ 7.662	1.760	—
辽宁、河北、天津、山东、江苏	城市土壤	2013 年	0.123 ～ 363.000	7.200	γ-HBCDD
天津	电子拆解地土壤	2011 年	1.57 ～ 3.76	—	—
天津	聚苯乙烯材料制造厂周围土壤	2015 年	2.91 ～ 1730.00		γ-HBCD
河北	定州市、新乐市塑料处理厂附近表层土壤	2015 年	11 ～ 624	53	γ-HBCD
	定州市、新乐市路边表层土壤	2015 年	2.96 ～ 85.40	13.60	γ-HBCD
	定州市、新乐市农田表层土壤	2015 年	8.69 ～ 55.50	11.20	γ-HBCD
河北	白洋淀淀区内部土壤	—	1.32 ～ 8.25	—	γ-HBCD
河北	白洋淀玉米农田土壤	2018 年 9 月	1.52 ～ 53.75	11.33	γ-HBCD
	白洋淀小麦农田土壤	2019 年 4 月	0.57 ～ 7.88	2.68	γ-HBCD
	白洋淀小麦农田土壤	2019 年 9 月	0.38 ～ 4.52	1.39	γ-HBCD
河北	白洋淀工业区土壤	2019 年	—	1.73	γ-HBCD
	白洋淀居住地土壤	2019 年	—	1.37	γ-HBCD
	白洋淀边缘地土壤	2019 年	—	1.15	γ-HBCD
	白洋淀河口土壤	2019 年	—	0.43	γ-HBCD
渤海地区	HBCDs 生产厂周边土壤	2015 年	4.2 ～ 11700.0	—	γ-HBCD

续表

地点	土壤类型	采样时间	∑HBCDs/(ng/g)	平均值 /(ng/g)	主要同系物
山东	潍坊某化工生产场地春季厂区内及周边土壤	2017 ～ 2018 年	21.36 ～ 6327.00	—	γ-HBCD
	潍坊某化工生产场地夏季厂区内及周边土壤	2017 ～ 2018 年	28.77 ～ 6266.00	—	γ-HBCD
	潍坊某化工生产场地秋季厂区内及周边土壤	2017 ～ 2018 年	22.37 ～ 6412.00	—	γ-HBCD
	潍坊某化工生产场地冬季厂区内及周边土壤	2017 ～ 2018 年	25.14 ～ 5931.00	—	γ-HBCD
山东	HBCDs 生产厂周边农田	—	38.34 ～ 232.65	—	γ-HBCD
山东	潍坊滨海经济开发区溴代阻燃剂生产工厂附近土壤	2007 年	3.2 ～ 23849.2	—	γ-HBCD
山东	济南农村用地、城市用地和工业场地土壤	2014 年	1.7 ～ 146.0	20.1	γ-HBCDD
山东	济南农村用地、城市用地和工业场地土壤	2019 年	2.12 ～ 228.00	32.10	γ-HBCDD
山东	莱州湾溴代阻燃剂生产工厂附近土壤	2010 年	0.88 ～ 6901.00	—	γ-HBCD
	寿光农田土壤	2008 年	—	37.5	γ-HBCD
浙江	三门增养殖区土壤、乐清湾养殖区土壤	2016 年	nd ～ 1.8594	0.6448	γ-HBCD
浙江	杭州湾和台州湾工业园区土壤	2017 年	nd ～ 2.0578	0.6846	γ-HBCD
浙江	宁波种植蔬菜农田	—	nd ～ 35.70	—	γ-HBCD
浙江	宁波农田土壤	—	nd ～ 47.70	—	—
浙江	宁波市表层土壤	2012 年	nd ～ 102.6	—	γ-HBCD
上海	崇明岛沙滩表层土壤	2009 年	nd ～ 0.0938	0.0389	γ-HBCD
	崇明岛道路表层土壤	2009 年	0.0222 ～ 0.0446	0.0341	γ-HBCD

续表

地点	土壤类型	采样时间	∑HBCDs/(ng/g)	平均值 /(ng/g)	主要同系物
上海	崇明岛林地表层土壤	2009 年	0.0158 ～ 0.0363	0.0278	γ-HBCD
	崇明岛农田表层土壤	2009 年	nd ～ 0.0291	0.0153	γ-HBCD
	崇明岛草地表层土壤	2009 年	nd ～ 0.0223	0.0151	γ-HBCD
上海	嘉定区农业、工业和居民区土壤	2012 年	0.3 ～ 249.0	—	α-HBCDD
华南地区	电子垃圾回收区和工业区周边农田和林地土壤	2006 ～ 2008 年	0.01 ～ 1.49	0.22	γ-HBCD
广东	粤北、粤东、粤西、珠江三角洲地区 6 个市 18 个县农耕土壤	2014 年	nd ～ 3.84	0.68	γ-HBCD
广东	广州种植蔬菜农田	—	nd ～ 7.50	—	—
广东	佛山种植蔬菜农田	—	nd ～ 1.65	—	—
广东	惠州种植蔬菜农田	—	nd ～ 8.69	—	—
广东	江门种植蔬菜农田	—	0.28 ～ 1.96	—	—
广东	珠江三角洲蔬菜基地土壤	2016 年	0.99 ～ 18.40	5.77	γ-HBCD
四川	成都表层土壤	2010 年	nd ～ 0.293	0.077	γ-HBCD
四川	德阳表层土壤	2010 年	nd ～ 0.145	0.0489	γ-HBCD
四川	绵阳表层土壤	2010 年	0.025 ～ 0.334	0.121	γ-HBCD
重庆	重庆不同住宅、工业、商业、公园和农村地区土壤	2016 年	0.43 ～ 15.20	3.23	γ-HBCD

要集中于城市或非农业土壤，关于农业土壤的研究仍十分有限。研究表明，氟化工园区周边农田土壤中全氟烷基酸的最高和最低平均浓度分别出现在冬小麦的越冬期（224.73ng/g）和成熟期（35.38ng/g），并且在冬小麦的整个生长周期中土壤中全氟烷基酸的浓度逐渐降低；从组成上看，PFOA是农田土壤中最主要的全氟烷基酸污染组分，其浓度也随着冬小麦的生长而逐渐降低；从距离上看，土壤中全氟烷基酸的浓度随着与氟化工园区距离的增加呈现先急剧下降后缓慢降低的趋势。云南省会泽县农田土壤中PFASs的浓度范围为0.298～0.998ng/g，平均浓度为0.392ng/g，PFOS和PFOA是该地区农田土壤中最主要的PFASs，其浓度范围分别为0.035～0.651ng/g和0.085～0.185ng/g，平均浓度水平分别为0.116ng/g和0.120ng/g。

不同地区土壤中PFASs组成存在差异，其除受城市经济活动、产业结构组成影响外，还与大气沉降及污水灌溉等非点源污染密切相关。孟晶等[18]研究发现，PFOA、全氟壬酸和PFOS是淮河流域土壤中主要的PFASs，该区域土壤中PFASs含量相差不大，但组成不一，其主要来源于周边小型化工厂的排放以及大气的干湿沉降。研究发现，阜新市新、旧氟化工园区周边土壤中PFASs的主要检出单体均为PFOA、全氟丁酸、全氟丁烷磺酸，但三者在新、旧氟化工园区周边土壤中的浓度贡献率存在差异；渤海及黄海流域周边土壤中PFASs的主要检出单体则为PFOA和PFOS；PFOA是山东省桓台县某氟化工园区周边土壤中的主要存在单体，浓度水平为4.40～189ng/g，平均值为35.8ng/g，其浓度超过全氟丁酸及全氟戊酸；东莞市某金属电镀厂周边土壤中PFASs的主要存在单体为PFOS和PFOA，其浓度水平分别为9.77ng/g和7.12ng/g[17]；南京某氟化工园区周边土壤中PFASs的主要存在单体为全氟丁酸和全氟丁磺酸，其浓度水平分别为15.9～117ng/g及8.9～86.6ng/g[19]。

4.2.2.5 短链氯化石蜡

目前，已有的关于土壤中短链氯化石蜡（SCCPs）污染特征的研究主要围绕氯化石蜡（CPs）加工厂、电子垃圾拆解地、污水灌溉区以及化工园区等土壤环境展开。由于SCCPs具有潜在远距离大气迁移性，因此在无明确污染源的地区土壤中也有检出，但其浓度往往低于污染源周边土壤。例如，云南地区（无明显工业污染源地区）土壤中C_9-CP、SCCPs、中链氯化石蜡（MCCPs）的含量分别为8～109ng/g（平均值为39ng/g）、79～948ng/g（平均值为348ng/g）和20～1206ng/g（平均值为229ng/g），表明人类活动和大气沉积对偏远和高海拔地区CPs的浓度和空间分布也有影响。崇明岛地区（远离城市和工业地带）的土壤中SCCPs的含量为0.42～420ng/g，平均值为62.3ng/g，大气交换和远距离大气传输可能是这些背景区土壤中SCCPs分布的重要途径。一项关于我国31个省份农田土壤中的CPs污染状况的研究表明，我国农田土壤中SCCPs和MCCPs的含量分别为39～1609ng/g和127～1969ng/g，CPs加工厂较多的中部及东部地区，其农田土壤中CPs含量也较高。此外，不同功能区土壤以及不同用地类型土壤中CPs的污染水平也存在差异。例如，上海市不同功能区土壤中SCCPs的浓度范围为nd～615ng/g，MCCPs的浓度范围为1.95～188ng/g，并且绿化带、公园草地以及校园草地土壤中 SCCPs 的浓度要高于路边的土壤，这可能是由活性污泥的利用和废水灌溉导致。广州市郊区不同用途的土壤中 SCCPs 的均值分别为森林 59.3ng/g、稻田 113ng/g、蔬菜种植地 104ng/g。

4.2.2.6 二噁英

目前，已有的关于我国土壤中二噁英（PCDD/Fs）污染特征的研究主要集中在典型的 PCDD/Fs 污染场地，如垃圾焚烧厂、钢铁冶炼厂、化工厂、电子垃圾拆解厂、水泥窑以及含有多种排放源的工业区等周边土壤，关于农业土壤中 PCDD/Fs 污染特征的研究相对较少。我国不同地区土壤中 PCDD/Fs 的浓度水平如表 4-15 所列。从表中可以看出，农村或城市化水平较低地区土壤中 PCDD/Fs 的浓度一般低于城市或工业区土壤。对美国、加拿大、俄罗斯、日本以及中国等国家不同利用方式下土壤中 PCDD/Fs 的污染水平进行比较后也发现，一般而言，农业区和林牧区土壤中 PCDD/Fs 的浓度往往较低，而工业区和城市地区土壤中 PCDD/Fs 的浓度往往较高。值得注意的是，电子垃圾拆解区以及垃圾焚烧厂等排放源周边农业土壤中 PCDD/Fs 的浓度也往往较高，并且由于 PCDD/Fs 的形成主要与燃烧过程和氯代芳香族化合物的生产、使用和处理有关，因此 PCDD/Fs 在土壤中的分布极易受污染地区盛行风向的影响。例如，Xu 等 [20] 研究表明，广东贵屿电子垃圾拆解区周边农田土壤中 PCDD/Fs 的浓度范围为 2816 ～ 17738pg/g，毒性当量浓度范围为 5.7 ～ 57pg TEQ/g，远高于远离电子垃圾拆解区的农田土壤。Zhou 等 [21] 研究了华北平原某钢铁厂周边土壤中 PCDD/Fs 的污染特征，发现该地区土壤中 PCDD/Fs 的浓度范围为 13 ～ 320ng/kg，毒性当量浓度范围为 0.16 ～ 4.5ng I-TEQ/kg，并且盛行风向能够影响钢铁厂周边土壤中 PCDD/Fs 的空间分布。但也有研究发现，某些传统上被认为是 PCDD/Fs 重要的排放源对周围土壤影响并不显著，而其他排放源也能对土壤产生显著影响。例如，研究发现当某一城市生活垃圾焚烧炉的排量减少 99% 后，周围土壤中的 PCDD/Fs 的浓度较减排前未发生明显变化，并且风向对 PCDD/Fs 同系物的分布也未产生明显影响。不同用地类型土壤中 PCDD/Fs 的浓度也存在较大差异。例如，关于北京市农业区不同使用类型土壤中 PCDD/Fs 污染特征的研究表明，该地区土壤中 PCDD/Fs 的浓度大小依次为粮食地＞蔬菜地＞果园地。在土壤垂直分布上，PCDD/Fs 主要沉积在土壤表层，随着土壤深度的增加，PCDD/Fs 浓度逐渐下降，表明自然条件下土壤中的 PCDD/Fs 不易向下迁移，尤其是高氯代 PCDD/Fs 在沉积过程中基本上没有向下迁移的趋势，而土壤人为扰动则会对土壤中 PCDD/Fs 的垂直分布产生重要影响。研究发现，在未经扰动土壤中 0 ～ 10cm、10 ～ 20cm 和 20 ～ 30cm 处的 PCDD/Fs 分别占总毒性当量的 90%、5% 和 1%，施用污泥后 10 ～ 20cm 处 PCDD/Fs 的浓度大大增加。研究发现，农田土壤中 20 ～ 30cm 处 PCDD/Fs 的浓度最高。一项关于德国不同地区土壤有机层 PCDD/Fs 浓度分布的研究表明，德国乡村地区土壤有机层中 PCDD/Fs 的浓度高于城市土壤有机层。上述结果表明，人为扰动能够对土壤中 PCDD/Fs 的垂直分布产生重要影响。此外，有研究表明，土壤中二噁英的浓度与土壤有机碳的含量存

表4-15 不同地区不同类型土壤中二噁英的污染水平

地区	土壤类型	时间	∑PCDD/Fs 浓度	PCDD/Fs 浓度平均值	毒性当量浓度	毒性当量浓度平均值
北京	山地土壤	2005 年			0.091 ～ 0.350ng I-TEQ/kg	0.220ng I-TEQ/kg
	北部农业土壤				0.15 ～ 0.58ng I-TEQ/kg	0.29ng I-TEQ/kg
	南部农业土壤				0.27 ～ 3.30ng I-TEQ/kg	1.00ng I-TEQ/kg
上海	垃圾焚烧厂周边农业土壤	2017 年	41.9 ～ 3347.0pg/g	242.4pg/g	0.388 ～ 11.400pg I-TEQ/g	2.350pg I-TEQ/g
上海	垃圾焚烧厂周边农业土壤	2007 年	71.32 ～ 3881.44pg/g	349.47pg/g	0.64 ～ 61.15pg I-TEQ/g	4.37pg I-TEQ/g
上海	崇明岛农业土壤	2007 年			0.526 ～ 1.990pg WHO-TEQ/g	1.070pg WHO-TEQ/g
上海	中心城区周边九个区农业土壤	2007 年	2.8 ～ 23.4pg/g	11.0pg/g		
上海	郊区农田土壤			171.77pg/g		2.69pg I-TEQ/g
浙江	台州市电子废物回收场周边农业土壤	2006 年	210 ～ 850pg/g	500pg/g		
湖北	鸭儿湖地区菜地和稻田土壤	1994 年			0.11 ～ 0.15ng I-TEQ/kg	
广东	清远市电子垃圾拆解区周围农田土壤	2006 年			5.8 ～ 12.4ng WHO_{2005}-TEQ/kg	7.1ng WHO_{2005}-TEQ/kg
广东	贵屿及邻近城镇农田土壤	2009 年	2816 ～ 17738pg/g		5.7 ～ 57.0pg I-TEQ/g	20.0pg I-TEQ/g
珠江三角洲	背景区土壤		63.36 ～ 233.43ng/kg	123.73ng/kg	0.39 ～ 0.86ng I-TEQ/kg	0.63ng I-TEQ/kg
	农田林牧区土壤		244.83 ～ 9723.04ng/kg	2652.63ng/kg	0.53 ～ 38.47ng I-TEQ/kg	11.79ng I-TEQ/kg
	城乡接合区土壤		253.51 ～ 11436.72ng/kg	3647.87ng/kg	0.89 ～ 122.19ng I-TEQ/kg	20.19ng I-TEQ/kg
	工业污染区土壤		407.36 ～ 54131.59ng/kg	10688.86ng/kg	0.79 ～ 86.14ng I-TEQ/kg	24.70ng I-TEQ/kg

续表

<table>
<tr><th>地区</th><th colspan="2">土壤类型</th><th>时间</th><th>∑PCDD/Fs 浓度</th><th>PCDD/Fs 浓度平均值</th><th>毒性当量浓度</th><th>毒性当量浓度平均值</th></tr>
<tr><td>长江三角洲</td><td colspan="2">典型露天拆卸变压器和焚烧废弃电缆电线周边菜地土壤</td><td>2004 年</td><td>2552 ～ 2726pg/g</td><td>2639pg/g</td><td>20.82 ～ 21.32pg WHO_{1998}-TEQ/g</td><td></td></tr>
<tr><td rowspan="4">长江三角洲</td><td rowspan="4">工业区周边土壤</td><td>工业区</td><td></td><td>1000 ～ 18740ng/kg</td><td>6010ng/kg</td><td>3.32 ～ 22.90ng I-TEQ/kg</td><td>8.26ng I-TEQ/kg</td></tr>
<tr><td>农业区果园</td><td></td><td>117 ～ 795ng/kg</td><td></td><td>0.479 ～ 1.110ng I-TEQ/kg</td><td></td></tr>
<tr><td>农业区菜地</td><td></td><td>717 ～ 1480ng/kg</td><td></td><td>1.35 ～ 1.76ng I-TEQ/kg</td><td></td></tr>
<tr><td>背景点</td><td></td><td>132ng/kg</td><td></td><td>0.331ng I-TEQ/kg</td><td></td></tr>
<tr><td rowspan="3">西北地区</td><td colspan="2">协同处理生活垃圾水泥窑周边土壤</td><td>2018 年</td><td>2.50 ～ 5.95pg/g</td><td>3.70pg/g</td><td>0.073 ～ 0.418pg TEQ/g</td><td></td></tr>
<tr><td colspan="2">综合型工业区土壤</td><td>2017 年</td><td>7.0 ～ 215.0pg/g</td><td>57.3pg/g</td><td>0.49 ～ 9.38pg TEQ/g</td><td>2.40pg TEQ/g</td></tr>
<tr><td colspan="2">锰铁循环经济工业区周边土壤</td><td>2017 年</td><td>3.6 ～ 156.0pg/g</td><td>61.0pg/g</td><td>0.14 ～ 1.51pg TEQ/g</td><td>0.56pg TEQ/g</td></tr>
<tr><td>河北</td><td colspan="2">钢铁厂周围土壤</td><td>2017 年</td><td>13 ～ 320ng/kg</td><td>（114 ± 91）ng/kg</td><td>0.16 ～ 4.50ng I-TEQ/kg</td><td>（1.16 ± 1.30）ng I-TEQ/kg</td></tr>
<tr><td rowspan="2">上海</td><td colspan="2" rowspan="2">垃圾焚烧厂周边土壤</td><td>2016 年</td><td rowspan="2"></td><td rowspan="2"></td><td rowspan="2">0.8 ～ 2.5ng I-TEQ/kg</td><td rowspan="2">1.6ng I-TEQ/kg</td></tr>
<tr><td>2017 年</td></tr>
<tr><td rowspan="3">上海</td><td>钢铁冶炼厂周边土壤</td><td rowspan="3">0 ～ 20cm</td><td rowspan="3">2018 年</td><td></td><td></td><td>2.60 ～ 3.80ng TEQ/kg</td><td>3.08ng TEQ/kg</td></tr>
<tr><td>生活垃圾焚烧厂周边土壤</td><td></td><td></td><td>0.77 ～ 2.90ng TEQ/kg</td><td>1.77ng TEQ/kg</td></tr>
<tr><td>危险废物焚烧厂周边土壤</td><td></td><td></td><td>1.10 ～ 2.20ng TEQ/kg</td><td>1.53ng TEQ/kg</td></tr>
</table>

续表

地区	土壤类型		时间	∑PCDD/Fs 浓度	PCDD/Fs 浓度平均值	毒性当量浓度	毒性当量浓度平均值
上海	钢铁冶炼厂周边土壤	20 ～ 40cm	2018 年			1.30 ～ 2.01ng TEQ/kg	1.93ng TEQ/kg
	生活垃圾焚烧厂周边土壤					1.10 ～ 3.10ng TEQ/kg	2.25ng TEQ/kg
	危险废物焚烧厂周边土壤					1.00 ～ 1.90ng TEQ/kg	1.35ng TEQ/kg
广东	城市生活垃圾焚烧厂周边土壤	0 ～ 15cm				1.74 ～ 8.28ng I-TEQ/kg	
		15 ～ 30cm				0.294 ～ 0.680ng I-TEQ/kg	
广东	清远电子拆解厂周边土壤		2009 年	3187 ～ 63998ng/kg	21101ng/kg	7.7 ～ 191.3ng WHO_{1998}-TEQ/kg	43.0ng WHO_{1998}-TEQ/kg
黑龙江	哈尔滨城市固体废物焚烧炉周边土壤		2012 年	17.2 ～ 157.0pg/g	41.4pg/g	0.59 ～ 8.81pg WHO-TEQ/g	2.00pg WHO-TEQ/g
四川	城市生活垃圾焚烧厂周边土壤			7.14 ～ 858.09ng/kg	97.48ng/kg	0.25 ～ 7.50ng I-TEQ/kg	1.54ng I-TEQ/kg
浙江	杭州南部工业区电子垃圾处理厂周边土壤		2020 年	542 ～ 1199ng/kg		2.98 ～ 18.70ng WHO_{2005}-TEQ/kg	7.50ng WHO_{2005}-TEQ/kg
长沙、株洲和湘潭	城市群某工业基地周边土壤		2009 年	270 ～ 7500pg/g	2200pg/g	0.92 ～ 10.00pg I-TEQ/g	4.80pg I-TEQ/g
江苏	泰州市某化工企业周围土壤			55.5 ～ 240.0pg/g	109.0pg/g	3.72 ～ 20.30pg I-TEQ/g	10.10pg I-TEQ/g
河北	某工业场所周围土壤	*A* 点		11 ～ 130pg/g	（68 ± 47）pg/g	0.37 ～ 13.20pg I-TEQ/g	（5.40 ± 5.20）pg I-TEQ/g

续表

地区	土壤类型		时间	∑PCDD/Fs 浓度	PCDD/Fs 浓度平均值	毒性当量浓度	毒性当量浓度平均值
河北	某工业场所周围土壤	*B* 点		13 ～ 284pg/g	(122 ± 104)pg/g	0.31 ～ 12.10pg I-TEQ/g	(5.20 ± 4.70)pg I-TEQ/g
		C 点		2.6 ～ 378.0pg/g	(50 ± 86)pg/g	0.13 ～ 13.70pg I-TEQ/g	(1.60 ± 3.10)pg I-TEQ/g
		D 点		21 ～ 231pg/g	(93 ± 57)pg/g	1.60 ～ 22.70pg I-TEQ/g	(7.60 ± 6.00)pg I-TEQ/g
宁夏	某工业园区土壤		2017 年	7.0 ～ 215.0pg/g	57.3pg/g	0.49 ～ 9.38pg I-TEQ/g	
珠江三角洲	广州、东莞、佛山、中山、深圳周边土壤			118 ～ 2304pg/g	743pg/g	1.09 ～ 5.56pg WHO_{2005}-TEQ/g	3.25pg WHO_{2005}-TEQ/g
浙江	杭州市城北老工业区土壤					0.65 ～ 41.75pg I-TEQ/g	12.73pg I-TEQ/g
	新工业区土壤					0.61 ～ 1.33pg I-TEQ/g	1.07pg I-TEQ/g
	旅游区土壤					1.53 ～ 2.11pg I-TEQ/g	1.81pg I-TEQ/g
江苏	土壤			12.90 ～ 772.10pg/g	88.01pg/g	0.075 ～ 4.112pg WHO_{1998}-TEQ/g	0.844pg WHO_{1998}-TEQ/g
浙江	沿岸电子垃圾拆解地及其周边土壤		2008 年	86.2 ～ 12391.0pg/g	3159.0pg/g	0.18 ～ 7.61pg WHO_{1998}-TEQ/g	1.33pg WHO_{1998}-TEQ/g
天津塘沽	大沽排污河入海口、海河入海口、大沽化俱乐部、大沽化正门、海门大桥			5612.6 ～ 144709.7pg/g		28.18 ～ 493.14pg WHO_{2005}-TEQ/g	
河北	唐山工业区土壤（唐山路南区和路北区）			12.1 ～ 254.5pg/g		0.68 ～ 7.71pg WHO_{2005}-TEQ/g	
重庆	城区土壤			29 ～ 1618pg/g		0.15 ～ 1.16pg WHO_{2005}-TEQ/g	
辽宁	东北老工业基地土壤			1.16 ～ 66.84pg/g		0.12 ～ 0.98pg WHO_{2005}-TEQ/g	

续表

地区	土壤类型	时间	∑PCDD/Fs 浓度	PCDD/Fs 浓度平均值	毒性当量浓度	毒性当量浓度平均值
浙江	金华、嘉兴、常山、台州、永嘉池塘边土壤		218.2 ～ 5098.9pg/g	1993.5pg/g	5.880 ～ 47.598pg WHO_{1998}-TEQ/g	
四川	卧龙地区 5 个不同海拔高度的表层土壤		2.48 ～ 4.30pg/g	3.5pg/g	0.29 ～ 0.43pg TEQ/g	
珠江三角洲	居民区土壤	2000 年	253 ～ 3175pg/g		0.09 ～ 19.70pg I-TEQ/g	
	工业区土壤		85.5 ～ 7669.0pg/g			
	郊区土壤		251 ～ 14525pg/g			
珠江三角洲	偏远山区土壤			1311ng/kg		1.24ng WHO_{1998}-TEQ/kg
	郊区土壤			2504ng/kg		3.99ng WHO_{1998}-TEQ/kg
	工业区土壤			1320ng/kg		4.80ng WHO_{1998}-TEQ/kg
	住宅区土壤			2335ng/kg		2.63ng WHO_{1998}-TEQ/kg
甘肃白银市	甘肃白银市土壤	2008 年	20.13 ～ 496.26pg/g	125.59pg/g		
湖南	洞庭湖湖周边土壤				5.53 ～ 75.60pg I-TEQ/g	30.30pg I-TEQ/g
中国东部	典型地区土壤（拆解工业园区）		287 ～ 1094pg/g	688pg/g	6.52 ～ 16.70pg WHO-TEQ/g	7.18pg WHO-TEQ/g
西藏	拉萨和日喀则之间的公路沿线土壤	2012 年	1.05 ～ 4.05pg/g	（2.30 ± 1.02）pg/g	0.002 ～ 0.028pg WHO-TEQ/g	（0.013 ± 0.010）pg WHO-TEQ/g

在很好的线性关系，即土壤中有机碳含量越高，越容易吸附 PCDD/Fs[22]；也有研究表明，土壤中 PCDD/Fs 的浓度与土壤 pH 值存在明显的相关性，pH 值与 7 偏离越远，土壤中 PCDD/Fs 的含量越高。

4.3 持久性有机污染物迁移过程与转化降解

4.3.1 持久性有机污染物在土壤中的迁移过程及其影响因素

持久性有机污染物（POPs）在土壤中的迁移过程主要包括：通过挥发作用或随土壤颗粒进入大气中；通过渗滤、垂直吸附相运输（生物扰动、低温扰动、通过大孔的粒子运输）等迁移到更深的土壤层或地下水中；随地表径流迁移至地表水；通过植物根部吸收进入食物链中；被土壤颗粒吸附而存在于土壤中（土壤介质的锁定作用引起 POPs 的老化现象）。

4.3.1.1 POPs在土壤中的挥发

土壤是由固体、液体和气体三相共同组成的复杂的多相非均质体系，POPs 可以以气态、液态及固态形式存在于土壤中并不断发生迁移和转化，直至达到平衡。POPs 从土壤中挥发是其从土壤直接转移到大气中的一种常见过程。一般情况下，随着土壤水分蒸发作用的进行，POPs 首先从土壤内部迁移至土壤表层；而在土壤含水率相对较低，并且没有水分蒸发作用的情况下，POPs 向土壤表层的扩散迁移则主要受逸度梯度的驱动。此外，人为或生物的扰动也会在 POPs 向土壤表层的迁移过程中起到重要作用。迁移至土壤表层的 POPs 可通过分子扩散作用穿过数毫米的层流边界层扩散迁移至大气中，该过程与层流边界层厚度、扩散系数及挥发速率等因素密切相关。

土壤中 POPs 的挥发速率受 POPs 浓度、POPs 自身性质（蒸气压、水溶解度、$\lg K_{OW}$ 和 $\lg K_{OA}$）、土壤理化性质（土壤类型、团聚体结构、孔隙度、含水量、pH 值、有机质含量和有机质的组成成分）以及环境条件（温度、空气湿度、大气流速、植被覆盖程度和地形特征）等多种因素的影响。有研究表明，温度能够显著影响土壤中挥发性污染物的动力学特征和地气界面交换过程。一般而言，温度升高能够增强土壤中 POPs 的挥发性。例如，在全球气候变化的背景下，温度增加 0.05 ～ 0.1K 就可能会加快土壤中 POPs 向大气中释放的速度，进而导致大气中 POPs 的浓度增加 4% ～ 50%。土壤有机质对土壤中 POPs 的挥发作用也能够产生重要影响。有研究表明，土壤有机质可以通过增溶和吸附结合而减弱 POPs 在土壤中的移动性，进而降低土壤中 POPs 的再挥发能力。关于南极 Livingstion（利文斯顿）岛 PCBs 二次释放的研究表明，该区域 PCBs 的二次释放与土壤有机质含量以及温度密切相关，土壤有机质含量的增加能够抑制土壤中 PCBs 的二次释放，而温度对土壤中 PCBs 二次释放的影响则呈现出了相反趋势。关于六氯苯（HCB）的研究也表明，乌栅土和红壤性水稻土中 HCB 的挥发会随着外加小分子有机碳的添加而降低，并且 HCB 在乌栅土中的挥发性高于在红壤性水稻土中的挥发性，该结果与不同种类土壤中有机碳含量的大小顺序相一致。此外，即使是同一种类 POPs，由于分子量不同，其在土壤中的挥发性能往往也存在差异。例如，关于电子垃圾拆解区域大气中 PBDEs 污染特征的研究表明，三溴联苯醚和四溴联苯醚主要分布在气相中，十溴联苯醚主要分布在颗粒相中，BDE209 则几乎全部分布在颗粒相中，即低溴代 PBDEs 倾向于分布在气相中，高溴代 PBDEs 更倾向于分布在颗粒相中。David 等关于哈尔滨市区大气中 PBDEs 污染特征的研究也表明，气相中 BDE47 是主要的目标物，而颗粒相中 BDE209 是主要的目标物。从这一方面来看，PCBs 也表现出了与 PBDEs 相似的规律。关于北京市大气中 PCBs 污染特征的研究表明，该地区大气中 PCBs 的同系物组成以低氯代的三至六氯联苯为主，并且 PCBs 各单体的气粒分配随氯代数目不同而不同，高氯代 PCBs 更多地分布在颗粒相中，低氯代 PCBs 更多地分布在气相中。

4.3.1.2 POPs在土壤中的纵向迁移

土壤中的 POPs 除可通过挥发作用进入大气外，也可通过渗滤、垂直吸附相运输（生物扰动、低温扰动、通过大孔的粒子运输）等迁移到更深的土壤层或地下水中。POPs 自身性质、土壤理化性质（土壤粒度、有机质含量、矿物组成、含水量等）、土壤扰动以及其他环境因素（温度、地形特征）是影响土壤中 POPs 纵向迁移的关键性因素。例如，关于不同条件下 PCBs 单体在土壤垂向中分布特征的研究表明，在整个垂向上 ∑PCBs 含量呈现出由高到低的趋势，并且在整个垂向上 ∑PCBs 含量与土壤电导率、有机质含量、比表面积显著相关，而高氯代联苯含量与土壤 pH 值有关。研究发现，土壤中有机氯农药总含量随着采样深度的增加而急剧下降，有机氯农药主要积累在表层土壤中，并且土壤的 TOC 含量和含水量是影响有机氯农药垂向分布的主要因素。李婧[23]研究表明，在土壤剖面中，随着土壤深度的增加土壤中 DDT 的含量未发生明显变化；与此不同，表层土壤中 HCHs 的含量较高，随着土壤深度的增加 HCHs 的含量逐渐降低；有机氯农药含量随土壤深度的变化与 TOC 含量呈现显著相关性，但与黏粒则未表现出显著的相关性。刘轩[24]通过土柱淋溶实验研究了 PCBs 在砂土、壤土和黑土中的迁移行为，发现 PCBs 在土壤中的纵向迁移情况会随着土壤有机质含量的增加而减弱；并且，水的下渗作用可为 PCBs 的纵向迁移提供驱动力，PCBs 向深层土壤迁移的速度会随着水流速度的增大而加快，同时迁移深度也相对增加，但该驱动效果十分有限。研究表明 HCHs 在包气带土柱中的迁移速度随土层加深而加快，这可能是因为靠近上层的土壤黏土含量大、有机质含量高，而处于下层的土壤接近砂质，有机质含量较低。这就意味着，受有机氯农药污染的水体一旦到达包气带土壤的下层，迁移速度就会迅速加快，对地下水存在潜在危害。此外，对于同一种类 POPs 而言，分子量的不同，使得其在土壤中的纵向迁移也存在差异。另外，关于黄河三角洲剖面土壤中 PBDEs 组成特征的研究发现，BDE209 占 ∑PBDEs 的比重随土壤深度的增加而逐渐下降，低溴联苯醚的丰度则随着土壤深度的增加而升高，表明低溴代联苯醚较高溴代联苯醚更易在土壤中迁移。整体而言，因受自身溶解度以及土壤吸附作用的限制，POPs 在土壤中的淋溶通常较弱，主要聚集在土壤表层中。

4.3.1.3　植物根部对土壤中POPs的吸收

土壤是环境中 POPs 的重要的汇，植物作为土壤生态系统的重要组成部分，对于 POPs 在土壤中的迁移转化过程起着重要的作用。植物可以通过根系直接从土壤中吸收有机污染物，并通过木质部在蒸腾流的作用下从根部向上传输。植物根系对土壤中有机污染物的吸收受有机污染物浓度、有机污染物自身理化性质（如分子量、空间结构、溶解度、$\lg K_{OW}$ 及亨利常数等）、环境条件、土壤理化性质以及植物种类与性质（如蒸腾作用强度、代谢速率、根系脂肪含量）等因素的影响。有研究显示，植物根部吸收积累有机污染物的程度与 $\lg K_{OW}$ 呈显著正相关，亲脂性的有机污染物较亲水性的有机污染物更易分配到植物根系的脂质中。例如，多环芳烃、PCBs 以及 PCDD/Fs 等具有较高脂溶性的有机污染物在植物根系中都有较高浓度的累积。然而，已有结果很多是从溶液体系中得到的，与实际土壤环境往往存在很大差别。例如，植物根系对土壤溶液中有机污染物的吸收积累程度与 $\lg K_{OW}$ 呈正相关，而植物根系对土壤中有机污染物的吸收则呈现出了与此相反的结果，这可能是因为植物根系对土壤中有机污染物的吸收受土壤吸附作用的影响。相关研究也表明，具有低 $\lg K_{OW}$ 值的 PBDEs 更易从土壤迁移进入胡萝卜主根中。PBDEs 的根部富集系数（RCF）随 $\lg K_{OW}$ 的增大呈现出了先升高（1 ～ 4 Br 取代物）后降低（5 ～ 10 Br 取代物）的趋势，该结果进一步说明植物根系对有机污染物的吸收与有机污染物的分配过程密切相关 [25]。植物根系的脂质、蛋白质在植物吸收有机污染物的过程中也起着重要作用。例如，南瓜、西葫芦、黑麦草、玉米、苜蓿和萝卜根中 BDE209 浓度与植物根脂含量呈显著正相关。HCB 在大麦、燕麦、玉米、芸薹、莴苣、胡萝卜等植物根内的残留浓度随根脂肪含量的增大而升高。PAHs 和林丹在植物根部的富集程度也与植物根部的脂质含量呈正相关。关于 PFASs 的研究则发现，PFOS 和 PFOA 在生菜、萝卜、玉米、大豆、绿豆、苜蓿和黑麦草根部的积累与植物根系的蛋白质含量呈显著的正相关，但与植物根系的脂肪含量呈显著的负相关关系。植物积累 POPs 的量也与土壤中 POPs 的浓度密切相关，表现出随土壤 POPs 浓度的提高而明显增大的现象。此外，不同植物对同一种 POPs 的吸收也存在较大差异。

有机污染物进入植物根部后，一部分会固定在植物根部的脂肪中，另一部分会通过木质部的蒸腾流作用从地下向地上部分迁移转运。但也有研究者认为，有机污染物由植物地下部分向地上部分的迁移转运很难发生。这主要是因为化合物必须穿过内表皮才能进入木质部，并通过植物的蒸腾作用实现径向迁移，而一些非离子型化合物很难通过内表皮上选择性较强的“凯氏带”区域。已有的研究普遍认为，有机污染物在植物体内的迁移转运与有机污染物的 $\lg K_{OW}$ 密切相关，与疏水性较低的有机污染物相比，疏水性较强的有机污染物更容易富集在植物的根部，但其很难随着植物的蒸腾作用而转移至地上部分，通常只有少量会被迁移到地上部。关于有机磷酸酯（organophosphate esters，OPEs）的研究表明，OPEs 在植物地上部的转运系数（translocation factor，TF）与其疏水性呈负相关关系，表明疏水性较高的化合物很难穿过植物木质部进入地上部。但也有研究指出，PBDEs 在玉米、南瓜、西葫芦和萝卜等多种植物体内的浓度表现出由根向上而逐渐降低的规律，甚至在多种植物的茎叶部分检出了疏水性较高的 BDE209，并且其主要来自茎向传输[25]。也有研究证实，十溴联苯醚、BDE28 和 BDE47 能够从植物根部向地上部分传输。亲脂性强的高溴代 PBDEs 在植物体内的茎向传输能力较低溴代 PBDEs 弱。研究发现，Howden 的南瓜根部 *p,p′*-DDE 的浓度显著高于 Prizewinner 和 Valenciano 的南瓜；并且 Howden 的南瓜茎部和叶部 *p,p′*-DDE 的浓度也显著高于 Prizewinner 和 Valenciano 的南瓜，表明一些南瓜品种能够将疏水性较高的有机污染物转运到茎叶部分。

4.3.2 持久性有机污染物在土壤中的转化降解及其影响因素

POPs 在环境介质中的转化和降解过程主要分为化学转化和生物转化两大类。前者包括水解反应、光解反应和氧化还原反应等；后者包括微生物的好氧和厌氧反应以及其他生物对 POPs 的体内代谢过程。土壤中 POPs 的转化和降解过程主要是生物降解以及少量的氧化还原反应，存在于土壤表面的 POPs 还能发生光解反应，但对于深层土壤而言，因缺乏光照，深层土壤中的 POPs 几乎不发生光解反应。

4.3.2.1 土壤中POPs的生物降解

POPs 的生物降解是指 POPs 在生物所分泌的各种酶的催化作用下，通过氧化、还原、水解、脱氢、脱卤、芳烃羧基化和异构化等一系列生物化学反应，复杂的有机化合物转化为简单的有机物质或无机物质（如 CO_2 和 H_2O 等）的过程。生物降解作用又可分为植物降解、动物降解和微生物降解，其中，微生物降解作用占主导地位。植物对 POPs 的降解主要包括以下 3 条途径：

① POPs 被植物吸收后在植物体内发生代谢转化，从而将其转化成毒性小或无毒的物质。

② 植物根际能够产生大量分泌物，分泌物中的一些酶或氨基酸、有机酸等生物活性物质直接或间接在植物根部将 POPs 降解。

③ 植物根系分泌物为土壤微生物的生长和繁殖提供营养和能源，同时根系分泌物还能够加强土壤微生物的活性，进而促进其对根际土壤中 POPs 的降解。例如，PBDEs 在植物体内能够发生脱溴、羟基化和甲基化代谢[25]；植物与酵母菌（*Candida*

VITJzNO4）的协同作用增强了原位修复中有机氯农药林丹的去除效果。动物降解是指土壤中线虫、蚯蚓等小型动物对土壤中 POPs 进行吸收和富集，并通过自身代谢作用将部分 POPs 转化为低毒或无毒产物。尽管动物和植物也能够代谢某些 POPs，但大部分 POPs 会对动物和植物产生毒性效应，并且在动物和植物体内降解十分缓慢，甚至降解不完全，进而能够通过食物链放大作用对高营养级生物构成严重威胁。

POPs 的微生物降解是一个周期相对较短的过程，并且不会产生毒性较大的中间产物，是 POPs 矿化的主要途径。不同种类 POPs 的微生物降解过程及中间产物各不相同。微生物对土壤中 POPs 的降解转化能力与微生物群落（微生物活性、种类以及数量）、POPs 浓度、POPs 理化性质以及环境条件（如土壤温度、pH 值、渗透压、有机碳 / 氮含量、土壤湿度）等因素密切相关。近年来，已有多项研究探讨了微生物对 POPs 的降解转化，其中对 POPs 具有代谢作用的微生物主要有假单胞菌属 *Pseudomonas*、芽孢杆菌属 *Bacillus*、鞘氨醇单胞菌属 *Sphingomonas*、红球菌属 *Rhodococus*、诺卡氏菌属和曲霉菌属等。此外，动植物在降解 POPs 的过程中也有微生物的参与。有研究指出，肠道微生物在动物降解POPs过程中也能够发挥重要作用。

4.3.2.2　土壤中POPs的化学降解

化学降解是指土壤中的 POPs 通过氧化、还原、水解、光解等反应而降解。光化学降解主要是指在光的照射下，通过化合物的异构化、化学键的断裂、重排或分子间的化学反应产生新的化合物，从而降低或消除有机物在环境中的污染。光化学降解是土壤中 POPs 非生物降解的重要途径之一，其主要受土壤理化性质、光照强度、POPs 自身性质以及环境条件等的影响。然而，由于光照一般只能照射至土壤表层，而土壤内部几乎接收不到光照，因此光解作用一般只发生在土壤表层 1mm 以内，土壤内部 POPs 的光解作用几乎可以忽略。水解作用是土壤中 POPs 化学降解的另一个重要途径，其主要受到土壤有机质含量、pH 值及温度的影响。根据土壤 pH 值的不同，水解反应又可分为酸性水解、碱性水解和中性水解。水解作用可由生物酶引起，也可以是纯化学水解。目前，关于 POPs 水解作用的研究主要集中在水体环境中，关于土壤环境中 POPs 水解作用的研究十分有限。

4.4 持久性有机污染物危害及作用机理

POPs 之所以成为当前全球环境保护的热点，正是由于其能够对生态环境和人类健康造成严重危害。大量研究表明，POPs 不仅对生物体具有较高的毒性，也是人类及动植物多种疾病的祸首。例如，POPs 具有干扰内分泌系统的作用，能够诱发糖尿病、甲状腺疾病等多种疾病，并且会对生殖发育产生一系列不良影响；POPs能够引起神经系统和免疫系统出现多种异常，并且对人类的致病可疑性（糖尿病、新生儿缺陷、阻碍儿童健康发展）和对动物行为模式产生影响；此外，许多POPs具有致癌、致畸、致突变作用。值得注意的是，种类繁多的POPs往往同时存在于某一环境中，这就导致很难阐释清楚其对生态系统造成的危害是由哪一种或哪一类POPs引起的。

4.4.1 持久性有机污染物对动物的影响

4.4.1.1 POPs对内分泌系统和生殖发育的影响

内分泌干扰物又称为环境激素，是指一类能够干扰人类或动物内分泌系统正常功能，从而破坏其维持机体稳定性和调控作用的外源性化学物质。大量研究表明，PCDD/Fs、PCBs、六氯苯、DDT、氯丹、艾氏剂、狄氏剂、异狄氏剂、七氯、毒杀芬、六六六、十氯酮、多溴联苯等大多数POPs均具有内分泌干扰特征。例如，动物实验表明，PFOS可以降低母鼠及其幼崽的甲状腺激素水平，并引发后期异常的神经行为；十溴联苯醚对Wistar大鼠的长期暴露会干扰其体内正常甲状腺激素的平衡。

生物体暴露于POPs（如狄氏剂、氯丹、毒杀芬、PCP、PCBs、DDT及其代谢产物DDE等）会产生生殖障碍、畸形、器官增大、机体死亡等现象。例如，暴露于高浓度的POPs能够降低鸟类的产卵率和孵化率，进而导致其种群数目不断减少，甚至灭绝。DDT的代谢产物DDE可引起食肉鸟类蛋壳变薄。有研究发现，1995年加拿大安大略湖等地区鸬鹚蛋壳的平均厚度为0.423～0.440mm，较DDT污染发生前降低了2.3%。PCBs能够诱发鸡胚的死亡和不同程度的水肿，使种蛋的死亡率明显升高；鸡蛋入孵前将PCBs注入蛋卵黄，可导致新出壳雄性雏鸡的睾丸结构发生明显改变，其横截面积、精细管直径以及精细管面积占睾丸横截面积的百分比较对照组均显著降低；给雄鸡喂食PCBs可导致其睾丸重量下降，精细管严重损伤。Aroclor1254（一种PCBs混合物）暴露可干扰鸡胚性腺的发育，并能够抑制禽类睾丸发育和精原细胞分化。POPs暴露也能够对哺乳动物的生殖系统产生一定影响。研究表明，哺乳期暴露于PCB138可引起小鼠激素紊乱，干扰雌激素受体α（ERα）和孕激素受体（PGR）信号通路相关蛋白表达，引起子宫腔上皮细胞变薄、子宫腺体膨大，诱发子宫炎症和纤维化；青春期小鼠暴露于Aroclor1254后，随着暴露剂量的增加，小鼠精子的活力与密度显著下降，畸形率显著上升。关于PCDD/Fs的研究发现，PCDD/Fs暴露能够导致雌性动物受孕、坐窝数减少与子宫重量减轻，引起月经周期和排卵周期的改变、子宫内膜异位症和卵巢功能障碍；PCDD/Fs暴露也能够导致雄性动物出现睾丸形态变化、睾丸重量降低、精子数量减少、精子不易成熟、精子质量差等症状[26]。近年来，PFASs、PBDEs、SCCPs等新POPs的生殖发育毒性也逐渐引起关注。对于能够干扰或阻碍某种物种繁殖的污染物而言，即使在未对该物种成体数量产生明显影响的情况下，也可能使该物种完全灭绝。

4.4.1.2 POPs对神经系统的影响

血脑屏障能够阻止血液中的有害物质进入脑组织，在保持脑组织内环境的基本稳定、维持中枢神经系统的正常生理功能方面发挥了重要作用。然而，已有研究表明，POPs 能够穿透血脑屏障，不仅对成年个体的神经系统功能产生不良影响，更可损害幼体神经系统的结构发育。动物实验研究表明，在鼠大脑发育时期暴露于 PBDEs 中，会导致成年鼠脑功能异常，主要表现为自主行为紊乱、学习记忆缺损以及胆碱能系统扰乱等，上述不良影响呈现出随年龄增长而恶化的趋势。一些 PFASs（如 PFOS 和 PFOA）能够对动物产生神经毒性，表现为改变动物的运动行为、认知能力和学习记忆能力。其潜在机制主要包括：影响神经元的生长分化、突触发生和脑的发育，影响神经递质如多巴胺、谷氨酸和乙酰胆碱的水平；通过活性氧簇（ROS）诱导神经细胞凋亡；影响信号传导途径，如一些蛋白激酶和钙离子浓度；影响甲状腺系统。关于 PCDD/Fs 的研究也发现，PCDD/Fs 能够通过芳香烃受体（AHR）在转录水平上抑制神经元乙酰胆碱酯酶的活性，从而干扰到胆碱能神经传导系统。也有研究报道称 PCDD/Fs 对神经系统具有损伤作用，能导致多发性神经病、低末梢衰退、感觉损害、神经衰弱以及抑郁综合征。

4.4.1.3 POPs对免疫系统的影响

POPs 会抑制生物体免疫系统的功能，其影响包括抑制免疫系统正常反应的发生，影响巨噬细胞的活性，降低生物体对病毒的抵抗能力。动物实验表明，Aroclor1248 暴露能够导致猴和小鼠体内抗体显著减少，从而引起免疫紊乱；鸡暴露于 PCB77 和 PCB126 后，其免疫器官严重萎缩，免疫力下降。关于 PCDD/Fs 的研究表明，PCDD/Fs 可通过抑制特异性抗原 IgM、IgA、IgG 的表达从而抑制体液免疫系统功能，并且 PCDD/Fs 也能够抑制细胞免疫，主要体现为胸腺内细胞耗竭和胸腺萎缩。

4.4.1.4 POPs的“三致”效应

致癌作用是指化学致癌物引发动物和人类恶性肿瘤，增加肿瘤发病率和死亡率的过程。化学致癌物是指能引起动物和人类肿瘤、增加其发病率或死亡率的化合物。已有研究表明，一些 POPs 会促进肿瘤的生长。动物实验表明，在大鼠妊娠第 15 天时，给予大鼠 TCDD（1μg/kg）后，能够导致大鼠子代发生乳腺癌；较长时间（80 ～ 100d）给予大鼠 TCDD［灌胃，0.5mg/（kg・d）］，能够增加大鼠肝细胞癌、硬腭及鼻甲和肺扁平上皮癌的发生率。

致畸作用是指能作用于妊娠母体，干扰胚胎的正常发育，导致先天性畸形的毒副作用。畸形仅指解剖结构上可见的形态发育缺陷。具有畸形的胚胎或胎儿称为畸胎。动物实验表明，PCDD/Fs 对多个种属的动物均具有致畸性。其中，对于小鼠的致畸作用最强，暴露于低浓度 PCDD/Fs 后，在未对母体产生毒性的情况下，其可导致胎鼠出现腭裂和肾盂积水。一方面，POPs能够通过妊娠母体干扰正常胚胎发育过程而造成先天性发育畸形，这种畸形不具有遗传性；另一方面，POPs能够直接作用于生殖细胞，影响生殖机能，并引发不孕、流产、死胎、畸胎等不良妊娠结局，这种畸形具有遗传性。

生物体的遗传物质发生了基因结构的变化称为突变。某些物质引起生物体的遗传物质发生基因结构改变的作用，称为致突变作用。具有引起生物体的遗传物质发生基因结构变化的化合物称为致突变物。大多数POPs对人和动物都具有致突变效应。例如，氯丹能够对中国仓鼠的肠V79细胞和老鼠淋巴瘤L5178Y细胞产生诱变作用，其对酵母菌、人体的纤维细胞和鱼也能够表现出基因毒性。此外，也有研究发现，DDT能直接与DNA发生作用。细菌、酵母和细胞以及动物实验的结果表明，硫丹能够引起基因突变、DNA损伤和染色体异常。

4.4.2 持久性有机污染物对人类健康的影响机理

4.4.2.1 POPs对内分泌系统和生殖发育的影响

大多数POPs具有内分泌干扰活性，能够干扰人体内分泌系统的诸多环节，进而影响内分泌系统的正常功能。它们可以直接作用于内分泌器官，也可以直接作用于生殖系统或孕体而起作用。已有研究表明，胚胎期暴露于具有内分泌干扰活性的POPs能够引起男性睾丸发育不全综合征（testicular dysgenesis syndrome，TDS），出现精子数量下降、尿道下裂、隐睾症以及睾丸癌等不良影响。例如，出生时脐血中含有PCBs的男婴在14岁时睾丸发育异常者占比高达10.2%，主要表现为隐睾症。有研究者将不育原因不明男性的精液（实验组）与精子质量正常、证明有授孕能力的男性的精液（对照组）进行了比较，发现在实验组精液中检测到了PCBs的存在，实验组男性的射精量、精子总数、精子活力以及正常形态精子数均低于对照组，并且精子总数与精液中PCBs的浓度呈现负相关。此外，POPs也会影响女性的内分泌和生殖功能。研究发现，POPs不仅能够导致女性出现子宫增重或减轻、输卵管上皮细胞退化、卵泡闭锁等生殖器官的病理改变，还能够引起受孕和着床数减少、流产、早产、死产、胎儿畸形等不良妊娠结局。此外，POPs暴露与女性妊娠高血压综合征以及生殖系统肿瘤发病率升高之间也存在密切联系。一项针对1979年中国台湾地区食用油中毒事件中受到PCBs毒害的女性存活者的调查研究表明，暴露组经血异常者占比、死产率、后代童年死亡率以及因健康问题而影响生育的占比分别为16%、4.2%、10.2%和7%，远高于未受PCBs毒害的对照组（8%、1.7%、6.1%和2%）。暴露于高浓度PCBs后女性不孕的概率明显高于未暴露于PCBs的普通女性，暴露于PCBs的女性还会出现月经紊乱的现象，其尿液中雌激素和孕二酮的浓度水平也较未暴露于PCBs的普通女性低。PCBs除了能够对亲代生殖系统产生影响外，也会对子代雌性产生同样的生殖毒性。关于PFOS的研究发现，PFOS暴露不仅能够导致女性生育能力下降，而且能够导致不良妊娠结局如流产的风险升高。多项研究表明，PFOS 暴露水平与胎儿出生体重、出生长度和 / 或头围等成反比，宫内生长迟缓儿或小样儿（small for gestational age infant，SGA）发生的风险随着血清中 PFOS 浓度水平的升高而升高。也有研究表明，与患良性乳腺肿瘤的女性相比，患恶性乳腺癌的女性乳腺组织中 PCBs 和 DDE 的浓度水平明显升高。

甲状腺激素主要包括四碘甲状腺素（T_4）和三碘甲状腺素（T_3），它们的异常增高或降低可以直接或间接地影响各器官系统的功能。流行病学研究发现，PBDEs 可能影响人类甲状腺激素分泌并增加患甲状腺疾病风险，但相关性可能与 PBDEs 的含量以及年龄、性别等因素有关。PBDEs 对甲状腺的毒性效应可能与 PBDEs（尤其是羟基化 PBDEs）的化学结构与甲状腺激素的结构十分相似有关，两者的代谢产物一样，都能够生成羟基化和卤化的二苯醚。很多研究也证实，母亲体内的 PBDEs 可通过胎盘、脐带血以及乳汁等途径传递给后代，影响婴幼儿的甲状腺系统。加拿大魁北克省一家医院对 380 名妇女在孕早期和分娩时分别抽取血样，检测发现孕早期 PBDEs 水平与血清甲状腺素的水平无关，但是到分娩时 PBDEs 水平与甲状腺素水平呈负相关。最近美国一项关于人类胎盘的研究表明，样本中 PBDEs 总量与基因组 DNA 甲基化水平具有正相关关系，这种影响可能传递给子代，从而对后代的甲状腺系统及生长发育产生更为深远的影响。调查研究显示，居住在有毒废物焚化炉附近的儿童（7 ～ 10 岁）血液中 PCB118 的浓度与促甲状腺素（TSH）的浓度成正比；而 PCB138、PCB153、PCB180、PCB183 和 PCB187 的浓度与 T_3 的浓度成反比。甲状腺对哺乳动物神经系统的正常发育具有重要作用，在胎儿和新生儿时期，甲状腺激素失调可能会导致运动和认知障碍。

糖尿病是由胰岛素绝对或相对不足而引起的内分泌代谢疾病，其以高血糖为主要特征，并伴随多种并发症。常见的糖尿病可以分为 1 型糖尿病和 2 型糖尿病两种。前者多是由免疫问题而导致的胰岛 β 细胞损伤，胰岛素分泌不足；而后者则多是由各种因素引起的血糖代谢稳态缺陷，常常表现为高血糖的症状，这与血糖不耐症和胰岛素耐受症相关。近几十年来，全球 2 型糖尿病的患病率呈现显著上升的趋势，严重威胁人类健康。目前普遍认为，2 型糖尿病是由遗传因素与环境因素之间复杂的相互作用所导致的。越来越多的证据表明，2 型糖尿病的发生发展与有机氯农药、PCBs、PBDEs、PFOS、PCDD/Fs 等 POPs 的暴露密切相关。例如，流行病学调查表明，女性血清中高浓度的 PCBs 能够导致其患糖尿病的可能性显著升高。一项关于 1988 位芬兰 2 型糖尿病患者的研究表明，在排除年龄、性别等因素后，患者禁食血糖水平较正常人明显升高，并且禁食血糖水平的变化与血液中 PCB153、DDE 等的含量有关。基于社区进行的病例对照研究表明，糖尿病患病率与人体血清中 PBDEs 的浓度水平呈现正相关，关于大鼠的研究进一步表明，PDBE47 能够引起大鼠血糖升高，这可能是因为参与葡萄糖转运的糖尿病通路被强化。有研究者在 2016 名参加 1999 ～ 2002 年美国全国健康与营养调查的成年人（低暴露人群）中进行了横断面研究，发现糖尿病患病率与一些 POPs（其中包括 1 种有机氯农药）低水平暴露之间存在剂量 - 效应关系。POPs 引起 2 型糖尿病发生发展的作用机制较为复杂，以 PCBs 为例，其既能通过胰岛素抵抗诱发糖尿病，也能通过影响胰岛素受体信号通路导致糖尿病的发生，PCBs还可能通过引起氧化应激与炎症反应致使糖代谢紊乱。与此类似，暴露于TCDD中能够导致β细胞系大鼠胰岛素瘤细胞（INS-IE）出现糖促胰岛素分泌受损和细胞凋亡的现象；暴露于TCDD中也能够导致大鼠血浆中胰岛素水平显著降低。TCDD在较低暴露浓度下就能够促进胰岛素样生长因子结合蛋白-1（insulin like growth binding protein-1，IGFBP-1）的基因表达，而IGFBP-1基因的过表达能够导致高胰岛素血症和葡萄糖耐受受损。同时，TCDD也能够作用于脂肪细胞，显著抑制葡萄糖转运子蛋白-4（GLUT-4）基因的表达，进而直接导致细胞摄取葡萄糖受损，诱发胰岛素耐受。

4.4.2.2 POPs对神经系统的影响

研究表明，BDE47会对人体神经细胞产生毒性，并通过线粒体、内质网和死亡受体诱导神经细胞凋亡。大脑含有大量磷脂，是PCBs重要的蓄积器官之一，蓄积在大脑中的PCBs能够诱导产生与学习和记忆相关的神经毒性。蓄积在脂肪组织中的POPs可以通过胎盘和乳汁进入胎儿或婴儿体内，对儿童的神经系统产生影响。例如，母亲在怀孕期间食用了受有机氯污染的鱼其孩子出生时较一般孩子脑袋小、体重轻；7个月时的认知能力、4岁时的读写和记忆能力、11岁时的智商（IQ）值，以及读、写、算和理解能力都较一般孩子差。流行病学调查表明，BDE47可干扰胎儿注意力、运动及认知等神经行为的发育。

4.4.2.3 POPs对免疫系统的影响

POPs暴露能够对人体免疫系统产生不良影响。研究表明，人体免疫系统的失常与婴儿出生前和出生后暴露于PCBs和PCDDs的程度有关。此外，瑞典、加拿大及其他国家的研究指出，食用含有少量PCBs及其他POPs的食物，会造成免疫系统失常。食用受PCBs污染的多脂鱼能够引起人外周血中自然杀伤细胞（natural killer cell）的水平下降；在日本和中国台湾地区PCBs污染事件中，受害者血清中IgA（黏膜局部抗体）和IgM（免疫球蛋白）的抗体水平明显降低，同时T细胞也发生病变，表明PCBs对人体产生了免疫毒害效应。在发展中国家，婴儿由于暴露在农药（杀虫剂）中，免疫反应受到抑制，削弱了其对传染病和癌症的免疫力，致使婴儿疾病发生率较发达国家高。关于加拿大因纽特人的研究也发现，母乳喂养和奶粉喂养婴儿的健康T细胞和受感染T细胞的比率与母乳喂养时间及母乳中杀虫剂类POPs的含量相关。

4.4.2.4 “三致”效应

已有研究表明，人类癌症发病率与POPs暴露之间存在着一定关系。例如，患恶性乳腺癌的女性乳腺组织中，PCBs和DDE的浓度要比患良性乳腺肿瘤的女性乳腺组织中的浓度高。流行病学研究发现，人群接触PCDD/Fs与人群患癌症的总体危险性增加有关。流行病学专家对曾发生过严重PCDD/Fs泄漏事故的意大利塞维索地区的居民进行了长达20年的追踪研究，发现该地区淋巴瘤、消化系统癌症以及呼吸系统癌症的发病率和死亡率明显升高，同时甲状腺癌、胸膜癌以及软组织肉瘤的发病率均上升。关于硫丹的研究表明，硫丹会对人体淋巴细胞、肝胚细胞等产生遗传毒性和致突变性。

4.4.2.5 其他毒性

除了具有以上描述的毒性外，POPs暴露还会导致肝脏、肺、皮肤等其他器官组织发生一系列病变。例如，TCDD暴露能够引起肝脏纤维化以及肝功能的改变，出现黄疸、精氨酶升高、高血脂等症状，也能够导致慢性阻塞性肺疾病发病率升高，还能够导致消化功能出现障碍。PCBs极难溶于水，易溶于脂质，进入人体后易蓄积于脂肪组织中，进而能够引起肝脏疾病、水肿、视力减退以及手足麻木等症状。多数POPs也会对皮肤产生一定的毒性，表现为表皮角化、色素沉着、多汗症和弹性组织病变等。此外，某些POPs还可能引起焦虑、疲劳、易怒、忧郁等一系列精神心理疾患症状。

参考文献

[1] 毕峻奇. 六六六、滴滴涕和多环芳烃在茶树体内迁移的模拟研究[D]. 福州：福建农林大学，2013.

[2] 毛书端. 宁波区域大气本底站有意生产的与非故意产生的持久性有机污染物研究[D]. 广州：中国科学院大学（中国科学院广州地球化学研究所），2019.

[3] 黄业茹，董亮. 新增持久性有机污染物环境监测技术研究[M]. 北京：中国环境出版集团，2018.

[4] 臧超. 上海市室内灰尘中六溴环十二烷的污染特征研究[D]. 上海：上海大学，2017.

[5] 邓芸芸. 城市环境中二噁英类化合物的分布与来源解析研究[D]. 广州：中国科学院大学（中国科学院广州地球化学研究所），2020.

[6] 周鹏，于慧娟，赵建华，等. 典型污水处理厂中多溴联苯醚的分布特征、迁移及负荷研究[J]. 环境科学学报，2016, 36(4): 1248-1259.

[7] Li J, Zhang G, Qi S, et al. Concentrations, enantiomeric compositions, and sources of HCH, DDT and chlordane in soils from the Pearl River Delta, South China[J]. Science of The Total Environment, 2006, 372: 215-224.

[8] Ma Y, Yun X, Ruan Z, Lu C, et al. Review of hexachlorocyclohexane (HCH) and dichlorodiphenyl-trichloroethane (DDT) contamination in Chinese soils[J]. Science of The Total Environment, 2020, 749: 141212.

[9] Tzanetou E N, and Karasali H. A comprehensive review of organochlorine pesticide monitoring in agricultural soils: The silent threat of a conventional agricultural past[J]. Agriculture, 2022, 12: 728.

[10] Sun J, Pan L, Tsang D C W, et al. Organic contamination and remediation in the agricultural soils of China: A critical review[J]. Science of The Total Environment, 2018, 615: 724-740.

[11] Gao J, Zhou H, Pan G, et al. Factors influencing the persistence of organochlorine pesticides in surface soil from the region around the Hongze Lake, China[J]. Science of The Total Environment, 2013, 443: 7-13.

[12] Zhang A, Fang L, Wang J, et al. Residues of currently and never used organochlorine pesticides in agricultural soils from Zhejiang Province, China[J]. Journal of Agricultural and Food Chemistry, 2012, 60: 2982-2988.

[13] Zhu Y, Liu H, Xi Z, et al. Organochlorine pesticides (DDTs and HCHs) in soils from the outskirts of Beijing, China[J]. Chemosphere, 2005, 60: 770-778.

[14] 崔嵩，杨萌，李一凡. 不同土壤类型多氯联苯土壤残留特征变化分析 [J]. 吉林大学学报（地球科学版），2012, 42: 1880-1888.

[15] 苑金鹏. 溴代阻燃剂的分析方法及其在黄河三角洲土壤中的污染特征 [D]. 济南：山东大学，2013.

[16] Ma J, Qiu X H, Zhang J L, et al. State of polybrominated diphenyl ethers in China: An overview[J]. Chemosphere, 2012, 88: 769-778.

[17] Na S T, Hai R T, Wang X H, et al. Trends and levels of perfluorinated compounds in soil and sediment surrounding a cluster of metal plating industries[J]. Soil and Sediment Contamination, 2021, 30: 423-435.

[18] 孟晶，王铁宇，王佩，等. 淮河流域土壤中全氟化合物的空间分布及组成特征 [J]. 环境科学，2013, 34: 3188-3194.

[19] 丁达，宋昕，刘朝阳，等. 某化工园区周边土壤中传统和新兴全氟化合物的赋存特征及潜在来源 [J]. 土壤，2021, 53: 779-787.

[20] Xu P, Tao B, Li N, et al. Levels, profiles and source identification of PCDD/Fs in farmland soils of Guiyu, China[J]. Chemosphere, 2013, 91: 824-831.

[21] Zhou T, Bo X, Qu J, et al. Characteristics of PCDD/Fs and metals in surface soil around an iron and steel plant in North China Plain[J]. Chemosphere, 2019, 216: 413-418.

[22] Kanematsu M, Shimizu Y, Sato K, et al. Mass loading and partitioning of dioxins in irrigation runoff from Japanese paddy fields: Combination usage of the CALUX assay with HRGC/HRMS[J]. Chemosphere, 2009, 76: 860-866.

[23] 李婧. 不同土地利用类型土壤中持久性有机污染物的分布特征与风险评价 [D]. 南京：南京师范大学，2016.

[24] 刘轩. 土壤中多氯联苯的迁移转化机理研究 [D]. 北京：华北电力大学，2016.

[25] 王森，黄红林，张淑贞. 土壤 - 植物系统中多溴联苯醚（PBDEs）的迁移与转化研究进展 [J]. 环境化学，2014, 33: 1645-1654.

[26] 蔡爱芳. 运动对二噁英致大鼠脂质合成代谢障碍的干预作用及其机制研究 [D]. 北京：北京体育大学，2013.

第5章

抗生素污染

>> 抗生素污染特征

>> 抗生素来源与迁移过程

>> 抗生素转化与降解

>> 抗生素危害及作用机理

抗生素指的是由微生物产生或化学合成的具有抗病原体或其他生物活性的一类物质，具有高效性、广谱性等特点，被用于预防和治疗细菌导致的动植物感染。根据抗生素对细菌的作用机理可以分为四类，包括干扰细胞壁合成类、干扰细胞膜渗透性类、抑制核酸合成类、抑制蛋白质合成类[1]。现如今，抗生素种类众多，频繁使用的抗生素有四环素类、β-内酰胺类、喹诺酮类、磺胺类、大环内酯类和氨基糖苷类等。目前，抗生素已被广泛应用于医疗、畜牧养殖及农业生产等领域。中国是世界上最大的抗生素生产以及使用国，我国年产抗生素约为 2.48×10^5t，每年的使用量超过 2.2×10^5t，且畜禽养殖所消耗的抗生素占比还在不断增加，超过 70% 的抗生素是以药物原始形态随粪尿排出而进入污水处理系统或直接进入环境。抗生素在环境中有多种出路，它们会通过水流、农田灌溉、气溶胶、生物暴露及食物链传递等方式扩散到各种环境介质中。同时，抗生素还会通过吸附、水解、光降解、微生物降解（有氧和无氧降解）和植物降解等一系列过程发生转化和降解。抗生素不仅会杀死致病菌，也会破坏生物体内和环境中的正常菌群，可能会造成微生物菌群结构和功能的紊乱[2]。同时，抗生素会导致细菌产生耐药性，这些耐药细菌还会通过环境介质进一步传播。这意味着当这些耐药细菌入侵生物体时，原本有效的抗生素可能无法奏效，这将对人类和动物的健康构成威胁。

抗生素可以作为农业生产过程中的一种农药，用于预防和治疗细菌病原体导致的农作物疾病，当抗生素被施用到土壤中时，一部分会被吸附在土壤颗粒上，一部分会溶解在土壤水分中。同时，畜禽粪便常被用作有机肥料施用到农田土壤，粪便中的抗生素会渗出进入土壤及地下水。抗生素还可以通过农田灌溉水而进入土壤。滞留在土壤中的抗生素可能抑制土壤中的有益微生物的生长和活性，这些微生物对土壤的健康和肥力至关重要，它们参与有机物分解、养分循环和土壤结构的形成，而抑制这些微生物的活性可能导致土壤质量下降。土壤中的抗生素可能促进抗生素耐药性基因的富集与传播，这可能导致抗生素在农业系统中的有效性降低。同时，土壤中抗生素及抗生素耐药基因还可能被农作物吸收，或者在农产品表面残留，这极大地威胁到了农产品的安全。本章主要介绍了抗生素在农产品产地环境中的主要存在类型、污染现状、转化和降解行为以及危害。

5.1 抗生素污染特征

5.1.1 抗生素污染主要类型

5.1.1.1 四环素类

四环素类（tetracyclines，TCs）抗生素是通过天然和半合成等手段得到的一类抑菌抗生素，以十二氢化并四苯为基本骨架，具有相似的广谱活性。四环素类抗生素表面存在羟基、羰基等官能团，在酸性与碱性环境中均不稳定，在中性环境中能与许多金属离子形成不溶性螯合物。四环素类抗生素具有抗菌效果好、副作用少等特点，被广泛应用于预防和治疗人体和动物体疾病，主要包括四环素、土霉素、金霉素等。据统计，2013 年中国对四环素类抗生素的使用量就达 1.2×10^5t，我国兽用抗生素中的生产和使用比例均为最大。

四环素类抗生素在动物和人体中的利用率极低，有 70% ～ 90% 的四环素不能被机体利用而随粪便和尿液排入水体环境中。在我国地下水、地表水、饮用水水源、市政污水、沉积物和污泥中均能频繁检测出四环素类抗生素，其在水中残留浓度范围在纳克每升到克每升之间。在我国北部和西南地区地下水中，四环素、土霉素浓度最高达 184ng/L、273.3ng/L，在长江流域中检测出四环素的浓度最大为 11.16ng/L，淮河的饮用水水源中也受到了不同程度四环素污染。水中四环素残留不仅会阻碍水生生物生长繁殖，还会在食物链中累积，导致人类疾病，如肾病、内分泌紊乱、中枢神经系统缺损等。

5.1.1.2　喹诺酮类

喹诺酮类（quinolones，QNs）抗生素是人工合成的含 4- 喹诺酮基本结构的抗菌药，以氮（杂）双并环结构为基本骨架，以细菌的脱氧核糖核酸为靶。喹诺酮类抗生素中 8- 甲氧基结构和氮双氧环结构的引入分别增强了抗厌氧菌和抗革兰氏阳性菌的活性，从而使其毒性降低但价格提高。目前常用的喹诺酮类抗生素有氧氟沙星、诺氟沙星、环丙沙星等，约占我国喹诺酮类抗生素生产总量的 98%。与其他几种抗生素相比，喹诺酮类抗生素具有抗菌谱广、耐药性小、杀菌作用强以及毒副作用小等特点，在人类医疗以及水产、畜禽养殖中具有较多的优势。不同种类抗生素因其结构的不同具有不同的作用与功效，喹诺酮类抗生素的作用原理是破坏细菌 DNA，致使其细胞不能正常分化，从而进一步破坏其细胞结构，通常它们对细菌表达出选择性毒性。

喹诺酮类抗生素由于其良好的药物动力学特性、抗菌谱广、抗菌性强、生物利用度高、半衰期长、体内不易被代谢、能与其他抗生素联用且无交叉感染、毒副反应小等特点，其使用量在近几年迅速增加。喹诺酮类抗生素被用作饲料添加剂，一半以上被用于养殖业。恩诺沙星被广泛用于预防、治疗动物疾病，但畜禽及水产动物对恩诺沙星吸收少，大部分恩诺沙星随粪尿排出动物体外。研究人员对崇明岛养殖场的粪肥、周边地表水、土壤及蔬菜中的喹诺酮类抗生素含量进行分析发现，喹诺酮类抗生素在粪肥、地表水和土壤中的检出率均为 100%，而养殖场周围地表水中最高浓度可达 477.5μg/L，土壤中恩诺沙星的含量平均值最高，并且恩诺沙星在土壤 - 植物之间的迁移能力仅次于环丙沙星。此外，在天然水体中同样检测出恩诺沙星，松花江和太湖中检测出恩诺沙星的含量分别为 69ng/L 和 106ng/L，尽管恩诺沙星的浓度不高，但其在水中半衰期长，进入水体和土壤环境后容易导致环境中出现耐性微生物和抗性基因，进而破坏生态平衡。

5.1.1.3 磺胺类

磺胺类（sulfonamides，SAs）抗生素是由人工合成的广谱类抗菌药物，具有性质稳定、产量大、品种多、价格低、供应充足等优点。我国是世界上磺胺类药物的生产和销售大国，2005 年产量已达到约 2.5×10^4t。磺胺类药物一般是白色或淡黄色的固体粉末，不易溶于水，同时分子量较小，导致其更容易在环境中扩散。该类抗生素的基本结构为对氨基苯磺酰胺结构，磺酰胺基上的氢由不同杂环取代后可衍生出不同种类的磺酰胺类药物。磺酰胺类化合物中含有一个对位氨基、一个磺酰胺基和一个苯环，可以与对氨基苯甲酸竞争二氢叶酸合成酶，从而阻止二氢叶酸的合成，使细菌的生长和繁殖受到一定抑制。常用药物包括磺胺甲噁唑、磺胺异噁唑、磺胺嘧啶等。磺胺类抗生素对革兰氏阳性菌和一些革兰氏阴性菌都有抑制作用，常作为兽药用于畜禽水产养殖中[3]。

磺胺甲噁唑作为一种磺酰胺，广泛用于人类和畜禽药物中。在人类医学中用于治疗支气管炎和泌尿道感染；在兽医学中，用于预防和治疗牛、猪和家禽的呼吸道或胃肠道感染以及促进生长。该抗生素不可避免地会以原始物或代谢物的形式排放到水和土壤环境中，如粪便、生活废水、过期药物的处理等。通过食物链和饮用水进入人体进而对人体产生毒性。我国对畜禽等需求量较大，之前缺乏相应的法规等规范其使用，导致磺胺类药物的滥用，尤其在水产和畜禽养殖行业，因此，造成磺胺类药物在水环境中残留量较大。而现有的污水处理技术对其的去除率并不高，并且磺胺类被认为是最易迁移的抗生素，导致其经常在地表水及地下水中被检测出残留，对水体造成污染[4]。磺胺甲噁唑在环境中可以保留超过 1 年的时间，这会带来超级细菌等风险，因此，它被列为具有较高的环境影响的等级。此外，磺胺甲噁唑还具有致突变性。由于磺胺甲噁唑风险评估和抗性病原体的潜在增殖，其环境行为已成为全世界关注的问题。

5.1.1.4 *β*-内酰胺类

β- 内酰胺类抗生素是世界上最重要和应用最广泛的抗生素之一，是具有共同化学特性的广谱抗生素。*β*- 内酰胺类抗生素是指化学结构中具有一个 *β*- 内酰胺环，具有抗菌活性的自然或经化学手段合成的有机化合物。自从英国著名科学家 Alexander Fleming 在 1928 年分离出青霉素以来，已经证明其对人类和动物健康非常有益，在抗生素的使用中占据重要位置。*β*- 内酰胺类抗生素包括青霉素、头孢菌素和碳青霉烯类，如青霉素 G、头孢氨苄、头孢匹林、亚胺培南、美罗培南等。在我国，*β*- 内酰胺类抗生素生产量和销售份额在众多抗生素中名列前茅，其中阿莫西林又称羟氨苄青霉素，具有高效的广谱抗菌作用而且毒副作用很小，世界卫生组织推荐本品作为首选的 *β*- 内酰胺类口服抗生素，在口服抗生素中占有重要地位。

β- 内酰胺类抗生素具有抗菌能力强、广谱性、不良反应小、疗效好、应用范围极

广且实用性强的特点。通常认为它可以在细菌体内发生生化作用破坏细菌的细胞壁。但是最新的实验证明，β- 内酰胺类抗生素对细菌的影响并不仅仅是抑制细胞壁的形成，而是对整个细胞壁的合成机制造成故障，使细菌的细胞壁的合成和分解形成无效循环，从而耗尽细菌的资源与能量。

5.1.1.5　大环内酯类

大环内酯类抗生素（macrolide antibiotics，MAs）具有控制蛋白质合成的功能，它强大的抑菌能力可以有效控制需氧革兰氏阳性菌及其活性。大环内酯类抗生素的主要结构特征为，母核是 14 ～ 16 元大环内酯，然后就是糖苷键与 1 ～ 3 分子的糖相接。1952 年，第一种大环内酯类抗生素被发现，那就是红霉素，直到现在，已经有上百种大环内酯类抗生素被研究者发现并研究。

人们经常说的大环内酯类抗生素指的是 14 ～ 16 元大环内酯类抗生素。在科学领域准确严谨地说大环内酯类抗生素药物包括：第一类，14 ～ 16 元大环内酯类抗生素；第二类，24 元、31 元大环内酯类抗生素，多烯大环内酯类抗生素以及 18 元新型大环内酯类抗生素等。大环内酯类抗生素的第一代产品代表药物有红霉素、乙酰螺旋霉素、麦迪霉素、吉他霉素。第二代大环内酯类抗生素代表药物有阿奇霉素、克拉霉素。第三代大环内酯类抗生素主要是泰利霉素，即酮内酯类。市面上可以买到的大环内酯类抗生素产品主要有三大类，它们分别是麦迪霉素类、红霉素类和螺旋霉素类。

5.1.1.6　氨基糖苷类

氨基糖苷类抗生素（aminoglycoside antibiotics，AGAs）是临床上最早发现和使用的抗生素之一，被视为人类在对抗细菌感染时的最后一道防线。氨基糖苷类抗生素主要用于治疗金黄色葡萄球菌和需氧型革兰氏阴性菌引起的细菌感染，并且对铜绿假单胞菌也有明显的抗菌作用。同时，还可以用于靶向治疗 HIV-1。1943 年从灰色链霉菌中发现了第一个氨基糖苷类抗生素——链霉素。随后在 1948 年，新霉素从弗氏链霉菌中被分离出来。此后，从链霉菌和小单胞菌等中分别发现了多种氨基糖苷类抗生素，包括在 1957 年发现的卡那霉素 A 和 1963 年发现的庆大霉素。

氨基糖苷分子的化学结构决定了它的抗菌活性以及耐修饰程度，是对抗细菌耐药性的关键所在 [5]。大多数氨基糖苷类化合物含有一个氨基环醇作为糖苷配基与脱氧氨基糖相连，从而形成了庞大的氨基糖苷类抗生素家族。根据化学结构的不同，氨基糖苷类抗生素被划分为 4 个不同的种类。其中 3 类都具有氨基环醇 2-DOS（2-脱氧链霉胺）的中心结构，氨基环醇再与其他含有氨基和羟基的饱和氨基糖相连，该结构是与细菌 30S 核糖体 16sRNA 相结合的首选条件，其会干扰细菌蛋白质合成的全过程，从而发挥药效。另外一种结构群便是只包含氨基环酮而不包含 2-DOS 环。

5.1.2 抗生素污染现状

5.1.2.1 土壤环境污染

抗生素通过动物粪便和农业废弃物进入土壤和水体等环境，从而导致抗生素残留物的积累。这种污染对环境微生物群落的结构和功能产生了严重影响，驱动土壤和水体环境中微生物耐药性的传播，严重破坏了土壤生态系统的平衡。土壤是众多动植物赖以生存繁衍的物质基础，当污染物源源不断进入土壤中超过土壤本身的自净能力或超过土壤的基准值时，会给生态环境带来威胁。农业生产里土地作为人类粮食生产的基础，土壤健康状况会严重影响到农作物的产量和质量，进而间接影响人体健康。

尽管抗生素作为兽药和饲料添加剂在畜禽疾病防治和生长促进方面发挥了较大的作用，兽用抗生素被母体吸收后，经过代谢反应仅有少部分生成无活性产物，绝大多数都以原形通过粪便排出体外，仍旧表现出很强的生物学活性。进入农田土壤等环境后，抗生素会对土壤中的微生物及动物等造成影响，从而转移到粮食、蔬菜等农产品当中，通过食物链对人体造成危害。由于畜禽粪便、污水灌溉等在农田中长期频繁使用，土壤中抗生素的残留量与日俱增。对于包括磺胺类等在土壤中不易降解并具有较强吸附性的抗生素类，这方面问题表现得更加明显。随着抗生素检测及提纯技术的成熟，人们对土壤中抗生素的残留及转归方面的研究也逐步引起重视，抗生素的环境行为及其在环境中的残留是近些年来国际上研究的一个新内容[6]。

抗生素一方面受自身化学特性的影响，另一方面受到外界环境因素的影响，造成其在土壤中的残留量与留存时间均存在巨大差异，有些抗生素甚至20年都不能完全降解。残留在环境中的抗生素的浓度及危害程度与其使用剂量、土壤对其吸附和降解能力等因素有直接关系。而未经处理的畜禽粪便大量且长期频繁被施用于农田，势必会增加抗生素在土壤中的累积。

5.1.2.2 水体环境污染

在国外，已有不少关于水体中抗生素残留的研究。众多研究表明，尽管国家和地区不同，在相同水体（如污水、地表水等）中抗生素的残留量的数量级基本一致。总体上说，医院废水中抗生素残留的总浓度＞1μg/L，而城镇污水中抗生素总浓度＜1μg/L。地表水、地下水和海水中抗生素总浓度大多＜1μg/L，当然也有部分地点的抗生素总浓度＞1μg/L，这些浓度差别在于不同研究选择了不同的抗生素作为研究对象，而且不同研究地域有着不同的污染源。

对于不同的环境介质来说，水体是目前开展抗生素污染研究较多的环境介质，涉及多种抗生素大类，包括大环内酯类、四环素类、磺胺类和喹诺酮类等。美国是最早在大范围内开展抗生素污染调查的国家，1999～2000年，美国地质调查局（USGS）对美国的139条河流的抗生素污染情况进行了监测研究，研究的目标化合物是喹诺酮类、四环素类、磺胺类和大环内酯类四大类抗生素。总体上不同的抗生素含量大部分在数十纳克每升，检出率最高的是甲氧苄啶，达 27.4%，金霉素的含量中位值最高，达 420ng/L。

在我国，研究人员调查了珠江三角洲和中国香港维多利亚港水体中的抗生素污染情况，研究发现中国香港维多利亚港的污染程度相对较低，除了阿莫西林外，其他抗生素含量均低于检测的定量限。而珠江三角洲水体中检出了浓度较高的抗生素残留，在丰水期和枯水期，珠江三角洲河水抗生素的残留浓度中位值范围分别为 11 ～ 67ng/L 和 66 ～ 460ng/L。通过对上海黄浦江河水抗生素污染程度进行研究，发现所研究的 18 种抗生素的检出率在 5.3% ～ 100% 之间，在丰水期，检出浓度最高的抗生素是四环素，其浓度达 36.71ng/L，而枯水期则是磺胺二甲唑的浓度最高，达 313.44ng/L。目前看来，河流抗生素污染最严重的地区大多在亚洲和非洲，发达国家对抗生素污染的遏制较好。

5.1.2.3 沉积物环境污染

沉积物环境中抗生素的污染受到农业排放的影响。研究表明，受农业排放影响的河流中，其沉积物的抗生素浓度要比未受到农业影响的要高，表明农田输入会在一定程度上增加河流沉积物中抗生素的残留量。早在 20 年前就已有关于水产养殖业污染水体沉积物的报道。在密集的水产养殖中，抗生素被直接投入水中用于水产品的疾病防治，这样的使用方式会使水体中残留的抗生素不可能用人为的方法去除，而且这些抗生素会通过水体进入沉积物中。通过研究我国珠江沉积物中的抗生素残留情况，大部分抗生素残留水平在微克每千克量级，而丰水期和枯水期沉积物中抗生素含量的差异不显著。

5.2 抗生素来源与迁移过程

5.2.1 抗生素来源

农用抗生素主要用于农作物的抗虫、抗病、除草及调节作物的生长，早期的农用抗生素筛选自医用抗生素，并用于农作物病害的防治，但应用后发现许多抗生素对农作物有药害。目前，针对农作物使用的抗生素均为植物专用抗生素，在防治农作物病原菌及组织培养与育种研究中起到了重要的作用。然而农用抗生素释放到环境中对土壤微生物群落形成选择性压力，使得环境中菌群结构与微生态平衡遭受破坏，久而久之使得耐药菌具有较强的抗药性并加速其扩散，进而可以通过食物链转移到人体，从而对人类生命健康构成严重威胁。欧盟每年养殖业中抗生素的消耗量达 5000t。我国是抗生素的生产和消费大国，2013 年兽用抗生素使用量达 84240t，占总使用量的 52%。美国每年从养殖业流入环境中的抗生素就达到 6600 ~ 9900t，约占生产总用量的 70%。农田土壤中抗生素主要由人为活动带入，农用抗生素来源主要包括畜禽粪肥施用、污水灌溉和污泥堆肥（图 5-1）。

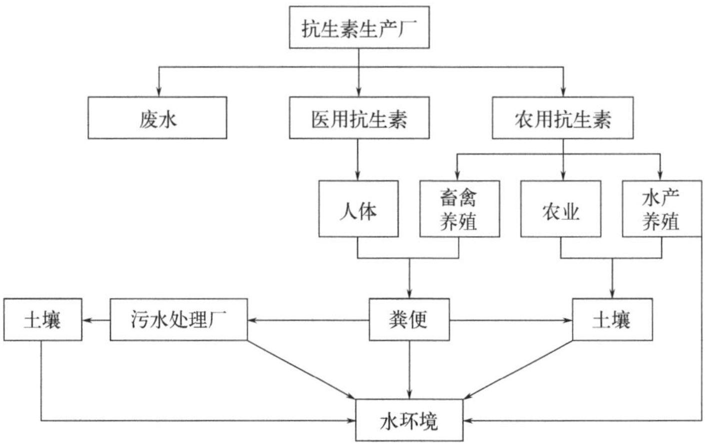

图 5-1　环境中抗生素来源及迁移

5.2.1.1　畜禽粪便施用

近些年，集约化养殖业和复合饲料工业的发展，使得各种抗生素作为饲料添加剂而广泛应用，其中未经处理而直接作为有机肥料的畜禽粪便是携带抗生素进入土壤的主要途径之一。许多用于畜牧业的抗生素难以被动物肠胃吸收，有 30% ~ 90% 以母体化合物的形态排出，并且在施用粪肥的土壤中长期残留，一些代谢物仍然具有生物活性或者是排出后又转化为母体形态。如排出体外的磺胺类代谢体在液体粪肥中又转化成母体，在抗生素被使用后，磺胺甲嘧啶与肝脏中的糖结合而失去活性，当其排出体外后，微生物可快速分解糖分，从而使其恢复生物活性形态。由于大部分抗生素是水溶性的，一次剂量中有 75% 以上的抗生素随粪尿排出。根据一项研究，绵羊一次口服剂量的土霉素约 21% 以母体形态排出，小公牛一次口服剂量的金霉素有 17% ~ 75% 以母体形态排出。随着我国动物养殖业的迅速发展，集约化养殖方式的比例不断升高，各种类型的养殖粪污年产量不断增加。《第一次全国污染源普查公报》显示，全国规模以上畜禽养殖业粪便产生量 2.43 亿吨，尿液产生量 1.63 亿吨，这里面还不包括散养产生的粪污。因此，当动物粪便等作为肥料使用时，这些抗生素及其代谢产物随动物的排泄物进入环境，一部分经过污水处理系统排入自然水体，另一部分则伴随有机肥料的施用进入土壤或者渗入水体中。

5.2.1.2 污水灌溉

污水是水量稳定、供给可靠的水源。对污水进行适当处理，达到目标用途要求的水质标准，使之成为多种用途的水资源，可在很大程度上缓解水资源的紧缺状况，对于节约水资源具有重要意义。我国仅县级以上城市污水年排放量已经超过 $4.0\times10^{10}m^3$，如果计入县级以下城镇和乡村产生和排放的污水，全国污水年排放量超过 $6.0\times10^{10}m^3$，与黄河的年径流量相当。另据预测，到 2030 年，我国污水排放量将达到（0.85 ～ 1.06）$\times10^{11}m^3$，充分利用这些污水资源灌溉农田，可以节约大量淡水资源。中水回用于农业灌溉在世界各国已屡见不鲜，例如，日本在乡镇有许多小型污水处理厂，利用处理过的生活污水灌溉经济且实用；捷克不少城镇的居民采用机械处理和生化曝气池相结合的方法处理污水，然后再用于灌溉，既可以节约用水，又充分利用了废水中的肥料，也降低了农业生产成本。尤其是缺水地区，污水已成为主要的灌溉资源，通过降低污水处理的级别，还可以充分保留污水中的养料，减少肥料的费用。

污水处理厂虽能去除废水中大量杂质，但对于随粪便排入污水处理厂的人类医用抗生素目前尚缺乏有效处理设备，致使大量抗生素在水体中残留。用含有抗生素残留的水体进行农业灌溉，会将抗生素带入土壤环境中。污水灌溉是土壤中抗生素的另一来源。抗生素在生物体内只有一部分能够代谢，随后随污水进入污水处理厂。然而，目前大部分污水处理厂所采用的生物法污水处理工艺并不能有效去除污水中的抗生素，这是由于大部分抗生素的可生化降解性较差。不同种类的抗生素去除率不尽相同，这与抗生素自身的物理化学性质有关。大环内酯类抗生素的去除率普遍偏低，可能是由于该类抗生素结构稳定不易被破坏。喹诺酮类抗生素与磺胺类抗生素的去除率波动较大，这不仅与不同污水处理厂所用处理工艺不同有关，也与抗生素稳定性有关。例如，传统活性污泥法对抗生素的去除效果较差，而膜生物反应器工艺对抗生素的去除效果相对较好。稳定性较差的抗生素，如 β- 内酰胺类，容易被微生物所分泌的某些酶水解。总之，污水处理厂对大部分抗生素的去除效果并不理想，从而导致其随出水排出。

5.2.1.3 污泥堆肥

城市污泥是采用活性污泥法对污水进行处理的过程中所产生的。污水处理厂在使用活性污泥法这种处理工艺时，污泥中生长的微生物为了能够完成自身的新陈代谢，需要不断消耗富集于污水中的有机物，使自己可以继续生长和繁殖。为达到活性污泥系统稳定的目的，维持微生物与底物的浓度在一定比值范围内，需要把过剩的生物质以污泥的形式排出整个系统。人们通常把排出的污泥称作“城市污泥”。如今，我国城市污泥的产量在不断地快速增加，将污泥进行资源化利用使其变废为宝，是我国今后城市污泥合理利用的必要途径。其中，将污泥好氧堆肥后进行土地利用是污泥处理处置的主要途径之一。

对污泥进行土地利用就是把城市污泥中所含的丰富的氮、磷、钾等植物性的营养元素经过稳定化及无害化处理后，作为农田肥料进行使用。并且污泥中的有机质还能对土壤内部的孔隙度、酸碱度进行改善，同时能起到保持土壤水分稳定的作用，从而促进土壤对矿物质的吸收，并创造条件使微生物良好生长。抗生素极易被吸附于活性污泥等固体颗粒表面，从而残留于城市污泥中。已有大量研究表明，活性污泥中的抗生素浓度可达到几毫克每千克。为促进养分的完全利用，将污水处理厂中的污泥作为肥料施于农田土壤中，必会将抗生素以此种形式带入土壤，从而对土地中的植物和动物造成不良的影响。

5.2.2 抗生素迁移过程

进入环境中的抗生素，在对生态环境造成影响的同时也受到环境中的物理、化学、生物等方面因素的制约，集中反映在抗生素的迁移过程中。由于不同类型的抗生素自身结构的不同以及代谢途径的不同，故它们在生态环境中存在差异化的迁移途径。相关研究表明，抗生素之所以能够在土壤中长时间残留，与土壤对其的吸附能力、降解速率、温度、光稳定性、与固相物质的结合以及水的淋洗性等有关，其中土壤类型和抗生素的种类对抗生素的稳定性有较大的影响。相关研究表明，抗生素活性变化的机理十分复杂。例如，环境中金属离子的种类和抗生素浓度、土壤酸碱度以及抗生素抗性等均会影响抗生素的活性。已有研究表明，酶促反应也可加速抗生素失活，而被土壤吸附的抗生素可能仍然存在活性。因此，土壤抗生素的失活机理，特别是土壤微生物群落结构、酶促反应、土壤中金属离子对土壤环境中抗生素活性的影响尚不明确。

抗生素滞留在环境中有多种出路，它们会在土壤、水和沉积物中重新分配，通过吸附、水解、光降解、微生物降解（有氧和无氧降解）和植物降解等一系列过程发生迁移和转化。吸附是抗生素在土壤环境中迁移和转化的重要过程，在很大程度上取决于抗生素和土壤的特性。土壤对抗生素的吸附体现了抗生素与外界环境中不同物质间的相互交换作用，因此能够对土壤抗生素残留产生的生态效应进行预测。不同抗生素的性质、代谢途径及使用剂量不同，在环境中的迁移转化也不一样。抗生素在土壤中的迁移转化主要取决于自身的光稳定性、键合、吸附特性、淋洗和降解速率等。不同种类的抗生素由于结构和特点不同，其吸附能力有较大差异。一般而言，弱酸性、弱碱性和亲脂性类抗生素与土壤有较好的亲和力，在土壤中不易迁移。例如，土壤对恩诺沙星具有较强的吸附作用，残留在土壤中的恩诺沙星主要被吸附在固体颗粒上，不容易释放和随水迁移。四环素类抗生素对土壤和沉积物有较强的吸附力，大环内酯类抗生素对表层土壤矿物质也有明显的吸附能力。当然，抗生素的吸附能力还与土壤类型、pH 值等有关，一种抗生素在不同的土壤中的吸附系数差异很大。四环素类在土壤中的吸附能力随土壤或沉积物 pH 值的增大而减弱。

土壤吸附能力和土壤中抗生素的迁移能力联系紧密，通常而言，土壤吸附能力越弱，则抗生素迁移能力越强，反之则越弱。影响抗生素迁移的主要因素包括淋洗强度、光稳定性、降解等。亲脂性、弱酸弱碱性类抗生素和土壤具有较强的亲和力，进而难以在土壤中迁移；部分抗生素及其代谢产物由于具有极性，无法结合固相物质，在土壤环境中发生迁移行为相对容易，进入水环境后对地下水构成一定威胁。

5.2.3　抗生素迁移过程影响因素

5.2.3.1　抗生素类型

抗生素种类繁多且结构、性质差异较大，其在土壤和地下水介质中的吸附 / 迁移行为因此具有很大差异。有机物吸附性能通常用辛醇 - 水分配系数（K_{OW}）和有机碳分配系数（K_{OC}）来评估，这些数值越高表明吸附作用越强。研究发现氟喹诺酮类抗生素对土壤吸附能力的 K_d 值均非常高（$K_d \geqslant 544$L/kg），SAs 的 K_d 值总体小于氟喹诺酮类，在 0.7 ～ 70.1L/kg 之间，表明氟喹诺酮类淋溶潜能远不及磺胺类。在相同环境条件下，迁移能力顺序为磺胺甲噁唑＞红霉素＞氯霉素＞四环素＞诺氟沙星。根据评价抗生素污染地下含水层的风险参数 K_{OC} 和 $t_{1/2}$ 进行分析，发现磺胺甲噁唑极易在土壤中浸出，红霉素和氯霉素有可能浸出，四环素的浸出潜力则较低。此外，属于同一类抗生素的不同药物具有不同的 R 基官能团，因为 R 基官能团能够影响抗生素的理化性质，比如疏水性和极性等，而这些性质影响着抗生素与介质间的相互作用，因此使抗生素具有不同的吸附 / 迁移能力。

5.2.3.2　环境pH值

由于多数抗生素属于有机酸类化合物，包括磺胺类和氟喹诺酮类抗生素，通常具有两个解离常数（pK_{a_1} / pK_{a_2}），易随环境 pH 值的变化而发生质子化和去质子化反应而带上电荷，当环境 pH＜ pK_{a_1} 时，部分抗生素分子因质子化反应而携带正电荷；当 pK_{a_1} ＜环境 pH＜ pK_{a_2} 时，抗生素分子多为中性或两性形态；当环境 pH＞ pK_{a_2} 时，部分抗生素分子因去质子化反应而携带负电荷。由于抗生素形态随环境 pH 值变化而变化，且不同形态抗生素的吸附 / 迁移机制不同，因此环境 pH 值可能对其在土 - 水界面的吸附及迁移过程具有重要影响。在 pH 值为 4.0 ～ 8.0 范围内，磺胺地索辛、磺胺甲噁唑和磺胺二甲唑在土壤介质上的吸附随 pH 值降低而增加。这可能是由于低 pH 值时中性和正电荷形态大量存在，它们能够通过静电作用与土壤表面的吸附位点结合。然而，环境 pH 值不是在任何情况下都能够对抗生素迁移产生显著影响的，相比之下其他环境因素的主导地位更强。

5.2.3.3　离子强度

本小节所指离子为自然条件下土壤和地下水中的主要离子成分，如 Na^+、K^+、

Ca^{2+}、Mg^{2+}、Cl^-、SO_4^{2-}、HCO_3^-。土壤溶液和地下水介质中离子强度的变化在某些情况下会影响抗生素的吸附/迁移性能。例如，研究人员发现 NaCl 溶液离子强度能够影响黏土的双电层厚度和溶液中抗生素形态的活性。当溶液中带正电的磺胺甲噁唑占主导时，磺胺甲噁唑的土-水分配系数随离子强度从 10mmol/L 增至 310mmol/L 有较大幅度下降，表明此时阳离子交换是磺胺甲噁唑和蒙脱石表面相互作用的主导机制，Na^+ 会与磺胺甲噁唑发生竞争吸附。当溶液中带负电的磺胺甲噁唑占主导时，离子强度增大会促进其吸附，这是由于介质表面压缩双电层从而降低阴离子静电排斥作用。研究发现 $CaCl_2$ 离子强度的增大能够增加磺胺甲噁唑在 Matawhero 土壤上的吸附量，可能是通过离子架桥作用增加了磺胺甲噁唑的吸附量和盐析作用降低了磺胺甲噁唑的溶解度，从而使其沉积于土壤中，但在 Kowhai 和 Horotiu 土壤中增大 $CaCl_2$ 离子强度减弱了对磺胺甲噁唑的吸附能力。由此可知离子强度的影响机制随环境不同变化较大，结合其他因素进一步研究其复杂作用机理非常必要。

5.2.3.4 介质

抗生素在介质中的迁移受到黏土种类和含量、有机质种类和含量、矿物种类和含量、土壤质地、有效阳离子交换量、颗粒比表面积和土壤结构等多种环境介质性质的影响。黏土矿物的主要成分为伊利土、高岭土和蒙脱土，由于矿物结构性质不同，对抗生素的吸附能力差异较大。蒙脱土因其具有的层状结构易于被抗生素插层，从而使层间距增大，进一步导致吸附容量增大。高岭土和伊利土则以阳离子交换吸附为主，其吸附容量较低但吸附速度较快，受环境 pH 值影响较大。伊利石是温带土壤中含量最丰富的黏土矿物之一，能够通过阳离子交换将四环素吸附于表面，因此土壤中伊利石组分对四环素的吸附能够影响其在环境中的迁移和转化。高有机质含量的土壤可以通过有机质疏水分配作用显著促进抗生素在介质中的滞留，并且不同有机质种类对抗生素的吸附/迁移影响不同。有机质含量较低的土壤中抗生素吸附/迁移受介质其他成分的影响也较为显著。研究表明，在低有机质含量土壤中，主导土霉素吸附的主要因素为土壤质地、阳离子交换量和氧化铁含量。除土壤有机质导致的疏水分配作用外，磺胺类抗生素的吸附同时也受到矿物表面导致的非疏水性作用以及阳离子交换作用的影响。介质颗粒粒径越小、孔洞分布越多，比表面积越高，这可为抗生素滞留提供更多的吸附位点。此外，土壤结构会对水流流动造成一定影响进而影响溶质，如抗生素的迁移。相比于原状土柱，扰动土柱由于大孔道的破坏而导水率降低，最终导致其中的抗生素迁移率较低[7]。因此，了解介质性质对于预测抗生素在土壤和地下水系统中的迁移和转化至关重要。

5.2.3.5 溶解性有机质

溶解性有机质在土壤中普遍存在，其通常来源于生物固体、堆肥、污染物和再生废水等，溶解性有机质可能会改变共存外源化合物的吸附行为。溶解性有机质可通过累积吸附或共吸附作用增加抗生素的滞留，也可通过竞争吸附或共迁移作用促进抗生素在土壤中的迁移。研究人员通过研究源自成熟堆肥生物固体的溶解性有机质对磺胺在半旱土壤中的吸附影响发现，土壤吸附溶解性有机质的能力和溶解性有机质的化学形态在吸附过程中对磺胺的结合有显著影响，溶解性有机质的优先吸附基团（羧基和酚基）会同磺胺在吸附位点上发生竞争，表明溶解性有机质的化学性质能够显著影响磺胺类的环境行为。

5.2.3.6 有机污染物/重金属共存

进入环境中的抗生素常与其他抗生素或有机化合污染物（包括杀虫剂、表面活性剂等）共存，这些共存有机化合污染物对抗生素的吸附 / 迁移可能会产生抑制或促进作用，又或者无明显影响，目前相关研究报道较为有限。当抗生素与农业污染源中的类固醇激素［17β- 雌二醇（E2）及其初级代谢产物雌酮（E1）］共存时，无论 E2 和 E1 处于何种浓度，均会轻微抑制磺胺氯哒嗪的吸附。这可能是因为 E2 及 E1 对吸附位点的亲和力均强于磺胺氯哒嗪，更易占据活性吸附位点，形成竞争吸附。非离子型表面活性剂 Brij35 能够通过污染物在胶束核中的增溶作用及与污染物的竞争吸附显著促进莫能菌素和四环素（OTC）的迁移，增加地下水污染概率。相似地，环境中某些共存多价重金属可通过与具有多个离子化官能团的抗生素的络合作用增强抗生素在介质上的吸附，也可通过在一定条件下与抗生素对吸附位点竞争抑制其吸附。因此，为更加准确地评价抗生素吸附 / 迁移过程，应考虑其与有机污染物和重金属在共存环境中相互作用的影响。

5.3 抗生素转化与降解

5.3.1 抗生素转化与降解过程

5.3.1.1 四环素类

四环素类抗生素是由链霉菌属产生的一类天然化合物，通过阻止氨酰 tRNA 结合到核糖体受体位点来抑制细菌蛋白质合成，从而达到抑菌效果。四环素类抗生素是两性的强螯合剂，它们容易吸附在颗粒物表面，因此相比于水相，四环素类抗生素在沉积物中浓度更高。四环素的稳定性较低，根据环境中的阳离子种类和 pH 值，四环素能在水体或土壤中发生广泛的非生物转化和降解行为。天然四环素在酸性条件下相对稳定，但在碱性溶液中非常不稳定。例如，四环素很容易在酸性或中性条件下发生异构化作用，同时这一反应很容易逆转［式（5-1）］，然而在 pH＞6 且钙离子或镁离子存在的条件下，这一过程将被抑制。此外，在酸性条件下四环素及其异构体能够发生不可逆的脱水作用，而形成无水四环素［式（5-2）］。而在碱性条件下，四环素碳环能够发生不可逆的裂解，而形成异四环素［式（5-3）］。需要注意的是，这些转化产物通常仍然保留四环素的抑菌活性，甚至无水四环素及其异构体对四环素敏感菌的抑制作用更明显，表明这些转化将在一定程度上改变四环素的环境行为。而在光照条件下，四环素能发生直接光解作用而失去其 *N*- 甲基、氨基和羟基等官能团，从而导致四环素失去其抑菌活性。

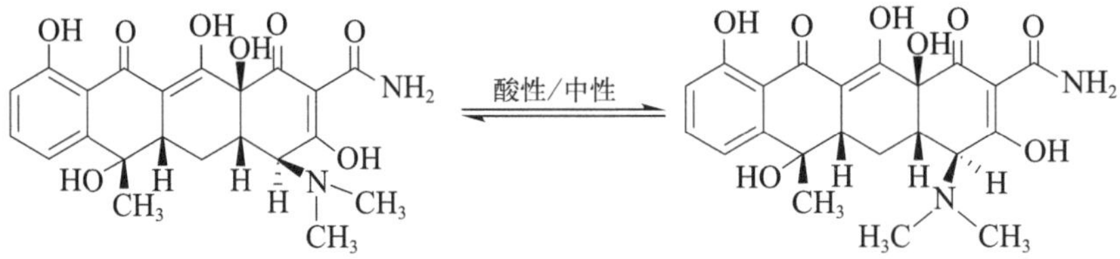

（5-1）

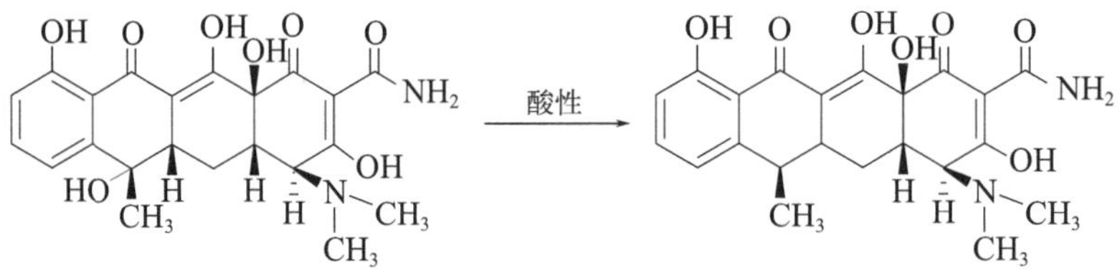

（5-2）

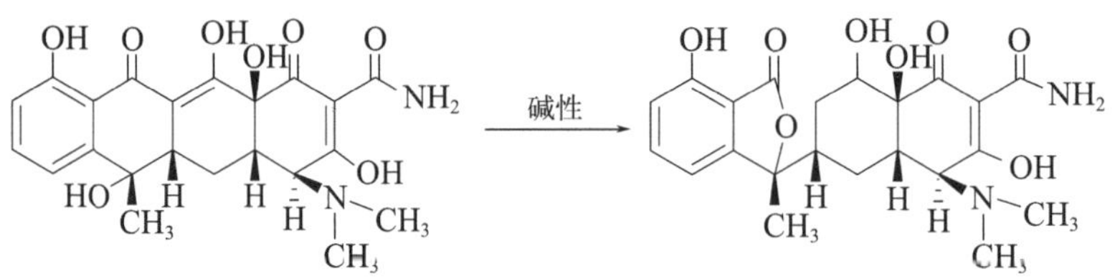

（5-3）

尽管四环素类抗生素在环境中的稳定性有限，但无论在有氧还是厌氧条件下，它们通常被报道为难以生物降解的。四环素类抗生素主要通过非生物转化的方式被消除，生物转化的贡献往往很小[8]。有研究证实，四环素在污水处理厂厌氧发酵池的主要消除路径为污泥颗粒的吸附，而非生物降解。尽管如此，仍有一些四环素类抗生素降解菌被发现，主要为子囊菌门（Ascomycota）和担子菌门（Basidiomycota）的一些真菌与少量鞘氨醇杆菌属（*Sphingobacterium*）和寡养单胞菌属（*Stenotrophomonas*）的细菌。真菌 *Paecilomyces* sp. CMB-MF010 和 *Fusarium* sp. CMB-MF017 虽然属于不同的属，但都能以相同的路径将四环的土霉素降解成为小分子的二环化合物［式（5-4）］，而使其失去抑菌活性。而细菌对四环素类抗生素转化降解的研究始于 *TetX* 这一基因的发现。研究者观察到携带 *TetX* 基因的细菌能在有氧的条件下合成一种蛋白酶，而使四环素发生转化［式（5-5）］，这一反应在后续还会发生一系列非生物转化而形成一种高分子黑色素，最终使四环素失去抑菌活性。

因此，*TetX* 也被认为是一种抗生素耐药基因，目前在环境中被广泛检测到。

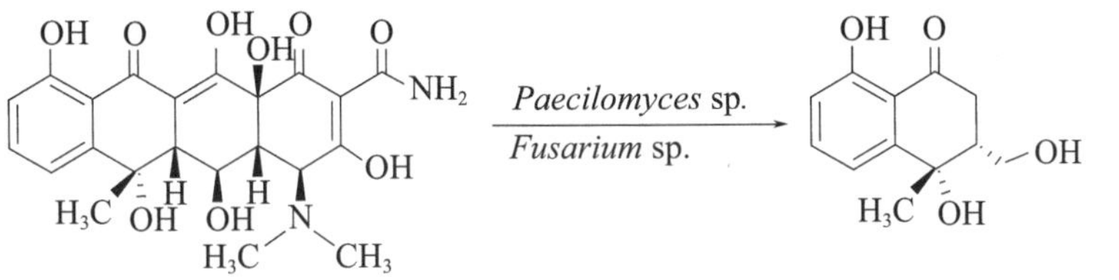

（5-4）

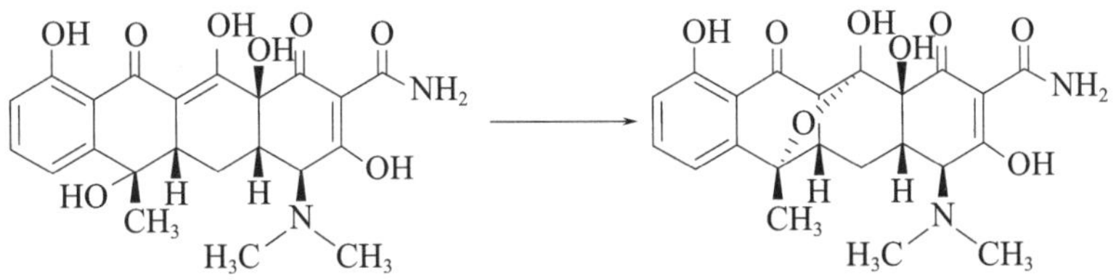

（5-5）

5.3.1.2 喹诺酮类

喹诺酮类抗生素通过抑制 DNA 复制和转录所必需的拓扑异构酶Ⅱ和拓扑异构酶Ⅳ的活性而达到抑菌目的。最具代表性的喹诺酮类抗生素为环丙沙星，目前已在不同环境中被广泛检出。喹诺酮类抗生素对有机物的吸附性非常高，与水生环境相比，土壤中检测到的氟喹诺酮类药物的浓度往往更高。有研究发现，在施用污泥 21 个月后喹诺酮类抗生素的残留量仍可在土壤中被检测到，这表明它们的流动性低且难以被生物降解。在非生物条件下，喹诺酮类抗生素主要通过光照作用发生转化和降解。如图 5-2 所示，水体和土壤中环丙沙星在自然光的存在下主要发生氧化脱氟（生成 CIP-A）、还原脱氟（生成 CIP-C）和哌嗪环氧化（生成 CIP-B）过程，同时这些转化过程可能受环境中的天然催化剂（如锰氧化物）所介导。虽然在转化过程中环丙沙星会失去氟而导致抑菌活性降低，然而因为保留了喹啉这一核心结构，其抑菌活性并没有完全消除。

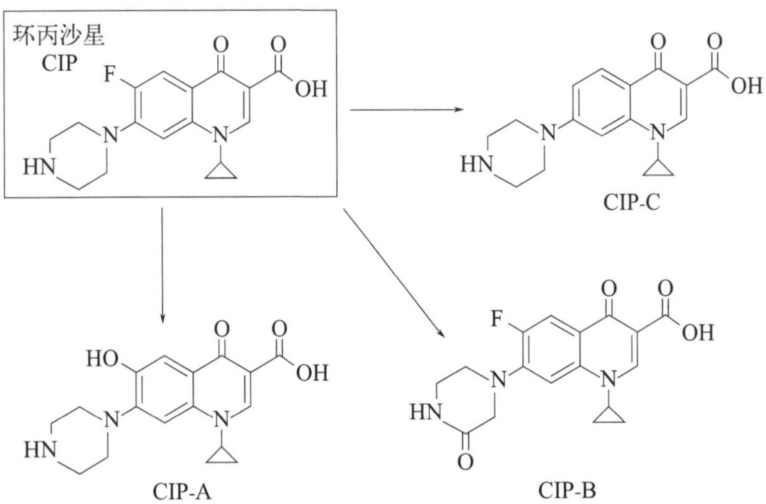

图 5-2 环丙沙星的主要光转化过程

在微生物作用下，喹诺酮类抗生素能在土壤和水体中发生一系列的生物转化和降解，包括氧化脱氟、脱甲基、脱哌嗪环、哌嗪环氧化、氧化脱羧和乙酰化等。以环丙沙星为例，除了非生物作用导致的三种转化，环丙沙星能在水体和土壤中发生喹啉核心羟基化（生成 CIP-D）和氧化脱羧（生成 CIP-E）等生物转化，同时环丙沙星还能在微生物的作用下失去哌嗪环而发生后续降解（生成 CIP-F）（图 5-3）。尽管已报道的喹诺酮类抗生素的生物转化途径有很多，但基本不涉及核心喹啉结构的破坏，目前只有极少数真菌［如弯孢属（*Curvularia*）］被发现能够降解喹诺酮类抗生素的喹啉结构而产生水和二氧化碳。目前已报道的能够对喹诺酮类抗生素进行降解和转化的微生物已有一些，而仍然缺少对这些过程机理的解释，且参与这些过程的生物酶也未被报道。

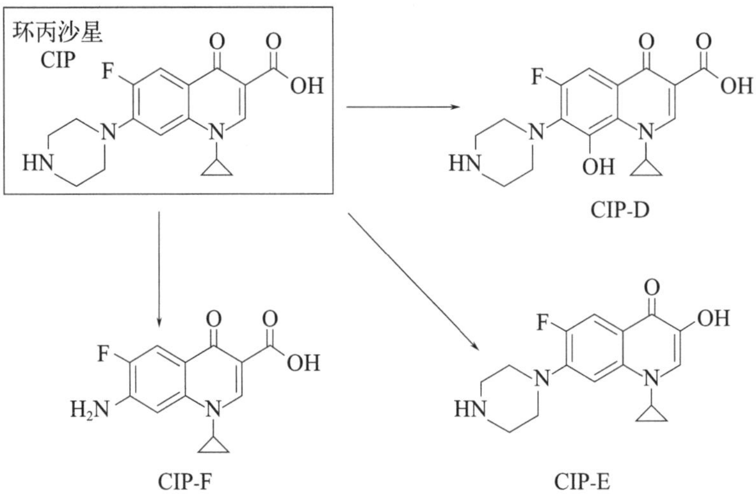

图 5-3　环丙沙星的生物转化和降解过程

5.3.1.3　磺胺类

磺胺类抗生素是一类合成抗生素，可作为二氢叶酸合成酶（DHPS）的抑制剂阻断细菌合成叶酸，从而抑制其生长繁殖。磺胺类抗生素属于广谱抗生素，对革兰氏阳性和阴性菌均有较强的抗菌作用。磺胺类化合物在沉积物或土壤中的吸附能力较弱，能迅速迁移并污染地下水。磺胺类抗生素能在自然光和紫外光下发生转化，形成一些持久性和有毒的中间体，而其中最常见的就是 4- 氨基苯磺酸。例如，磺胺甲噁唑能在光照的作用下失去异噁唑环而形成 4- 氨基苯磺酸和 3- 氨基 -5- 甲基异噁唑［式（5-6）］，同时异噁唑环也能在光照条件下转化形成甲酰胺［式（5-7）］。

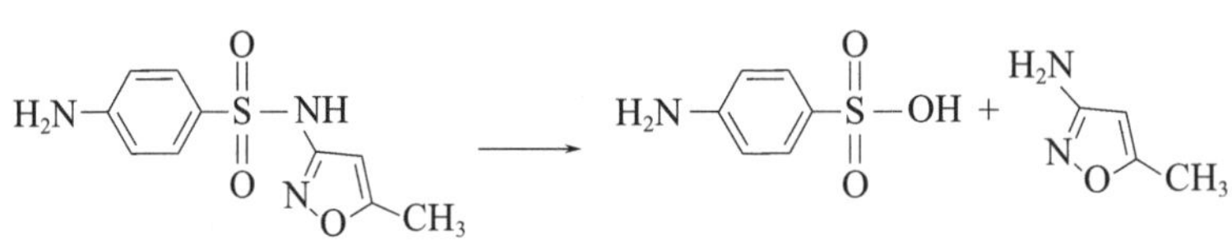

（5-6）

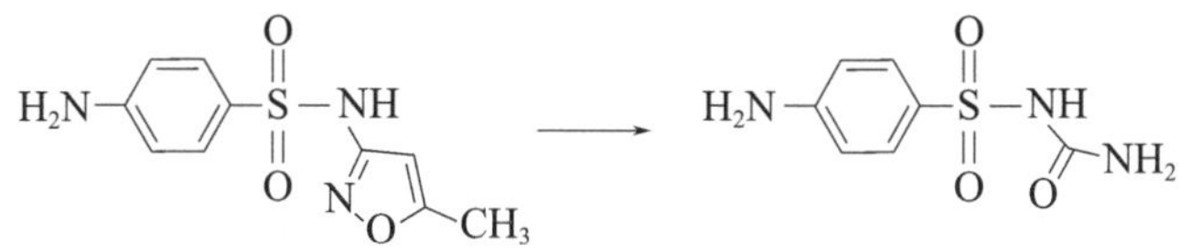

（5-7）

环境中磺胺类抗生素的生物转化和降解途径已被广泛报道，主要分为3种。首先是磺酰胺S—N键的裂解，例如磺胺甲噁唑的非生物转化［式（5-6）］也能在微生物的介导下完成，而且两种产物还能被这类微生物进一步降解而形成磺酸、2-丙醇等小分子物质，甚至这一系列过程不需要额外添加碳源和氮源。其次是微生物在代谢过程中会对磺胺类抗生素的杂环结构进行攻击，例如磺胺甲噁唑的异噁唑环和磺胺嘧啶的嘧啶环等都能被攻击而裂解开环。再次微生物还能通过对氨基的羟基化、乙酰化或硝化对磺胺类抗生素进行转化，而不是对母体化合物进行分解。例如，有研究报道细菌 *Alcaligenes faecalis* 在有氧和厌氧的条件下均能将磺胺甲噁唑转化为 N^4-羟基磺胺甲噁唑［式（5-8）］。

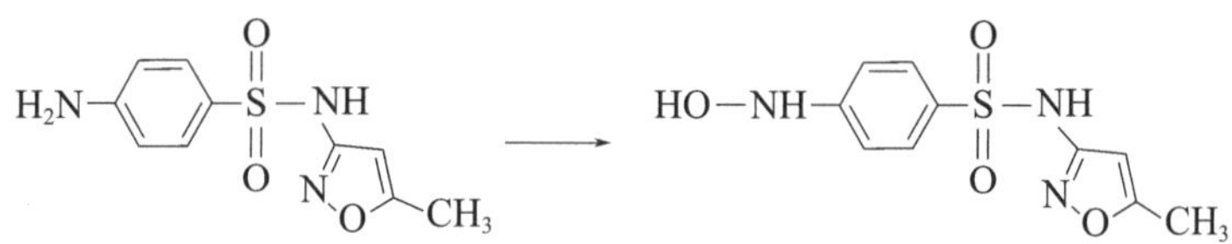

（5-8）

5.3.1.4　β-内酰胺类

β-内酰胺类能够作为细胞壁合成的抑制剂而具有抑菌特性。由于广谱性和低毒性，β-内酰胺类抗生素是目前最常用的兽药和人类感染治疗的抗生素之一。然而，由于结构的不稳定性，四元的 β-内酰胺环易被水解，因而 β-内酰胺类抗生素很少在环境样本中被检测到。与 β-内酰胺抗生素母体分子相比，水解后的产物往往水溶性增强，辛醇-水分配系数减小，因此产物的生物可利用性降低，导致抑菌效果显著减弱。以阿莫西林为例，环境中 β-内酰胺环很容易被水解开环而引入一个羟基［式（5-9）］。相比于水解过程，β-内酰胺类抗生素的光解反应往往较弱，这是由于这类物质在紫外光和可见光区域的吸收较弱。但仍有文献报道阿莫西林能够在天然水体中直接发生光解作用，生成小分子的下游产物［式（5-10）］。

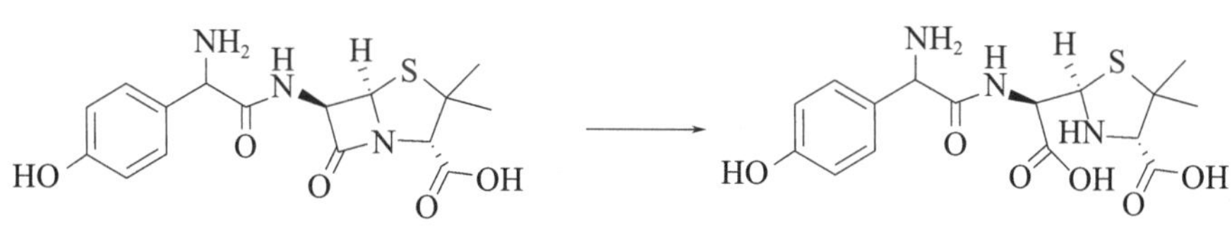

（5-9）

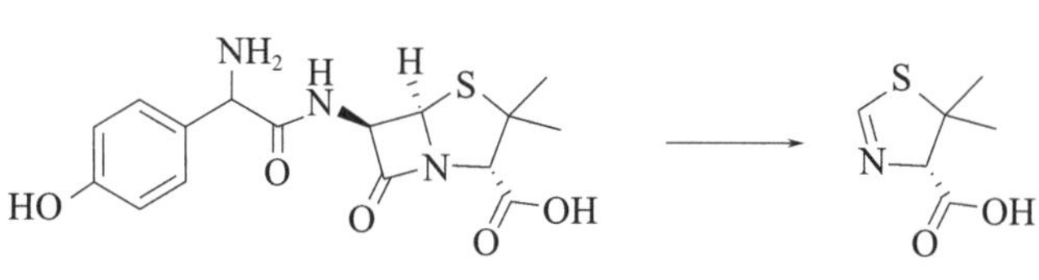

（5-10）

在β-内酰胺类抗生素被报道后不久，就已经发现了能够切割β-内酰胺环的特异性水解酶。事实上，第一个被报道的β-内酰胺酶 AmpC 是在青霉素引入临床使用前一年被发现。目前已被报道的β-内酰胺酶有 1300 多种，这些水解酶都能不可逆地水解β-内酰胺类抗生素及其相应的青霉酸，从而降低抗菌活性。除了水解酶，这类抗生素的生物转化及降解途径也有一些报道。有文献报道，两株从活性污泥中分离的假单胞菌能够将头孢氨苄降解成为 2-羟基-3-苯基吡嗪［式（5-11）］，同时这一降解产物也在氨苄西林和头孢克洛等β-内酰胺类抗生素的降解产物中被检测到。青霉素 G 能够被伯克霍尔德菌属（*Burkholderia*）和假单胞菌属（*Pseudomonas*）微生物分泌的β-内酰胺酶转化为苄基青霉素酸，再通过酰胺酶分解为苯乙酸。

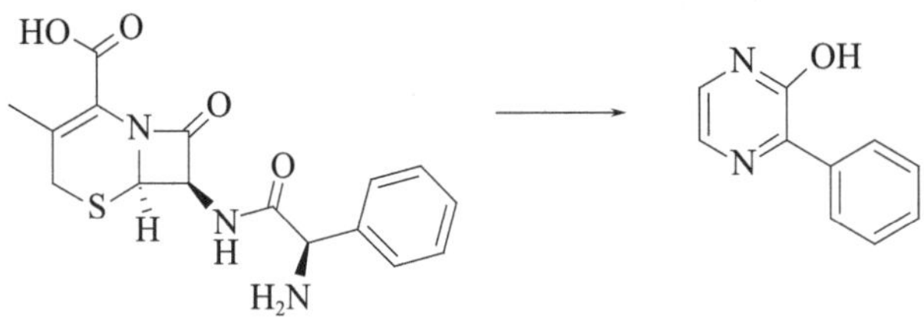

（5-11）

5.3.1.5 大环内酯类

大环内酯类抗生素通过阻断核糖体中肽酰转移酶的活性来抑制细菌蛋白质合成，从而达到抑菌作用。而细菌对大环内酯类的抗性主要通过分泌蛋白酶使其水解或者磷酸化和外排泵而实现。大环内酯类抗生素中红霉素的非生物转化和降解过程的报道最为广泛。红霉素能在酸性条件下发生脱水反应［式（5-12）］，有研究发现脱水红霉素在地表水中的浓度甚至高于红霉素本体。红霉素也可以在自然光的照射下发生光降解反应，且一些溶解性有机碳可作为光敏剂加速这一反应。例如，腐殖酸可以显著提升红霉素在水中的光降解速率。

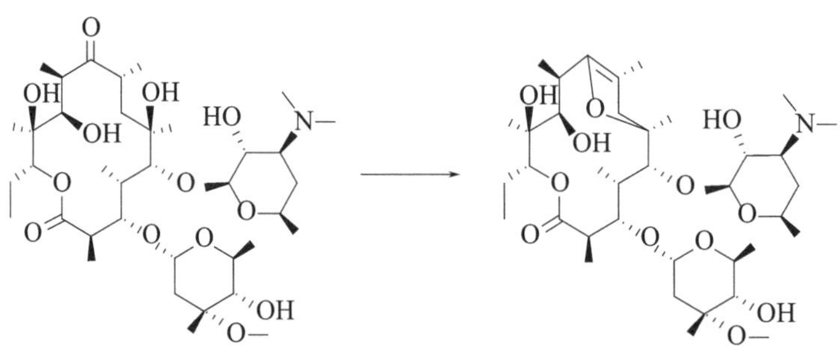

（5-12）

大环内酯类抗生素的内酯环能够在生物酶的作用下开环而降低抑菌活性。以红霉素为例，被 *ereA* 和 *ereB* 编码的红霉素酯酶能够催化红霉素 14 元环的裂解［式（5-13）］，而使其失去抑菌活性。尽管 *ereA* 和 *ereB* 这两种基因在分离菌株中很罕见，但在一些可移动遗传原件中被频繁检出，表明其水平转移的风险很高，同时证明了红霉素在环境中有较高的生物降解潜力。大环内酯类抗生素还能通过大环内酯磷酸转移酶催化内酯环发生一些磷酸化反应，这些转化过程同时也在红霉素、克拉霉素、阿奇霉素、泰乐菌素等中被证实。

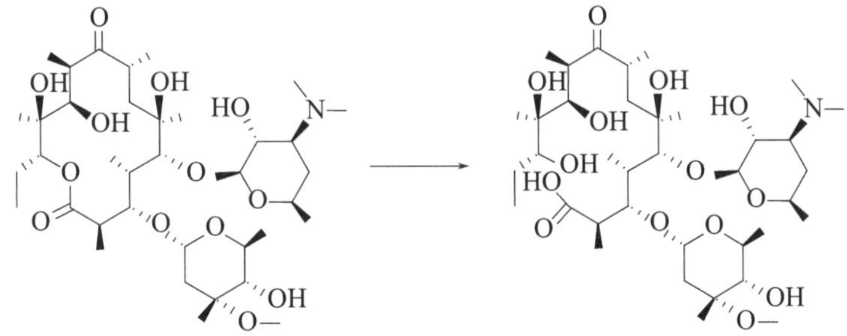

（5-13）

5.3.1.6 氨基糖苷类

分离自灰色链霉菌的链霉素是第一种被发现的氨基糖苷类抗生素，由于其对结核分枝杆菌的抑制能力，目前仍然用于结核病的临床治疗。除此之外，目前常用的氨基糖苷类抗生素还包括庆大霉素、妥布霉素和阿米卡星。大多数氨基糖苷类抗生素在环境中并不稳定，如室温下葡萄糖溶液中的庆大霉素能够在48h内迅速水解，其产物如式（5-14）所示，且这一转化与降解过程在较低的pH值和较高的温度下会进一步加快。相比之下，氨基糖苷类抗生素的直接光解作用可以忽略不计，但在天然有机物存在时，其产生的自由基会攻击糖苷键等结构发生一定的光反应。

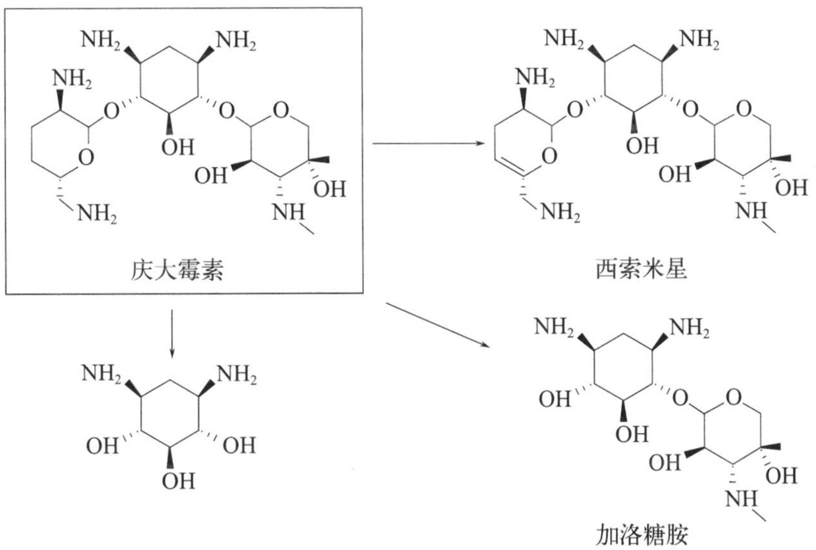

（5-14）

大多数研究证明氨基糖苷类抗生素是难以被生物降解的。目前仅有一篇文献报道了从土壤中分离的嗜麦芽窄食单胞菌（*Stenotrophomonas maltophilia*）能够利用链霉素作为唯一碳源和能源，并将链霉素降解成为吡啶，而吡啶会进一步降解，同时这些过程伴随着挥发性氮化合物的释放。然而，细菌及其产生的生物酶（如核苷酸转移酶、磷酸转移酶或乙酰转移酶等）对这类抗生素的酶促修饰转化被广泛报道。这些生物酶能够催化氨基糖苷类结构中氨基或羟基的衍生化，如卡那霉素 A 结构中羟基的磷酸化［式（5-15）］。这些转化过程会在一定程度上影响氨基糖苷类抗生素的抑菌活性，但并不会使氨基环醇这一核心结构裂解而使这类抗生素彻底失去抑菌活性。

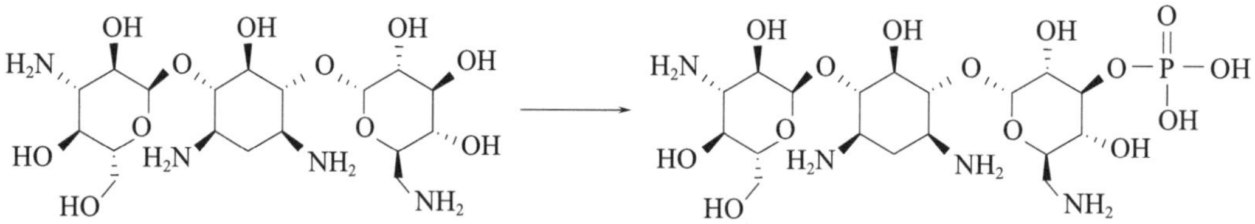

（5-15）

5.3.2 抗生素转化与降解影响因素

5.3.2.1 水解反应

水解过程是土壤环境中抗生素类化合物的重要转化过程之一。化合物易水解的特征官能团主要包括酯基、酰胺基和卤代烷基等。水解活性的一般规律为酯基＞酰胺基＞卤代烷基，其中含有卤代烷基结构的抗生素类药物的水解速率与其分子结构中卤素原子种类、碳卤键键长及抗生素分子的空间构型有关。研究总结发现，β- 内酰胺类、大环内酯类、四环素类和氨基糖苷类抗生素的水解速率一般较快，而磺胺类和喹诺酮类抗生素水解速率较慢。例如，在 β- 内酰胺类抗生素的结构中，核心结构内酰胺环稳定性差，易受亲核试剂进攻而发生水解断裂，因此 β- 内酰胺类抗生素水解速率较快，半衰期较短。

抗生素的水解机制主要分为碱水解和酸水解。在中性和碱性环境中，水分子和氢氧根离子作为亲核试剂，进攻抗生素分子中的缺电子原子而发生碱水解。在酸性环境中，分子中的特征基团接受氢离子而被质子化后，分子内的电子云密度发生改变，抗生素分子中的酯键或酰胺键更易受水分子进攻而发生酸水解。目前的研究发现，pH 值、温度、离子强度、金属离子类型和氧化物均是影响抗生素水解的重要因素。以 β- 内酰胺类抗生素的水解为例，不同的环境条件均能影响其在水体中的水解速率和路径。有学者研究了氨苄西林、头孢噻吩和头孢西丁的水解过程，结果发现温度和 pH 值是影响其水解速率的重要因素，三种抗生素均表现为碱性条件下的水解速率显著高于酸性和中性条件下的水解速率，而且温度每升高 10℃，反应速率增加 2.5 ～ 3.9 倍。相似地，阿莫西林的水解速率及水解产物也与环境 pH 值显著相关，在中性条件下阿莫西林的水解产物包括青霉酸、2,5- 二酮哌嗪、3-(4- 羟基苯基) 吡嗪 -2- 酮等，而在碱性条件下阿莫西林的绝大部分水解产物为青霉酸。而土壤中的离子种类和离子强度对抗生素水解速率的影响是复杂多变的，不同的离子强度可能促进或者抑制抗生素分子的水解，这主要取决于体系中抗生素的种类、盐的种类及浓度。较高的离子强度会增强体系中的离子活性，从而促进水解反应的进行。这是因为离子活性的升高会增加反应物的有效碰撞频率，加快反应速率。而当离子强度过高时，离子间的相互作用会增强，导致离子聚集在一起形成离子团簇或沉淀物。这种聚集体和沉淀物的形成会降低体系中的有效离子浓度，从而抑制水解反应的进行。

重金属离子催化抗生素类化合物的水解过程已被广泛地报道。早在20世纪80年代，就有科学家发现锌离子能够显著地促进青霉素类和头孢类抗生素的水解。近年来，科学界对重金属离子（如铜、铁、锰离子等）催化青霉素及头孢类抗生素降解的机制做了大量的工作。结果表明锌、铁和锰离子能与青霉素及头孢类抗生素结构中的羧基、羰基、氨基等多种特征基团配位结合形成配合物，改变分子内活性官能团的电子云分布，亲核试剂更易进攻内酰胺键，发生更快速的断键水解。铜离子对抗生素的催化降解过程同时包括了水解和氧化的快速降解过程。在中性条件下，铜离子能与青霉素和头孢类抗生素支链上的氨基配位，二价铜和抗生素分子间发生电子转移的氧化还原反应，使得抗生素分子快速被氧化降解。除此之外，重金属离子如铁离子也可催化氧化其他类抗生素药物如四环素的降解。研究者还发现了金属氧化物（如赤铁矿、二氧化锰等）对头孢类和环丙沙星抗生素的催化降解。抗生素分子中特征官能团的配位过程是发生催化氧化过程的先决条件，氧气能氧化还原态的金属（如 Fe^{2+}、Mn^{2+} 等），使得反应能持续循环往复进行。总体来说，影响抗生素药物水解反应的因素众多，其中 pH 值和温度是最主要的因素。

5.3.2.2 光解反应

光解是抗生素类化合物在环境中快速降解和转化的另一重要途径，主要发生在土壤的表层。喹诺酮类、四环素类和磺胺类都是光敏类的抗生素，易发生光解反应。相对地，有些抗生素类药物如青霉素等由于其在近紫外光和可见光区域的吸收强度弱，因此光解反应较弱，降解和转化过程主要以水解反应为主。抗生素的光解反应主要分为直接光解和间接光解（敏化光解）两类。抗生素的直接光解是指抗生素分子直接吸收光子能量后，结构中的特征官能团发生断裂的过程。间接光解是指光能量通过光化学反应转化为化学能量的过程，这一过程通常需要光敏剂的参与，光敏剂可以吸收光能并将其转化为化学能量，从而促进光化学反应的进行。研究发现，抗生素分子光解速率一般较快，半衰期以分钟和小时为单位。有研究发现头孢类抗生素（头孢唑啉和头孢匹林）在土壤中的光解过程以直接光解为主，其直接光解的半衰期分别为 0.7h 和 3.9h；而头孢拉定和头孢氨苄的光解过程以间接光解为主，主要通过碳酸根 - 硝酸根体系中光催化抗生素而发生间接光解，其间接光解的半衰期分别为 4.5h 和 5.3h。

抗生素分子的结构与特征官能团是影响其在环境中直接光解速率的最主要因素。例如含有碳 - 卤键的烷基卤化物易发生直接光解反应，当受到紫外光照射时，碳 - 卤键会断裂而生成自由基，从而引发链反应，典型的烷基卤化物结构的抗生素包括氯霉素、氯唑沙宗等。而芳香环的共轭结构和酮基的电子云密度分布使得这两种官能团需要更高的能量才能发生光解反应，因此含有这两种官能团的抗生素往往光解较慢或者光解发生在其他官能团。直接光解速率还受到环境离子的影响，例如钙、镁离子能够显著促进四环素的光解，速率能提高一个数量级以上。这是由于四环素分子中的特征基团（酚羟基和酰胺基）与钙、镁离子结合后，使四环素分子的紫外光吸收向可见光波长偏移，增强了四环素对光波的吸收进而加快了光解速率。光解速率还受到光照条件（光照强度、波长和光照时间）、温度、pH 值和含氧量等因素的影响。

与直接光解相比，引起间接光解速率差异的主要因素为环境溶解性有机质（DOM）和离子强度。土壤中 DOM 的种类繁多，结构复杂，不同的 DOM 对抗生素光解的影响各不相同。一方面，一些 DOM 能够促进抗生素类化合物的光解反应，主要原因可归纳为 DOM 受到光激发后会生成大量的活性自由基，如羟基自由基、单线态氧和三线态 DOM，这些自由基能快速地氧化抗生素分子。另一方面，DOM 不仅可以作为活性自由基的生产者，也可作为自由基的猝灭剂而捕获环境中的活性自由基，降低反应体系整体的有效自由基浓度，最终抑制抗生素的光解反应。与 DOM 类似，环境离子对间接光解速率的影响途径也是自由基的产生，例如硝酸根离子受光激发后也会产生大量的羟基自由基而促进抗生素类化合物的光解过程。

5.3.2.3 生物降解过程

相比于非生物转化降解，抗生素类化合物的生物转化降解通常是一个相对缓慢的过程。生物转化降解过程主要分为两种途径，即微生物的代谢和共代谢途径，一方面抗生素可以作为微生物生长的唯一碳源和氮源，另一方面抗生素可以被微生物群落分泌的酶催化而转化降解。土壤环境中蕴藏着丰富的微生物资源，这些微生物具有遗传和代谢多样性，微生物是环境中抗生素转化降解的主要驱动者，同时微生物对抗生素的降解转化也是抗性机制的表现。菌种及其分泌的生物酶是影响抗生素类化合物微生物代谢过程的首要因素。以氯霉素为例，不同微生物对氯霉素的转化降解途径及产物具有明显差异。鞘氨醇单胞菌 *Sphingomonas* sp. CL5.1 能够分泌乙酰转移酶，从而催化氯霉素结构中 1 号或 3 号碳位上羟基的乙酰化过程。已报道的经酰胺水解途径对氯霉素进行转化降解的菌株包括链霉菌 *Streptomyces venezuelae* 和 *Streptomyces lividans*、铜绿假单胞菌 *Pseudomonas aeruginosa*、克雷伯菌 *Klebsiella pneumoniae*、埃希菌 *Escherichia fergusonii* 等。主要过程为将氯霉素的酰胺键水解并生成对硝基苯基丝氨酸，对硝基苯基丝氨酸再进行后续的转化而生成对硝基苯甲醛、对硝基苯甲酸等。而在大肠埃希菌 *Escherichia coli* 和溶血性链球菌 *Streptococcus hcemolyticus* 及它们分泌的硝基还原酶作用下，含有硝基基团的氯霉素则被还原而形成芳香胺化合物。总体而言，不同菌种通过不同的代谢途径对抗生素类化合物进行转化降解，而微生物在不同环境中的定殖偏好最终造成了抗生素转化降解产物的差异。

抗生素自身理化性质同样是影响抗生素生物转化降解过程的重要因素，包括极性、亲疏水性和抑菌活性。当抗生素固定在土壤基质表面或孔隙中时，抗生素的生物可利用性会降低。研究发现，易于降解的四环素因为被基质固定而导致其在土壤中能够保留数月。一般来说，亲水性更强的抗生素也更易于被微生物吸收和代谢，而导致在土壤中的半衰期更短。因此，抗生素的极性和亲疏水性是影响抗生素在土壤中生物降解或者转化的重要因素。同时，抗生素的吸附性会影响抗生素浸出或径流到地表水和地下水，而在土壤和水体环境中抗生素的生物代谢过程可能会有差异。土壤中的微生物是抗生素转化和降解的主要驱动力，一般来说土壤中微生物的丰富度和多样性越高，抗生素的降解速率越快，而抗生素对土壤中微生物产生毒性的同时，也抑制了其自身的生物可利用性。

影响抗生素在土壤中降解的环境因素包括氧浓度、含水率、温度和pH值等。通常抗生素的有氧转化和降解过程更快，例如土霉素、泰乐菌素、磺胺嘧啶、链霉素、甲硝唑、环丙沙星均表现为有氧条件下更快地被微生物代谢利用。土壤含水率会通过改变土壤的孔隙度、氧化还原电位以及抗生素和土壤之间的螯合强度，影响抗生素在土壤中的生物可利用性和微生物群落代谢活性，从而影响抗生素的转化与降解。土壤低含水率时，一方面，大量微生物细胞由于渗透性休克而受到破坏，直接影响了微生物的活性，进而对抗生素的微生物降解产生负面影响；另一方面，干燥使土壤孔隙度降低，吸附作用减弱，抗生素与土壤的螯合加速，逐渐形成不可提取的残渣态，其生物可利用性降低，进而导致抗生素的转化与降解过程减弱。有学者研究了土壤含水率与磺胺二甲氧嘧啶降解速率的关系，结果发现随着土壤含水率从15%增加到20%和25%，磺胺二甲氧嘧啶的半衰期分别从10.4d缩短到6.9d和4.9d；而当土壤含水率从39%增加到60%和83%时，磺胺二甲氧嘧啶的半衰期分别从4.49d缩短到2.90d和2.34d。

环境温度可以通过影响微生物的生长和代谢及生物酶活性从而影响抗生素在土壤中的转化及降解速率。有学者研究了在土壤中温度对于磺胺二甲嘧啶降解速率的影响，结果显示随着温度从7.5℃提升至25℃，土壤中磺胺二甲嘧啶的半衰期缩短为原来的1/5，且土壤中脱氢酶活性及微生物代谢能力显著提高。pH值对土壤中抗生素的生物转化降解的影响途径主要为影响微生物及生物酶的活性和影响抗生素的溶解度。一方面，微生物和生物酶通常在特定的pH值范围内有最适宜的生长条件和反应条件，当pH值偏离这个最适宜范围时，微生物的生长速率和代谢活性及生物酶的催化活性可能会受到抑制。有研究指出，土壤中四环素的最适宜降解pH值为6.5，在此条件下土壤真菌及细菌的代谢活性最高。另一方面，pH值的变化可以影响抗生素的溶解度。化合物在特定的pH值条件下更容易在土壤中溶解脱附，从而生物可利用性升高而更易被微生物降解和转化。

5.4 抗生素危害及作用机理

5.4.1 抗生素耐药基因及其健康风险

抗生素的抑菌机制大致可分为阻断细菌细胞壁的合成、干扰细菌蛋白质合成、干扰细菌核酸合成和干扰细菌代谢途径四类[9]。例如青霉素类抗生素，它们通过抑制细菌细胞壁的合成酶（称为青霉素结合蛋白）活性来阻断细菌细胞壁的合成，导致细菌无法形成完整的细胞壁，最终导致细菌死亡。而以氨基糖苷类抗生素为代表，它们通过结合细菌的核糖体，阻止细菌蛋白质的合成，从而导致细菌无法正常生长和繁殖。喹诺酮类抗生素可以通过抑制细菌 DNA 合成酶（DNA 拓扑异构酶）的活性，阻碍细菌 DNA 的复制和修复，从而导致细菌死亡。磺胺类抗生素通过抑制细菌的二氢叶酸合成酶，阻断细菌对二氢叶酸的合成，从而影响细菌的代谢途径，导致细菌无法正常生长和繁殖。基于抗生素的抑菌特性，细菌对抗生素的耐药机制包括靶标修饰、药物代谢和阻止药物进入，而细菌的耐药性往往是通过耐药基因实现的。靶标修饰是指部分微生物可以通过基因点突变改变抗生素作用靶点的结构，既避免了抗生素的绑定，又继续保持原有活性，从而产生抗生素抗性；或者细菌产生的蛋白质或其他物质可以与抗生素特异性结合，从而阻止抗生素与作用靶点的结合而产生抗性。例如常见于革兰氏阳性菌的 *ermB* 基因，其编码的甲基化酶可以修饰核糖体靶标，从而使大环内酯类抗生素（如红霉素）无法与核糖体结合而产生耐药性[10]。药物代谢是指细菌直接对抗生素进行修饰或降解使其失活。同样常见于革兰氏阳性菌的 *acc*(6′)-*Ib* 编码的酰胺酶可以修饰氨基酸类抗生素的结构使其失去抑菌活性。而 *ampC* 等基因编码的 β-内酰胺酶可以直接水解具有 β- 内酰胺环结构的青霉素、头孢菌素、碳青霉烯类抗生素，而使抗生素失活。大多数革兰氏阳性菌和革兰氏阴性菌都有大量的外排泵基因，在有抗生素压力的情况下，微生物会上调外排泵基因的表达量，这些外排泵可以将进入细胞内的抗生素主动泵出体外，需要注意的是这类耐药机制通常不具有特异性。例如常报道的大肠埃希菌的 *mdfA* 基因，其编码的蛋白质可以协助排出多种抗生素。相似地，细菌还可以改变细胞壁或者细胞膜的通透性，使细菌对抗生素的渗透压降低，从而减少抗生素进入细菌内部。在大肠埃希菌中，抗生素一般是通过细胞膜上的毛孔蛋白进入细菌内部，某些细菌可以通过基因突变降低细胞膜毛孔蛋白的数量，从而降低进入体内的抗生素分子数量。

已有研究结果显示，目前除新上市不久的抗生素外，几乎所有的抗生素都出现了耐药性，这为临床治疗带来了极大的挑战。目前，联合国环境规划署已将耐药菌及耐药基因列为 6 种新型环境污染物中的第一位。细菌内的耐药基因可能由功能基因在抗生素压力下发生突变产生，多存在于细菌染色体上；也有可能是通过水平基因转移获得，多存在于质粒、整合子等可移动遗传元件上。截至 2021 年，综合抗生素耐药性数据库（the comprehensive antibiotic resistance database，CARD）已经收录了 4983 个抗生素耐药基因模型，涵盖多种病原菌的耐药机制，相比较之下，2019 年的耐药基因模型数据仅为 2923 个。说明近年来细菌耐药性问题日益严重，且有加速趋势。

抗生素耐药基因对人类和动植物的健康风险主要体现在 3 个方面[11]。

① 常见抗生素的细菌耐药性日益严重，这导致使用常规抗生素治疗细菌感染的时候可能达不到理想效果。根据 2019 年疾病预防控制中心的数据，抗生素耐药性病原体引起的抗生素耐药率和感染率不断提高，因此美国每年约有 280 万例抗生素耐药性感染病例，导致约 35000 人死亡。与此类似，欧盟国家每年有超过 67 万人感染了

耐抗生素细菌，约有 33000 人死亡。2015 年，约有 214000 名新生儿因对一线抗生素耐药的病原体感染而死亡，预计到 2050 年全球将有 1000 万与耐药基因相关的死亡病例。抗生素还会对水环境中的细菌产生持久性的选择压力，抗生素通过帮助消除易感细菌种群和减少竞争来帮助扩大耐药细菌的资源，导致抗生素抗性基因和抗生素抗性细菌（ARB）的增殖。随着抗生素对越来越多的细菌病原体失去效力，一场全球医疗危机正在上演。例如 β- 内酰胺类抗生素耐药性已经非常普遍，已发现多种 β- 内酰胺酶类耐药基因，包括 bla_{NDM}、bla_{KPC}、$bla_{\mathrm{CTX\text{-}M}}$、$bla_{\mathrm{IMP}}$、*shv*、*oxa*、*vim* 等；四环素类抗生素，以四环素和多西环素为代表，常见的耐药基因有 *tetA*、*tetB*、*tetM* 和 *tetR* 等；喹诺酮类抗生素，以环丙沙星和加替沙星为代表，常见的耐药基因有 *gnrA*、*gnrB*、*gnrC*、*gnrD*、*gnrS*、*oqxA* 等；磺胺类抗生素，以复方新诺明和甲氧苄啶为代表，常见耐药基因包括 *sul1*、*dfrA* 等；大环内酯类抗生素，以红霉素为代表，常见的耐药基因有 *ermB*、*mphE*、*mphA* 等；氨基糖苷类抗生素，以卡那霉素和链霉素为代表，相关的耐药基因主要有 *aadA*、*aadB*、*APH(3")-Ib* 等。目前这些常用抗生素的代表性耐药基因已在环境中广泛发现，而基因水平高的区域与抗生素大量使用有着密切关系，主要集中在医院、养殖行业等。

② “最后防线”抗生素耐药性的出现需要重点关注。“最后防线”抗生素是相对于常用抗生素而言的，主要针对常用抗生素的耐药菌株使用，例如用于革兰氏阴性耐药菌治疗的多黏菌素 E、替加环素、美罗培南、头孢他啶阿维巴坦，以及用于革兰氏阳性菌耐药菌治疗的达托霉素、利奈唑胺、万古霉素。这些抗生素一旦失守，人类对于细菌感染将面临无药可医的危险。随着细菌耐药性的迅速发展，“最后防线”抗生素也不可避免地出现了耐药性。例如糖肽类的万古霉素，具有耐药性的屎肠球菌（*Enterococcus faecium*）自被发现以来已迅速发展，相关的耐药基因 *vanA*、*vanB*、*vanM* 及其耐药机制也已被发现。而近年来，达托霉素已成为处理万古霉素耐药的粪肠球菌感染的主要药物，是“最后防线”的“最后防线”，但达托霉素耐药细菌也很快被发现，虽然耐药机制尚不清楚，但发现其与 *liaFSR*、*cls*、*gdpD*、*mprF* 等基因的突变和细胞膜结构的改变有关。替加环素的耐药基因近年来也被频繁报道，2019 年发现了 *tet*(*X*4) 耐药基因，且这一基因由质粒携带，其传播风险进一步增大，后续还发现了 *tet*(*X*3)、*tet*(*X*5)、*tet*(*X*6) 等替加环素的耐药基因。碳青霉烯类抗生素耐药的肠杆菌科细菌（carbapenem resistant enterobacteriaceae，CRE）最早在 20 世纪 90 年代被发现，2000 年后在全球范围内快速播散并造成重大损失，2019 年美国疾病控制与预防中心（CDC）将 CRE 列为威胁人类健康的“紧急威胁”级病原菌，这类细菌具有对“最后防线”亚胺培南和美罗培南的耐药性，对 CRE 血流感染患者，其病死率达 50% 以上。

③ 多重耐药性问题日益突出 [12]。由于微生物所处环境的复杂性，逐渐进化出对多种抗生素同时耐药的细菌。国际上公认的多重耐药性可分为多重耐药（multidrug resistant，MDR）、泛耐药（extensively drugresistant，XDR）和全耐药（pandrug resistant，PDR）。MDR 指同时对 3 类或 3 类以上抗生素耐药的菌株，XDR 指仅对 2 类抗生素不耐药的菌株，PDR 指对全部抗生素都耐药的菌株。目前，已发现的 MDR 菌株已被

大量报道，而 XDR 和 PDR 菌株的研究也偶见报道。例如耐甲氧西林金黄色葡萄球菌（methicillin-resistant *Staphylococcus aureus*，MRSA），它是一种对大多数 β- 内酰胺类抗生素耐药的金黄色葡萄球菌。MRSA 感染通常发生在医疗机构，如医院和养老院，而在社区中也有报道。由于对常规抗生素的耐药性，MRSA 感染的治疗变得很困难。另一个例子是 XDR-TB（extensively drug-resistant *Tuberculosis*），这是对伊曲康唑和两种或更多一线抗结核药耐药的结核菌菌株感染。XDR-TB 是一种非常严重的结核病形式，与普通耐药结核菌菌株相比，它更难治疗。这种耐药菌株的出现使得结核病治疗更加复杂，同时也增加了结核病传播和传染的风险。多重耐药菌的出现进一步缩小了治疗中可选的抗生素范围，将给人类健康带来毁灭性的打击。

5.4.2 抗生素对作物的影响机理

抗生素进入土壤后能够被作物的根部吸收，并运送至茎叶。有研究发现玉米、洋葱和卷心菜的根部能够吸收土壤中的金霉素，吸收量为 2 ～ 17μg/kg，且这一浓度随土壤中金霉素浓度的增加而增加，3 种作物的吸收量表现为玉米＞卷心菜＞洋葱。有研究对土霉素和金霉素在不同作物体内的残留进行了对比分析，结果发现圣女果、生菜、黄瓜等不同作物对两种抗生素的吸收没有显著差异，表明作物对抗生素的吸收没有选择性。通过植物根部进入体内的抗生素能够发生转运，甚至在茎叶富集。有研究对油菜、芹菜等蔬菜中的土霉素、四环素和金霉素进行检测，结果发现 3 种抗生素的残留都表现为叶＞茎＞根。

目前国内外对抗生素进入植物根部细胞的机理尚无定论，可能是主动运输和被动运输的综合作用，与抗生素被微生物及细胞的吸收过程类似，但因为涉及根部的内皮层，这一过程显得更加复杂，且何种机制占主导也取决于物种特性。较低的 pH 值能够提高阳离子形态抗生素的比例，进而有利于抗生素从土壤到根部细胞的渗透，这既证明了被动运输在植物根部吸收抗生素中的作用，也表明了植物根部对抗生素的吸收还受土壤 pH 值的影响。抗生素被根系吸收后，通过木质部随蒸腾作用进入植物地上部，大部分被积累在细胞液和共质体中，抗生素的转运因子与富集因子和抗生素的亲脂性有关，高亲脂性的抗生素容易被细胞内的脂肪吸附而转运能力降低，因而水溶性较高的四环素类抗生素更容易被植物转运和积累。

进入体内的抗生素能够对农作物的生长发育产生直接抑制作用。目前研究发现，抗生素对植物的毒害效应主要表现在根的生长、发育及光合作用系统方面，且对植物不同组织毒害程度不同，例如，植物对土霉素的敏感指标大小依次为根数量＞气孔导率＞叶绿素 a＞叶绿素总量＞光合速率＞总表面积＞蒸腾速率＞叶绿素 b＞鲜重＞干重＞根干重＞总长＞茎干重 = 茎湿重＞总体积。同时，抗生素对细胞结构和功能也产生毒害作用。低浓度金霉素会增大植物根尖的细胞微核、染色体变异和姐妹染色单体交换的频率，刺激小麦种子细胞有丝分裂和生长，而高浓度金霉素则显著抑制了种子细胞有丝分裂指数。高浓度（70mg/L）的磺胺二甲嘧啶会导致植物细胞溶质中细胞色素 C 氧化酶的泄漏，从而导致细胞退化甚至凋亡。抗生素通过减弱植物的脂肪酸、糖和莽草酸酯代谢，从而抑制植物光合作用活性，影响植物的新陈代谢过程。环丙沙星还能够抑制植物 DNA 复制，从而对植物产生了遗传毒害效应。综上所述，抗生素对植物的毒害机理主要是对植物组织形态、组织结构、细胞结构与功能的破坏。

5.4.3 抗生素对土壤微生物的影响机理

抗生素进入土壤后会对土壤微生物数量产生直接影响。一般情况下，抗生素处理前期对土壤微生物生物量影响较大，敏感性微生物种群被抑制，微生物总量降低。长期暴露于抗生素环境下，土壤微生物逐渐适应其胁迫，抗性微生物种群逐渐增多，土壤微生物数量逐渐恢复。研究发现，磺胺吡啶和土霉素处理 14d 内均显著降低了土壤中细菌数量，增加了土壤真菌 / 细菌比例，而土壤中细菌和放线菌数量在 14d 后逐渐恢复。一般情况下，低浓度抗生素处理对土壤微生物种群数量影响较小，高浓度处理才能显著抑制土壤细菌数量，并且持续时间较长。

土壤微生物数量变化会对土壤微生物功能多样性产生一定的影响。目前有关抗生素残留对土壤微生物功能多样性影响的研究主要集中在碳源利用、功能多样性指数以及硝化与反硝化功能等方面。总体上，抗生素能够降低土壤微生物总体活性和多样性指数（Shannon 指数和 Simpson 指数）。低浓度抗生素处理对土壤微生物功能多样性影响较小，高浓度处理对土壤微生物功能多样性的影响较大并且持续时间更长。

抗生素会对土壤微生物群落产生诱导抗性。抗生素耐药性问题已成为全球问题，长期暴露于低浓度抗生素环境下，微生物体内活性氧自由基显著增加，诱导 DNA 发生突变，微生物体内相应的抗生素抗性基因明显增加，土壤微生物群落逐渐由敏感性种群向抗性种群演替。例如，研究发现土霉素长期处理诱导了土壤抗性细菌的产生，并且抗性细菌数量与抗生素处理浓度呈正相关。有研究采用污染诱导群落抗性法（pollution induced community tolerance，PICT），发现 1.0mg/kg 和 10.0mg/kg 的金霉素长期重复刺激显著促进了土壤微生物群落诱导抗性的形成和发展，并且这种抗性随着处理频率的增加逐渐上升，其中高浓度处理土壤微生物群落诱导抗性及其上升速度明显大于低浓度处理，16S rDNA 扩增子分析显示金霉素长期处理土壤优势抗性属 *Bacillus*、*Actinobacilus*、*Pseudomonas*、*Mycobacterium*、*Corynebacterium* 等相对丰度显著增加。不同抗生素的复合污染更快速地刺激土壤微生物产生诱导抗性。例如。金霉素与磺胺嘧啶的复合污染与单一污染相比，能显著增加土壤微生物群落对抗生素的交叉抗性，且抗性水平及上升速度更明显。

参考文献

[1] Muhammad Z H, Vladimir S, Ajit V. Antibiotics and antibiotics resistance genes in soils[M]. Berlin: Springer, 2017.

[2] Muhammad Z H. Antibiotics and antimicrobial resistance genes[M]. Berlin: Springer, 2020.

[3] Mohring S A I, Strzysch I, Fernandes M R, et al. Degradation and elimination of various sulfonamides during anaerobic fermentation: A promising step on the way to sustainable pharmacy?[J]. Environmental Science & Technology, 2009, 43(7): 2569-2574.

[4] Radke M, Lauwigi C, Heinkele G, et al. Fate of the antibiotic sulfamethoxazole and its two major human metabolites in a water sediment test[J]. Environmental Science & Technology, 2009, 43: 3135-3141.

[5] Li R, Zhao C, Yao B, et al. Photochemical transformation of aminoglycoside antibiotics in simulated natural waters[J]. Environmental Science & Technology, 2016, 50(6): 2921-2930.

[6] Mohatt J L, Hu L, Finneran K T, et al. Microbially mediated abiotic transformation of the antimicrobial agent sulfamethoxazole under iron-reducing soil conditions[J]. Environmental Science & Technology, 2011, 45: 4793-4801.

[7] Nödler K, Licha T, Barbieri M, et al. Evidence for the microbially mediated abiotic formation of reversible and non-reversible sulfamethoxazole transformation products during denitrification[J]. Water Research, 2012, 46: 2131-2139.

[8] Bryan A, Shapir N, Sadowsky M J. Frequency and distribution of tetracycline resistance genes in genetically diverse, nonselected, and nonclinical *Escherichia coli* strains isolated from diverse human and animal sources[J]. Applied and Environmental Microbiology, 2004, 70: 2503-2507.

[9] Blair J M A, Webber M A, Baylay A J, et al. Molecular mechanisms of antibiotic resistance[J]. Nature Reviews Microbiology, 2015, 13: 42-51.

[10] Gao P, He S, Huang S, et al. Impacts of coexisting antibiotics, antibacterial residues, and heavy metals on the occurrence of erythromycin resistance genes in urban wastewater[J]. Applied Microbiology and Biotechnology, 2015, 99: 3971-3980.

[11] Darby E M, Trampari E, Siasat P, et al. Molecular mechanisms of antibiotic resistance revisited[J]. Nature Reviews Microbiology, 2023, 21(5): 280-295.

[12] Gow N A R, Johnson C, Berman J, et al. The importance of antimicrobial resistance in medical mycology[J]. Nature Communications, 2022, 13(1): 1-12.

第6章

残膜与微塑料污染

≫ 残膜与微塑料污染特征
≫ 微塑料的迁移过程及载体效应
≫ 残膜及微塑料的降解及其影响因素
≫ 残膜及微塑料的危害

6.1 残膜与微塑料污染特征

6.1.1 残膜与微塑料主要类型

残膜是指在农业生产中使用过的农用薄膜，如地膜、覆盖膜、大棚膜等，因为使用时间长、受到日晒风吹等因素的影响，而失去原有的功能和性能，不能再次使用的废弃物。残膜的主要类型可以根据其材料和用途进行分类。根据材料，残膜可以分为聚乙烯（PE）、聚氯乙烯（PVC）等不同的塑料类型。根据用途，残膜可以分为地膜、棚膜等不同的农业用途。我国农田土壤中残膜的主要类型是 PE 塑料地膜，也就是常见的白色或者黑色地膜。这种地膜具有增温、保墒、除草等作用，但是不易降解，容易在农田中残留，造成土壤污染和环境破坏。残膜的处理和回收利用是一个重要的环境问题，因为残膜不仅会造成资源浪费，还会带来白色污染，影响土壤肥力和作物生长，甚至危害人畜健康。为了解决农用地土壤污染问题，我国制定了《农用地土壤环境管理办法（试行）》，规定了农用地土壤污染防治相关活动及其监督管理的内容和要求。同时，也鼓励采用可降解地膜替代难以降解的 PE 塑料地膜，提高地膜回收率和再利用率，减少地膜对土壤和环境的影响。通常可降解地膜包括聚羟基脂肪酸酯（PHA）、聚羟基丁酸酯（PHB）、聚乳酸（PLA）、聚己二酸 / 对苯二甲酸丁二醇酯（PBAT）、淀粉 - 聚酯混合物（如 Mater-Bi）等。

塑料进入环境后，会在物理、化学以及生物的作用下形成粒径＜ 5mm 的固体颗粒，被称为微塑料。2004 年，Thompson 教授首次在 *Science* 上提出了“微塑料”的概念[1]。2016 年，第二届联合国环境大会将微塑料污染列为环境与生态科学研究领域的第二大科学问题，成为与全球气候变化、臭氧耗竭和海洋酸化并列的重大全球环境问题。2019 年，世界卫生组织发布《饮用水中的微塑料》的分析报告，呼吁对大自然中的微塑料及其对人类健康的潜在影响开展更多深入研究。2022 年 5 月国务院办公厅正式印发的《新污染物治理行动方案》中，将微塑料列为四大新污染物之一，微塑料治理已成为我国“十四五”生态环境保护工作重点，并已上升到国家战略。最初对微塑料的研究主要集中在水生生态系统，包括海洋环境、淡水湖环境、河流环境和沉积物环境。Rillig[2] 首先关注了土壤环境中微塑料污染的问题，将我们的视野带入了陆地生态系统中微塑料的研究。对陆地生态系统中微塑料的研究表明，微塑料可以改变土壤的物理化学性质，可能被动物或植物摄入并通过食物链传播，并对植物、动物和微生物构成威胁[3]。此外，为了保证塑料的性能和稳定性，塑料在生产过程中经常添加许多添加剂。当塑料暴露在复杂的环境中时，这些添加剂也会从塑料中释放出来，最终进入环境[4]，从而危及生态环境的安全。对陆地生态系统中微塑料的进一步深入研究仍是迫切需要的。目前，研究人员就土壤中微塑料的多维特征（丰度、形状、粒径、成分和颜色）开展了一系列研究工作。已有大部分的研究表明微塑料在土壤中普遍存在，形态以碎片、薄膜和纤维为主，颜色以白色和透明为主，成分以 PE、PP 为主，小粒径占比较高。

6.1.2 残膜与微塑料污染现状

（1）残膜污染现状

农业部在 20 世纪 90 年代初对全国 17 个省市的农膜覆盖农田土壤进行了调查，结果显示，所有调查地区的土壤都存在不同程度的农膜残留，平均残留量为 60kg/hm^2，最高达 135kg/hm^2。此后，国内一些研究人员和农业环境监测部门也对不同地区的地膜残留情况进行了初步的调查和研究（表 6-1）。根据他们的报告，我们可以大致了解我国各地区地膜残留的分布。

表6-1 不同地区的残膜污染现状

地区	残膜浓度
西北地区（甘肃、青海东部和山西北部）	47.2kg/hm^2
西北地区	121.85 ～ 352.38kg/hm^2
新疆吐鲁番	502.2kg/hm^2
内蒙古	101.70 ～ 130.42kg/hm^2
湖北恩施	29.92kg/hm^2
辽宁	23.99kg/hm^2
山东	5.33 ～ 46.99kg/hm^2，平均值 23.91kg/hm^2
山东青岛	10.7 ～ 69.3kg/hm^2，平均值（32.3 ± 15.7）kg/hm^2
河南	6.8 ～ 37.3kg/hm^2，平均值 20.4kg/hm^2
黄河三角洲地区	18.84 ～ 53.53kg/hm^2
新疆阿克苏	134.09kg/hm^2
华北地区	0.2 ～ 82.2kg/hm^2，平均值 26.8kg/hm^2

续表

地区	残膜浓度
陕西渭南	28.2 ～ 68.1kg/hm^2
甘肃会宁	12.45 ～ 211.05kg/hm^2
新疆	20.1 ～ 263.3kg/hm^2
内蒙古	84kg/hm^2
青海	0.9 ～ 7.05kg/hm^2
云南德宏	27.06kg/hm^2
云南丽江	17.00 ～ 44.71kg/hm^2
甘肃定西	6.45kg/hm^2
	13.6kg/hm^2
	29.70 ～ 53.13kg/hm^2
新疆伊犁	144.9kg/hm^2
新疆生产建设兵团	（261.1 ± 117.8）kg/hm^2
广东惠州	45.0kg/hm^2
内蒙古乌兰察布	0.8 ～ 6.4kg/ 亩
吉林	15.9 ～ 30kg/hm^2
南方平原区 7 个省（自治区）	14.28kg/hm^2
湖北	10.72 ～ 38.20kg/hm^2
天津	（33.69 ± 12.18）kg/hm^2
河北邯郸	59.1 ～ 103.4kg/hm^2

注：1 亩 =666.67m^2。

在地膜广泛应用的西北地区，长期覆膜土壤中地膜残留量为 60kg/hm^2。尤其是新疆地区，棉田土壤污染最严重。新疆生产建设兵团农田地膜残留量高达（261.1 ± 117.8）kg/hm^2。新疆吐鲁番地膜残留最高达到 502.2kg/hm^2。新疆伊犁农田平均地膜残留量为 144.9kg/hm^2。

在华北地区（包括内蒙古、河北、河南、山东、山西、天津、北京）土壤耕层地膜残留量分布范围为 0.2 ～ 82.2kg/hm^2，平均值为 26.8kg/hm^2。其中，内蒙古河套灌区地膜残留量平均值为 130.42kg/hm^2。天津农田土壤中地膜残留量平均值为（33.69 ± 12.18）kg/hm^2。山东省地膜残留量范围介于 5.33 ～ 46.99kg/hm^2 之间，平均值为 23.91kg/hm^2。青岛市农田土壤中地膜残留量在 10.7 ～ 69.3kg/hm^2 之间，平均值为（32.3 ± 15.7）kg/hm^2，中位值为 27.3kg/hm^2。黄河三角洲地区土壤地膜残留量为 18.84 ～ 53.53kg/hm^2。

在南方平原区，地膜残留量为 14.28kg/hm^2。其中，湖北省典型区域地膜残留量为 10.72 ～ 38.20kg/hm^2。恩施各地覆膜地块中都有一定量的地膜残留，平均残留量为 29.92kg/hm^2。辽宁省地膜平均残留量为 23.99kg/hm^2。对河南省菜田地膜残留情况进行调查，研究发现菜田地膜覆盖率为 35.3%，土壤耕层（0 ～ 30cm）地膜残留量为 21.49kg/hm^2。有研究发现河南省花生、棉花覆膜种植区土壤耕层地膜残留量为 6.8 ～ 37.3kg/hm^2，平均值为 20.4kg/hm^2。云南省德宏州 5 个县（市）作为研究对象，平均残膜量为 27.06kg/hm^2。对四川省攀西地区地膜残留量的研究表明，攀西地区平均地膜残留量为 16.27kg/hm^2。

综上所述，我国各地区的农田土壤中都存在不同程度的地膜残留，其中西北地区和华北地区的残留量较高，南方平原区的残留量较低。

农田覆盖地膜是一种常见的农业技术，但地膜的回收利用率很低，导致土壤中残留大量的地膜碎片。这些残膜在土壤中可以存在 200 ～ 400 年，对土壤和环境造成长期的污染。许多研究表明，农田地膜残留量与覆膜年限呈正相关关系，即覆膜时间越长，残留量越高。例如，研究发现，2020 年内蒙古农田平均地膜残留量为 101.7kg/hm^2，覆膜年限超过 30 年后农田地膜残留量显著增加（$P < 0.05$），覆膜时长与农田地膜残留量呈极显著正相关（$P < 0.01$）。对内蒙古河套灌区的地膜污染情况进行调查，发现该区域整体处于中度污染水平，地膜残留量平均值为 130.42kg/hm^2，随着覆膜年限的增长，地膜残留量显著增加。对新疆连续 10 年和 20 年覆膜的棉田土壤中残膜量进行测定，分别为（259.70 ± 36.78）kg/hm^2 和（307.90 ± 35.84）kg/hm^2。有研究发现新疆石河子地区棉田土壤中平均地膜残留量高达（300.65 ± 49.32）kg/hm^2。对新疆新源县制种玉米田的残膜含量进行研究，发现随着覆膜年限的增加，残膜含量也呈显著增加趋势，覆膜 16 ～ 20 年残膜量最大，可达 83kg/hm^2。对渭北旱塬春玉米地的地膜残留量进行研究，发现覆膜 3 年农田土壤地膜残留量为 28.2kg/hm^2，而覆膜 5 年的残留量为 51.5kg/hm^2。有研究者对云南丽江典型玉米种植区的地膜残留量进行了调查研究，发现连续覆膜≤ 5 年、5 ～ 10 年、10 ～ 20 年和 ≥20 年的平均残膜量分别为 17.00kg/hm^2、28.21kg/hm^2、38.71kg/hm^2、44.71kg/hm^2。邯郸地区棉田地膜的平均残留量在 59.1 ～ 103.4kg/hm^2 之间。

综上所述，地膜污染是一个严重的农业环境问题，需要加强对地膜的回收利用，减少土壤中残膜的累积。

（2）微塑料污染现状

中国是世界上农业塑料使用量最大的国家之一，农业土壤中的微塑料污染问题日益引起关注。近年来，许多研究对中国不同省市农业土壤中微塑料的分布和特征进行了调查（表 6-2），发现不同地区农业土壤中微塑料的丰度差异很大，受到地理位置、气候条件、农业生产方式、土壤类型等因素的影响。

表6-2　不同地区的微塑料污染现状

地区	丰度	尺寸	形状 / 颜色	类型
山东寿光	310 ～ 5698 个 /kg；平均值（1444 ± 986）个 /kg	＜0.5mm	碎片、薄膜	PP、PE
陕西	1430 ～ 3410 个 /kg	＜0.5mm	纤维、薄膜和碎片	PS、PE、PP、HDPE、PVC、PET
长江下游	4.94 ～ 252.70 个 /kg；平均值 37.32 个 /kg	0.1 ～ 0.5mm	白色碎片	PP
杭州湾	覆膜土壤平均 571 个 /kg；非覆膜土壤平均 263 个 /kg	1 ～ 3mm	碎片、纤维	PE、PP、PES、人造丝、丙烯酸塑料、PA
新疆	288 ～ 1452 个 /kg	＜0.5mm	白色碎片	PP、PE
新疆阿拉尔市	（1615.0 ± 52.0）个 /kg	0 ～ 0.3mm	碎片、纤维	PE
北京	普通温室(891.11 ± 316.71)个/kg；简易温室(632.5 ± 566.93)个 /kg	0 ～ 1mm	白色碎片	PP、PE
上海郊区	浅层土（78.00 ± 12.91）个 /kg；深层土（62.50 ± 12.97）个 /kg	＜1mm	纤维、碎片、薄膜	PP、PE
上海	（10.3 ± 2.2）个 /kg	＜1mm	纤维，白色和半透明	PE、PP
青海	240 ～ 3660 个 /kg	＜0.5mm	薄膜和纤维	
青藏高原	浅层土（53.2 ± 29.7）个 /kg；深层土（43.9 ± 22.3）个 /kg	＜500μm	透明薄膜	PE、PP

续表

地区	丰度	尺寸	形状 / 颜色	类型
武汉	320 ～ 12560 个 /kg	＜0.2mm	纤维、微珠	PA、PP
四川资阳	未覆膜（76.2 ± 18.4）个 /kg；覆膜（118.6 ± 44.8）～（159.6 ± 23.5）个 /kg	覆膜 1 ～ 3mm；未覆膜＜1mm	薄膜	PES、PE
河北、山东、陕西、湖北、吉林	2783 ～ 6366 个 /kg	＜1mm	碎片、纤维	PE、PA
云南	900 ～ 40800 个 /kg；平均值 9800 个 /kg	＜500μm	透明 / 半透明碎片	
湖南湘潭	（3805 ± 511）个 /kg	＜1mm	纤维和薄膜，黑色和透明	PVC
贵州	3000 ～ 8640 个 /kg	0 ～ 0.5mm	纤维、碎片和薄膜，黑色和透明	
云南西双版纳	香蕉种植园（10975 ± 261.0）个 /kg；橡胶园（1112.5 ± 151.6）个 /kg	＜1mm	碎片和纤维，蓝色、黄色	PE、人造丝、PP

注：PE—聚乙烯；PP—聚丙烯；PS—聚苯乙烯；PVC—聚氯乙烯；PET—聚对苯二甲酸乙二醇酯；HDPE—高密度聚乙烯；PA—聚酰胺（尼龙）；PES—聚丁二酸乙二醇酯。

① 东部沿海地区。山东省寿光市是中国北方最大的温室蔬菜生产基地，土壤中微塑料的丰度为 310 ～ 5698 个 /kg，平均值为（1444 ± 986）个 /kg。杭州湾是中国东部重要的农业区域之一，覆膜土壤比不覆膜土壤含有更多的微塑料，平均丰度分别为 571 个 /kg 和 263 个 /kg。上海郊区菜地农田土壤中的微塑料赋存特征表明，浅层（0 ～ 3cm）和深层（3 ～ 6cm）土壤中的微塑料丰度分别为（78.00 ± 12.91）个 /kg 和（62.50 ± 12.97）个 /kg。

② 中部地区。陕西省是中国典型的农业省份之一，所有的样品中都含有微塑料，土壤中微塑料的丰度范围为 1430 ～ 3410 个 /kg。武汉郊区蔬菜农田中微塑料的污染情况显示，微塑料的丰度在 320 ～ 12560 个 /kg 之间。长江下游和河口是中国重要的农业水资源区域，土壤中微塑料丰度为 4.94 ～ 252.70 个 /kg，平均为 37.32 个 /kg。

③ 西部地区。新疆维吾尔自治区是中国西北地区主要的农业生产基地之一，土壤中微塑料的丰度范围为 288 ～ 1452 个 /kg。青海省是中国典型的西北地区之一，在所有土壤样品中均检测到微塑料，青海省农业土壤中微塑料的丰度在 240 ～ 3660 个 /kg 之间。云南省是中国西南地区具有多样性和特色的农业区域之一，研究结果表明，微塑料的丰度在 900 ～ 40800 个 /kg 之间，平均值为 9800 个 /kg。膜状微塑料在覆盖稻田中的分布特征表明，微塑料的丰度随着地膜覆盖时间的延长而增加，在不覆盖、4 年连续覆盖和 10 年连续覆盖的土壤中，微塑料的丰度分别为（76.2 ± 18.4）个 /kg、（118.6 ± 44.8）个 /kg 和（159.6 ± 23.5）个 /kg。

此外，也有一些学者在全国范围内对农业土壤中微（中）塑料污染现状进行了研究。Xue 等 [5] 调查了中国 29 个省（自治区、直辖市）长期覆膜土壤中的微（中）塑料分布，发现微（中）塑料在所有土壤样品中都被发现，丰度为 20.0 ～ 640.0 个 /kg，平均丰度为 213.0 个 /kg。Hu 等 [6] 调查了中国 30 块农田土壤中微（中）塑料的分布，发现土壤中微（中）塑料丰度为 25.56 ～ 2067.78 个 /kg，平均值为 358.37 个 /kg。Chen 等 [7] 采集了中国大陆 31 个行政区 109 个城市的 477 份土壤样本，对土壤微塑料的空间分布、特征及组成进行了研究，农业土壤中微塑料的平均丰度为（2462 ± 3767）个 /kg。

综上所述，中国不同地区农业土壤中微塑料的丰度差异很大，反映了不同地区农业生产方式和环境条件的影响。农业土壤中微塑料的来源、迁移、转化和生态效应等方面还需要进一步的研究，以评估其对环境和人类健康的潜在风险，并制定相应的防治措施。

就微塑料的大小而言，农业土壤中主要的微塑料≤ 1mm。例如，在山东寿光市以及长江下游的农业土壤中，≤ 0.5mm 的微塑料是主要组分。青藏高原温室种植、覆膜种植和粮田土壤中 0 ～ 1mm 微塑料占比分别为 71%、62% 和 61%。武汉市某郊区土壤中粒径＜ 0.5mm 的微塑料占颗粒数量的 99.8%。云南省耕地土壤中粒径＜ 100μm 和 100 ～ 300μm 的微塑料占颗粒数的 32.1% ～ 69.3% 和 18.3% ～ 48.2%，且随着粒径的增大，微塑料数量呈减少趋势。在陕西省的农用地中，大多数（81%）微塑料在 0 ～ 0.49mm 的范围内。南京和无锡的农田中也记录了类似的结果，土壤样本中发现较小尺寸的微塑料更为普遍。这些小尺寸的微塑料对生物的危害更大，因为它们有更大的比表面积来吸收有毒化学物质，而且它们更有可能被生物不小心吃掉。

观察到的微塑料形状一般分为颗粒 / 球形、碎片 / 片状、泡沫、纤维 / 线和薄膜。目前大多数微塑料都是碎片状的，例如碎片在石河子市覆膜农田（80.6%）、全云南省耕地（80.6%）、杭州湾平原（52.3%）和武汉市（51.3%）的数量上也占主导地位。微塑料碎片很容易与塑料包装和塑料废物联系在一起。即利用机械磨损、紫外光辐射和生物降解的力量，可以破碎和分解大块的塑料碎片和微塑料碎片。用于包装农药和化肥的塑料袋和塑料瓶在农田周围很常见，这可能是土壤中碎片状微塑料的重要来源。在青藏高原东北部，薄膜在所有微塑料中占有相当大的比例。这些薄膜可能与塑料覆盖物和塑料包装有关。塑料覆盖已经成为一种全球性的农业实践。它已在某些地区使用了 30 多年，这可能是耕地中微塑料的主要来源。在滇池，纤维是土壤和污泥样本中发现的主要微塑料形状，这提供了农业土壤中微塑料积累的证据，其中包括农业土壤中的微塑料积累以及农业土壤中的微塑料积累。南京和无锡（42% ～ 87%）土壤中微塑料的主要形状也是纤维，这可能与合成纤维（服装、室内装饰或地毯）产量的增加密切相关。此外，由于纤维经常缠绕成一个球，因此为“纤维球”建立了一个新的类。这种类型的纤维球由几种颜色的纤维组成，通常呈束状出现。

土壤中微塑料颜色主要包括透明、白色、黑色、蓝色、红色等，一般以透明和白色为主，这和农用塑料薄膜的主要颜色相对应。不同研究区域的微塑料主色差异较大。在青藏高原东北部采集的土壤中，透明微塑料的比例为 51.68%。透明微塑料在整个云南省的耕地土壤中也占主导地位（46.3%）。南京市和无锡市采集的土壤中有 38% ～ 70.4% 的微塑料是白色的。值得注意的是，浅层土壤和深层土壤中的微塑料可能存在差异。在上海市近郊采集的土壤中，浅层土壤中黑色微塑料的比例（39.39%）高于其他颜色；而深层土壤以透明微塑料为主（46.30%)。不同的是，江西省鹰潭市连续施用 22 年猪粪作为有机肥的农田土壤中微塑料颜色以黑色为主（32.8%），然后是透明（12.8%）、红色（12.8%）和白色（11.2%）。海南省热带农田土壤中微塑料颜色以黑色（77.8%）为主，这可能来源于当地黑色地膜的广泛使用。

目前，农田土壤中检测出的微塑料类型有 20 ～ 30 种，包括 PE、PP、PET、人造丝、PS、PVC 等。不同研究中，各种类型微塑料占比有所不同。PE 和 PP 是中国农业土壤中常见的两种类型。例如，在新疆维吾尔自治区的农田中，PE 塑料覆盖是主要的微塑料来源。在杭州湾，PE 占聚合物总量的 75%，其次是 PP（18%）和 PA（5%）。除了 PET 和 PE，在农业中常用的聚合物还包括 PP 和 PVC。PE、PET 和 PVC 薄膜可以与农业来源联系起来，例如透明、绿色和黑色的薄膜，这些薄膜可能来自农业中经常使用的地膜。聚酯纤维除了是生产最多的化纤品种外，还广泛用于产品包装。PA 主要应用于合成纤维。它们在武汉市（32.5%）、保定市（30.2%）和河北省某县（28%）的土壤中占有相当大的比例。在陕西省等特定地区，PS、PE、PVC 和 PET 等其他类型的微塑料也大量存在。同样，杭州湾的主要微塑料类型也较多，包括 PE、PP、人造丝、丙烯酸塑料和 PA。PA 普遍存在于湖北武汉的农业土壤以及河北、山东、陕西、湖北和吉林等地的农田中，而 PVC 普遍存在于湖南湘潭的稻田中。

6.1.3 残膜与微塑料来源

我国地膜应用已经有 40 多年的时间，人们环保意识的滞后，缺乏有力的残膜回收措施，再加上近些年来生产厂家为降低成本，产品越来越薄（＜0.008mm），造成地膜强度低、易破碎，并且在使用后难以捡拾回收，从而导致土壤中地膜的残留。

微塑料的来源（图 6-1）主要分为以下几个方面。

图 6-1 农田土壤中微塑料的主要来源

（1）农用塑料薄膜的广泛使用

由于塑料薄膜显著的经济效益，如增加收成、改善果实质量和提高水分利用效率等，已成为全球农业生产中广泛使用的技术。PE 和 PVC 材料是地膜中最常见的材料，虽然也有可降解地膜如 PLA、PBAT、PBS（聚丁二酸丁二醇酯）地膜的开发，但并没有大规模应用。全球约有 $2.0×10^7hm^2$ 农田被塑料覆盖，其中中国占最大比例（约 90%），2016 年，全球农用塑料薄膜市场为 $4.0×10^6t$，预计到 2030 年将以每年 5.6t 的速度增长。从农田中清除所有地膜是一项劳动密集型和耗时的工作，因此，地膜或其部分经常被有意或无意地留在农田中。根据初步统计，我国 40% 以上的农膜未被回收利用。

残留在农田表面的大块地膜碎片自然地直接暴露在紫外光下，导致光降解，变得脆弱。当农业土壤被翻耕和其他耕作工作时，农田塑料碎片上的剪切力也会产生作用，这使得已经脆弱的塑料可能会进一步被破碎。同时，埋在田间的塑料碎片在冻融循环、埋在雪或土壤中的压力以及与生物相互作用造成的破坏等作用下，进一步机械分解。农膜的分解成为农田土壤中微塑料的一个重要来源。例如，在中国的几个地点发现了高丰度的微塑料，如新疆的农业土壤（40.35mg/kg）和上海的蔬菜农田土壤［（78.00 ± 12.91）个 /kg］和武汉的农业土壤（320 ～ 12560 个 /kg），而 PE 是土壤中微塑料的主要成分，微塑料浓度与地膜消耗呈正相关。在杭州湾周边地区的研究表明，长期农膜覆盖的耕作土壤比无农膜覆盖的耕作土壤含有更多的微塑料，平均丰度分别为 571.2 个 /kg 和 262.7 个 /kg。2012 ～ 2016 年，中国农业土壤中微塑料残留量与地膜覆盖使用之间的相关分析结果显示出显著的线性相关（$R^2 = 0.61$，$P < 0.001$），傅里叶变换红外分析表明，微塑料的成分与地膜的成分相匹配，表明微塑料颗粒来源于地膜。随着连续覆盖时间的延长，土壤中微塑料的丰度会显著增加。如石河子市微塑料丰度随着连续覆盖年限的增加（5 ～ 30 年）显著增加，在 10.10 ～ 61.05mg/kg 范围内。另外，Huang 的研究发现在连续覆盖 5 年、15 年和 24 年的田地中，微塑料颗粒的丰度随着时间的增加而增加，其丰度分别为（80.3 ± 49.3）个 /kg、（308 ± 138.1）个 /kg 和（1075.6 ± 346.8）个 /kg。

（2）污泥回用

污泥作为污水处理厂的最终产物，含有丰富的有机物和微量元素，因此通常用作肥料，施用于农田来改善土壤特性，增加土壤养分以提高作物产量。污水处理厂通过多种途径接收污水中的微塑料。使用个人清洁和护理产品产生的微珠、纺织品洗涤释放的聚合物纤维、塑料加工厂泄漏的塑料母粒、汽车轮胎产生的微塑料被转移到污水中。随着我国《农用污泥污染物控制标准》（GB 4284—2018）的制定及实施，污泥农业利用将得到进一步推广，微塑料将在污泥应用于农田的过程中，进入土壤环境。最近的一项研究报告称，每次洗衣服废水中的微塑料纤维丰度为 30000 ～ 465000 个 /m^3。此外，据估计，道路车辆轮胎磨损产生的微塑料全球平均排放量为 0.81kg/（人 • a），除了道路交通，飞机轮胎释放的磨损约占荷兰轮胎磨损总排放量的 2%。这些微塑料在污水处理过程中流动和沉淀。其中一部分微塑料从污水系统中排放，而大部分通过污水处理的沉淀过程分离出来，并最终保留在污泥中，导致污泥中的微塑料丰度为 10^3 ～ 10^5 个 /kg。在我国，大约 50% 的污水污泥用于农业用途，而在芬兰和爱尔兰，高达 72% 的污泥用于农田。污泥的使用导致微塑料污染的发生，污泥的重复利用会使微塑料在土壤中积累。

挪威因污泥农业利用导致进入土壤的微塑料颗粒每年可达 5000 亿个。据估计，欧盟和北美地区每年污染土地或农业利用输入土壤的微塑料总量分别可达 6.3 万～ 43 万吨和 4.4 万～ 30 万吨甚至超过全球海洋表层水中微塑料的总量。我国 11 个省份 28 个污水处理厂的污泥样本分析表明，污泥样本中的微塑料丰度范围为（1.60 ～ 56.4）×10^3 个 /kg，平均为（22.7 ± 12.1）×10^3 个 /kg，颜色和形状分别以白色（59.6%）和纤维（63.0%）为主，大多数微塑料属于聚烯烃、丙烯酸纤维、PE 和 PA，根据中国的污泥总产量，估计每年有 1.56×10^{14} 个微塑料颗粒通过污泥进入环境。有报告称，施用 5 次污泥（200kt/hm^2）后，土壤中微塑料的中位数浓度可达到 3500 个 /kg。在中国集约化农业土壤中进行的另一项研究表明，在每公顷每年使用约 23 吨污泥的土壤中，微塑料的浓度为 7000 ～ 43000 个 /kg。通过评估不同数量的污水污泥应用领域，证明污泥中含有大量微塑料。污泥每连续施用一次，土壤中轻密度微塑料和重密度微塑料的增加量分别为 280 个 /kg 和 430 个 /kg，使用了污泥的土壤中轻密度微塑料和重密度微塑料的丰度分别达到（2130 ± 950）个 /kg 和（3060 ± 1680）个 /kg，显著高于未施用污泥的土壤。通过调查土壤样品中微塑料颗粒的总数评估连续污泥应用的影响，结果显示 33 个污泥施用农田土壤中的微塑料含量与污泥施用时长和用量成正相关。

（3）灌溉水和地表径流

在全球范围内，灌溉用水的主要来源包括河流、湖泊、水库和地下水。在一些水资源匮乏的地区，污水也被用于灌溉。例如，在我国天津市，由于缺水，该地区已经有 40 多年的污水灌溉历史。微塑料在农业灌溉水资源中的存在已被广泛证实。研究报告称，河流、湖泊、水库和地下水中存在高浓度的微塑料，此外，虽然在污水处理过程中可以去除大量的微塑料，通常超过 95%，但即使大多数微塑料都与污泥一起去除，剩余部分仍然相当大。如研究表明北京设施农业中灌溉所使用的地下水中微塑料的丰度为 4.2 个 /L。对长江口水表面的调查研究显示，微塑料丰度达（4137.3 ± 2461.5）个 /m^3；经污水处理厂处理后的污水中微塑料的丰度仍高达 125000 个 /m^3。有研究者在所有样品中都发现了微塑料，其丰度范围为 7100 ～ 42960 个 /kg（平均值为 18760 个 /kg），其主要存在形式是纤维状微塑料（92%），其次是碎片状和薄膜状（8%），他们的研究表明，污水灌溉是塑料温室蔬菜生产系统中土壤微塑料的重要来源。相关研究发现，合成纤维是土壤以及灌溉水中的主要微塑料形式，确认了灌溉用水对土壤微塑料的贡献。同时，与没有农膜覆盖的稻田相比，种植蔬菜或水果的农膜覆盖耕地具有更多的轮作周期，因此与非覆盖耕地相比，在覆盖地中耕作和灌溉会导致土壤中具有更多纤维状微塑料。在灌溉的过程中，灌溉水中隐藏的微塑料会转移到农田土壤中，成为农田土壤中微塑料的来源。

除了有意灌溉，地表径流也是微塑料向土壤运输和积累的重要途径。地表径流会导致道路附近的废物倾倒和轮胎磨损（含橡胶，主要是合成聚合物）进入土壤。其中有些已经是微塑料，有些通过与环境的各种接触逐渐转化为微塑料。研究发现，微塑料在日本滋贺草津的路面灰尘中广泛存在。有研究者计算了德国路网中轮胎磨损的排放量，结果表明，包括径流和漂移在内，向附近土壤的运输量高达 57300 ～ 65400t/a。

（4）肥料施用

堆肥的土壤改良剂也可以为微塑料到达土壤提供途径。一般将有机废物堆肥发酵后作为养分施用于农田，实现养分、微量元素、腐殖质的再利用。全球范围内，化肥被广泛用于维持土壤肥力和增加作物产量。我国每年生产的堆肥产品超过 2.5×10^7t，其中约有 2.2×10^7t 被用于施肥。欧盟的堆肥量也在逐年上升，每年超过 1.8×10^7t。在一些对化肥使用有严格限制的国家，例如德国，每公顷的施肥量在 3 年内被控制在 20 ～ 30t。尽管堆肥前后会通过筛分和人工分类等方式去除大部分塑料，但是可降解塑料可能会在堆肥过程中分解，导致不同程度的塑料污染，这种情况在大多数家庭和城市的生物废物中都存在。堆肥原则上是一种环保的农业生产方式。然而，有研究表明，由于处理不当和废物分类不充分，特别是生物废物中的堆肥含有塑料。堆肥中检测到的高浓度塑料（1.20g/kg）意味着肥料的施用是进入农业土壤的重要途径。堆肥过程中的高温和微生物活动加速了较大的塑料破碎成微塑料，并增加了施用到农业土壤中的微塑料浓度。

研究发现，一家堆肥厂肉眼可见的塑料碎片含量为 2.38 ～ 180mg/kg，这证实了有机堆肥中存在微塑料。生物废物生产的有机肥中含有微塑料，其中有 14 ～ 895 个颗粒尺寸＞1mm，根据实验数据推算，德国每年通过有机肥料向农用土地中添加的微塑料数量在3500亿～22000亿个之间，且只计算了直径＞1mm的颗粒。如果考虑到更细小的微塑料，这个数字将更加惊人。研究发现，长期重复施用猪粪后的农业土壤中微塑料的平均积累速率可达（3.50±1.71）万个/（hm^2·a）。此外，在不同的商业生物垃圾中发现了微塑料，包括家庭垃圾、能源作物、成熟的堆肥和未成熟的肥料。这些有机肥料是农业土壤中被忽视的微塑料来源。尽管采取了相应的措施，但有机肥的施用可能导致微塑料向土壤中的输入。相关研究发现，每年投放30t/hm^2和15t/hm^2污泥堆肥后，土壤中微塑料的总浓度分别为545.9个/kg和87.6个/kg，显著高于未施用堆肥的土壤。因此，肥料施用也是微塑料进入土壤的一个重要来源。

（5）大气沉降

微塑料可以在空气中悬浮或沉降，形成大气中微塑料。大气中微塑料可以通过两种方式进入土壤中：一种是干沉降，即微塑料直接从空气中落到地面上；另一种是湿沉降，即微塑料随着雨水、雪水或雾露等液态水分沉降到地面上。大气传输是微塑料在偏远地区沉积的重要途径，密度较小的大塑料颗粒和微塑料颗粒会被风带入土壤环境中。虽然近年来一直被忽视，但大气沉降也是陆地系统中微塑料污染的潜在途径。研究证明人造纤维可以通过大气尘埃进行运输和沉积，这在城市地区尤为重要，在降雨期间沉积物会增加。

研究比较了北京地区森林、农业和居民区3种不同生态系统中微塑料的沉积特征，发现沉积的微塑料以白色或黑色纤维为主，以PET和RY为主要的微塑料类型，沉积物通量范围为67.06～461.02个/（m^2·d），居民区沉积物通量最高，森林沉积物通量最低，不同环境间微塑料特征差异显著。我国烟台大气中微塑料的年沉降量高达1.46×10^5个/m^2，东莞和上海等城市也发现大气中存在纤维状的微塑料。巴黎地区大气环境中每天沉降的微塑料为29～280个/m^2，纤维状微塑料占90%，其中50%的纤维状微塑料大于1000μm，并且根据收集到的纤维状微塑料的质量和体积估算外推，粗略估计每年巴黎约2500km^2城建区大气尘埃沉积3～10t纤维状微塑料。相关研究发现伦敦市中心一个主要人口中心的大气沉积中的微塑料沉积速率在575～1008个/（m^2·d）之间，其中纤维状微塑料占绝大多数（92%），在所有样品中，鉴定出15种不同成分的微塑料。研究调查了环渤海海岸的烟台、天津和大连3个城市，发现3个采样点大气沉降样品中绝大部分均为纤维类微塑料（＞90%），粒径大多小于1mm。这些微塑料主要成分为玻璃纸（＞50%）和聚对苯二甲酸乙二醇酯（＞30%），且表面存在明显风化特征。据实验结果估计，烟台、天津和大连地区微塑料年沉降量分别为2.7×10^4个/m^2、8.9×10^4个/m^2、7.2×10^4个/m^2。对东莞市大气沉降物中微塑料的特征进行了初步研究，大气沉降物中微塑料的浓度范围为175～313个/（m^2·d）；鉴定了3种不同类型的微塑料，即PE、PP和PS；微塑料的形状多种多样，包括纤维、泡沫、碎片和薄膜，纤维是微塑料的主要形状。

与郊区相比，城市周边人口密度对微塑料含量的贡献更大，这表明农村的风险更低。大气沉降的微塑料输入受天气条件的影响。据以往研究报道，降雨和降雪可能是影响微塑料从大气向土壤系统沉降的重要因素，风 / 大气环流对微塑料向不同区域的远程运输有重要贡献。虽然大气微塑料对农业土壤的直接不利影响尚未有文献记载，但城市空气中的微塑料可能会运输到农村地区，并沉降在田地甚至植物叶片上，对农业土壤和人类健康造成潜在风险。

6.2 微塑料的迁移过程及载体效应

6.2.1 微塑料迁移过程及影响因素

微塑料分子结构复杂，化学性质稳定，难以降解。迁移是微塑料在土壤中扩展影响的关键环节，微塑料在土壤中的运移行为是复杂的，涉及水平和垂直迁移、生物和非生物迁移（图 6-2）[8]。表层土壤中的微塑料去向不确定，它们或许被风力吹散，或许被雨水冲入水体，或许通过一些物理作用或土壤动物的活动进入土壤深处。深层土壤中微塑料的存在为微塑料向下迁移提供了证据。土壤中的微塑料经过长期的风化作用，会对土壤中的动植物、微生物和生态系统带来一定的影响。另外，土壤中的微塑料也可能迁移到水体中。有研究者利用 INCA 污染物模型模拟了微塑料从土壤迁移到泰晤士河的过程，发现土壤中超过 60% 的微塑料最终会进入河流流域，污染水环境。因此，土壤是微塑料的“汇”，也是周围环境中塑料颗粒的“源”。从陆地环境迁移到海洋的微塑料通过河流下沉并在海洋中迁移的跟踪技术目前仍较少。在水生环境中，已经有一些研究使用溶质荧光技术和数值模型（2D 或 3D 拉格朗日粒子跟踪模型和 3D 数值模型）来跟踪微塑料。研究微塑料在土壤中的迁移变化对于了解其对生态环境的影响是必要的。微塑料在土壤中的迁移可能受到土壤管理措施（如耕种和收割等）、土壤生物（如土壤动物、植物、微生物等）和气候条件（如干湿交替、冻融循环、风蚀等）的影响。因此，不同特征的土壤结构、不同活动的土壤生物群落和不同方式的土地利用都可能对微塑料的迁移有所影响。

土壤耕作活动，如耕种和收割，是农业生态系统中土壤扰动的主要驱动力。在农业生态系统中，犁地是一种普遍的做法，通过这种活动，微塑料颗粒可以非常有效地移动到深层土壤中。不同的耕作方式会影响不同的土壤层，从而影响微塑料的掺入深度。例如，传统的耕作方法通常影响前 20 ～ 30cm，而在免耕土壤干扰中，放置种子，只影响最表层的土壤，通常为几厘米。收割根据是否保留根系分为两种类型，一种是留根收割，另一种是拔根收割，留根收割会导致根系腐烂形成孔隙，拔根收割会导致土壤扰动使微塑料移动。收获土壤表面以下的植物部分（例如土豆、胡萝卜等）也可以掺入微塑料，尽管深度较浅，具体取决于作物类型。研究表明，高强度机耕可能显著影响农用塑料废弃物的迁移。相关研究也表明，设施农业中的更高的耕种频率也会将微塑料带入深层土壤中。

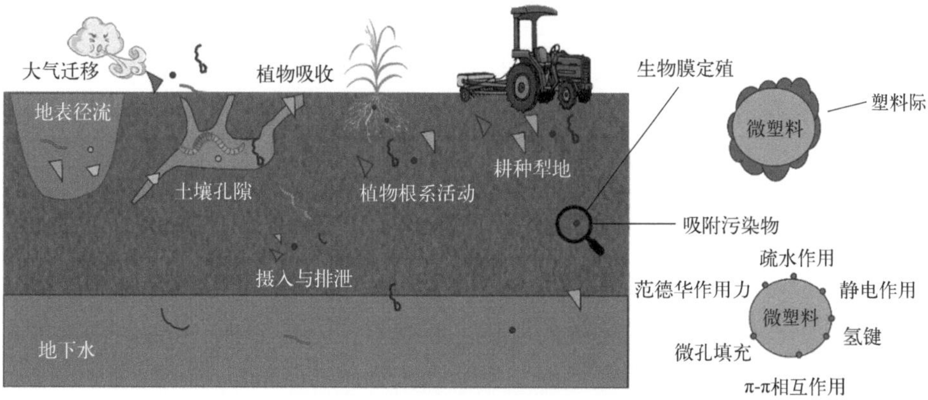

图 6-2 微塑料的迁移与载体效应

土壤孔隙和生物干扰也是微塑料迁移的重要条件，土壤的多孔性使得微米范围内的微塑料通过淋滤随土壤孔隙运移。例如，研究表明，直径为 0.1 ～ 6.0μm 的颗粒可以在土柱中垂直移动。传统耕作方法仅影响表层土壤（0 ～ 30cm）。相比之下浸出（即将含水悬浮或溶解的表层土材料渗透到深层土壤中）对微塑料在土壤中的垂直传输有更显著的促进作用。据报道，平均直径为 3.7mm 的微塑料可以通过浸出向下移动到 70cm 深的土壤中。甚至有人预测，在浸出的帮助下，微塑料可能最终进入浅层地下水。此外，影响孔隙形成的因素也会间接影响微塑料的迁移效率，土壤中的植物、动物和微生物是主要的孔隙生产者，它们通过吸收营养物质和生活在土壤中而改变土壤结构，土壤动物也可以通过生物活动（如摄食、排泄等）来运输微塑料。

相关研究指出，根系越深越粗的植物更有利于微塑料的迁移。植物根系活动（如根系运动、根系膨胀、根系水分提取）也会在土壤中留下大孔隙，促进微塑料的运输。由于陆生植物的叶子表面大而不均匀，因此可以捕获空气中的微塑料，叶子上的微塑料可能随着叶子的掉落而进入土壤，引起微塑料的迁移。研究发现，纳米塑料颗粒还可以从土壤转移到蚕豆叶片上。土壤动物作为食物链中的消费者，通过扰动土壤使其疏松多孔，并通过摄食和排泄微塑料而促进其在土壤中的转移。例如，微塑料可以被蚯蚓吞下并随后排泄，通过食土蚯蚓的洞穴从浅层土壤垂直传播到深层土壤，并可能被其他土壤动物捕食而转移。相关研究也表明土壤动物，尤其是蚯蚓，通过摄入、排出以及表皮黏附等方式极大地促进了土壤中微塑料的运输，从而导致微塑料从表层土壤向深层土壤运输，最终进入地下水。此外，蚯蚓粪中可能含有高浓度的微塑料，可能被土壤微节肢动物摄入。螨虫和弹尾目昆虫可以通过黏附或排泄来转移和分散微塑料；此外，体型较大、活动能力较强的土著型哺乳动物，如地鼠和鼹鼠，也可能通过类似的机制促进微塑料在土壤中的迁移。另外，研究发现，在存在捕食关系时，微小节肢动物运输和分布土壤中微塑料的能力显著提高。因此，一些研究者认为，多物种组成的食物网比单一物种更容易促进微塑料的迁移。对家庭花园中土壤、蚯蚓粪便、鸡粪、作物和砂石中的微塑料和宏观塑料丰度进行分析，并首次提供了塑料从土壤迁移到鸡体内的证据。土壤微生物作为分解者，在土壤生态系统中发挥着重要作用。其中，真菌菌丝可能有助于微塑料的迁移，因为它们可以连接充满空气的孔隙，并有效地转移污染物和降解细菌。

除了在土壤中迁移外，土壤中的微塑料还可以通过径流、侵蚀和风迁移到周围的环境介质，如空气和水。例如，降雨引起的地表径流及风和气流也会导致土壤表面的微塑料在水平方向上的迁移，尤其是纤维状微塑料。径流允许土壤微塑料进入河流和沿海水域，从而对水生生态系统造成潜在影响。土壤表面的微塑料可以通过风飘浮在大气中，并可能成为 $PM_{2.5}$ 的组成部分；它们还可以通过大气环流运输，成为偏远地区冰川和湖泊中微塑料的重要来源。气候因素，如干湿交替、冻融循环和风蚀等，也会影响微塑料的迁移。其中，干湿交替指土壤在阳光暴晒、风干和雨雪淋溶等作用下的干湿变化，冻融循环指土壤在气温变化下的冻结和融化。这些因素会导致土壤结块和孔隙的形成，从而为微塑料进入土壤提供途径。如干燥气候导致的土壤裂缝的出现为微塑料进入深层土壤提供了通道。有研究者通过砂土柱试验研究了微塑料的迁移，结果表明，当这些微塑料受到更多的干湿循环时，迁移深度显著增加，迁移深度与干湿循环数呈明显的线性关系（R^2= 0.817）；相比之下，增加浸润液体积或表面微塑料浓度对迁移深度的影响微乎其微或微弱（R^2 值分别为 0.169 和 0.312）；根据观测到的干湿循环趋势，利用中国 347 个城市的天气数据预测了 100 年的渗透深度。平均渗透深度计算为 5.24m，北京市、河北省、河南省和湖北省土壤中微塑料更容易向深层迁移。另有研究表明，蚊子幼虫很容易食用微塑料，这些微塑料在蚊子从幼虫到成虫的蜕变过程中会持续存在于蚊子的肠道中，并通过蚊子的运动横向传播到更广阔的区域。

微塑料在土壤中的迁移在很大程度上取决于它们的性质（如大小、形状、密度）。先前的研究表明，微塑料的大小和疏水性会影响它们在土壤中的运输。小的塑料颗粒向下移动最多，因为小颗粒可以穿过土壤孔隙，最终到达土壤深处。目前相关实验中最常用的微塑料形状为球形和颗粒状。这些研究表明，这两种形状的微塑料很容易进入深层土壤。而其他形状（如纤维和薄膜）的行为与微球不同。最近的一项研究表明，微纤维可以帮助它们更有效地缠绕土壤颗粒，形成土块。低密度的微塑料难以向下迁移。此外，研究表明，微塑料表面官能团尺寸的减小和表面官能团数量的增加可以增强微塑料在土壤等饱和多孔介质中的运移。其中，纤维状微塑料相比其他形状更容易与土壤基质和生物相互作用。也有研究表明，颗粒和纤维已被证明与土壤团聚体表现出不同的相互作用，这可能对土壤中微塑料的运输产生潜在的阻断作用。目前，关于土壤生态系统中微塑料的颜色与迁移之间关系的研究比较缺乏，有学者推测，由于生物群对颜色的视觉偏好，微塑料的颜色也会影响土壤微塑料的迁移。土壤淋溶试验表明风化微塑料具有更大的垂直迁移潜力，因此使用次级微塑料作为样本可能会更清楚地了解其迁移机制。

微塑料在土壤中的迁移还受到土壤性质（如离子强度和阳离子类型）、非均质性、土壤有机质含量和表面涂层等因素的影响。微塑料向下迁移的一个基本要求是它们的尺寸小于土壤孔隙的直径，否则微塑料将被土壤捕获。因此，微塑料在孔隙度较高，特别是大孔隙较多的土壤中更容易发生淋溶。实验表明，土壤质地直接影响微塑料的迁移，因为土壤质地（粒度）会影响其孔隙大小。还有研究表明，增加离子强度可以显著促进微塑料在石英砂介质中的滞留。这可以归因于高离子强度条件下双层厚度的压缩，从而产生更低的能量势垒和更大的初级和次级最小值深度。对 4 种类型的微塑料（即 PE、PET、PP 和 PA），在湿 - 干循环驱动的多孔砂介质中的垂直传输进行了研究，考虑了微塑料的性质、粒径、砂粒径、干湿循环和溶解性有机质（DOM）对其迁移行为的影响，结果表明表面疏水性与微塑料迁移率呈极强正相关，微塑料的迁移深度随着微塑料尺寸的减小而增加；此外，频繁的干湿循环和 DOM 的存在促进了微塑料在砂子中的垂直迁移。此外，许多研究表明，介质的表面粗糙度、生物污垢、有机质、饱和度和水动力条件都会影响微塑料在石英砂中的运输和保留 [9]。与均质石英砂相比，土是一种复杂的非均质介质。土壤的理化性质和浸出条件如何影响微塑料的迁移和滞留的问题尚未得到很好的解决，这为充分了解微塑料在土壤中的迁移造成了障碍。

微塑料进入土壤后，可能经历附着、剥离、沉降或与土壤团聚体结合等多种过程，这可以限制微塑料的迁移。先前对石英砂和玻璃珠中胶体迁移的研究表明，拉伸和物理化学沉积（包括碰撞和附着）是控制微塑料迁移和滞留的关键过程。这些研究认为，固液界面附着、膜张力、空气 - 水界面捕获和孔隙排斥是主要机制。这些机制的作用取决于微塑料的特性（如粒径和表面结构）和环境因素（如孔径、离子强度和饱和度）。例如，拉伸对于相对较大的微塑料更为重要，而附着对于较小的微塑料更为重要。上述研究可为探讨微塑料在土壤中的运移机制提供参考。然而，石英砂的物理化学性质在粒度分布、表面电荷、表面粗糙度、矿物组成和孔隙大小等方面与土壤有很大的不同。微塑料在非均质土壤中迁移和滞留的控制机制可能更为复杂。今后的研究应从简单介质到复杂介质，即从纯石英砂到海砂，再到砂土，再到黏土，并且有必要将柱实验与数值模拟以及显微成像技术相结合。

6.2.2 微塑料的载体效应

细菌、真菌、病毒等致病菌可以在微塑料表面定殖，从而形成生物膜 [10]。在此条件下，微塑料上的细菌群落与周围环境中的细菌群落有显著差异，最近的数据表明，与周围环境的微生物多样性相比，微塑料的生物膜是独特的，多样性较低 [11]。另外一些细菌群，如弧菌科（Vibrionaceae）和假交替单胞菌科（Pseudoalteromonadaceae），在塑料碎片上极易被检测到，但在周围环境中却很少发现。由于附着在微塑料或塑料上的微生物群落的独特性，这些微生物被称为“塑料际”。初步研究表明，环境中的微塑料可以使微生物在极端环境条件下更好地生存。微塑料表面细菌群落分布会对微塑料降解过程产生极大影响。研究发现，细菌和真菌都能促进微塑料的降解。早在 1983 年，Benedict 指出，混合培养和纯培养的细菌和酵母菌均可以分解聚己内酯塑料。此外，一些嗜热细菌 *Brevibacillus borstelensis* 菌株也被鉴定为聚乙烯降解菌。在降解过程中，细菌产生并排出胞外酶，附着在微塑料表面，聚合物被裂解成水溶性中间体，产生的小分子水溶性中间产物被微生物吸收，进入微生物代谢过程，最终向环境土壤中释放 CO_2、H_2O 和 CH_4 等终产物。

因为小粒径、大比表面积和疏水性等特征，微塑料很容易通过疏水作用、静电作用、氢键、π-π 相互作用、微孔填充、范德华力等吸附环境中的共存污染物，并且充当其在环境中的载体[12]。微塑料迁移至新环境时，微塑料吸附的污染物从微塑料中释放出来，从而改变了与微塑料共存污染物的环境行为[13]。土壤中的微塑料在经历物理磨损、紫外光照射以及土壤微生物的作用下，表面会变得粗糙、比表面积增大、官能团增加、吸附点位增多，从而有利于污染物在微塑料上的吸附[14]。研究表明，微塑料对持久性有机污染物、有机氯农药、内分泌干扰物、抗生素等有机污染物及重金属均有较强的吸附能力。

据报道，多环芳烃在微塑料上吸附的浓度高达 164900ng/g，多氯联苯在微塑料上吸附的浓度超过 18000ng/g。对菲在土壤微塑料中的吸附进行了研究，结果表明对菲的吸附亲和力依次为 PE＞土壤有机碳（SOC）＞PP＞PS，表明 PE 可能是污染土壤中菲的重要的汇。另外，也有关于可降解塑料和原始塑料的对比，PE 和聚羟基丁酸酯的吸附平衡量分别为 3431.85μg/g 和 9442.27μg/g，三氯生在 PHB 上的吸附速率和平衡吸附量远高于聚乙烯。有研究者研究了 5 种农药（多菌灵、敌百虫、二氟苯脲、马拉硫磷、二苯醚康唑）在 PE 微塑料上的吸附，结果表明，这 5 种农药均能吸附在微塑料上，PE 微塑料可作为农田农药的良好载体。Li 研究了紫外光照射下 Cr（Ⅵ）在 PE/PS/PA 微塑料上的吸附行为，结果表明老化微塑料的比表面积增大，可形成新的官能团，因此微塑料对 Cr（Ⅵ）的吸附性强于老化前，PA/PS/PE 对 Cr（Ⅵ）的平均饱和吸附量分别从 730.69μg/g、146.11μg/g 和 75.61μg/g 增加到了 736.31μg/g、318.75μg/g 和 136.78μg/g。

土壤中的微塑料会不断地富集周围的有机污染物和重金属，并有可能携带着污染物在土壤介质中发生迁移，作为一种复合污染物对其他土壤生物造成不利的影响。例如，研究发现，尽管微塑料对 Zn^{2+} 的吸附能力弱于土壤，但是 Zn^{2+} 从微塑料上的解吸率明显高于土壤，证明了土壤中微塑料对于污染物迁移释放的潜在风险。对吸附了抗生素的微塑料在纯水中和模拟肠道液中的解吸进行了研究，结果表明模拟肠道液中微塑料对抗生素的解吸量大于纯水，说明携带污染物的微塑料在被动物摄食后会有更大的潜在风险。有研究者研究了土壤中菲在蚯蚓中的累积，结果发现土壤中添加 5% PBS 或 PP 微塑料后蚯蚓体内 PHE 浓度分别为不添加微塑料对照的 1.50 ～ 2.35 倍和 1.59 ～ 1.75 倍，这主要是由于微塑料比土壤颗粒更容易释放菲。

6.3 残膜及微塑料的降解及其影响因素

6.3.1 残膜及微塑料的降解过程

农田土壤环境中的大块塑料残膜，经过紫外光照射、碾压磨损以及微生物降解等方式破碎为粒径＜ 5mm 的塑料碎片与颗粒，形成微（纳米）塑料。微塑料的化学性质十分稳定，在自然环境下难以降解。但是，通过添加紫外光辐射、光催化促进剂等方法进行预处理，可以提升高分子聚合物的亲水性，或者通过氧化作用来减小聚合物的主链长度，再加上微生物及其酶的辅助作用，便能够实现对高分子聚合物的降解。当前，残膜及微塑料的降解主要分为非生物降解与生物降解两个过程（图 6-3）。

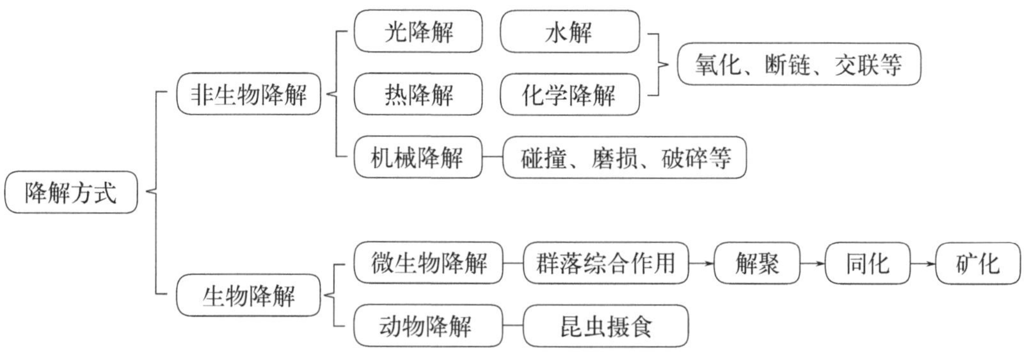

图 6-3　残膜及微塑料的降解过程

6.3.1.1　残膜及微塑料的非生物降解过程

非生物降解是指物质不经过生物作用便能够自行降解，并在环境中发生物理或化学性质变化而转化为其他物质的过程。对于农田土壤中的残膜及微塑料来说，主要分为光解、热解和水解 3 类。

（1）光解

通常情况下，残膜及微塑料的非生物降解会在生物降解之前发生，其中光解是非生物降解过程中最重要的途径。光解是指在光的作用下，聚合物发生的降解作用。实现残膜及微塑料光解的前提是材料中必须含有可吸收光能的不饱和生色团。聚乙烯、聚丙烯等高分子聚合物是农膜及塑料制品中最常用到的原材料，这些高分子聚合物化学性质稳定，主链中没有不饱和双键，缺乏生色团，具有耐光解的能力，但在农膜与塑料制品的加工过程中会掺入杂质或形成结构缺陷，从而使得体系中仍然可以构成生色团。

光解过程中，农田土壤中的大多数聚合物在一定强度的光照下会吸收紫外光，发生化学键断裂，从而产生自由基。随后，自由基与大气中的氧气反应生成过氧自由基，复杂的自由基反应还会导致自氧化过程。微塑料的内部结构变化主要包含 4 个步骤（图 6-4）。

① 链引发：聚合物在光的作用下产生活跃状态的自由基。

② 链增长：活跃的自由基经历自动氧化过程，产生过氧化氢基团（—CH—OOH）。

③ 链转移：过氧化氢基自由基在光热条件下不稳定，会分解成两个自由基，并产生酮羰基（—C═O—），由于反应过程中链的断裂只能发生在聚合物结构中羰基（C═O）的位置，因此羰基的存在将直接影响聚合物的降解速率。

④ 链终止：Norrish Ⅰ和 Norrish Ⅱ反应是通过光氧化作用在聚合物主链上引入羰基来进行，其中 Norrish Ⅰ反应在形成三级自由基过程中起关键作用，能引发链式氢过氧化反应，导致聚合物快速脆化，而 Norrish Ⅱ反应能控制聚合物骨架的直接断裂。

此外，光解不仅会造成残膜及微塑料的表面氧化，加快表面微生物生物膜的形成，还会降低塑料的分子量，使其更易发生破碎。

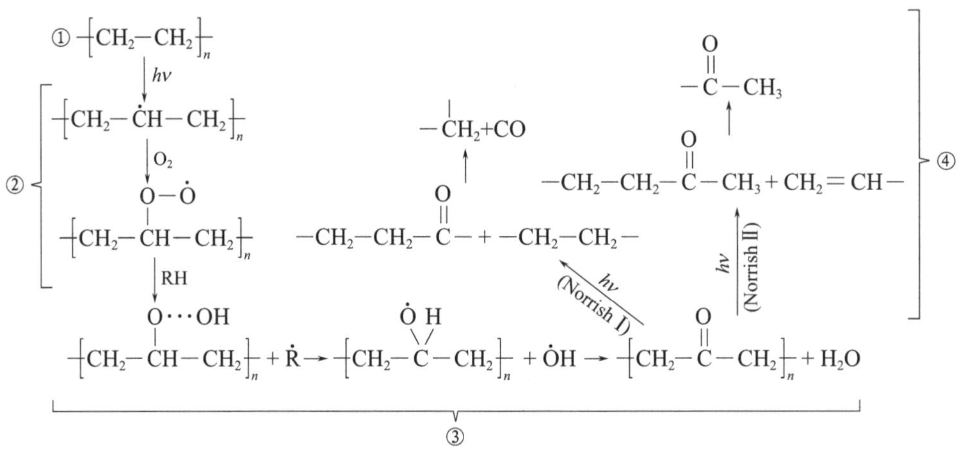

图 6-4　聚乙烯（PE）光解过程

由于农田种植无法避免对地膜与棚膜的大量使用，农田土壤中的残膜及微塑料的污染状况日益加重。近年来，研究者将视线聚焦于可降解地膜上，其中光解地膜的埋土部分无法降解，且降解速率极难以准确控制，所以应用受到限制。而光 / 生物降解地膜只是加快了地膜中可降解部分的降解速率，残膜及微塑料的污染问题没有得到有效解决。

（2）热解

在农田土壤中，塑料垃圾的传统处理方式主要有填埋、堆肥、焚烧等，这些方式与环境保护和能源节约的理念相违背，而热解因其在降解过程中可以有效回收能量，在近几年受到学者的广泛关注。热解是指利用塑料中有机物的热不稳定性，使其在热解反应器中进行加热分解的过程。由于在自然环境温度下，热解的速率十分缓慢，因此热解反应通常需要在高温下长时间进行。农田土壤中的残膜及微塑料在高温下会发生热氧化，当吸收了足够的热量后聚合物结构中的长链断裂产生自由基，自由基会与大气中的氧气反应生成过氧自由基，随后发生链的断裂与交联，直到能量输入终止或者自由基反应生成惰性产物时，热解过程结束。

热解过程中，热能以热量的形式持续产生，降解后得到的产物主要有焦油、气体等，这些物质可以被提取用作燃料或化学合成的原料，从而达到节约能源的目的。通常情况下，农田土壤中的残膜及微塑料的抗热性取决于物质内部结构的化学键能。聚丙烯和聚氯乙烯等都属于易热解微塑料，其中聚氯乙烯比聚丙烯更容易发生热解。聚四氟乙烯由于其结构中的C—F键的键能较大，具备良好的耐热性。在正常环境条件下的热解作用可以忽略不计，但是在强阳光的照射下，农田土壤中的残膜及微塑料可能会发生缓慢的热氧化降解，并伴随着光解的进行，二者协同作用，且温度越高，氧化反应的速率越快。

（3）水解

水解目前被认为是化学循环利用聚合物和回收单体的有效方法。水解是一种化工单元过程，是指利用水将物质分解形成新的物质的过程。大多数有机化合物是很难被直接水解的。对于农田土壤中的残膜及微塑料来说，由于不同材料的化学结构与性质不同，有时需要添加酸或碱等水解剂才能被水解，如氢氧化钠水溶液、稀酸或浓酸，或者氢氧化钾、氢氧化钙、亚硫酸氢钠等的水溶液。

水解过程中，水与土壤中残膜及微塑料中的聚合物发生反应，引发一系列的物理化学变化。水解速率取决于聚合物结构中的化学键对水的敏感度。热塑性聚酯常用于制作薄膜和纤维，主要指聚对苯二甲酸乙二醇酯（PET）和聚对苯二甲酸丁二醇酯（PBT）。其结构中的酯键对水敏感，因此可以被水解，且水解速率随着温度的升高而加快。水解过程中产生的羧酸根阴离子是水解的驱动力，伴随酯键的断裂，PET最终水解为对苯二甲酸和乙二醇。在接近中性的土壤环境中，聚酯的水解速率十分缓慢，而在偏酸性的土壤环境中，其水解速率大大提高。在垃圾填埋场附近的土壤环境中，水分可能不足以稀释羧酸类物质，聚酯水解会引起局部土壤pH值下降。化学反应中的产物对水解过程起催化作用，使反应速率加快。在正常的农田土壤环境中，残膜及微塑料的水解非常缓慢，通常伴随着其他降解过程协同作用。此外，水解对残膜及微塑料的生物降解过程也有一定的促进作用。

除了上述降解机制以外，农田土壤中的残膜及微塑料还可能会经历机械降解和化学降解。机械降解是指塑料在外力作用下发生破裂分解，例如农田中的残膜及微塑料与石头、耕种机械、轮胎等发生的碰撞和磨损。该机械降解过程与材料本身的抗形变能力有关，持续的外力作用会导致聚合物分子断链。化学降解是指某些化学因素导致或加速塑料降解的过程。在土壤环境中，水的酸碱性会对残膜及微塑料的降解产生影响，高浓度的H^+或OH^-能够催化易水解塑料的降解，例如聚酰胺等。

6.3.1.2 残膜及微塑料的生物降解过程

生物降解是指材料经过各种生物作用被降解的过程。残膜及微塑料在经过非生物降解过程后会产生低分子量的降解产物，并在表面形成裂纹和孔隙，能够促进生物降解进程。对于农田土壤中的残膜及微塑料来说，主要分为微生物降解与动物降解。

（1）微生物降解

农田土壤中的残膜及微塑料在微生物及其酶的作用下降解，即为微生物降解过程。该过程包含以下 4 个步骤。

① 微生物群落综合作用：微生物群落附着于聚合物表面，不断地生长并形成生物膜，同时与非生物因素协同作用，将材料分解为更小组分，从而改变聚合物的物理化学性质，进行表面降解。

② 解聚：微生物分泌酶和自由基，其中酶与聚合物底物结合，催化水解裂解，使聚合物链断裂分解为低聚物、二聚体和单体。

③ 同化：微生物通过细胞受体识别外源物质，经转运蛋白摄入细胞后，将其转化为能量和生物量并参与代谢的过程。

④ 矿化：聚合物通过矿化转化为二氧化碳、氮气、甲烷、水和其他代谢产物（如来自完全氧化的细胞内代谢物的不同种类的盐等），从而实现完全降解。

目前，已发现大量具有塑料降解活性或高分子聚合物降解活性的微生物和酶。从红树林的沉积物中所分离出的芽孢杆菌菌株和红球菌菌株可以有效降解聚丙烯微塑料；黄曲霉真菌持续降解高密度聚乙烯 28d 后得到低分子量产物；来自印度希夫•纳达尔大学的研究团队从大诺伊达地区的湿地中提取到的菌株 DR11 和菌株 DR14 具备分解聚苯乙烯的潜力；印度马纳尔湾的塑料废品堆放场中提取出 15 种高密度聚乙烯降解菌（GMB1 ～ GMB15），其中 GMB5 和 GMB7 在培养 30d 后对聚乙烯微塑料的降解率分别达到了 12% 和 15%，且羰基指数与乙烯基指数显著增大[15,16]。由于微生物广泛分布于自然环境中，能够适用于普遍范围内绝大多数的微塑料降解，因此是目前残膜及微塑料的降解方法中应用最为普遍、最安全高效的方法。

可生物降解膜可以通过自然环境中微生物的生命活动实现降解，能够真实、有效地解决地膜对环境造成的污染问题。“十一五”国家科技支撑计划在“农林生物质工程”项目中，就专门设立了“可生物降解地膜开发”课题，如今可生物降解地膜的研发已成为塑料业和农业发展的重要战略方向。

（2）动物降解

动物降解是指利用动物的摄食能力去除土壤中有机污染物的一种方式。伴随着研究的逐步深入，人们发现一些昆虫幼虫可以通过摄食来降解微塑料。当前，全球范围内已经有 14 种昆虫相继被报道可以摄食并降解塑料，并且不同种类的昆虫对微塑料的摄食能力及降解效率也有所差异。在养殖大麦虫的过程中发现其具备摄食塑料的能力，进而研究了大麦虫幼虫对不同塑料制品的摄食偏好与降解作用。还有研究发现，印度谷螟（*Plodia interpunctella* Hübner）幼虫也可以摄食聚乙烯塑料膜。从幼虫肠道内分离出的两株聚乙烯降解菌分别是阿氏肠杆菌（*Enterobacter asburiae*）YT1 和芽孢杆菌（*Bacillus* sp.）YP1，在 60d 内对聚乙烯聚合物的降解率分别达到了 6.1% ± 0.3% 和 10.7% ± 0.2%。此外，在黄粉虫（*Tenebrio molitor*）幼虫中发现了第一株聚苯乙烯降解菌微小杆菌（*Exiguobacterium* sp.）YT2，且黄粉虫幼虫能够使摄入的泡沫塑料转化率达到 47.7%，并且能够在 24h 内完成降解[17,18]。

除了以上能够降解微塑料的昆虫以外，土壤动物（如蚯蚓）和水生动物（如鲤鱼、斑马鱼等鱼类）同样具备吞食降解微塑料的能力，但是摄食微塑料后，这些动物的正常生理活动会受到影响。另外，动物降解微塑料的能力主要与它们体内的肠道微生物有关，因此，从动物的肠道中筛选提取特定的菌株群用于微塑料的降解，也是减少微塑料污染的一种绿色方法。

6.3.2　残膜及微塑料降解的影响因素

6.3.2.1　材料性质的影响

（1）化学键、链分支

残膜及微塑料在农田土壤中的降解过程与聚合物自身的性质密切相关。塑料在降解过程中的敏感性取决于聚合物自身化学键性质及其链分支情况。由于聚合物主链中含有碳碳单键，微塑料不易发生降解。相比聚烯烃材料，聚氨酯材料更易降解，例如聚丙烯结构中含有长碳链，具有很强的抗降解性，而聚酯和聚氨酯因含有杂原子而容易发生生物降解和热解。不同的聚氨酯材料（如石油基、植物油基和生物基材料）降解的难易程度也存在差异。另外，农田土壤中的残膜及微塑料的密度对降解过程也有影响，聚合物的密度增加会提升其对氧化作用的抵抗力。这是由于聚合物结构中链分支少，对气体的渗透性低，使得容易成为受攻击敏感点的三级碳原子数量减少。除了链分支外，链缺陷（如不饱和度）也会影响降解速率。聚烯烃的氧化敏感性排序如下：*i*-PP（异构聚丙烯）＞LDPE（低密度聚乙烯）＞LLDPE（线性低密度聚乙烯）＞HDPE（高密度聚乙烯）。

（2）分子量、比表面积、结晶度

分子量和比表面积会直接影响农田土壤中的残膜及微塑料的降解速率。通常情况下，分子量越高的聚合物，其比表面积越小、结晶度越高、分子链排列越规则，降解速率就会越低。比表面积是影响聚合物吸附能力的重要因素，比表面积大的聚合物具有更多的可吸附位点，达到吸附平衡所需要的时间短，从而促进聚合物的降解过程。同一种聚合物，粒径越小，降解速率越高。结晶度是指固体中结构的有序度，与塑料中聚合物分子链的有序性有关，结晶度会影响塑料的硬度、密度、透明度和扩散性能等，从而影响其降解过程。常见的聚乙烯、聚丙烯和聚酰胺微塑料被证明具有较高的结晶度，聚碳酸酯、聚苯乙烯、聚氯乙烯和聚甲基丙烯酸甲酯微塑料的结晶度相对较低。其中，结构越有序、越牢固，聚合物的结晶度越高，降解速率越低。此外，可生物降解型微塑料的降解速率快，是因为其结晶度较高而具有更大的载体吸附效应，使得生物降解型微塑料比普通微塑料吸附能力更强。残膜及微塑料的尺寸与形态也同样会对降解过程产生影响。尺寸越大，表面越粗糙，越有利于微生物在其表面定殖，形成生物膜，从而加快降解过程。

（3）添加剂

农田地膜与一些农用塑料制品在生产加工过程中会加入不同种类与含量的添加剂，

用来优化产品性能与使用年限。因此，实际土壤环境中微塑料颗粒通常含有各种各样的添加剂，如填充剂、增塑剂、阻燃剂、着色剂、抗氧剂、润滑剂和热/光稳定剂等，这些添加剂可能会直接或间接参与微塑料的光氧化过程，从而对微塑料的降解过程产生影响。有研究发现，在紫外光照射下，聚氯乙烯微塑料中的有机锡热稳定剂，如二甲基锡、甲基锡、二丁基锡、一丁基锡等的释放速率明显加快；还有研究显示，添加剂在微塑料光老化过程中会释放到土壤环境中，例如双酚A、邻苯二甲酸酯类、多溴联苯醚和重金属等。这些添加剂普遍具有毒性和内分泌干扰效应，大大降低了微塑料的降解速率。

6.3.2.2 环境条件的影响

（1）光照、温度、土壤湿度、土壤酸碱度及盐度

由于受到光屏蔽效应和低氧化环境的限制，残膜及微塑料在农田土壤中的自然降解过程非常缓慢，导致土壤中残膜及微塑料的长时间残留。非生物降解是微塑料降解过程中最重要的阶段，该阶段甚至会影响整个降解过程的速率，而光解又在非生物降解过程中起关键作用，聚合物在光照下发生光解，随着太阳辐射增强，光解速率也会提高。热解的反应机制和产物与光解类似，其降解速率直接取决于温度，温度越高，聚合物的热解速率越快。有研究报道，在降解过程中温度每升高10℃，反应速率便会提升1倍[19]。温度可以通过影响分子间作用力、物质表面张力、溶质的溶解度以及吸附热力学等来影响微塑料的降解速率。当温度低于最适温度时，随着温度升高，体系内分子的流动性和溶解性增强，降解速率随之提升。当温度高于最适温度时，随着温度的升高，体系内分子间作用力降低，塑料颗粒物表面张力降低，对微塑料的降解产生不利影响。此外，适当升高温度还有利于微生物的生长、繁殖和代谢等过程，促进微生物对可生物降解微塑料的降解，使得该降解体系中有自由基产生。

环境湿度和酸碱度对聚合物的降解也有不可忽视的作用。微生物生长需要水的存在，降解环境也需要一定的湿度，土壤中水分过少或者过多都不利于残膜及微塑料的降解。同时，降解环境的酸碱度也会影响微生物的生长、繁殖、代谢等过程，进而影响可生物降解材料的降解速率，聚酯类物质在酸性环境中水解速率会大大提升从而加速整个降解过程。盐度对残膜及微塑料的降解也有一定的干扰作用，盐度的升高会诱导化学物质产生盐析效应，增强长链化合物的疏水性，导致降解速率降低。

（2）机械应力、氧浓度

机械应力同样可以影响聚合物的降解。这是由于降解机制与形态有关，而机械应力会导致聚合物的形态发生变化。农耕作业中常用到的挤出机、研磨机中的剪切力对农田土壤中的微塑料降解存在影响，且应力被证明可以通过加速光解进而提升整个降解过程的速率。氧气的浓度也会影响残膜及微塑料的降解速率。研究发现高浓度的氧气环境会加快降解过程，因为氧气会与初始降解产物中释放的以碳为中心的自由基快速反应。在耕作过程中，可降解地膜被土壤掩埋在地下，而下层土壤中的氧气浓度较低，微生物活性较低，因此可降解地膜的降解速率会显著下降。

（3）农药

土壤中残膜及微塑料表面所吸附的农药，可能会对微塑料的降解过程产生影响。有相关研究发现，农药能够迁移至聚乙烯薄膜内部，造成其在土壤和塑料薄膜之间的进一步双向迁移，该迁移过程无需有机溶剂的参与，并且吸附的农药会加速塑料的脆化，提高塑料的光解速率。聚合物表面的结晶度对体系的降解过程具有重要影响，因为氧分子难以进入结晶区，聚烯烃的氧化主要发生在聚合物的非结晶区，例如杀虫剂能够迁移至聚乙烯地膜的非结晶区域[20]。此外，为了优化农用地膜的实用性，在其生产加工过程中会掺入各种添加剂，其中农用地膜一般都会添加稳定剂，是为了抑制或延缓氧化。当含有硫/氯基团的农药与残膜在农田土壤中共存时，酸性的硫和氯基化合物便会与碱性稳定剂发生化学反应，从而抑制稳定剂活性，促进土壤中残膜及微塑料的降解，例如，除草剂百草枯（*N,N'*-二甲基-4,4'-联吡啶二氯化物）在光照条件下会发生光解反应并产生自由基，通过抑制地膜稳定剂的活性或攻击聚合物，从而引起该体系中残膜及微塑料的降解。还有研究发现，聚乙烯地膜中的杀真菌剂代森锰锌和二硫代氨基甲酸酯光降解剂对微塑料的降解也会有促进作用。

6.4 残膜及微塑料的危害

6.4.1 残膜及微塑料对土壤质量的影响

6.4.1.1 对土壤理化性质的影响

农田中的残膜及微塑料会破坏土壤结构、改变土壤容重与土壤孔隙率以及影响土壤渗透性。农田土壤中的残膜及微塑料在长期的风化与老化过程中，表面积增大，疏水性增强，降解速度减缓，从而影响土壤容重、渗透性、持水量以及团聚体稳定性等理化性质。残膜对土壤容重的影响在相关研究中存在差异，大部分研究结果显示，土壤容重会伴随农膜残留量的增加而增加，但是也有部分研究结果显示，土壤容重会伴随农膜残留量的增加呈现逐渐降低的趋势，主要原因可能在于实验中所选用的残膜面积大小与研究方法的差异。农田中的残膜及微塑料对土壤结构有着显著影响，原因是其阻断土壤毛细管，降低土壤渗透性，从而影响土壤水分的垂直渗透和水平移动，且随着农膜残留量的增加，深层土壤的含水量会减少，土壤的蓄水保墒能力也会减弱。土壤中存在大量微塑料会影响土壤的孔隙度和湿度变化，影响灌溉水和雨水的渗入情况，对土壤结构产生影响，导致土壤板结，造成土壤处于缺氧环境中。农田中残膜的材料大多为合成的聚乙烯或聚氯乙烯，它们难以分解，且透水透气性差，导致土壤容重增加、孔隙率和含水量降低，从而破坏农田土壤的通透性以及团粒结构的形成。伴随土壤中残膜数量的增加，土壤团聚体逐渐减少（即土壤密度降低）、容重增加、破坏率逐渐增大，土体抵抗雨滴的溅蚀力减弱，土粒与水的亲和力降低，阻碍土壤毛细管水的移动，减缓了土壤水分的迁移速率，土壤更易被径流分散和悬浮。

土壤有机碳含量是衡量土壤质量的重要指标。有机碳是团聚体的重要有机黏结剂，而团聚体对有机碳有一定保护作用，土壤中约占 90% 的有机碳位于团聚体内，有机碳含量与团聚体粒径之间呈正相关。有研究显示，土壤中聚乙烯的存在会对土壤碳的周转产生影响，团聚体内部通气性和透水性变差，土壤含水量和含氧量降低，一定程度上降低了微生物对有机碳的分解利用，从而降低微生物的代谢活性，导致活性有机碳含量的降低。另外，土壤中的残膜会显著降低土壤中与碳循环有关基因的表达，降低土壤碳含量，而聚乙烯微塑料会显著降低土壤团聚体可溶性有机碳含量，从而影响土壤碳的周转，降低土壤酶活性和微生物活性，进而降低土壤肥力。

6.4.1.2 对土壤水盐运移的影响

农田中的残膜及微塑料会抑制土壤中水盐的运移。有研究发现，随着农膜残留量的逐年递增，土壤湿润锋的运移距离、湿润体和土壤饱和导水率都呈现出下降趋势，且农膜残留量和分布的不均匀性会影响土壤中水分的累积入渗量和蒸发量，其中残膜量越大、分布越不均匀，土壤水分的下渗和蒸发速率的变异系数越大，土壤中产生优先流的概率和程度越大。有相关研究表明，当土壤中残膜量达到 720kg/hm^2 时，土壤中的大孔隙比例显著增加，土壤优势流明显。受到水分蒸发作用的影响，农田的无效耗水量会随着残膜量的增加而增大，从而大大降低了对土壤水分的利用率。除了农膜残留量以外，残膜面积的大小对土壤水分的运移也会产生影响，且面积越大抑制作用越明显。受到水分运移的影响，农田中的残膜也会影响土壤盐分的运移，有相关研究显示，残膜量和残膜面积越大，对土壤水分的阻碍作用越明显，使得土壤的体积质量越大，土壤含水率和孔隙度越小，地下水不容易渗透，土壤盐渍化程度增强，尤其是在农田土壤中残膜及微塑料污染严重的干旱、半干旱地区[21]。

6.4.1.3 对土壤养分含量、迁移及利用的影响

农田翻耕过程中，残膜碎片会留在耕层中，阻碍水分下渗，减少土壤的水分储存，对土壤中 N_2、O_2 和 CO_2 的交换产生影响，同时也改变了土壤养分的正常运输和分配，由于耕层土壤的上下层之间形成断层，土壤的水肥运移能力变差，且容易导致土壤板结，次生盐渍化现象加剧，阻断气体流通，土壤的吸收保肥能力变差。众所周知，氮、磷、钾是土壤动植物及微生物生长发育的必备养分，也是土壤的基本元素，而农田中残膜及微塑料的存在会显著抑制土壤中硝态氮和铵态氮的迁移，并通过干扰土壤微生物的活性影响有机肥料的养分释放和分解，导致碱解氮、有效磷和速效

钾的含量下降，大大降低了肥料的利用率。相关研究表明，生物可降解农膜与聚乙烯地膜的残膜碎片，会明显降低土壤中碱解氮、有效磷和速效钾的含量，且聚氯乙烯微（纳）米塑料会干扰土壤中微生物介导的无机磷溶解和有机磷矿化，从而使得酸性红壤中有效磷的含量增加[22]。

6.4.2 残膜及微塑料对作物的影响

6.4.2.1 对作物种子萌发和生长发育的影响

农田中的残膜及微塑料会严重干扰作物的生长发育，将种子播种到有残膜包裹的泥团上，因种子发芽后无法向下扎根，出现烂芽现象的概率极高。土壤中的残膜会导致棉花烂种率和烂芽率增加，侧根数量减少，棉花的死亡率提高，现蕾期推迟。土壤中的残膜会降低花生的株高、分枝数、侧枝长度、叶面积、叶面积指数、茎叶干重等，导致花生产量的大幅度降低。此外，残膜还会导致小麦出苗慢、出苗率低，会出现大量缺苗断垄的情况，进而导致入冬前分枝少，且根系浅，生长发育不良。部分根系因无法穿透残膜，常常出现弯曲状横向生长的现象。关于作物种子萌发以及生长发育对微塑料的响应研究结果显示：微塑料会聚集在水芹种子囊的孔隙处，堵塞孔隙，减少种子对水分的吸收，延缓种子发芽；聚丙烯、聚乳酸和高密度聚乙烯微塑料会对小麦幼苗的株高和生长速率产生不利影响；同样地，高浓度（1620mg/kg）聚氯乙烯微塑料能够显著抑制玉米幼苗的生长，且抑制效果随着微塑料浓度的升高而增大，低浓度（540mg/kg）时则对玉米幼苗的生长影响不明显[23,24]。然而，农用地膜在生产过程中还会添加铅、镉等重金属，此类农膜残留在土壤中，会导致土壤重金属污染，对作物的生长发育造成严重危害。

作物根系的生长情况，也直接关系着作物未来的生长发育结果。近年来，研究人员提出了根系构型这一概念，是指模拟根系在土壤中的空间分布情况，为了仿真出根系在不同的生长条件下的分布情况，从而得出更加有利于生产和实验的品种或者根系结构。土壤中作物的根系对环境的适应能力可以通过根系构型的变化反映出来，而残膜会对作物的根系构型产生不同程度的影响，研究发现当残膜量＜900kg/hm^{2}时，棉花根系的生长呈现出适应性变化，在耕作层残膜使棉花的根表面积、根长密度、根干重和根冠比增加。随着覆膜年限增加，残膜破碎度增加，丛生型和鸡爪型的棉花根系形态呈现先增加后下降的变化趋势。通过模拟试验研究发现残膜量不断增加，番茄幼苗根系直径随之增大，根长、根系表面积和侧根数量随之减少；另外，残膜会抑制玉米根系生长发育，影响根系正常吸收水分和养分。对作物进行施肥时，大块的残膜会隔离作物，抑制肥效，导致作物的产量下降。关于作物根系生长发育对微塑料的响应研究结果显示：微塑料可以直接附着在水稻幼苗的根部，降低根系活性，阻碍幼苗生长；而超细纤维会缠绕住幼苗的根系，对作物幼苗的正常生长有抑制作用[25]。

当作物处于生长后期时，土壤中残膜对作物的生长发育的影响则明显降低，伴随着地膜残留量的增多，对作物产量的影响越大。在2m^{2}耕地中埋入2m^2、4m^{2}和8m^2

地膜后，小麦的产量分别降低15.3%、30.8%和46.2%；连续覆膜3～5年的土壤，小麦产量降低2%～3%，玉米产量降低约10%，棉花产量降低10%～23%；当耕层土壤残膜量为150kg/hm^{2}时，小麦、玉米和棉花的产量分别降低26%、22%和24%；土壤中的残膜污染导致新疆生产建设兵团棉田籽棉产量平均减产11.5%，最高减产量达39%，通过评价模型分析发现，使用地膜覆盖技术36年后，地膜覆盖所带来的增产率可能会低于地膜残留引起的减产率[26,27]。

更小粒径的微塑料能够直接进入植物体内。在外力的作用下，亚微米级和微米级的聚苯乙烯可以进入小麦和生菜根部的质外体空间，并通过蒸腾拉力的驱动进入植物的地上部分。聚苯乙烯微塑料（200nm）可以进入莴苣的根部并在根部持续积累，随后转运至茎和叶片中，严重破坏植物的亚细胞结构，聚苯乙烯微塑料（500nm和700nm）可以通过根系运输至黄瓜的花朵和果实中[28]。

6.4.2.2 对作物生理生化指标的影响

农用地膜在生产加工时需要添加增塑剂——邻苯二甲酸二异丁酯，该物质挥发性强，会被植物吸收进叶肉细胞中，破坏叶绿素的结构，阻碍叶绿素的合成，抑制作物的光合作用。聚苯乙烯微塑料对绿豆和水稻的根长、体积以及叶绿素含量、光合活性均无显著影响；但是，添加聚苯乙烯微塑料会抑制生菜叶片总叶绿素含量的积累，并对叶绿素荧光参数与光合参数产生不利影响；添加聚乙烯微塑料对蚕豆的叶绿素含量及光合速率在低浓度（10mg/kg）时有促进作用，而在高浓度（500mg/kg）时有抑制作用[29]。关于作物内部营养成分的相关研究显示：聚苯乙烯微塑料对大蒜的可溶性蛋白含量没有明显影响，在低浓度（10mg/L和50mg/L）时会抑制可溶性糖含量的增加，而在高浓度（100mg/L）时对可溶性糖含量的增加有促进作用；添加小尺寸且高浓度（500mg/L和1000mg/L）的聚丙烯微塑料使得番茄的可溶性蛋白和可溶性糖含量明显下降[30]。此外，聚酰胺微塑料能够促进洋葱叶片中氮含量增加，从而降低叶片中的碳氮比，而聚酯纤维微塑料对洋葱叶片的影响却完全相反[31]。

微小粒径的微塑料甚至可以进入植物细胞内部，相关研究发现烟草细胞通过细胞的内吞作用能够吞噬纳米级的聚苯乙烯微珠（20nm和40nm）。目前，虽然没有直接证据表明动物体内的微塑料来源于采食植物，但已有大量相关研究证明，微塑料对畜牧业已经构成严重威胁，微塑料在动物体内富集并通过食物链或食物网进入人类体内，严重危害人类健康[32]。

6.4.3 残膜及微塑料对土壤动物的影响

6.4.3.1 对土壤动物外部表皮和肠道的损伤

农田中的残膜及微塑料会对土壤动物的外部表皮和肠道造成物理损害。当土壤中的动物摄入残膜或微塑料后，聚合物会停留在肠道上皮细胞中，逐渐影响肠道组织的结构。有研究发现聚酰胺（PA）、聚乙烯（PE）、聚丙烯（PP）和聚氯乙烯（PVC）这4种不同类型的微塑料均可导致土壤动物肠绒毛破裂和肠上皮细胞损伤，致使肠道钙水平严重降低。例如，涡虫在摄入微塑料后，经过4d观察，其细胞没有出现凋亡，但肠道上皮厚度和脂质含量显著下降；微塑料的暴露还会增加线虫肠道内活性氧（ROS）的产生，过多的ROS会引起炎症、组织损伤并干扰信号通路；且土壤中聚苯乙烯微塑料被秀丽隐杆线虫摄食后，会在其咽部和肠道中发生积累、迁移，逐渐扩散到全身，导致存活率、生长和运动能力下降；弹尾虫可以从土壤中摄入尺寸＜（66.0 ± 10.9）μm的微塑料，并且小尺寸微塑料的摄入会导致弹尾虫的运动速度和运动距离下降74% ± 38%；微塑料会对蚯蚓肠道造成损伤，当聚乙烯微塑料颗粒（25μm和1000μm）的浓度达到125mg/kg时，蚯蚓的肠道会发生严重的组织病理学变化，表现为不同程度的纤维化、充血和炎细胞浸润现象[33,34]。肠道是微塑料存在的重要场所，当蚯蚓暴露在聚苯乙烯微塑料颗粒中时，肠道组织会出现肠细胞增大、形状不规则、细胞核大小发生改变以及细胞溶解等一系列病理学的异常现象，并且微塑料含量越高，肠道组织受损越严重。

6.4.3.2 对土壤动物内部组织和系统的损伤

农田中的残膜及微塑料会对土壤动物的内部组织、器官和循环系统造成损伤，导致其新陈代谢紊乱和亚致死反应，其中包括内分泌紊乱、氧化应激反应、免疫反应以及基因表达的改变。有研究发现，微塑料会干扰线虫体内有机酸和氨基酸水平，扰乱其能量流动；长期暴露于低浓度的聚苯乙烯微塑料中能够改变线虫体内谷氨酸、5-羟色胺和多巴胺神经递质的含量，从而降低线虫头部摆动和身体弯曲的频率，证明微塑料对线虫产生神经毒性，导致其运动功能障碍；更严重的是，纳米聚苯乙烯微塑料暴露会对线虫造成生殖毒性，使得胚胎数量和孵化数目显著减少。当土壤环境中含有0.5%聚苯乙烯微塑料（65 ～ 125μm）时，会导致幼体蚯蚓产量下降50%，蚯蚓繁殖子代受到负面影响；当微塑料含量为0.1%和0.5%时，蚯蚓的DNA损伤显著加剧，亲子代间有明显遗传毒性[35]。当蚯蚓暴露于低密度聚乙烯微塑料中，检测到其体内保护和维持细胞功能的热休克蛋白（Hsp70）和维持细胞稳态的结合蛋白（CRT）的表达水平提高，说明蚯蚓体内发生了氧化应激反应；与细胞生长相关的蛋白质（TCTP）基因表达水平显著提高，说明微塑料会对细胞生长、细胞分化产生影响，并诱导细胞凋亡。微塑料暴露会损伤雄性蚯蚓的生殖系统，严重影响精子产生，精囊中精子束排列受到干扰，抑制体腔细胞的活性。

6.4.4 残膜及微塑料对土壤微生物和酶活性的影响

6.4.4.1 对土壤微生物生物量的影响

土壤微生物生物量作为土壤有机质与养分转化循环的动力，以及土壤中植物养分的储存库，其对土壤环境因子的变化十分敏感，土壤的每处细微变化都会引起其活性的改变，因此土壤微生物生物量近年来成为生态环境方面相关研究的关键问题，是分析土壤状况的重要依据。通过增强土壤微生物活性，能够促进土壤中碳、氮、磷等营养元素的转化和释放，从而加速营养物质在植物与土壤之间的迁移。然而，残膜、微塑料及携带的有毒污染物进入土壤后，可能会引起土壤微生物的变化，其中包括微生物生物量和活性、群落结构、多样性和代谢功能等，可能还会引起土壤生态过程的变化，其中包括土壤呼吸强度和酶活性，进而影响土壤生态系统的健康状况。

农田中残膜量对土壤微生物量碳、氮含量有着显著影响。当残膜量不超过300kg/hm^{2}时，伴随着残膜量的增加，土壤微生物量碳、氮含量也会显著增加，这是因为土壤含水量的增加会促进土壤微生物活性的提高。当残膜量超过450kg/hm^{2}时，土壤微生物量碳、氮含量则会显著降低，这是因为残膜量高会使得土壤有机质含量降低，从而导致土壤微生物量碳、氮含量下降，并且有相关研究表明，有机质含量越高，土壤微生物量越大。另外，残膜会产生邻苯二甲酸酯类有机污染物并释放到土壤中，而高残膜量会使得土壤中有机污染物浓度升高，且这些污染物具有致畸、致癌和致突变的特性，对土壤微生物产生更大的毒害作用。相关表征结果显示，在低残膜强度下，土壤微生物群落的碳源利用率、物种丰富度、优势种的优势度以及物种均匀度较高，说明土壤微生物群落物种的数量和多样性较高。当残膜量超过450kg/hm^{2}时，土壤微生物生物量随着残膜量变化而变化，导致土壤微生物群落代谢多样性显著降低；当残膜量为67.5kg/hm^{2}时，荧光乙酸乙酯水解酶的活性和脱氢酶的活性均会降低[36]。

6.4.4.2 对土壤微生物活性与多样性的影响

微生物的活性与多样性对土壤生态系统的健康和生产力具有重要的影响。有研究显示，1% ～ 5% 聚乙烯与 5% 聚氯乙烯颗粒会使土壤细菌群落的丰度和多样性降低，且伯克氏菌属相对丰度增加，同时鞘脂单胞菌属和黄杆菌属的细菌丰度降低[37]。微塑料会改变土壤细菌群落的结构，并加快细菌群落的演替速度。纳米微塑料会对土壤微生物产生短期毒害效应。土壤中的微塑料在为微生物提供吸附位点的同时，也是某些特定微生物的转移载体，使微生物长期存活于微塑料表面，形成生物膜，而长时间、高浓度暴露于微塑料中会降低土壤微生物的繁殖能力和生长速度。通过测试分析微塑料和周围环境土壤微生物的群落结构，发现土壤微生物群的丰度、多样性、均匀性没有受到聚乙烯微塑料的影响，但是聚乙烯微塑料碎片上存在与其他样品明显不同的具有塑料降解功能的细菌和病原微生物。另外，在聚乙烯和聚苯乙烯颗粒上也检测到了大量的寄生真菌和腐生真菌。而且，微塑料对抗生素、重金属和有毒污染物有很强的吸附能力，这些污染物会影响土壤微生物系统的平衡。微塑料在加工过程中会加入大量添加剂，包括邻苯二甲酸盐、双酚、重金属等，这些物质会抑制土壤微生物的活性，从而影响微生物的繁殖代谢。

6.4.4.3 对土壤酶活性的影响

土壤酶与土壤的生物化学过程息息相关，其中包括有机质矿化分解、养分循环和能量流动等，因此土壤酶被认为是调控土壤养分循环的关键。由于微塑料的形状、大小、添加剂量、组成以及土壤结构都会给土壤生态过程带来影响，因此相关的研究结果也会有所差异。有研究显示，土壤中的聚乙烯和聚氯乙烯微塑料会降低荧光素二乙酸酯水解酶的活性，脲酶和酸性磷酸酶的活性反而提高，说明微塑料的存在在一定程度上能够促进土壤养分的周转；将聚苯乙烯纳米塑料加入土壤中培养，土壤脱氢酶和参与土壤碳、氮、磷循环的酶活性显著降低，主要包括亮氨酸氨肽酶、碱性磷酸酶、β-葡萄糖苷酶和纤维二糖水解酶；添加低密度聚乙烯微塑料可以提升土壤脲酶与过氧化氢酶的活性。微塑料对土壤酶活性的影响还与浓度有关，添加0.05%～0.40%的聚丙烯微塑料会降低荧光素二乙酸酯水解酶的活性；添加7%、28%聚丙烯微塑料能够提升土壤荧光素二乙酸酯水解酶和磷酸酶的活性，降低酚氧化酶活性；极端高浓度（28%，质量分数）聚丙烯微塑料可以使得土壤基础呼吸代谢增强，显著激发砂质壤土荧光素二乙酸酯水解酶活性[38,39]。

参考文献

[1] Thompson R C, Olsen Y, Mitchell R P, et al. Lost at sea: Where is all the plastic? [J]. Science, 2004, 304: 838.

[2] Rillig M C. Microplastic in terrestrial ecosystems and the soil?[J]. Environmental Science & Technology, 2012, 46: 6453-6454.

[3] de Souza Machado A A, Lau C W, Kloas W, et al. Microplastics can change soil properties and affect plant performance[J]. Environmental Science & Technology, 2019, 53: 6044-6052.

[4] Do A T N, Ha Y, Kwon J H. Leaching of microplastic-associated additives in aquatic environments: A critical review[J]. Environmental Pollution, 2022, 305: 119258.

[5] Xue Y H, Li J, Jin T, et al. Meso- and microplastic contamination in mulching cultivated soil at a national scale, China[J]. Journal of Cleaner Production, 2023, 418: 138215.

[6] Hu J N, He D F, Zhang X T, et al. National-scale distribution of micro (meso) plastics in farmland soils across China: Implications for environmental impacts[J]. Journal of Hazardous Materials, 2022, 424: 127283.

[7] Chen L Y, Yu L, Li Y J, et al. Spatial distributions, compositional profiles, potential sources, and influencing factors of microplastics in soils from different agricultural farmlands in China: A national perspective[J]. Environmental Science & Technology, 2022, 56: 16964-16974.

[8] Xu C, Zhang B, Gu C, et al. Are we underestimating the sources of microplastic pollution in terrestrial environment?[J]. Journal of Hazardous Materials, 2020, 400: 123228.

[9] Mitzel M R, Sand S, Whalen J K, et al. Hydrophobicity of biofilm coatings influences the transport

dynamics of polystyrene nanoparticles in biofilm-coated sand[J]. Water Research, 2016, 92: 113-120.

[10] de Tender C A, Devriese L I, Haegeman A, et al. Bacterial community profiling of plastic litter in the Belgian part of the North Sea[J]. Environmental Science & Technology, 2015, 49: 9629-9638.

[11] McCormick A, Hoellein T J, Mason S A, et al. Microplastic is an abundant and distinct microbial habitat in an urban river[J]. Environmental Science & Technology, 2014, 48: 11863-11871.

[12] Wang Y H, Yang Y N, Liu X, et al. Interaction of microplastics with antibiotics in aquatic environment: Distribution, adsorption, and toxicity[J]. Environmental Science & Technology, 2021, 55: 15579-15595.

[13] Li X Y, Kong Y, Juhasz A L, et al. Effect of microplastic types on the in vivo bioavailability of polychlorinated biphenyls[J]. Environmental Science & Technology, 2023, 57: 12838-12846.

[14] Yao S, Li X A, Wang T, et al. Soil metabolome impacts the formation of the eco-corona and adsorption processes on microplastic surfaces[J]. Environmental Science & Technology, 2023, 57: 8139-8148.

[15] Auta H S, Emenike C U, Jayanthi B, et al. Growth kinetics and biodeterioration of polypropylene microplastics by *Bacillus* sp. and *Rhodococcus* sp. isolated from mangrove sediment[J]. Marine Pollution Bulletin, 2018, 127: 15-21.

[16] Zhang J Q, Gao D L, Li Q H, et al. Biodegradation of polyethylene microplastic particles by the fungus *Aspergillus flavus* from the guts of wax moth *Galleria mellonella*[J]. Science of the Total Environment, 2020, 704: 135931.

[17] Yang Y, Yang J, Wu W M, et al. Biodegradation and mineralization of polystyrene by plastic-eating mealworms: Part 1. chemical and physical characterization and isotopic tests[J]. Environmental Science & Technology, 2015, 49(20): 12080-12086.

[18] Yang Y, Yang J, Wu W M, et al. Biodegradation and mineralization of polystyrene by plastic-eating mealworms: Part 2. role of gut microorganisms[J]. Environmental Science & Technology, 2015, 49(20): 12087-12093.

[19] Pischedda A, Tosin M, Degli-Innocenti F. Biodegradation of plastics in soil: The effect of temperature[J]. Polymer Degradation and Stability, 2019, 170: 109017.

[20] Briassoulis D, Hiskakis M, Tserotas P. Combined effect of UVA radiation and agrochemicals on the durability of agricultural multilayer films[J]. Polymer Degradation and Stability, 2018, 154: 261-275.

[21] 邹小阳，牛文全，刘晶晶，等. 残膜对土壤和作物的潜在风险研究进展 [J]. 灌溉排水学报，2017, 36(7): 47-54.

[22] Yan Y Y, Chen Z H, Zhu F X, et al. Effect of polyvinyl chloride microplastics on bacterial community and nutrient status in two agricultural soils[J]. Bulletin of Environmental Contamination and Toxicology, 2021, 107(4): 602-609.

[23] Bosker T, Bouwman L J, Brun N R, et al. Microplastics accumulate on pores in seed capsule and delay germination and root growth of the terrestrial vascular plant *Lepidium sativum*[J]. Chemosphere, 2019, 226: 774-781.

[24] 崔宁，郭占斌，刘晶. 微塑料和氟磺胺草醚及其复合污染物对玉米幼苗生长的影响 [J]. 湖北农业科学，2022, 61(12): 8-12, 37.

[25] Khalid N, Aqeel M, Noman A. Microplastics could be a threat to plants in terrestrial systems directly or indirectly[J]. Environmental Pollution, 2020, 267: 115653.

[26] 王序俭，周亚立，曹肆林，等. 新疆兵团棉田地膜残留现状、危害及防治对策研究 [C]. 2010 年国际农业工程大会，2010.

[27] 毕继业，王秀芬，朱道林. 地膜覆盖对农作物产量的影响 [J]. 农业工程学报，2008(11): 172-175.

[28] Li Z X, Li R J, Li Q F, et al. Physiological response of cucumber (*Cucumis sativus* L.) leaves to polystyrene nanoplastics pollution[J]. Chemosphere, 2020, 255: 127041.

[29] 叶子琪，蒋小峰，汤其阳，等. 聚乙烯微塑料对蚕豆幼苗的毒性效应 [J]. 南京大学学报（自然科学），2021, 57(3): 385-392.

[30] Shi R Y, Liu W T, Lian Y H, et al. Phytotoxicity of polystyrene, polyethylene and polypropylene microplastics on tomato (*Lycopersicon esculentum* L.)[J]. Journal of Environmental Management, 2022, 317: 115441.

[31] Machado A A D, Lau C W, Kloas W, et al. Microplastics can change soil properties and affect plant performance[J]. Environmental Science & Technology, 2019, 53(10): 6044-6052.

[32] 刘鑫蓓，董旭晟，解志红，等. 土壤中微塑料的生态效应与生物降解 [J]. 土壤学报，2022, 59(2): 349-363.

[33] Kim S W, An Y J. Edible size of polyethylene microplastics and their effects on springtail behavior[J]. Environmental Pollution, 2020, 266: 115255.

[34] Rodriguez-Seijo A, da Costa J P, Rocha-Santos T, et al. Oxidative stress, energy metabolism and molecular responses of earthworms (*Eisenia fetida*) exposed to low-density polyethylene microplastics[J]. Environmental Science and Pollution Research, 2018, 25(33): 33599-33610.

[35] Sobhani Z, Panneerselvan L, Fang C, et al. Chronic and transgenerational effects of polystyrene microplastics at environmentally relevant concentrations in earthworms (*Eisenia fetida*)[J]. Environmental Toxicology and Chemistry, 2021, 40(8): 2240-2246.

[36] Wang J, Lv S H, Zhang M Y, et al. Effects of plastic film residues on occurrence of phthalates and microbial activity in soils[J]. Chemosphere, 2016, 151: 171-177.

[37] Fei Y F, Huang S Y, Zhang H B, et al. Response of soil enzyme activities and bacterial communities to the accumulation of microplastics in an acid cropped soil[J]. Science of the Total Environment, 2020, 707: 135634.

[38] Liu H F, Yang X M, Liu G B, et al. Response of soil dissolved organic matter to microplastic addition in Chinese loess soil[J]. Chemosphere, 2017, 185: 907-917.

[39] Yang X M, Bento C P M, Chen H, et al. Influence of microplastic addition on glyphosate decay and soil microbial activities in Chinese loess soil[J]. Environmental Pollution, 2018, 242: 338-347.

第7章

生物毒素污染

- 生物毒素污染特征与来源
- 生物毒素代谢转化
- 生物毒素危害及机制
- 生物毒素与气候变化

7.1 生物毒素污染特征与来源

生物毒素（biotoxin）又称天然毒素（natural toxin），是指动植物和微生物中存在的某种对其他生物物种有毒害作用的、非营养性天然化学物质，可分为蛋白类毒素、多糖类毒素、多肽类毒素等。生物毒素是生物在自然界长期进化过程中为了保存自身的物种，增强与其他物种的竞争能力而产生的化学防御能力。根据其来源，可以将生物毒素分为动物毒素、植物毒素、微生物毒素、海洋毒素等。许多生物毒素可通过食品、水和空气气溶胶等载体引起人畜中毒，其中部分生物毒素更是重要的生物战剂和生物恐怖剂，例如，令人谈之色变的蓖麻毒素（ricin toxin）。在众多的生物毒素中，由产毒真菌（toxicogenic fungi）产生的真菌毒素（mycotoxin）是农产品产地环境中最主要的生物毒素类生物污染物。因此，本章将以真菌毒素为代表，进行农产品产地环境生物毒素污染的介绍。

7.1.1 生物毒素主要类型

真菌毒素是由产毒真菌产生的一类小分子化合物，其分子量常常小于1000。现如今已经发现了400多种真菌毒素，但只有50余种得到了充分的研究。不同的真菌毒素在化学结构、合成途径、生物来源、毒性机制上有着普遍的差异，因此难以将其一概而论。根据真菌毒素的化学结构，可以将其分为环肽化合物（cyclopeptide）、聚酮类化合物（polycetoacid）、萜类化合物（terpene）和含氮代谢物（nitrogenous metabolite）4类。根据其毒性，真菌毒素可分为3类。第1类是剧毒真菌毒素，如环氯素（cyclochlorotine）和红青霉毒素B（rubratoxin B）。即使其摄入量低于1mg/kg体重，也是致命的。第2类是高毒性真菌毒素，如黄曲霉毒素B_1（aflatoxin B_1，AFB_1）、单端孢霉烯族毒素（trichothecences，Tris）和黄绿青霉素（citreoviridin）。如果摄入量在1～10mg/kg 体重之间，会是致命的。第3类包括其他所有真菌毒素，如果其含量高于10mg/kg 体重就会致死。根据中毒后产生的症状及机理，还可以将真菌毒素分为肾脏毒素、神经毒素、肝脏毒素、雌激素性毒素、细胞毒素、免疫抑制毒素、呼吸系统毒素、光敏型毒素和胃肠毒素（表7-1）。更常用的分类方法是将真菌毒素按产毒真菌的种类进行划分。曲霉属（*Aspergillus*）、镰刀菌属（*Fusarium*）、青霉属（*Penicillium*）真菌是最主要的产毒真菌。此外，链格孢属（*Alternaria*）、枝孢属（*Cladosporium*）、麦角菌属（*Claviceps*）、长蠕孢属（*Helminthosporium*）的部分真菌也可以产生真菌毒素（表7-2）。在众多的真菌毒素中，黄曲霉毒素（aflatoxin，AF）、赭曲霉毒素（ochratoxin，OT）、Tris、伏马菌素（fumonisin，FUM）、玉米赤

表7-1 不同毒性的真菌毒素

毒素类型	症状	毒素种类
肾脏毒素	引起肾功能不全	赭曲霉毒素、橘霉素（citrinin）、黄麦格霉素（xanthomegnin）
神经毒素	对神经系统造成损害并引起脑出血	展青霉素（patulin)、青霉震颤素（penitrem）、黄绿青霉素、FUM
肝脏毒素	损害肝细胞的功能，促进肝癌的发展	AF、青霉酸（penicillic acid）、黄天精毒素（luteoskyrin）、环氯素、红青霉毒素、FUM
雌激素性毒素	引起雌激素综合症状，导致体内雌性激素过多，生殖细胞退化	ZEA
细胞毒素	损伤皮肤上皮细胞、消化道黏膜和血管内皮细胞	Tris
免疫抑制毒素	损害人类和动物的免疫系统及其应对感染的能力	赭曲霉毒素、Tris
呼吸系统毒素	损害呼吸道	FUM、Tris
光敏型毒素	引起羊、牛的肝毒性和光敏症	Sporidesmins
胃肠毒素	诱发拒食和呕吐	脱氧雪腐镰刀菌烯醇（deoxynivalenol，DON）、蛇形菌素（diacetoxyscirpenol，DAS）

表7-2 主要真菌毒素及其产毒真菌

真菌毒素	主要衍生物	产毒真菌	易受污染的食物种类
AF	AFB_1、AFB_2、AFG_1、AFG_2、AFM_1、AFM_2	黄曲霉（*A. flavus*）、寄生曲霉菌（*A. parasiticus*）、*A. bombycis*、*A. pseudctamarii*、*A. nomius*	谷物、种子、蔬菜、坚果、豆类、水果
链格孢霉毒素	交链孢毒素（altertoxin）、交链孢霉甲基醚（alternariol methyleth）、交链孢霉酚（alternariol）、交链孢霉烯（altenuene）、腾毒素（tentoxin）、细交链孢菌酮酸（tenuazonic acid）	茄链格孢（*A. solani*）、日本链格孢（*A. japonica*）、胡萝卜链格孢（*A. dauci*）、小麦链格孢（*A. triticina*）、极细链格孢（*A. tenuissima*）、芥链格孢（*A. brassicae*）、互隔链格孢（*A. alternata*）	水果、谷物、谷物制品、啤酒、果汁、蔬菜、种子、蔬菜汁、葡萄酒、干果、葵花籽、葵花籽油
伏马菌素（FUM）	伏马菌素 B_1（FB_1）、伏马菌素 B_2（FB_2）、伏马菌素 B_3（FB_3）	拟轮枝镰刀菌（*F. verticillioides*）、*F. nyagamai*、藤仓镰刀菌（*F. fujikuroi*）、层出镰刀菌（*F. proliferatum*）、尖孢镰刀菌（*F. oxysporum*）、*F. globosum*、泡盛曲霉（*A. awamori*）、黑曲霉（*A. niger*）	玉米、玉米制品、芦笋、大米、啤酒、豆类、高粱
新型镰刀菌毒素	恩镰孢菌素（enniatins）、NX-2 毒素、白僵菌素 (beauvericin)、串珠镰刀菌素（moniliformin）、fusaproliferin（FUS）	拟轮枝镰刀菌、胶孢镰刀菌（*F. subglutinans*）、层出镰刀菌、*F. arthrosporiodes*、厚垣镰刀菌（*F. chlamydosporum*）、芳香镰刀菌（*F. redolens*）、锐顶镰孢（*F. acuminatum*）、燕麦镰刀菌（*F. avenaceum*）、尖孢镰刀菌、贝氏镰刀菌（*F. beomiforme*）	玉米、大米、玉米制品、种子、坚果、咖啡、干果、豆类、植物油
麦角生物碱（ergot alkaloids）		*Neotyphodium*、麦角菌属（*Claviceps*）、青霉属和曲霉属真菌	黑麦、大麦、小麦、黑小麦、燕麦
赭曲霉毒素（OT）	OTA、OTB、OTC	赭曲霉（*A. ochraceus*）、碳黑曲霉（*A. carbonarius*）、黑曲霉（*A. niger*）、疣孢青霉（*P. verrucosum*）	谷物、种子、水果、豆类、蔬菜、坚果
展青霉素（patulin）		扩展青霉（*P. expansum*）、棒曲霉（*A. clavatus*）、*P. patulum*、灰黄青霉（*P. griseofulvum*）、荨麻青霉（*P. urticae*）、*P. crustosum*	水果、谷物、豆类、蔬菜、坚果、种子

续表

真菌毒素	主要衍生物	产毒真菌	易受污染的食物种类
Tris	雪腐镰刀菌烯醇（nivalenol）、脱氧雪腐镰刀菌烯醇（deoxynivalenol，DON）、蛇形菌素、T-2 毒素（T-2 toxin）、15- 乙酰基脱氧雪腐镰刀菌烯醇（15-acetyldeoxyni valenol）、3- 乙酰基脱氧雪腐镰刀菌烯醇（3-acetyldeoxyni valenol）、HT-2 毒素（HT-2 toxin）、crotocin、macrocyclics	镰刀菌属、漆斑菌属（*Myrothecium*）、木霉属（*Trichoderma*）、头孢霉属（*Cephalosporium*）、葡萄穗霉属（*Stachybotrys*）、穗状霉属（*Spicellum*）、*Verticimonosporium*、单端孢霉属（*Trichothecium*）	大米、燕麦、小麦、蔬菜、黑麦、大麦、玉米等，以及动物性食品
ZEA	α- 玉米赤霉烯醇（α-zearalenol，α-ZEL）、β-ZEL、α- 玉米赤霉醇（α-zearalanol，α-ZAL）、β-ZAL	克地镰刀菌（*F. crookwellense*）、禾谷镰刀菌（*F. graminearum*）、黄色镰刀菌、*F. cerealis*、半裸镰刀菌（*F. semitectum*）、木贼镰刀菌（*F. equiseti*）、粉红镰刀菌（*F. roseum*）、三线镰刀菌（*F. tricinctum*）和串珠镰刀菌（*F. moniliforme*）	玉米、大豆、燕麦、大麦、小麦、稻谷、黑麦、高粱
柄曲毒素		杂色曲霉（*A. versicolor*）、*A. aureolatus*、阿姆斯特丹曲霉（*A. amstelodami*）、*A. ruber*、*A. Chevalieri*、聚多曲霉（*A. sydowi*）、*A. quadrilineatus*、部分 *Emiricella*、毛壳菌属（*Chaetomium*）、青霉属和平脐蠕孢属（*Bipolaris*）真菌	花生、玉米、小麦、谷物制品、大麦、大米

霉烯酮（zearalenone，ZEA）等是比较重要的几类真菌毒素[1]。

AF 是最知名和最具毒性的真菌毒素之一，其最早可以追溯到 20 世纪 60 年代。当时，由 AF 引起的火鸡 X 病在美国暴发，造成了超过 10 万只火鸡的死亡。如今，有 14 种 AF 已经被鉴定出来，其中黄曲霉毒素（aflatoxin，AF）B_1、AFB_2、AFG_1 和 AFG_2 是最常见的。名称中的 B 和 G 意味着在花生、玉米和其他商品中，这些毒素在紫外光照射下会发出的蓝色（blue）或绿色（green）荧光。从化学结构上看，AF 均为二氢呋喃氧杂萘邻酮的衍生物，含有一个双呋喃环和一个邻氧萘酮（又名香豆素）（图 7-1）。AF 难溶于水而易溶于极性有机溶剂，如氯仿、甲醇、乙醇、二甲基乙酰胺，不溶于石油醚、乙醚和己烷。AF 在中性溶液中较稳定，但在强酸性溶液中少量分解，在强碱溶液中会迅速分解。AF 对光、热较稳定。AF 主要由黄曲霉和寄生曲霉产生，其中 AFG_1 和 AFG_2 仅由寄生曲霉产生。AFM_1 和 AFM_2 是 AFB_1 和 AFB_2 的羟基化的代谢产物，其毒性较小。AFB_1 是一种强效毒素、诱变剂和致癌物，也是研究最多的 AF。国际癌症研究机构（International Agency for Research on Cancer，IARC）将 AFB_1 归类为人类 1 级致癌物。

赭曲霉毒素包括赭曲霉毒素 A（ochratoxin A，OTA）、赭曲霉毒素 B（OTB）和赭曲霉毒素 C（OTC），主要由曲霉属成员和青霉属真菌产生，例如赭曲霉、炭黑曲霉、疣孢青霉等。赭曲霉毒素以香豆素交联 L- 苯丙氨酸为基本结构（图 7-1），在此基础上可以衍生出 20 多种化合物。在宽泛的温度范围内，赭曲霉毒素都可以产生，但最佳的温度范围在 20 ～ 25℃之间，且谷物含水量高于 16% 时。该组中最典型的代表是 OTA，于 1965 年在南非首次从生长在玉米粉上的赭曲霉中分离出来。OTA 和 OTC 的毒性大致相等，OTB 的毒性较前两者更低。从人畜健康的角度来说，OTA 是最重要的赭曲霉毒素，具有极强的热稳定性。食品一旦遭受其污染，便很难去除。国际癌症研究机构将其划归为 2B 类致癌物。该毒素可溶于有机溶剂，难溶于水，可溶于碳酸氢钠水溶液，不溶于石油醚。

FUM 是一类由不同的多氢醇和丙三羧酸组成的结构类似的双酯化合物，包括一个由 20 个碳原子组成的脂肪链及通过 2 个酯键连接的亲水性侧链，其化学结构与鞘氨醇类似（图 7-1)。FUM 根据其化学结构分为 A、B、C、P 四类，共计 11 种。包括 FB_1、FB_2、FB_3 和 FB_4 在内的 B 类污染物是作物及食物中最常见的污染物。其中，FB_1 是最重要的污染物，被国际癌症研究机构认定为 2B 类致癌物。FUM 极易溶于水，能溶于其他极性溶剂。并且热稳定性也极好，不易被高温破坏其毒素结构，在 100℃蒸煮 30min 也不会破坏其结构，在 218℃下烘烤 15min 才能使 FUM 降解。因此，FUM 在多数的食品加工过程中较为稳定。

Tris 是一种倍半萜化合物（sesquiterpenoid），主要是由镰刀菌属、漆斑菌属、葡萄穗霉属真菌产生。Tris 分子结构的共同点是由 4 个大环组成的环己烯：A 环包含 C-9 和 C-10 位双键的苯环，B 环是一个吡喃环，C 环是一个环戊基环，最后一个环是包含 C-12 和 C-13 位的环氧键（图 7-1）。目前发现的 Tris 超过 200 种，根据其结构的差异，可以把 Tris 分为 A、B、C、D 四个类型。A 型 Tris 在 C-8 位没有羰基，这类毒素主要有 T2、HT-2、T-2 tetraol、T-2 triol、DAS、新茄镰孢菌醇（neosolaniol，

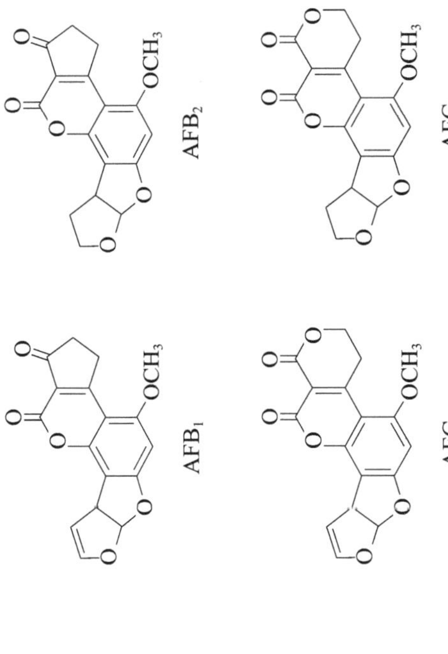

(a) 黄曲霉毒素

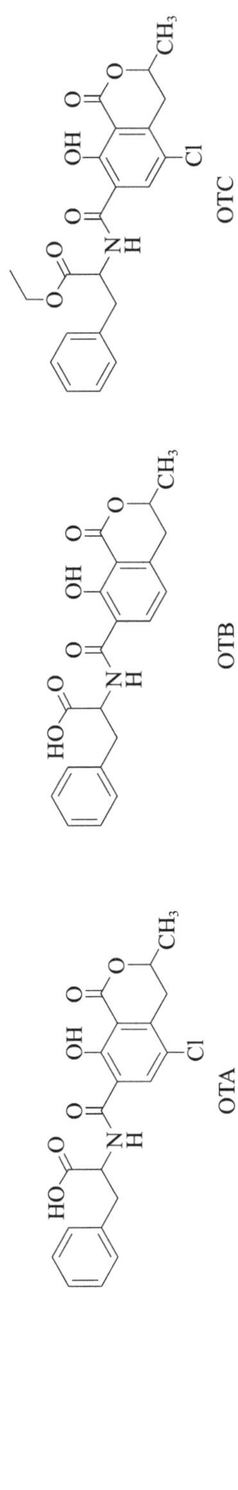

(b) 赭曲霉毒素

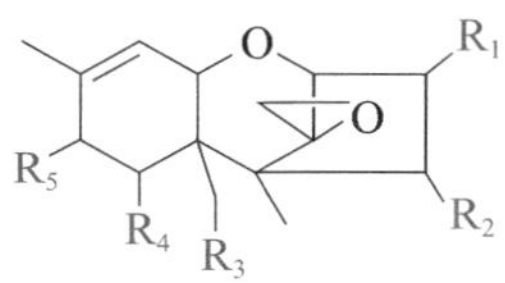

毒素	R_1	R_2	R_3	R_4	R_5
T-2	—OH	—OAc	—OAc	—H	$-OCOCH_2CH(CH_3)_2$
HT-2	—OH	—OH	—OAc	—H	$-OCOCH_2CH(CH_3)_2$
DAS	—OH	—OAc	—OAc	—H	—H
NEO	—OH	—OAc	—OAc	—H	—OH
MAS	—OH	—OH	—OAc	—H	—H
NX-2	—OAc	—H	—OH	—OH	—H
DON	—OH	—H	—OH	—OH	=O
3ADON	—OAc	—H	—OH	—OH	=O
15ADON	—OH	—H	—OAc	—OH	=O
NIV	—OH	—OH	—OH	—OH	=O
4ANIV	—OH	—OAc	—OAc	—OH	=O

A型及B型Tris

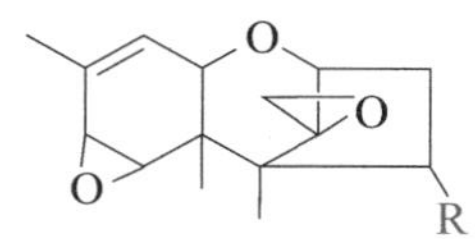

毒素	R
crotocal	—OH
crotocin	$-OCOCH=CHCH_3$

C型Tris

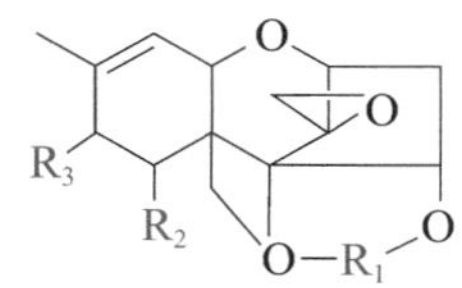

毒素	R_1	R_2	R_3
verrucarin A	$-COCH(OH)CH(CH_3)CH_2CH_2OCOCH=CHCH=CHCO-$	—H	—H

D型Tris

(c) 单端孢霉烯毒素

图 7-1

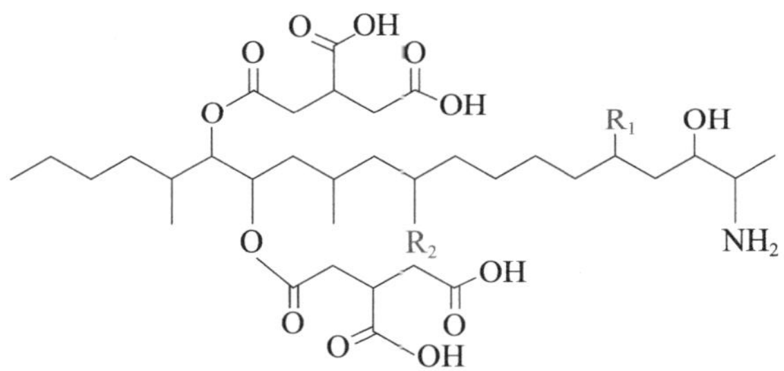

毒素	R_1	R_2
FB_1	—OH	—OH
FB_2	—OH	—H
FB_3	—H	—OH

(d) 伏马菌素

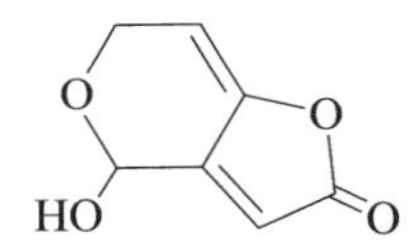

(e) 展青霉素

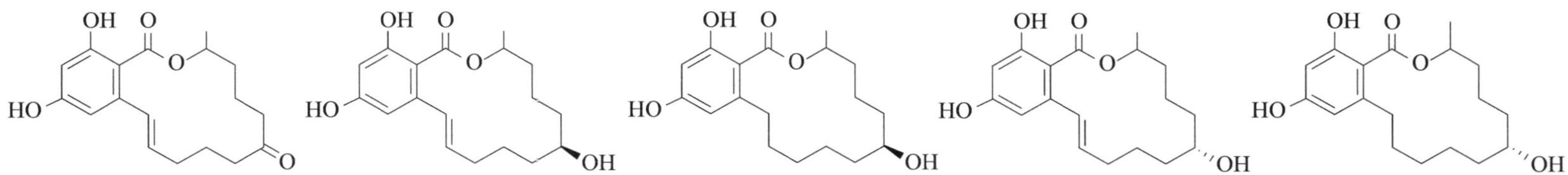

ZEA　β-ZEL　β-ZAL　α-ZEL　α-ZAL

(f) 玉米赤霉烯醇及其衍生物

图 7-1　主要真菌毒素的化学结构

NEO)、scirpentriol(SCP)、15-monoacetoxyscirpenol(MAS)。其中毒性较强、研究最多的是 T-2 和 HT-2。B 型 Tris C-8 位有一个羰基，主要包括 DON 及其乙酰化产物、15- 乙酰脱氧雪腐镰刀菌烯醇(15-acetyl deoxynivalenol，15ADON)、3- 乙酰脱氧雪腐镰刀菌烯醇(3-acetyl deoxynivalenol，3ADON)、雪腐镰刀菌烯醇(nivalenol，NIV)、fusarenon X(FX)。C 型单端孢霉烯族毒素在 C-7 位和 C-8 位或者 C-9 位和 C-10 位之间形成第二个环氧键，常见的有 crotocin 和 crotocol。D 型在 C-4 位和 C-15 位之间形成了一个超大的环，如 verrucarin A。DON 是一种 B 型 Tris，于 1972 年首次从大麦中分离出来。由于其常常引起人畜呕吐，因此又被称为呕吐毒素(vomitoxin)。虽然 DON 是一种毒性较低的单端孢霉烯毒素，但由于其在全球范围内的高检出率，使其成为一种重要的真菌毒素。在 1993 年，国际癌症研究机构的研究表明：动物实验得到的结果不足以证明 DON 具有致癌性。因此，DON 被划归为 3 类致癌物质。但是，最近的一项研究表明，低剂量的 DON 暴露，会诱导小鼠肠炎和结直肠癌的发生[2]。

ZEA 又被称为 F-2 毒素(F-2 toxin)，是一种非甾体类雌激素性真菌毒素，也是一类结构相似的二羟基苯甲酸内酯化合物(图 7-1)，于 1962 年首次从禾谷镰刀菌中发现。玉米赤霉烯酮主要由禾谷镰刀菌、粉红镰刀菌、黄色镰刀菌、三线镰刀菌和串珠镰刀菌产生。目前已经鉴定出的 ZEA 衍生物有 150 多种，其中包括毒性比 ZEA 大 3 ～ 4 倍的 α-ZEL，以及毒性与玉米赤霉烯酮相差不大的 β-ZEL。ZEA 热稳定，在乙腈、乙酸乙酯、甲醇、氯仿和丙酮等各种溶剂中也保持稳定。ZEA 是脂溶性的，几乎不溶于水、二硫化碳和四氯化碳，但可溶于碱性水溶液、醚和醇。

展青霉素又称为棒曲霉素，是由青霉属、曲霉属和丝衣霉属(*Byssochlamys*)中的一些真菌物种产生的杂环内酮化合物(图 7-1)，其中扩展青霉属是最主要的产毒真菌。在许多发霉的水果、蔬菜、谷物和其他食品中都发现了展青霉素这一污染物，但苹果和苹果产品是主要污染来源。在受产毒真菌侵染的水果中，展青霉素经常出现。但真菌的存在不一定意味着水果中会有展青霉素。在某些情况下，内部滋生的真菌可能是昆虫或其他生物侵入原本健康的组织而造成的，从而导致在外部看起来没有损坏的水果中出现展青霉素。果汁的酒精发酵会破坏展青霉素。因此，苹果酒和梨酒等发酵产品中不会含有展青霉素。在酸性 pH 值下，展青霉素对温度的变化并不敏感。展青霉素在高温(150℃)下短时处理可使展青霉素浓度降低约 20%。但是仅靠热加工还不足以确保产品不含展青霉素。没有明确的证据表明展青霉素具有致癌性，但已证明展青霉素可引起免疫毒性作用，并对动物具有神经毒性。国际癌症研究机构的结论是，无法评估展青霉素对人类的致癌性，在实验动物中也没有足够的证据，因此被列为 3 类致癌物。

7.1.2 生物毒素污染现状

一般来说，所有的作物都可能受到霉菌和真菌毒素的污染，而真菌毒素更是广泛污染玉米、花生、油菜、水稻等粮油作物及其制品，对人类和家畜健康造成严重威胁。最近的一项研究表明，全球范围内，60% ～ 80% 的粮食作物受到真菌毒素污染。一项为期 10 年（2008 ～ 2017 年）的对动物饲料进行的全球范围调查显示，有 88% 的饲料样品至少被一种真菌毒素污染。其中 DON、FUM 和 ZEA 是检出率最高的 3 类，分别可达 64%、60% 和 45%。由于不同的产毒真菌对不同环境的适应能力不同，真菌毒素污染动物饲料具有明显的地域特征。FB1 在撒哈拉以南非洲、南亚、东南亚具有极高的检出率。FUM 在南欧、美洲、中东地区、非洲以及南亚和东南亚的饲料样品中检出率超过 50%。OTA 只在南亚的动物饲料中有较高的检出率，其余地区检出率较低。除中亚外，DON 在同一大洲高纬度地区的检出率均高于低纬度地区。与其他真菌毒素相比，T-2 毒素的检出率不高，只在东欧、中欧、北欧检出率超过 30%（表 7-3）[3]。

表7-3　真菌毒素在全球范围内的发生情况

区域	ABF_1		FUM		ZEA		DON		OTA		T-2	
	检出率/%	中位数/(μg/kg)	检出率/%	中位数/(μg/kg)	检出率/%	中位数/(μg/kg)	检出率/%	中位数/(μg/kg)	检出率/%	中位数/(μg/kg)	检出率/%	中位数/(μg/kg)
北欧	5.9	3.1	22.4	186.0	28.9	35.0	74.2	504.0	8.1	1.9	30.3	24.0
中欧	12.7	1.6	43.2	187.0	45.0	40.0	69.8	428.0	11.9	2.8	30.7	11.0
南欧	28.9	2.1	74.9	607.0	36.3	44.0	52.9	324.0	21.2	2.6	11.7	25.0
东欧	17.0	3.4	33.6	87.0	42.5	15.0	59.9	153.0	36.4	3.6	48.2	21.0
北美	10.5	8.7	47.7	652.0	31.7	102.0	64.1	505.0	4.3	2.4	3.9	29.0
中美	8.6	3.9	81.8	929.0	38.2	60.0	70.0	316.0	3.8	2.5	4.1	3.1
南美	23.5	3.2	75.3	1390.0	46.9	51.0	26.9	344.0	4.9	17.0	21.5	31.0
北非及中东地区	22.2	2.4	66.8	347.0	44.8	31.0	47.8	236.0	20.3	3.1	8.5	14.0
撒哈拉以南非洲	76.0	23.0	72.6	789.0	52.2	38.0	49.5	352.0	31.9	7.2	3.0	3.0
南非	9.0	2.2	62.6	266.0	41.6	30.0	63.2	363.0	5.6	2.2	1.2	4.4
大洋洲	11.3	2.0	22.2	106.0	21.5	105.0	34.5	158.0	7.5	3.6	2.0	16.0
南亚	82.2	20.0	69.0	288.0	19.6	37.0	23.1	96.0	60.4	4.6	0.9	13.0
东南亚	57.4	10.0	69.6	573.0	45.9	43.0	42.5	137.0	15.2	3.0	2.7	26.0
东亚	17.1	10.0	60.7	810.0	58.2	90.0	84.8	418.0	14.1	2.9	11.0	16.0
中亚	7.7	1.4	25.0	13.0	23.1	1.5	26.7	28.0	13.3	22.0	6.7	25.0

注：ABF_1—黄曲霉毒素 B_1；FUM—伏马菌素；ZEA—玉米赤霉烯酮；DON—脱氧雪腐镰刀菌烯醇；OTA—赭曲霉毒素 A；T-2—T-2 毒素。

Hao 等[4] 从 2017 年至 2021 年，连续 5 年在全国范围内对当年新季玉米中真菌毒素的污染情况进行了监测。整体而言，B 型 Tris 和 FUM 的平均检出率较高，分别为 84.04% 和 87.16%；其次为 ZEA，平均检测率为 50.13%。AF 检出率较低，为 31.40%。在东北地区，当年新季玉米中 B 型 Tris 和 ZEA 的检出率为全国最高，分别为 94.99% 和 55.67%。此外，FUM 污染在东北地区也普遍存在，检出率达 79.42%，但含量低于中国其他地区。在华北地区，B 型 Tris 和 ZEA 检出率分别为 78.97% 和 54.36%，分列第三位和第二位。但含量全国最高，分别为 1021.23μg/kg 和 327.13μg/kg。在华东地区，AF、B 型 Tris 和 FUM 的污染十分严重，检出率分别为 82.61%、71.01% 和 92.03%。其中，AF 和 FUM 的检出率全国最高。华中地区 AF、B 型 Tris 和 FUM 的检出率均排名第二，然而 FUM 的含量全国最高，达 4707.84μg/kg（表 7-4）。

表7-4　我国新季玉米中真菌毒素的污染情况

地区	检测项	AF	B 型 Tris	FUM	ZEA
东北地区（黑龙江省、吉林省、辽宁省）	检出率 /%	3.69	94.99	79.42	55.67
	平均值 /（μg/kg）	9.36	889.63	1678.28	115.44
华北地区（河北省、内蒙古自治区）	检出率 /%	19.48	78.97	90.00	54.36
	平均值 /（μg/kg）	25.22	1021.23	4025.92	327.13
华东地区（山东省、江苏省、安徽省）	检出率 /%	82.61	71.01	92.03	35.51
	平均值 /（μg/kg）	103.08	479.16	4606.6	100.24
华中地区（河南省）	检出率 /%	64.23	82.52	91.87	43.09
	平均值 /（μg/kg）	61.62	501.16	4707.84	152.18

7.1.3　生物毒素来源

作为产毒真菌的次生代谢产物，真菌毒素对于产毒真菌的正常生长和繁殖并不是必需的，但能引起其他生物产生毒性反应，包括动物、植物和其他微生物，从而增强产毒真菌在环境中的竞争力，间接影响产毒真菌的生存。真菌毒素通常通过受污染的作物进入食物链，并可能出现在从作物的种植、收获，到储藏、加工及其消费的任何特定的生产阶段。一般而言，在粮食作物收获前和收获之后，由曲霉属和青霉属真菌造成的毒素污染都很普遍，而镰刀菌属真菌造成的毒素污染往往在收获之前更频繁。通常，产毒真菌侵染粮食作物后，会造成粮粒霉变、破损、干瘪、变色等现象。而这些特征使得我们可以利用重力分离、光电分离和图像识别分离等技术，对粮粒进行筛分，去除病粒。此外，受污染粮粒的外层往往还有较多的真菌毒素。因此，对粮粒进行研磨抛光处理，可以极大地降低病粒中真菌毒素的含量。

消费者不仅可以通过食用被真菌毒素污染的植物源食品直接摄入真菌毒素，也可以通过动物源食品间接接触真菌毒素。家禽家畜如果使用受真菌毒素污染的饲料进行喂养，不仅会引起家禽家畜中毒，造成经济损失；其肉、蛋、奶等产品及相关制品中残留的真菌毒素也会随着人类的消费、食用进入人体，从而危害人类的健康。在制作肉、蛋、奶制品时，使用受到真菌毒素污染的植物源辅料（如各种香料），也是动物源食品携带真菌毒素的途径之一。而且由于真菌毒素普遍的高稳定性，在制作过程中的各种加工工艺一般不会对真菌毒素的含量造成明显的影响。例如，在制作发酵熟成香肠以及干腌火腿时，青霉属和曲霉属真菌会参与其风味的形成。但是，如果产毒的青霉属和曲霉属真菌在其中过度生长，就会造成严重的真菌毒素污染问题。

除了通过食物摄入之外，通过空气吸入也是一种可能的接触真菌毒素的方式。人类呼吸的空气中普遍存在着各种产毒真菌的孢子和菌丝，尤其在空气污浊和霉变发生的环境下，空气中的真菌浓度更高。此外，产毒真菌孢子中的毒素浓度极高。黄曲霉和寄生曲霉孢子中黄曲霉毒素浓度可达200mg/kg。当活性产毒真菌进入呼吸道内以后，还能不断地产生毒素，诱发人和动物的感染、过敏和炎性反应等症状。通过呼吸道摄入真菌及其毒素引起的危害，可以比肩通过消化道和皮肤摄入的程度。很多学者已经把空气中的真菌及其毒素列为室内空气质量的主要评价指标和研究内容之一。在发霉的建筑中，空气中真菌毒素的种类及含量往往很高。这可能是“大楼综合征”的诱因之一。此外，空气中的真菌毒素也被认为是引起职业性真菌病的原因之一，特别是与农产品生产加工相关的职业。Ferri 等[5]研究了在饲料厂工作，经常暴露在含有产毒真菌的粉尘之中的工人尿样中真菌毒素的含量。结果表明，与未暴露在粉尘之中的对照组工人相比，暴露在粉尘之中的工人其尿样中黄曲霉毒素的含量更高。虽然人们对真菌毒素空气传播的认识越来越深入，但是目前依然缺乏统一的对空气中产毒真菌及其毒素的危害风险评价标准，以及标准化的采样方法。

7.2 生物毒素代谢转化

作为一种外源物质，真菌毒素在生物体内的代谢转化遵循异源物代谢（xenobiotic metabolism）的一般规律。外源性物质的代谢通常分为修饰、轭合和排除 3 个阶段。这些途径几乎是存在于所有主要生物群体中的一种生物转化形式，其起源十分古老。在这些反应的协同作用下，外源的毒性物质将被解毒，并将它们从细胞中清除。

7.2.1　生物毒素在植物体内代谢转化

植物有多种解毒系统来对抗各种各样的天然或非天然的植物毒性化合物，真菌毒素便是其中之一。植物可以通过 3 个主要阶段改变真菌毒素的结构：化学修饰（第一阶段和第二阶段代谢）和隔离（第三阶段代谢）。第一阶段（Ⅰ相）是还原、氧化和乙酰化，这个阶段可能导致衍生型分子的毒性变高；第二阶段（Ⅱ相）是酶转化活性基团进行结合、糖苷化、巯基化作用，形成共轭亲水性化合物，更好地消除真菌毒素、减弱毒性；第三阶段（Ⅲ相）是隔离真菌毒素，使毒素区域化，如将真菌毒素包裹在植物细胞液泡内，或结合在植物细胞壁上。由于现今对很多共轭的真菌毒素没有制定规范化的检测与强制性的标准，而且减毒后的共轭真菌毒素被人类或动物消化后可以重新激活。因此，这类真菌毒素又被称为隐蔽型真菌毒素（masked mycotoxin）。常见的隐蔽型真菌毒素包括脱氧雪腐镰刀菌烯醇 -3- 葡萄糖苷（deoxynivalenol-3-glucoside，DON-3-G）、玉米赤霉烯酮 -14- 葡萄糖苷（zearalenone-14-glucoside，ZEA-14-G）、*α*- 玉米赤霉烯醇 -14- 葡萄糖苷（*α*-zearalenol-14-glucoside，*α*-ZEL-14-G）、*β*- 玉米赤霉烯醇 -14- 葡萄糖苷（*β*-zearalenol-14-glucoside，*β*-ZEL-14-G）、T-2 毒素 -3- 葡萄糖苷（T-2 toxin-3-glucoside，T2-3-G）、HT-2 毒素 -3- 葡萄糖苷（HT-2 toxin-3-glucoside，HT2-3-G）、雪腐镰刀菌烯醇 -3- 葡萄糖苷（nivalenol-3-glucoside）等。

第一阶段的相关代谢过程主要针对典型的亲脂性外源物质，其水解反应由酯酶和酰胺酶催化，但由细胞色素 P450 系统催化的氧化反应是最普遍的反应。第一阶段的反应并不一定产生比原始的外源物本身毒性更低的成分。在某些情况下，代谢物的毒性与母体化合物一样；在其他情况下，毒性甚至可能大大增加。ZEA 酮衍生物 *α*-ZEL 和 *β*-ZEL，以及 T-2 衍生物 HT-2，就是这一阶段的产物。第二阶段涉及将激活的Ⅰ相代谢产物与植物亲水性内源生物分子结合。葡萄糖残基可以与羟基、巯基、氨基和羧基偶联；丙二酰基团可以与羟基和氨基偶联；谷胱甘肽残基与分子中的亲电位点有亲和力。这些反应分别由糖基转移酶（glycosyl transferase）、丙二酰基转移酶（malonyl transferase）和谷胱甘肽 S- 转移酶（glutathione S-transferases，GST）催化。其中，在尿苷二磷酸糖基转移酶（uridine diphosphate-glucosyltransferase，UGT）的催化下，与葡萄糖的轭合是植物抵抗真菌毒素的主要解毒机制之一。拟南芥中的 *UGT73C5* 基因编码 UGT，可以催化葡萄糖从尿苷二磷酸葡萄糖向 DON 的 C-3 位羟基转移，从而解毒 DON。在拟南芥中过表达 *UGT73C5*，可以增强拟南芥对 DON 的耐性。大麦中的 UGT（HvUGT14077）可以催化 ZEA 及其衍生物在 C-14 位和 C-16 位进行糖基化，生成玉米赤霉烯酮 -16- 氧 -*β*- 葡萄糖苷（Zearalenone-16-*O*-*β*-glucoside）和 ZEA-14-G。与第一阶段的反应不同，第二阶段的产物要么无毒，要么比母体化合物毒性更小。Ⅱ相代谢的亲水基团转移改变了真菌毒素的化学性质与生物活性，使其更易溶于水，可以使其能够进入膜转运系统。最后，在第三阶段，Ⅱ相修饰产物通过膜上的转运蛋白进入液泡或外胞体空间而被隔离。对于糖基化、丙二酰化和谷胱甘肽化的真菌毒素，用于向液泡膜或质膜运输的转运蛋白很可能是不同的。越来越多的证据表明糖基化产物的跨膜转运系统依赖于 P 型 ATP 酶（P type ATPase），而谷胱甘肽化产物是通过 ABC 转运蛋白（ABC transporter）进行的。

7.2.2 生物毒素在动物体内代谢转化

AFB_1 在没有经过代谢活化之前的是无致癌性的，因此被称为前致癌物。它必须通过体内的生物转化，即“代谢激活”或“生物激活”形成活性中间体才具有致癌性。AFB_1 主要在肝脏代谢，其Ⅰ相代谢途径包括环氧化、羟基化和脱烷基化等。AFB_1 在动物体内经细胞色素 P450 代谢后可生成高毒性的环氧化产物黄曲霉毒素 B_1-8,9- 外环氧化物（*exo*-aflatoxin B_1-8,9-epoxide，*exo*-AFBO）、中等毒性的还原产物黄曲霉毒醇（aflatoxicol，AFL）、低毒性的羟基化产物 AFM_1、无毒的羟基化产物 AFB_{2a} 或 AFQ_1，以及无毒的脱羟基化产物 AFP_1（图 7-2）。在人类中，CYP1A2（人细胞色素 P450 家族成员 1A2，cytochrome P450 family 1 subfamily A member 2）、CYP3A4、CYP3A5 和 CYP3A7 在肝微粒体中将 AFB_1 转化为 AFBO，而 CYP2A13 参与了人肺中 AFB_1 代谢为 *exo*-AFBO 的过程。其中，CYP1A2 和 CYP3A4 是最主要的酶。在低浓度下，CYP1A2 起主要作用。此外，AFM_1 主要由人肝脏中的 CYP1A2 和肺中的 CYP2A13 产生，AFQ_1 主要由 CYP3A4、CYP3A7 或 CYP2A13 产生，AFP_1 主要由人体内的 CYP2A13 产生。AFP_1 也在猴子、大鼠和小鼠的肝脏中产生。然而，在这些物种中，哪些酶负责其产生仍不清楚。家禽是对 AFB_1 毒性作用最敏感的物种。在火鸡中，*exo*-AFBO 由人 CYP1A2、CYP3A4 的同源蛋白 CYP1A5 和 CYP3A37 催化产生。此外，火鸡 CYP1A5 和 CYP3A37 还可以将 AFB_1 分别转化为 AFM_1 和 AFQ_1。在其他物种中也研究了 CYP450 家族与 AFB_1 生物活性的关系。在牛肝细胞中，CYP1A 和 CYP3 A 可以催化 AFB_1 生成 AFM_1 和黄曲霉毒素 B_1-8,9- 二氢二醇（AFB_1-8,9-dihydrodiol，AFB_1-dhd）；而小鼠肝脏中的 CYP3A11 和 CYP3A13 和仓鼠肝脏中的 CYP2A5 是催化 AFB_1 转化为 AFBO 的重要酶。动物体内的 *exo*-AFBO 主要通过Ⅱ相代谢来实现解毒，这一过程由 GST 来实现。在 GST 的作用下，*exo*-AFBO 与谷胱甘肽（glutathione，GHS）形成稳定的加合物 *exo*-AFBO-GSH 被排出体外，最终实现解毒。GST 可以分为三个超家族：胞质 GST、线粒体 GST 与微粒体 GST。胞质 GST 可分为 7 类：alpha（GSTA）、mu（GSTM）、omega（GSTO）、pi（GSTP）、sigma（GSTS）、theta（GSTT）和 zeta（GSTZ）。线粒体 GST 又被称为 kappa 类 GST（GSTK）；微粒体 GST 被分为四类（Ⅰ、Ⅱ、Ⅲ和Ⅳ）。在人体内，GSTM1-1 催化 *exo*-AFBO 与 GSH 加合的能力最强，其催化效率是 GSTT1-1、GSTP1-1、GSTA1-1 和 GSTA2-2 的 8.5 ～ 170 倍。与人类相似，来自灵长类动物食蟹猕猴（*Macaca fascicularis*）的 GSTM2-2 具有较高的 *exo*-AFBO 加合活性，而 GSTM1-1 没有类似的活性。在火鸡中，GSTA 和 GSTM 无法催化 *exo*-AFBO 与 GSH 的加合。这可能是火鸡易受 AFB_1 毒害的原因之一。除了 GST 外，还有Ⅱ相代谢酶，如微粒体环氧化物水解酶（microsomal epoxide hydrolase，mEH）和黄曲霉毒素醛还原酶（aflatoxin-aldehyde

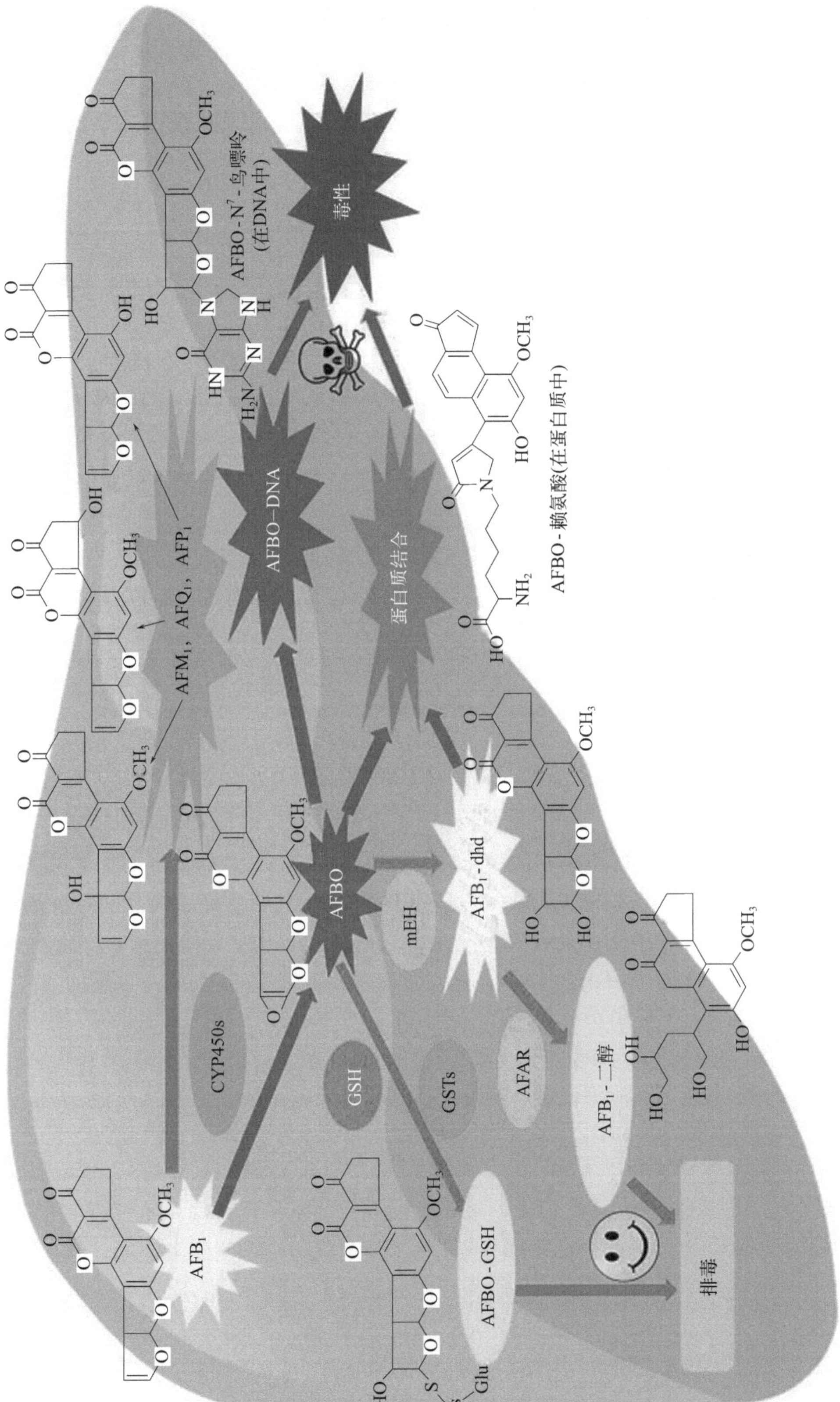

图 7-2　AFB$_1$ 代谢途径[6]

AFB$_1$—黄曲霉毒素 B$_1$；AFBO—黄曲霉毒素 B$_1$-8,9-外环氧化物；AFB$_1$-dhd—黄曲霉毒素 B$_1$-8,9-二氢二醇；AFAR—黄曲霉毒素醛还原酶；CYP450s—细胞色素 P450 家族；GSH—谷胱甘肽；GSTs—谷胱甘肽转移酶；mEH—微粒体环氧化物水解酶

reductase，AFAR），参与 AFB_1 代谢物的解毒。除了与谷胱甘肽结合外，*exo*-AFBO 还可以被 mEH 水解，形成 AFB_1-dhd。AFB_1-dhd 能与蛋白质上的赖氨酸残基结合，但毒性较小。此外，AFAR 可以代谢 AFB_1-dhd 形成不能与蛋白质结合的黄曲霉毒素 B_1- 二醇（AFB_1-dialcohol），从而真正实现解毒目的。mEH 在人体内的作用较为复杂，但在大鼠体内对 AFB_1 的解毒中起关键作用。同时，AFAR 已被证明在人、大鼠和猪的体内对 AFB_1 的解毒中发挥重要作用。尽管Ⅱ相代谢能极大减弱 AFB_1 的毒性，但Ⅱ相代谢是在Ⅰ相代谢基础上发生的。因此，决定 AFB_1 毒性的关键还是Ⅰ相活化代谢。

OTA 可以通过Ⅰ相代谢酶和Ⅱ相代谢酶进行生物转化。来自人、猪、大鼠、鸡、牛和山羊的肝微粒体已被证明能够将 OTA 分别代谢为低毒的 4- 羟基赭曲霉毒素 A（4-hydroxyochratoxin A，4-OH-OTA）的两种差向异构体：4(*R*)-4- 羟基赭曲霉毒素 A [4(*R*)-4-hydroxyochratoxin A，4(*R*)-OH-OTA] 和 4(*S*)-4- 羟基赭曲霉毒素 A[4(*S*)-4-hydroxyochratoxin A，4(*S*)-OH-OTA]。此外，在这些物种中还观察到 3 种新的 OTA 羟基代谢物，即 5′-OH-OTA、7′-OH-OTA 和 9′-OH-OTA。兔肝微粒体、兔肾微粒体和人支气管上皮细胞还可以将 OTA 转化为 10- 羟基赭曲霉毒素 A（10-hydroxyochratoxin A，10-OH-OTA）。OTA 生物转化过程中涉及多种酶，包括 CYP450、前列腺素合成酶（prostaglandin synthase，PGSH）和脂氧合酶（lipoxygenase，LOX），其中 CYP450 系统在 OTA 生物转化中起着至关重要的作用。在大鼠肝细胞中 CYP 1A1/1A2、2B1 和 CYP3A1、3A2 可将 OTA 代谢为 4(*R*)-OH-OTA 和 4(*S*)-OH-OTA。CYP450 氧化 OTA 还会产生一种活性亲电产物，称为 OTA- 醌（OTA-quinone，OTQ），它可以通过与 GSH 结合部分解毒，也可能在还原后形成 OTA- 对苯二酚（OTA-hydroquinone，OTHQ）。在家兔肾微粒体中，OTA 可以被转化为遗传毒性作用相对较小的脱氯衍生物——OTB，它可以进一步转化为赭曲霉毒素 β（ochratoxin β，OTβ）和其他代谢物。无毒的赭曲霉毒素 α（ochratoxin α，OTα）是由 OTA 的肽键断裂形成的，是 OTA 的水解产物。在啮齿类动物中，这种水解途径主要是通过大肠和盲肠中的厌氧微生物，特别是细菌完成的。此外，大鼠的十二指肠、回肠和胰腺组织进行 OTA 水解的能力很高，但在大鼠肝脏、肾脏和兔肝脏中的活性较低。此外，牛羊等反刍动物瘤胃中的原生动物和细菌，也可以将 OTA 水解为 OTα。羧肽酶 A（carboxypeptidase A）、胰蛋白酶（trypsin）、α- 胰凝乳蛋白酶（α-chymotrypsin）和组织蛋白酶 C（cathepsin C）已被证明能够在体外将 OTA 水解成 OTα。在少数情况下，水解会引起内酯环的构象变化，从而产生有毒的终产物，称为内酯环打开的赭曲霉素 A（lactone-opened OTA）。Ⅱ相代谢酶通过形成 OTA 加合物来降解毒素，主要是硫酸盐、葡萄糖醛酸盐和谷胱甘肽。它们可以在血液、组织和代谢废物（如尿液）中检测到。

DON 在动物体内的主要代谢途径是Ⅱ相代谢和肠道微生物转化。DON 的Ⅱ相代谢产物包括葡萄糖苷（glucoside）、葡萄糖醛酸（glucuronide）和硫酸盐（sulfate）轭合物，如脱氧雪腐镰刀菌烯 -3- 葡糖苷酸（deoxynivalenol-3-glucuronide，DON-3-GlcA）、DON-7-GlcA、DON-15-GlcA、脱氧雪腐镰刀菌烯醇 -3- 葡萄糖苷（deoxynivalenol-3-glucoside，DON-3-G）、脱氧雪腐镰刀菌烯醇 -3- 硫酸盐（deoxynivalenol-3-sulfate，

DON-3-S）、DON-10-S 和 DON-15-S 等。在小鼠中，尿液中的主要代谢物包括 DON-3-GlcA、DON-8,15 半缩酮 -8-GlcA 和 *iso*-DON-8-GlcA。在人体中，大约 70% 摄入的 DON 以葡萄糖醛酸轭合物形式通过尿液排出。尿苷二磷酸糖基转移酶家族 2 成员 B4（UGT2B4）和 UGT2B7 分别催化 DON-15-GlcA 和 DON-3-GlcA 的形成。DON-15-GlcA 和 DON-3-GlcA 也是猪体内 DON 的代谢产物。在鲑鱼、鲤鱼和鳟鱼中，肝微粒体可以将 DON 转化为 DON-3-GlcA。DON-8-GlcA 是小鼠体内主要的代谢物，在猪、人类和鱼类中未检测到。鸟类主要通过硫酸盐轭合，而不是葡萄糖醛酸轭合进行 DON 代谢。在肉鸡、火鸡和鸽子中，DON-3-S 被认为是 DON 的主要代谢物，但是催化这一反应的酶还不清楚。动物肠道细菌可以将 DON 转化为 DOM-1。这是另一种主要的解毒途径，但具体机制尚不明确。在大鼠中，粪便中的 DOM-1 含量占 DON 给药总量的 20%，但是在小鼠粪便中检测不到 DOM-1 的存在。经由肠道菌群进行的 DON 解毒作用也被认为是家鸡对 DON 有耐药性的主要原因之一。DON 脱环氧化肠道细菌广泛存在于各品种的家鸡之中。除了 DOM-1 之外，家鸡肠道微生物还可以将 DON 代谢为 DON-3-S。鱼类肠道菌微生物也能将 DON 转化为 DON-1 和 DON-3-S。云斑鮰（*Ameiurus nebulosus*）肠道微生物群落可以完全将 DON 转化为 DOM-1。虹鳟（*Oncorhynchus mykiss*）粪便中超过 80% 的 DON 被代谢为 DON-3-S。DOM-1 很少在人体中检测到，这表明脱环氧化不是人类 DON 生物转化的主要途径。

肝脏和肠道是 ZEA 代谢的主要器官，不同动物对 ZEA 的敏感性不同。ZEA 经羟类固醇脱氢酶（Hydroxysteroid dehydrogenase，HSD）还原，可产生 α-ZEL 和 β-ZEL。α-ZEL 已被证明比 ZEA 具有更大的雌激素潜能。对牛肝脏匀浆的研究表明，有 73% ～ 100% 的 ZEA 会被代谢为 α-ZEL。在豚鼠中，α-ZEL 和 β-ZEL 的形成量相同。在猪中，α-ZEL 的形成量最高，而 β-ZEL 则由鸡的肝微粒体大量产生。在人类中，关于 ZEA 吸收和代谢的数据非常有限。来自欧洲食品安全局（The European Food Safety Authority，EFSA）的报告表明，人类肝微粒体可以将 ZEA 转化为 α-ZEL 和 β-ZEL。通过磺基转移酶（SULT）和尿苷二磷酸葡萄糖醛酸转移酶（UDPGT）催化，ZEA 及其还原代谢产物可以分别与硫酸盐和葡萄糖醛酸产生轭合物。然而，关于这些轭合物的研究相当有限。在猪体内，发现了 ZEA-14-G、ZEA-16-G 和玉米赤霉烯酮 -14- 硫酸盐（zearalenone-14-sulfate，ZEA-14-S）等产物。

关于 FB 的代谢，我们所知甚少。现如今，尚没有直接的证据证明 FB_1 的代谢与Ⅰ相反应和Ⅱ相反应有关。在脊椎动物中，唯一已知的 FB_1 代谢途径是其侧链的水解。在猪中，FB_1 可以被消化道中的微生物代谢为部分水解的 FB_1（partially hydrolyzed FB1），然后转化为完全水解的 FB_1（hydrolyzed FB_1，HFB_1）。HFB_1 对神经酰胺合成酶的抑制作用是 FB_1 的 1/10。在猪仔中，HFB_1 的毒性远低于 FB_1。FB_1 不能被人结直肠腺癌 Caco-2 细胞吸收，但 HFB_1 已被证明在 Caco-2 细胞中是 P- 糖蛋白底物（P-glycoprotein，P-gp）。尚不清楚 HFB_1 是否在鸟类中形成。HFB_1 的 N 端酰基化在人类细胞系和大鼠中被发现，但在鸟类中的这些产物从未被报道过。

7.3 生物毒素危害及机制

真菌毒素不仅可以直接对人类造成毒害，引起急慢性中毒，甚至死亡，威胁人类健康，还可以影响种植业、养殖业、畜牧业及水产业的健康发展，威胁人类的食品安全。2004 年非洲暴发了历史上最大规模的黄曲霉毒素急性中毒事件，千余人中毒，125 人死亡。据联合国粮食及农业组织（Food and Agriculture Organization of the United Nations，FAO）报道，真菌毒素的污染每年可造成农业和工业领域范围内的数百亿美元的经济损失。国家粮食和物资储备局抽样调查发现，我国每年因真菌毒素污染造成的粮食损失约 4.0×10^{10}kg，占到全年粮食收获量的 8% 以上，造成极大的粮食损失，对我国粮食安全和食品安全构成重大挑战和威胁。

7.3.1 生物毒素对植物的影响及机理

产毒真菌在侵染寄主植物时会产生多种真菌毒素，从而扰乱植物寄主的正常生理生化反应，从而促进产毒真菌在植物中定殖。真菌毒素对植物的影响可分为以下几个方面：

① 抑制根或茎的生长；

② 抑制种子萌发；

③ 叶片颜色变化，如褪绿；

④ 细胞死亡；

⑤ 防御反应的抑制或激活。

AFB_1 被认为可以影响叶绿素合成，从而导致植物的绿化或白化。AFB_1 对莴苣、绿豆、芥菜、鹰嘴豆、豇豆和芝麻等植物的叶绿素和类胡萝卜素合成有显著的抑制作用，并能降低种子萌发和幼苗生长，从而观察到毒性作用。在发芽的玉米中可以观察到 AFB_1 对核酸和蛋白质生物合成的抑制作用。AFB_1 通过抑制 RNA 聚合酶活性来抑制萌发玉米中 RNA 的合成。由于 mRNA 的缺乏，蛋白质的合成也受到了抑制。AFB_1 对萌发玉米中 DNA 合成的抑制，可能是由于毒素与模板 DNA 的结合干扰了复制过程，或者直接抑制了 DNA 聚合酶的活性。AFB_1 可以引起小麦细胞内 DNA 损伤，产生染色体畸变、细胞凋亡，从而使小麦植株的分蘖减少。AFB_1 还可以引起植物细胞器的破坏。当毒素浓度超过 5μg/mL 时，萌发玉米中核糖体数量明显减少，根的伸长受到抑制。液泡膜变得异常，液泡扩张发生。当毒素在 20 ～ 25μg/mL 时，这些影响加剧，玉米细胞的线粒体和质体结构被完全破坏。

OTA 可以引起植物细胞的死亡，抑制根和茎的生长。将 2mmol/L OTA 注射到室内土培 4 周的拟南芥（*Arabidopsis thaliana*）叶片中，2d 后就可以在拟南芥叶片上观察到明显的坏死斑。在 OTA 存在时，拟南芥在培养基上的生长也受到显著的抑制。OTA 也会对玉米种子的萌发、幼苗的生长产生不利影响。通过对模式植物拟南芥的研究，发现拟南芥叶片暴露于 OTA 后，首先会迅速引起过敏反应。这体现为活性氧和丙二醛含量的显著增加，抗氧化防御反应和外源毒素解毒反应的激活。其次，OTA 会引起植物转录因子表达的变化，激活膜转运系统。然后，随着光合作用和呼吸系统的持续受损，植物体的代谢强度不断减弱。最后，在乙烯、水杨酸、茉莉酸和丝裂原活化蛋白激酶信号分子的介导下，引起了植物体的毒性反应。

Tris 具有植物毒性，在非常低的浓度下会导致各种植物萎蔫、褪绿、坏死等症状。研究表明，DON 可以抑制小麦根的生长、胚芽和茎的伸长，以及花药愈伤组织的形成。DON 可以破坏玉米的细胞膜，导致细胞电解质流失。与抗镰刀菌品种相比，DON 对感病的玉米品种的细胞膜破坏程度更大。在许多植物物种中，DON 是一种有效的蛋白质合成和细胞分裂抑制剂，并导致有丝分裂显著减少，尤其是在小麦和豆类中。DON 对植物细胞凋亡的影响是多种多样的，具体效应可能取决于浓度及植物类型。例如，在小麦上，研究表明，使用不同浓度的霉菌毒素处理可诱导氧化应激、过氧化氢积累和细胞凋亡。拟南芥叶片暴露于 DON 会抑制植物抗氧化系统表达，导致氧化暴发和脂质过氧化。在低浓度下，DON 对拟南芥的细胞凋亡有抑制作用。DON 可以显著降低由恩镰孢菌素引起的小麦细胞凋亡。此外，DON 还能引起小麦碳代谢和蛋白质代谢的改变，影响小麦生长发育。

当作物受 FB_1 侵害时，可引起植物的生理损伤、生长抑制和死亡。在万分之一的浓度下，FB_1 不会对玉米种子的发芽率产生影响，但是会抑制胚根的生长。对玉米胚乳中的淀粉酶进行分析后发现，FB_1 抑制了萌发的玉米种子中淀粉酶特别是低等电点的淀粉酶的合成。使用 FB_1 处理玉米的愈伤组织后，可以观察到细胞壁增厚，液泡中酚类物质的积累，以及大型淀粉粒的出现。这种玉米细胞超微结构的改变是剂量依赖的，而大型淀粉粒的出现意味着植物细胞中淀粉的代谢受到干扰。相关研究还发现 FB_1 会导致植物细胞电解质泄漏、叶绿素含量降低乃至光漂白现象。电解质泄漏可以用已知的 FB_1 对膜的效应来解释；而光漂白可能是叶绿体膜破坏导致光合作用受到抑制，或者是诱导原卟啉Ⅸ（protoporphyrin Ⅸ）积累导致质膜过氧化引起的。FB_1 的化学结构与鞘氨醇类似，因此两者会竞争神经酰胺合成酶的活性位，从而导致植物体神经酰胺合成受到抑制。FB_1 对神经酰胺合成的抑制，会扰乱植物鞘脂代谢和信号传导过程，并导致植物细胞程序性死亡。

ZEA 在高浓度下对小麦的种子萌发和根、芽生长没有明显影响，其植物毒性作用与其他镰刀菌毒性代谢物（如 Tris）相比非常弱。当拟南芥生长在浓度超过 100μmol/L ZEA 的琼脂培养基上时才观察到植物生长受到弱抑制。在玉米种子萌发过程中，10μg/mL 和 25μg/mL ZEA 可促进根、芽伸长和鲜重积累。因此，尽管 ZEA 的雌激素活性对动物构成严重威胁，但 ZEA 的植物毒性似乎不会对植物健康构成重大威胁。

7.3.2 生物毒素对动物的影响及机理

真菌毒素造成包括人在内的多种动物的急性和慢性中毒，其主要症状如表 7-5 所列。

表7-5 真菌毒素造成的主要中毒症状

真菌毒素	急性中毒重要症状	慢性中毒主要症状	主要机制
AFB_1	急性黄曲霉毒素中毒，肝脏损伤，死亡	慢性黄曲霉毒素中毒，肝实质细胞变性，肝硬化，肝癌，胆管纤维化	细胞色素P450将黄曲霉毒素B_1激活为一种亲电、高活性和不稳定的代谢物，能够与细胞大分子（如DNA和蛋白质）发生反应形成加合物，从而引起遗传毒性和细胞毒性
FB_1	肝坏死，肺水肿，血管源性水肿，脑白质软化，肾小管上皮细胞凋亡	肝纤维化，肝癌，肾癌	干扰鞘脂代谢
OTA	肾小管坏死	肾间质纤维化，肾癌，巴尔干地方性肾病	在细胞色素P450的作用激发赭曲霉毒素A的生物转化，其中高毒性代谢物诱导氧化应激，产生的一系列效应引起细胞毒性，导致癌症发生
DON	恶心，呕吐，腹泻，拒食	体重异常，免疫失调，肾小球肾炎	基于激素及细胞因子调控的食欲失调
T-2	胃肠道炎症；损伤血管内皮细胞，引起全身各组织器官出血；口、唇、肠黏膜溃疡和坏死；食物中毒性白细胞缺乏症	诱发由于免疫抑制而引起的各种感染	影响磷脂代谢，抑制DNA、RNA和蛋白质合成，影响线粒体功能，诱导细胞凋亡
ZEA	神经系统的亢奋；脏器出血	生殖器官病变，生殖能力下降	类雌激素作用，内分泌紊乱
麦角生物碱	恶心、呕吐、腹痛、腹泻；中枢神经受损，感觉迟钝，语言不清，呼吸困难，肌肉痉挛；黏膜流血、子宫出血、流产、早产	肢体坏死，肌肉强直性痉挛，癫痫，痴呆	神经激素作用引起的内分泌紊乱，诱导血管收缩

AFB_1的动物半数致死量（LD_{50}）为0.249mg/kg，其毒性是氰化钾的10倍、砒霜的68倍，严重时能引起急性中毒死亡。众多的研究表明肝癌发病率与食品中AF的暴露程度呈正相关。其中，单独暴露于AFB_1中就足以显著增加癌症发生的概率。肿瘤蛋白p53（tumor protein p53）基因是细胞内的抑癌基因，控制细胞周期、DNA修复、细胞凋亡和自噬等过程。大部分癌症患者体内均可以检测到p53基因发生基因突变，从而使得抑制癌细胞形成的功能下降，使受损细胞易变成癌细胞。暴露于AFB_1后，人体肝细胞中p53基因最易发生基因突变，鸟嘌呤（guanine）替换成胸腺嘧啶（thymine），导致p53蛋白中第249号位精氨酸（arginine）变为丝氨酸（serine）。研究表明，p53蛋白中第249号位精氨酸变为丝氨酸还会增强细胞生长、存活和分裂的能力，进一步强化癌细胞增殖。AFB_1暴露会导致营养不良。原因之一是AFB_1可

以干扰人体维生素的吸收。含有较高 AFB_1- 白蛋白这一 AFB_1 暴露的生物标志物的人群，其血清中维生素 A 和维生素 E 的含量显著降低。动物实验中也得到了相似的结果，饲喂 AFB_1 污染的食物后，肉鸡体内维生素 A、维生素 D 和钙含量显著降低，肾脏功能减弱，甲状旁腺代谢改变，脂肪的生成减少。AFB_1 也可以改变动物体对无机盐的生物利用率。AFB_1 暴露后，大鼠体内睾丸中锌的含量下降，肾脏和脑中锌的含量升高，肾脏中铜的含量升高，3 个器官中锰的含量均升高，铁的含量均降低。AFB_1 还可以通过影响肠道功能，影响营养物质的吸收。AFB_1 通过诱导肠道上皮组织纤维化或坏死，引起肠道炎症，影响营养物质吸收的效率，进一步引发营养不良。长期暴露于 AFB_1 中，会导致人体和动物体的生长迟缓，但具体机制尚不明确。肝脏损伤和生长激素信号的改变可能是 AFB_1 导致生长迟缓的原因之一。AFB_1 激发人体和动物体产生超过自身抗氧化系统的清除能力的过量活性氧，增强了脂质过氧化，并对肝脏、肾脏等多个器官造成氧化损伤。AFB_1 还可以抑制人体或动物免疫系统功能，削弱人体或动物体对病原体的抵抗能力，导致严重感染。研究表明，AFB_1 污染严重的地区，也伴随着较高的人类免疫缺陷病毒（human immunodeficiency virus，HIV）的感染率。加纳人体中 AFB_1- 白蛋白含量较高的人群，其体内 T 细胞 $CD3^+$/$CD69^+$ 亚群、T 细胞 $CD8^+$ 亚群和 B 细胞 $CD19^+$/$CD69^+$ 亚群数量较低，同时穿孔素含量显著降低。暴露于 AFB_1 中的猪，体内淋巴细胞增殖能力下降，炎症细胞因子表达量增加，包括白细胞介素 1β（interleukin-1β）、白细胞介素 -6、干扰素 γ（interferon-γ）和肿瘤坏死因子 α（tumor necrosis factor-α）。

肾脏是 OTA 毒性作用的最主要靶器官，可以导致人和动物发生急性、慢性的肾脏损伤。早在 1973 年，Krogh 等研究者发现，给猪喂食含有 OTA 的饲料，会诱发猪肾病。病猪的肾脏肥大、呈灰白色，表面凹凸不平。显微镜下可见近端肾小管发生萎缩、肾间质纤维化、肾小球透明变性以及肾小管坏死等。这些病变现象与巴尔干地方性肾病的相关病理变化十分一致。在 1977 年，Krogh 等研究者调查后发现，相比于非流行地区，巴尔干地方性肾病流行地区的 OTA 污染更普遍。这说明 OTA 是巴尔干地方性肾病的诱因。肝脏是 OTA 在体内蓄积和发挥毒性的另一个重要靶器官。给大鼠喂食含有 OTA 的饲料后，大鼠的肝细胞呈颗粒或空泡化变性和坏死，肝窦及中央静脉扩张，胆管增生，汇管区扩张，并伴有单核细胞炎症浸润和轻度纤维组织增生。OTA 可能通过氧化应激介导肝脏损伤。大鼠灌胃 OTA（250pg/kg）处理 4 周后，发现肝细胞中脂质过氧化产物水平显著增加；同时，肝脏中超氧化物歧化酶（superoxide dismutase，SOD）、过氧化氢酶（catalase）、谷胱甘肽过氧化物酶（glutathione peroxidase，GSH-Px）、谷胱甘肽还原酶（glutathione reductase）的酶活性水平显著降低。OTA 诱导的肝脏氧化应激、抗氧化能力下降，还可能导致细胞间通信改变，细胞黏附和极性丧失，从而诱导肿瘤的发生。OTA 对肠上皮细胞也有毒性作用。用含 OTA 的饲料饲喂小母猪，会导致呕吐、采食量下降、精神沉郁，同时伴有腹泻、直肠温度升高、多饮多尿等症状，严重者发生死亡。解剖发现，死亡动物的胃肠道发生不同程度的炎症反应，肠壁变薄、肠系膜淋巴结充血水肿，并伴有局部灶性坏死。Romero 等 [7] 发现 OTA 会引起人结直肠腺癌细胞活力降低，并导致细胞跨膜电阻降低，通透性增加，紧密连接相关蛋白 claudin-3、claudin-4 和 occludin 的表达水平降低，肠上皮细胞屏障功能损伤。

马属动物在长期食用被 FB_1 污染的饲料后，会导致马脑白质软化症。症状初期表现为紧张不安，如麻痹性痴呆、运动失调、失明和嗜睡拒食等，同时能引起肝脏病变，最后导致死亡。FB_1 还能引起动物的神经管缺陷。此外，FB_1 能引起猪肺水肿病，且与南非地区高发的食管癌有关。目前对 FB_1 的毒性机制还不清楚。现今，普遍认为 FB_1 对组织的损伤可能是通过破坏或影响鞘脂类生物合成来实现的。神经鞘脂类是真核细胞膜的重要组成成分，在细胞的附着、分化、生长和死亡中起关键性作用。FB_1 在化学结构上与鞘氨醇和二氢鞘氨醇很相似，可以通过竞争的方式对神经酰胺合成酶产生抑制作用。神经酰胺合成酶是哺乳动物鞘脂类生物合成的一种关键酶，该酶受抑制后可引起组织、血清和尿液中二氢鞘氨醇的积累而破坏神经鞘脂类代谢进而导致 DNA 合成发生紊乱，影响细胞生长和分化，致使细胞失控，增加基因的不稳定性，从而引起疾病或诱发癌症。此外，鞘脂类还可以促使细胞摄入叶酸，而叶酸免疫功能缺陷是神经管畸形的一个危险因子。FB_1 还会诱导活性氧激增，增加氧化应激，诱导脂质过氧化，并损害细胞。

肠道是 DON 发挥毒性效应的第一个靶器官。Braca 等[8] 连续 5 周给仔猪喂食含脱氧雪腐镰刀菌烯醇的饲料，发现仔猪空肠和回肠出现多灶性萎缩，以及肠绒毛融合、高度降低、坏死，肠细胞的胞质空泡化和固有层水肿等现象，还观察到淋巴管扩张、杯状细胞数量显著减少。此外，DON 还导致仔猪肠道炎性因子表达量增加，如肿瘤坏死因子 α、白细胞介素 1β、白细胞介素 -6、白细胞介素 -10、干扰素 γ，黏附连接蛋白 E- 钙黏蛋白和紧密连接相关蛋白 occludin 的表达量显著降低。DON 暴露还可以导致猪肠上皮 IPEC-1 细胞中 p44/42 ERK 信号通路的激活，进而诱发屏障功能损伤，表现为跨膜电阻降低、细胞通透性升高、紧密连接相关蛋白 claudin-4 表达量下降。DON 同时具有免疫刺激和免疫抑制的作用，这可能取决于细胞类型、暴露的剂量、暴露的频率以及暴露的持续时间。低浓度时，DON 可以促进免疫细胞增殖和炎性因子的合成，干扰正常的机体免疫反应。在猪肺泡巨噬细胞中，低剂量的 DON 能够通过激活 toll 样受体 4（toll-like receptor 4，TLR4）/ 核因子活化 B 细胞 κ 轻链增强子（nuclear factor kappa-light-chain-enhancer of activated B cells，NF-κB）信号通路增加促炎因子 IL-6、TNF-α 的表达来发挥免疫促进功能。在高浓度时，DON 可以诱发免疫细胞凋亡，进而引起免疫抑制。DON 能够增加猪小肠上皮 IPEC-J2 细胞内活性氧的积累，从而增加细胞内促炎基因白细胞介素 1β、白细胞介素 -6、肿瘤坏死因子 α 以及促凋亡基因含半胱氨酸的天冬氨酸蛋白水解酶 -9（cysteinyl aspartate specific proteinase-9）、含半胱氨酸的天冬氨酸蛋白水解酶 -3（cysteinyl aspartate specific proteinase-3，Caspase-3）的表达，诱发细胞炎症和凋亡。另外，DON 能够通过抑制磷脂酰肌醇 3- 激酶（Phosphatidylinositol 3-kinase）/ 蛋白激酶 B（Protein kinase B，PKB 或 AKT）/ 哺乳动物西罗莫司靶蛋白（mammalian target of rapamycin，mTOR）信号通路激活细胞自噬，并进一步对 IPEC-J2 细胞造成细胞毒性，引起细胞凋亡。另有研究发现 DON 对 IPEC-J2 细胞引发的炎症应答可能是通过激活 p38 MAPK 和细胞外信号调节激酶 1/2（Extracellular signal-regulated kinase 1/2，ERK1/2）信号通路实现的。DON 能够对精子形成或卵母细胞等造成损伤，引起生殖毒性。DON 可造成精子浓度和质量下降、精子超微结构损伤、输精管损坏等，研究证实这可能与睾酮缺乏和炎症产生引起的血睾屏障破坏有密切关系。DON 处理能通过降低 p-MAPK 蛋白水平干扰细胞骨架动力学，阻滞细胞周期，引发细胞自噬和凋亡，使细胞表观遗传修饰异常化，进而降低猪卵母细胞成熟能力。

ZEA 分子结构与雌激素类似，因此能够造成显著的生殖毒性。当 ZEA 与雌激素受体（estrogen receptor，ER）相互作用时，能够导致动物生育障碍和其他生殖疾病。大鼠长期暴露于低剂量的 ZEA 后可显著影响激素水平以及多囊卵巢相关基因的表达，增加多囊卵巢发病的风险。ZEA 能干扰细胞分化，减少生殖细胞形成，诱导生殖细胞凋亡。在小鼠中，ZEA 可以促进小鼠睾丸支持细胞中活性氧的产生，激活内质网应激和腺苷酸活化蛋白激酶（AMPK）信号通路，进而诱导细胞周期阻滞和细胞凋亡。并且，ZEA 可以激活 Fas/FasL 信号通路介导的线粒体凋亡信号途径，进而诱导大鼠睾丸支持细胞凋亡。也有研究发现 ZEA 通过激活 AKT1/ ERK1/2/mTOR 介导的自噬和凋亡信号通路来破坏雌性大鼠胎盘的营养转运和脂质代谢等功能，导致胚胎在子宫内生长受限。雌激素在免疫系统的发展和维持中同样发挥重要调节作用，因此 ZEA 能够引起免疫毒性。研究发现，ZEA 可以改变免疫系统不同组分的正常表达，导致机体进行免疫调节。ZEA 能通过激活 JNK 通路显著促进猪脾脏中促炎因子白细胞介素 -8（interleukin 8，IL-8）、TNF-α、IL-6、IL-1β 的表达和合成，起到免疫干扰作用。ZEA 对肾脏、肠道和肝脏等器官也能造成毒性影响。实验表明，ZEA 能造成孕鼠肾脏功能紊乱、氧化损伤、病理变化及 TLR4 介导的炎症反应，对肾脏造成损伤。ZEA 可通过 p53 依赖的线粒体凋亡通路诱导人肝癌 HepG2 细胞发生凋亡，并且诱导 HepG2 细胞发生内质网应激，调节细胞内两相代谢酶的表达，对肝脏细胞造成毒性。

7.4 生物毒素与气候变化

根据预测，到 2100 年全球平均温度将升高 4℃，CO_2 水平将达到约 1000×10^{-6}（1000ppm）。这些变化预计会导致降雨模式发生变化、极端天气，例如高温干旱、暴雨洪水的发生将更加频繁。大量的研究表明，水活度、温度、CO_2 浓度等环境因子对产毒真菌的萌发、生长和毒素产生均有显著影响。在全球气候变暖的大背景下，气候变化造成的真菌毒素污染的变化将变得更加重要，对粮食安全和食品安全具有巨大的潜在影响。

7.4.1 生物毒素受气温与降水变化的影响

黄曲霉生长的温度范围（15 ～ 45℃）和产生 AF 的温度范围（20 ～ 35℃）都很广，这使得世界上许多玉米和花生种植区都有可能产生黄曲霉毒素污染。研究发现，AF 的最佳生成量在 28 ～ 30℃之间。这使得高温成了 AF 污染产生的诱因之一。但是，当温度接近黄曲霉生长的最佳温度 37℃时，AF 的生物合成量却会下降。这是因为在 37℃条件下，AF 生物合成途径调节基因（aflatoxin biosynthetic pathway regulatory gene，aflR）的表达蛋白的功能会丧失。随着全球气候变暖，在不久的将来，在没有有效控制方法的前提下，全球玉米和花生中的 AF 污染可能会增加。因为处于 28 ～ 30℃温度范围内的玉米和花生种植区会变得更多。在温度接近 37℃的地区，AF 产生可能会减少。然而，在这样的温度下，玉米和花生有可能会产生高温胁迫，使得植株对黄曲霉侵染的抵抗能力减弱。因此，在高温地区，AF 的污染情况可能会更加严重。Battilani 等 [9] 预测，在南欧特别是希腊、意大利南部、保加利亚和阿尔巴尼亚等地，日均气温可能会升高 2℃，使得玉米受 AF 污染的风险大大增加。虽然实验证明，AF 在培养基上的产生需要极高的水活度（0.98 ～ 0.99），在实际生产中干旱却是 AF 产生的诱因之一。在作物的生长季节，高温和干旱通常是同时发生的。干旱会导致作物籽粒发育不良，同时还会损害植物的防御机制。这有利于黄曲霉毒素在植物中的定殖与 AF 污染的发生。在干旱条件下，花生的植保素合成受到了抑制。而植物中植保素的含量往往与 AF 污染程度成反比。黄曲霉具有耐热耐干旱的特性，在高温干旱的条件下，仍能在田间环境中顺利存活；而土壤干旱的加强和土壤温度的升高，会减少土壤中拮抗微生物的数量，从而有利于土壤中黄曲霉的增加。在菲律宾，Salvacion 等 [10] 预测，由于降雨增加，AF 污染的风险预计在未来会降低。Wu 等 [11] 注意到 AF 与花生收获前 30d 的气象条件之间存在显著相关性。他们观察到，当降雨减少而导致干旱，以及每日平均、最低和最高温度分别为 23℃、20℃和 29℃时，AF 污染最严重。

产生 OTA 的真菌的最佳生长条件各不相同，温度范围为 6 ～ 47℃，水活度为 0.77 ～ 0.99。产毒的最佳温度范围为 20 ～ 37℃，而当水活度低于 0.90 时，OTA 的产生会受到明显抑制。这些真菌生长和产毒的广阔气候条件使它们成为相对广泛的污染物，难以评估气候变化对其分布的影响。研究表明，相对于温度，湿度是炭黑曲霉产 OTA 的限制因素，在 0.95 ～ 0.99 之间的湿度范围内可以观察到最高的 OTA 污染水平。炎热气候中，例如西非、中非和南美等，OTA 的产生通常与赭曲霉有关。OTA 是咖啡中最常见的真菌毒素。在咖啡种植广泛的热带地区，赭曲霉是主要的产毒真菌，其最佳产毒温度在 25 ～ 30℃之间。随着气候变化，巴西一些地区 OTA 产生的风险将增加，咖啡生产者应提前采取有效的防控措施。此外，气温升高将使得环境更适合耐热的黄曲霉生存。因此，在一些地区，OTA 可能被更危险的真菌毒素所取代，如 AF。在温带、寒带地区，OTA 污染常常与疣孢青霉有关。在北欧和加拿大的谷类作物中，疣孢青霉是最主要的产 OTA 真菌。

DON 是亚寒带气候地区谷物中的一种常见污染物，如北欧、美国北部和加拿大。DON 产生的最适温度大约为 25℃，但是产 DON 镰刀菌生长的温度范围在 15 ～ 30℃之间。DON 污染对温度变化也很敏感。在欧洲西北部国家，根据预测模型，小麦的开花和成熟将随着温度的相对升高而提前。这使得欧洲西北部的大部分地区在 21 世纪 40 年代时将出现 DON 污染的显著增加。随着花期降雨量的增加，禾谷镰刀菌和黄色镰刀菌的侵染会加剧，DON 的污染也会更加严重。一项为期 10 年（2008 ～ 2017 年）的全球调查显示，中欧和南欧 2014 年收获的玉米中 DON 浓度异常高。这与 2014 年 7 月的高降雨量相对应。2013 年中国玉米核心区 DON 水平相对较低，反映了 2013 年 8 月和 9 月降水水平相对较低。Hooker 等 [12] 从 1996 年到 2000 年，监测了加拿大安大略省南部 399 块小麦田的 DON 浓度变化情况，同时收集了各麦田在小麦不同生长时期的气象资料，建立了针对小麦 DON 污染的预测模型，发现影响 DON 污染的关键期有 3 个：第 1 个关键期在抽穗前 4 ～ 7d，DON 污染一般随降雨＞5mm 天数的增加而增加，随气温低于 10℃天数的增加而减少；第 2 个关键期为抽穗后 3 ～ 6d，DON 污染随降雨＞3mm 天数的增加而增加，随着气温超过 32℃天数的增加而减少；第 3 个关键期为抽穗后 7 ～ 10d，DON 污染随降雨＞3mm 天数的增加而增加。

与其他真菌毒素一样，镰刀菌产生的 FUM 也受温度和水活度的影响。温度为 15 ～ 30℃和水活度为 0.90 ～ 0.995 是 FUM 产生的最佳条件。在大多数玉米种植区，与高纬度或高海拔地区相比，低纬度和低海拔地区的 FUM 污染通常更严重，因为那里的气候相对温暖。在北美，得克萨斯州和美国东南部各州的 FUM 污染风险远高于中部各州。在美国，纬度和 FUM 污染程度之间存在显著的负相关。在北回归线以北的亚洲地区也发现了类似的模式。在中南美洲和东南亚，低海拔地区玉米产地的 FUM 污染十分严重。在危地马拉，一项 2000 ～ 2003 年的调查显示，低地玉米的 FB_1 含量明显高于高地玉米。在欧洲，意大利、西班牙和法国南部的 FUM 污染风险较高。在非洲，所有玉米产区都面临 FUM 污染的风险，其严重程度取决于海拔。在乌干达进行的一项调查显示，玉米中 FUM 污染很普遍，高海拔地区的玉米中 FUM 含量较高。在加拿大的安大略省，平均气温较低的玉米种植区，FUM 污染只出现在受旱的田块里。在美国，6 月降雨量与多个地点的 FUM 含量呈显著负相关。Akello 等 [13] 研究了津巴布韦 2015 ～ 2017 年谷物中 FUM 的含量，发现湿润年份的 FUM 污染高于干旱年份。Salvacion 等 [10] 根据菲律宾现有的气象资料，建立了 FUM 污染在玉米中的风险模型。他们认为随着降雨量增加，菲律宾的大部分地区在目前的气候条件下和直到 2050 年的预测气候条件下，都可能面临非常高的 FUM 污染风险。Campa 等 [14] 利用从阿根廷和菲律宾收集的数据，建立了一个模型来预测玉米的 FUM 污染程度。模型表明，天气是影响 FUM 总浓度变化的主要因素。玉米吐丝前后 4 个时期的温度和降水是影响 FUM 污染的关键因素：第 1 个关键期是玉米吐丝前 4 ～ 10 天，在此时期内，日最低气温低于 15℃的天数以及日最高气温高于 34℃的天数越少，FUM 污染越严重，降雨量大于 2mm 的天数越多，FUM 污染越严重；第 2 个关键期是玉米吐丝前 4 天至玉米吐丝后 2 天，在此时期内，FUM 污染随着日最高气温高于

34℃的天数的增加而增加；第 3 个关键期是玉米吐丝后 2 ～ 8d，在此时期内，FUM 污染随着日最低气温低于 15℃的天数以及降雨量＞2mm 的天数的增加而减少，随着日最高气温高于 34℃的天数增加而增加；第 4 个关键期是吐丝后 8 ～ 14d，在此时期内，降雨量＞2mm 的天数越少，FUM 污染越严重。

谷物收获期间温暖的天气有助于禾谷镰刀菌的生长，促进 ZEA 的产生。虽然一些原产于热带地区的禾谷镰刀菌在 40℃的高温下仍能缓慢生长，但 ZEA 对作物的污染在气候较冷的地区更为常见，如欧洲。高水活度有利于真菌的生长和产毒。禾谷镰刀菌在高粱中产生 ZEA 的水活度范围为 0.91 ～ 0.99。当水活度大于 0.925 时，禾谷镰刀菌才可以在玉米粉和玉米粒中产生 ZEA。作物开花期间的高降水量促进了作物镰刀菌的侵染，而收获前的连日降水则给镰刀菌生长和产毒创造了有利的湿度条件。一项为期 10 年的全球调查发现，2014 年中欧和南欧收获的玉米中 ZEA 浓度显著升高，这与玉米吐丝期和收获前的持续高降水量相对应。相比之下，2013 年中国玉米核心种植区收获前降水较少，导致相关地区平均 ZEA 水平较低。

7.4.2 生物毒素受二氧化碳水平的影响

联合国政府间气候变化专门委员会的报告显示，从目前到 2050 年大气中的 CO_2 含量将实际增加 1 倍。目前，CO_2 浓度对镰刀菌毒素污染的影响研究主要在实验室阶段，缺乏大规模的实地调查。水稻上的研究显示，CO_2 浓度对黄曲霉的生长和 AF 产量影响很大。总体而言，真菌生长速率和 AF 产量与 CO_2 浓度呈负相关关系。在水活度为 0.98 的条件下，CO_2 浓度为 20% 和 80% 时，黄曲霉的生长量减少 59% 和 88%，AF 产量减少 47% 和 97%。在玉米中，在 CO_2 浓度达到 25% 时，黄曲霉的生长会受到显著抑制；在浓度达到 50% 时，AF 的产生会明显减少。但是，考虑到自然界中 CO_2 浓度不可能达到如此高的程度，在可以预见的未来，CO_2 自身对黄曲霉毒素产生的影响可能没有实验中显示的那么严重。CO_2 浓度的升高可以增加植物对镰刀菌的敏感性。高浓度的 CO_2 可以促进拟轮枝镰刀菌在玉米中的生长，而 FUM 水平没有明显变化。这一结果表明，在高 CO_2 浓度下，病原真菌产生 FUM 的能力有所减弱。在高 CO_2 浓度下，玉米 13- 脂氧合酶（13-lipoxygenase）、茉莉酸（jasmonic acid）与萜类植保素的减少和植物对镰刀菌的抗性降低有关；而被认为可以刺激真菌毒素生物合成的 9- 脂氧合酶（9-lipoxygenase）的减少可能是真菌 FUM 合成能力降低的原因。进一步的研究表明，在高 CO_2 浓度和干旱胁迫的作用下，更有利于拟轮枝镰刀菌在玉米中的生长和 FUM 的产生。然而，干旱并没有消除由 CO_2 浓度升高而导致的玉米植物激素和代谢物积累减少，拟轮枝镰刀菌的 FUM 合成能力仍未提升。因此，FUM 污染的增加很可能是拟轮枝镰刀菌生物量增加所致。在禾谷镰刀菌中也有类似的结果。Hay 等[15]发现，高浓度 CO_2 可以显著增加玉米中禾谷镰刀菌的生物量和 DON 的积累，但禾谷镰刀菌的 DON 合成能力却没有显著变化。在小麦中，情况则完全不同。在小麦单花接种处理中，随着 CO_2 浓度的升高，DON 的量也显著升高。结果表明，DON 的量与小麦受感染程度无直接关系。此外，高浓度的 CO_2 也会影响镰刀菌自身毒素的产生。最近的一项研究表明，与拟枝孢镰刀菌的原始菌株相比，在高 CO_2 浓度条件下连续培养 10 代的拟枝孢镰刀菌菌株，其产生 T-2 和 HT-2 的能力更强。

参考文献

[1] Awuchi C G, Ondari E N, Ifie J, et al. Fungal growth and mycotoxins production: Types, toxicities, control strategies, and detoxification[M]. London: Books on Demand, 2021.

[2] Djouina M, Waxin C, Caboche S, et al. Low dose dietary contamination with deoxynivalenol mycotoxin exacerbates enteritis and colorectal cancer in mice[J]. Science of the Total Environment, 2023, 900: 165722.

[3] Gruber-Dorninger C, Jenkins T, Schatzmayr G. Global mycotoxin occurrence in feed: A ten-year survey[J]. Toxins, 2019, 11(7): 375.

[4] Hao W, Guan S, Li A, et al. Mycotoxin occurrence in feeds and raw materials in China: A five-year investigation[J]. Toxins, 2023, 15(1): 63.

[5] Ferri F, Brera C, de Santis B, et al. Survey on urinary levels of aflatoxins in professionally exposed workers[J]. Toxins, 2017, 9(4): 117.

[6] Deng J, Zhao L, Zhang N, et al. Aflatoxin B_1 metabolism: regulation by phase Ⅰ and Ⅱ metabolizing enzymes and chemoprotective agents[J]. Mutation Research/Reviews in Mutation Research, 2018, 778: 79-89.

[7] Romero A, Ares I, Ramos E, et al. Mycotoxins modify the barrier function of Caco-2 cells through differential gene expression of specific claudin isoforms: Protective effect of illite mineral clay[J]. Toxicology, 2016, 353-354: 21-33.

[8] Braca A, Sortino C, Politi M, et al. Antioxidant activity of flavonoids from *Licania licaniaeflora*[J]. Journal of Ethnopharmacology, 2002, 79: 379-381.

[9] Battilani P, Toscano P, van der Fels-Klerx H J, et al. Aflatoxin B_1 contamination in maize in Europe increases due to climate change[J]. Scientific Reports, 2016, 6: 24328.

[10] Salvacion A R, Pangga I B, Cumagun C J R. Assessment of mycotoxin risk on corn in the Philippines under current and future climate change conditions[J]. Reviews on Environmental Health, 2015, 30: 135-142.

[11] Wu L X, Ding X X, Li P W, et al. Aflatoxin contamination of peanuts at harvest in China from 2010 to 2013 and its relationship with climatic conditions[J]. Food Control, 2016, 60: 117-123.

[12] Hooker D C, Schaafsma A W, Tamburic-Ilincic L. Using weather variables pre-and post-heading to predict deoxynivalenol content in winter wheat[J]. Plant disease, 2002, 86: 611-619.

[13] Akello J, Ortega-Beltran A, Katati B, et al. Prevalence of aflatoxin-and fumonisin-producing fungi associated with cereal crops grown in Zimbabwe and their associated risks in a climate change scenario[J]. Foods, 2021, 10: 287.

[14] Campa R D L, Hooker D C, Miller J D, et al. Modeling effects of environment, insect damage,

and Bt genotypes on fumonisin accumulation in maize in Argentina and the Philippines[J]. Mycopathologia, 2005, 159: 539-552.

[15] Hay W T, Mccormick S P, Vaughan M M. Effects of atmospheric CO_2 and temperature on wheat and corn susceptibility to *Fusarium graminearum* and deoxynivalenol contamination[J]. Plants, 2021, 10(12): 2582.

索引

A

艾氏剂　009, 135, 156
安全农产品　124
氨氮　021
氨基糖苷类抗生素　231, 245
暗呼吸　071
螯合　052
螯合剂　129
螯合作用　051, 091

B

八溴联苯醚　145
靶标修饰　250
白色污染　020
半挥发性有机物　129
半数致死量　308
半致死浓度　030
棒曲霉素　297
包装废弃物　021
保护性杀菌剂　081
比表面积　277
表观液相扩散系数　102
表面活性剂　026, 091, 101, 129
表面流人工湿地　128
丙酮　142
病原体　022

C

采矿废物　017
菜篮子工程　112
残膜　010, 256, 264
残渣态　047, 050
残渣态重金属　046, 047
产地环境污染　004
产地环境质量　003
铲除性杀菌剂　081
超氧化物歧化酶　031, 309
沉淀　127
沉淀-溶解　053, 058
沉积物环境　256
成土母质　013
城市化　002
城市垃圾　013, 017, 022, 025
城市生活垃圾　023
城市生活垃圾焚烧炉　209
城市生活污染源　024
城市生活污水　022
城市污泥　235
城市下水道污水　044
城镇化　004
持久性有机污染物　004, 006, 007, 008, 027, 032, 079, 133, 153, 215, 272
充气孔隙率　104
除草剂　006, 008, 043, 081, 141
畜禽粪便　004, 039
触杀型除草剂　081
垂直潜流人工湿地　128
垂直吸附相运输　215, 216
次生代谢产物　029
次生环境风险　062
次生污染物　009
次生源微塑料　010

D

大环内酯类抗生素　231, 244
大气沉降　015, 039
大气沉降通量　016
大气干湿沉降　042
大气颗粒物　016
人气污染　030
大型溞　122
代谢激活　302
氮源　243
稻田生态田埂技术　125
得克隆　150
地表径流　042
地表水　008, 075
地表水污染　030
地下渗流　042
地下水　008, 075
地下水污染　030
滴滴涕　004, 009, 079, 136, 142
狄氏剂　009, 105, 135, 156
点污染源　084

点源污染　005, 013, 030, 084
点源污染源　154
电动力学技术　129
电解　129
电缆绝缘剂　149
电迁移　129
电容器浸渍剂　144
电渗透　129
电泳　129
电子废物　045
电子垃圾　017, 022, 188, 195, 197
电子垃圾拆解　216
电子垃圾拆解处理集散地　197
电子垃圾拆解区　188, 197, 209
电子垃圾拆解污染源　188
淀积层　060
叠加效应　034
定向跟踪除草技术　125
动物毒素　289
动物降解　218, 276
冻融循环　270
毒杀芬　009, 138
毒性当量　152
毒性当量因子　033, 152
堆肥　266, 274
对映异构体　150
多酚氧化酶　073
多环芳烃　004, 007, 023, 032, 130, 217
多氯联苯　009, 143, 188
多氯萘　148
多溴联苯　144, 195
多溴联苯醚　145
多样性指数　253

E

二噁英　009, 027, 151
二次污染　015, 023, 046
二氢叶酸合成酶　242
二元吸附模型　098

F

发泡剂　112
反竞争型抑制　074
范德华力　091
防腐剂　149
放射性物质　006
放射性元素　006, 015
非点源（面源）污染　084
非点源污染区　154
非对映异构体　150
非竞争型抑制　074
非生物降解　273, 278
废气　013
废水　013
废塑料　010
废物处理　007
废渣　013, 044, 154
分解者　030
分配系数　083
分子氧　108
芬顿试剂　130
焚烧　274
风化作用　042
呋喃　009
腐霉利　089
腐殖酸　048, 062, 093
腐殖土　019
腐殖质　046, 062, 117
复合式生物稳定技术　127
复合饲料工业　234
复合污染　006, 033, 063, 074, 101, 253
复合吸附反应模型　096
富里酸　093, 097

G

干沉降　015, 016
干湿沉降　154
高分子聚合物　273
根际效应　065
耕层　060
耕地重金属　005
工程力学　127
工矿“三废”　024
工业废水　004, 017, 044

工业废水处理厂　017
工业废渣　017
工业固体废物　017
工业污染源　013, 197
工业源　042
共耐药性　035
谷胱甘肽过氧化物酶　309
谷胱甘肽还原酶　309
固体催化剂　108
固体废物　014, 017, 044
光电分离　299
光合作用　030, 068, 071
光化学分解　051, 106
光化学降解　106, 219
光降解　228, 236
光解　091, 106, 247, 273
光敏化反应　106
光敏剂　106, 247
光屏蔽效应　278
光稳定性　083
果园生草技术　125
过氧化氢酶　031, 062, 309
过氧自由基　273

H

哈伯法　003
海洋毒素　289
海洋酸化　256
焓驱动　099
核苷酸转移酶　245
黑炭　095, 098
呼吸作用　030, 068
胡敏素　062, 097, 111
胡敏酸　062, 111
化工园区　208
化石燃料　007
化学降解　016, 219, 275
化学连续提取法　046
化学农药　018, 113, 121
化学迁移　051
化学形态分析法　045
化学修复技术　128, 129
化学修饰　301
化学需氧量　021
化学氧化技术　129, 130
化学源农药　121
化学转化　053
环境雌激素　032
环境激素　027, 116, 220
环境监管　004
环境内分泌干扰化学物质　032
环境溶解性有机质　248
环境生物　060, 080
环境微生物群落　232
环境效应　045
环境友好型促进剂　062
环境质量标准　187
缓冲剂　112
黄曲霉毒素　011, 012, 029
黄曲霉毒素污染　026
黄曲霉菌　012
磺胺类　230
磺胺类抗生素　242
挥发性有机物　129
活性炭　095
活性污泥　141, 236
活性污泥法　235
活性自由基　248

J

机械降解　275
基因点突变　250
集约化养殖业　234
加和作用　068
甲氧氯　142
甲状腺激素　223
间接光解　247
碱水解　246
碱性磷酸酶　062
碱性水解　219
交叉耐药性　035
胶体吸附态镉　048
拮抗　063, 065
拮抗微生物　312

拮抗作用 010, 068
结合蛋白 283
结晶度 279
解吸作用 016
金属汞 048
金属切削液 149
金属有机化合物 039
晶体形氧化铁结合态 046
竞争效应 101
聚苯乙烯微塑料 282
聚丙烯微塑料 285
聚合物纤维 265
聚氯乙烯 256
聚乙烯 256
聚酯纤维 263
聚酯纤维微塑料 282

K

抗生素 004, 006, 007, 022, 028, 228, 230
抗生素抗性基因 035, 251
抗生素抗性细菌 251
抗生素类杀菌剂 082
抗生素污染 009
抗性基因 004, 019, 035, 229
抗氧剂 278
颗粒比表面积 238
颗粒有机质 097
可持续发展 003
可降解塑料 266
可交换态重金属 046
孔隙度 215, 236
孔隙水 091
矿化速率常数 067
矿井废水 014
矿物源农药 080
喹诺酮类抗生素 229, 241
昆虫生长调节剂 081
扩散 054, 091, 102
扩散系数 104, 215

L

垃圾焚烧 154
垃圾焚烧厂 209
垃圾渗滤液 017
垃圾填埋场 023, 045, 275
离子交换 091, 128
离子交换吸附 051
离子强度 237, 246
犁耕层 060
联合国粮食及农业组织 306
链霉素 245
粮食安全 079, 088, 306
邻苯二甲酸酯 020, 027
淋滤 006
淋溶 008, 016, 217
淋溶层 060
淋洗剂 129
磷酸单酯酶 073
磷酸酶 073
磷酸转移酶 245
流域污染防治规划 004
硫丹 141, 156
六六六 139
六氯苯 138
六氯环己烷 139
六溴环十二烷 204
卤代烷基键 246
络合反应 053
络合剂 129
绿色壁垒 114
绿色化学 009
绿色农药制剂 125
绿色农业 003, 010
氯丹 009, 137
氯仿 142

M

酶活性 030
免疫毒理学 116
免疫性杀菌剂 081
面源污染 005, 030, 088
灭生性除草剂 081
末端治理 004
木质素 098

N

纳米塑料 010, 025
纳米微塑料 284
难溶性砷 049
内分泌干扰 008
内分泌干扰物 220, 272
内分泌干扰效应 278
内分泌系统 219
内源性污染 004
黏合剂 149
黏土 046
鸟嘌呤 308
脲酶 062, 073
农产品产地环境 002, 005
农产品产地环境健康安全 003
农产品产地环境污染 002, 003, 004, 005
农产品产地环境质量 002, 124
农产品产地生态环境 079
农产品农药残留超标 114
农产品污染 114
农产品质量 002
农产品质量安全 002, 004
农产品质量安全风险 004
农村生活垃圾 021
农村生活污水 004
农田残膜 004
农田面源污染物 126
农田生态平衡 031
农田生态系统 020, 119, 120
农田土壤污染 005
农药挥发性 083
农药污染 008
农药污染评价标准 084
农业病虫害 003
农业废弃物 004, 232
农业环境监测 257
农业环境监测信息网络 124
农业可持续发展 004, 079
农业面源污染 004, 021, 024, 084, 085, 125
农业生产功能区 187
农业生态环境 124
农业生态系统 079, 268
农业投入品 002
农业土壤 208
农业污染源 013, 018
农业现代化 002
农业源 042
农用废弃薄膜 033
农用化学品 018, 195
农用塑料废弃物 269
农作物秸秆 004
农作物生产安全 088

O

呕吐毒素 011, 030

P

排污河污水 044
配体交换 091
飘尘 016

Q

气孔导度 069
气溶胶 015, 016, 043, 050, 228, 289
迁移 091, 102
前置库技术 127
潜流人工湿地 128
羟基自由基 248
青霉素结合蛋白 250
清洁剂 036
区域生态安全 005
全氟及多氟烷基化合物 146
全氟己烷磺酸 148
全氟辛烷磺酸 147
全氟辛烷磺酰基化合物 204
全球蒸馏效应 133

R

热/光稳定剂 278
热处理技术 129
热解 273
热稳定性 083
热休克蛋白 283
热应力 010

人工合成肥料 003
人工湿地 128
人工湿地技术 127
溶解度 217
溶解性有机质 097, 100, 238, 271
溶质荧光技术 268
乳化剂 111
润滑剂 278

S

“三废” 013
三氯杀螨醇 142
“三致”毒性 113
“三致”效应 134, 224
色度 008, 010
杀虫剂 006, 043, 140, 141
杀菌剂 006, 043, 081, 089, 141
杀软体动物剂 081
杀鼠剂 043
杀线虫剂 081
熵驱动 099
渗滤 215, 216
渗透压 219
生产者 030
生活垃圾 013, 023
生活污染源 013
生活污水 014
生活源 042
生命周期 154
生态安全 018
生态毒理学 036
生态毒理学效应 062
生态工程 127
生态护岸边坡技术 126, 127
生态环境 079
生态环境安全 188
生态剂量 074
生态拦截带技术 126
生态拦截沟渠 127
生态拦截沟渠技术 126
生态拦截缓冲带 126
生态拦截缓冲带技术 125
生态农业 004
生态平衡 008, 010, 113, 229
生态塘池系统 128
生态塘技术 127
生态系统 030
生态系统可持续发展 002
生态系统退化 030
生态效应 120, 121, 262
生态修复技术 127
生态学 127
生物暴露 228
生物代谢酶 133, 153
生物地球化学循环 035
生物毒素 004, 036, 289
生物毒素污染 026
生物毒性 053
生物多样性 003, 014, 031, 079, 121
生物多样性丧失 030
生物废物 266
生物富集 091
生物富集系数 083, 098
生物富集性 083
生物富集作用 083, 114
生物干扰 269
生物化学分解 051
生物活性 014, 046
生物激活 302
生物降解 010, 016, 091, 108
生物可给性 053
生物可利用性 064
生物累积性 074
生物酶 245, 249
生物酶活性 249
生物膜 271
生物农药 113, 125
生物浓缩 133
生物迁移 052, 053
生物潜在可利用态 048
生物扰动 216
生物炭 131
生物污染 026

生物污染物 004
生物修复技术 128
生物蓄积 133
生物有效态 046
生物有效性 016, 034, 045, 054, 058, 061, 064, 101
生物有效性分析法 045
生物源农药 080, 121, 125
生物源杀线虫剂 082
生物转化 053
生物转化降解 248
生物组织 188
湿沉降 015, 016
十氯酮 140
十溴联苯醚 145
石油烃类 007
食品安全 025, 113, 306
食物链 008, 025, 055
市政固体废物 017
市政污泥 044
疏水性分配作用 091
水合氧化铝 049
水合氧化铁 049
水解 051, 228, 236, 273
水解酶 073
水平潜流人工湿地 128
水溶解度 215
水溶性砷 049
水生生态系统 006, 030, 031, 123, 256, 270
水生植物吸收 127
水体富营养化 021, 123
水体污染 003
水文水动力 042
水俣病 039
水资源 044
四环素类抗生素 229
饲料添加剂 022, 234
塑料薄膜 010
酸碱度 111
酸碱稳定性 083
酸水解 246
酸性废水 014

T

肽酰转移酶 244
碳酸盐结合态 049
碳酸盐结合态重金属 046
碳源 243
天然毒素 289
天然活性物质 080
天然吸附剂 097, 099
填充剂 111, 278
填埋 274
铁锰氧化物结合态 046, 047, 049
痛痛病 039
图像识别分离 299
土壤板结 003, 021
土壤氮矿化势 067
土壤动物 025, 119
土壤动植物 033
土壤改良剂 266
土壤固体 091
土壤呼吸强度 072
土壤环境污染 004
土壤环境重金属污染 039
土壤健康 002
土壤降解 083
土壤胶体 056, 058, 060, 111
土壤可交换态 046
土壤孔隙 269
土壤孔隙率 279
土壤理化性质 025, 033
土壤淋溶特性 063
土壤淋洗技术 129
土壤酶 062, 073, 285
土壤酶活性 054, 062, 072, 074, 119, 280
土壤母质 040, 042
土壤铅 057
土壤容重 102, 279
土壤渗透性 279
土壤生态环境 091
土壤生态系统 036, 119, 128, 217, 232
土壤生物工程 127

土壤湿度　219
土壤水分　110
土壤退化　003
土壤微粒　103
土壤微生物　055, 073, 108, 119, 188, 253
土壤微生物活性　063, 119
土壤微生物群落　036, 233
土壤微生物总体活性　253
土壤稳定性　083
土壤污染　002, 003, 004
土壤污染物　130
土壤吸附　091
土壤吸附点位　091
土壤吸附阴离子　058
土壤学　127
土壤盐渍化　280
土壤氧化　015
土壤有机碳　272
土壤有机质　062, 091, 097, 103, 110, 197, 215
土壤元素背景值　041
土壤蒸气提取技术　129
土壤植物修复　062
土壤植物修复技术　130
土壤质地　049, 060, 188, 238
土壤重金属　018, 026
土壤重金属污染　007, 014, 044
土壤重金属形态分类法　048
土壤综合污染指数　020
脱氧雪腐镰刀菌烯醇　011

W

外源性污染　004
危险化学品　080
微生物毒素　289
微生物多样性　035
微生物活性　064, 073, 280
微生物降解　016, 108, 127, 128, 130, 218, 219, 228, 236, 275
微生物农药　080
微生物群落　025, 033
微生物群落结构　072
微生物生物量和活性　072
微生物稳定性　083
微塑料　004, 006, 007, 010, 021, 025, 033, 256, 264
尾矿　006, 015
胃毒剂　081
温室气体　023
温室效应　015
稳定剂　279
污泥　017, 155
污泥堆肥　234
污泥好氧堆肥　235
污染警戒值　042
污染土壤修复　128
污染物　002
污染源　003, 040
污水处理厂　090
污水灌溉　018, 044, 232, 234, 235
污水灌溉区　187, 208
无定形氧化锰结合态　046
无定形氧化铁结合态　046
无机硫杀菌剂　081
无机砷　056
无机污染物　004, 005, 006, 018
无机物结合态汞　048
五氯苯　140
五氯苯酚　141
五氯酚　141
五溴联苯醚　145
物理风化　010
物理化学迁移　051
物理迁移　051
物理修复技术　128
物理转化　053
物质表面张力　278

X

吸附剂　112
吸附-解吸　051, 053, 058
吸附热力学　278
吸附速率　091
吸附性砷　049, 056
吸附质　091

稀释效应 034
稀释作用 129
洗煤水 014
酰胺键 246
线性多聚体 067
线性混合型抑制 074
相对湿度 105
硝酸还原酶活性 030
协同作用 068
辛醇-水分配系数 237
新污染物 004
修复技术 007
溴代阻燃剂 144, 146, 195, 204
溴系阻燃剂 144
选择性除草剂 081
选择性吸附 052
熏蒸剂 081

Y

亚耕层 060
盐渍化 021
阳离子表面活性剂 101
阳离子交换 054
阳离子交换量 049, 062, 068
养殖废水 004
氧化-还原 053
氧化还原电位 049, 060, 063, 068
氧化还原电位梯度 066
氧化-还原作用 051, 058, 059
氧化作用 071
药剂漂浮物 084
叶绿素 070
医院污水 022
乙酰转移酶 245
异狄氏剂 009, 136, 156
异位处理技术 129
异位淋洗技术 129
异源物代谢 300
抑制 074
阴离子表面活性剂 101
引诱剂 081
荧光强度 030
有机肥料 002, 003, 234
有机废物 007, 266
有机合成农药 080
有机化合污染物 239
有机胶体 052
有机磷杀虫剂 081
有机磷杀菌剂 081
有机磷酸酯 218
有机氯农药 007, 009, 086, 154
有机氯杀虫剂 003, 018, 081
有机农产品 124
有机农药 007, 109
有机农业 003, 010, 112
有机溶剂 007
有机杀虫剂 003
有机砷 056
有机碳分配系数 237
有机污染 007
有机污染物 005, 006, 007, 016, 018, 053, 085, 097, 098, 133, 217, 239, 284
有机物结合态 047, 049
有机物结合态汞 048
有机质 044, 061
有效阳离子交换量 238
原位淋洗技术 129
原位生物修复 129
原位修复 219
源头控制 007

Z

噪声污染 023
增塑剂 149, 278
增效剂 112
蚱蜢跳效应 133
展青霉素 297
着色剂 278
真菌毒素 289, 299, 306
真空提取技术 129
蒸腾速率 069
蒸腾作用 070
脂肪代谢 071
直接光解 247

植物病害 010
植物毒素 289
植物缓冲带 126
植物降解 218, 228, 236
植物生长调节剂 081
植物吸收 128
植物性农药 080
植物修复技术 130
植物学 127
植物有效性 068
酯键 246
治疗性杀菌剂 081
致癌 008
致畸 008
致突变 007, 008
中性水解 219
重点污染物总量控制 004
重金属 006, 239
重金属-腐殖酸络合物 062
重金属污染 004
重金属污染物 005, 006
重力分离 299
助喷雾技术 125
专性吸附 052
转化酶 062
浊度 008, 010
紫外辐射 010
自然降解 127
总表观扩散系数 102
总氮 021
总磷 021
总有机碳 188
阻燃剂 140, 278
作物秸秆 002

其它

BCR连续提取法 046
CO_2固定 071
DNA拓扑异构酶 250
Dubinin-Manes模型 096
Freundlich方程 096
HBCDs 204
Langmuir方程 096
$\lg K_{OW}$ 217
PAEs 020
PAHs 023
PBDEs 204
PCBs 009
PCDD/Fs 032, 152
PFASs 146
pH值梯度 066
POPs 008, 009, 032, 133, 134, 153
Shannon指数 253
Simpson指数 253
Tessier连续化学浸提法 048
Tessier连续提取法 048
β-内酰胺类抗生素 230